"工学结合、校企合作"高等职业教育改革创新教材

焊接实训

主　编　邓洪军
副主编　冯菁菁
参　编　路宝学　扈成林　王　军　王子瑜
主　审　杨家武（企业）

机 械 工 业 出 版 社

本书依据高等职业教育对焊接技能的要求，根据行业主导、校企联合制定的《焊接制造岗位职业标准》，参考国际焊工培训标准和劳动部制定的《焊工国家职业标准》，为适应焊接技术及自动化专业教学改革的要求而编写的。

全书共分五个单元，全面地介绍了焊条电弧焊、CO_2气体保护焊、钨极氩弧焊、埋弧焊和气焊与气割等焊接加工方法的基本操作技术，将焊接接头按照平、立、横、仰四种空间位置，由浅入深、循序渐进地编排教学内容；结合实例按项目和任务进行讲解。本书注重基本技能的传授和动手能力的培养，并结合实际考核项目的要求进行技能操作训练；编写形式新颖，以单元、项目作为层次安排编写，每个项目有“学习目标、任务提出、任务分析、相关知识、任务实施”等内容，并结合焊工考证的要求，在每个项目后设“评分标准”。

本书可作为职业院校焊接专业的实训教材，也可作为企业职工的焊接技能培训教材。

图书在版编目（CIP）数据

焊接实训/邓洪军主编. —北京：机械工业出版社，2014.5（2021.1重印）
“工学结合、校企合作”高等职业教育改革创新教材
ISBN 978-7-111-46177-7

Ⅰ.①焊…　Ⅱ.①邓…　Ⅲ.①焊接—高等职业教育—教材　Ⅳ.①TG4

中国版本图书馆CIP数据核字（2014）第053279号

机械工业出版社（北京市百万庄大街22号　邮政编码100037）
策划编辑：齐志刚　责任编辑：齐志刚　王海霞
版式设计：霍永明　责任校对：申春香
封面设计：张　静　责任印制：常天培

北京虎彩文化传播有限公司印刷
2021年1月第1版第5次印刷
184mm×260mm · 16.25印张 · 393千字
4 801—5 800册
标准书号：ISBN 978-7-111-46177-7
定价：45.00元

电话服务　　网络服务
客服电话：010-88361066　机　工　官　网：www.cmpbook.com
010-88379833　机　工　官　博：weibo.com/cmp1952
010-68326294　金　书　网：www.golden-book.com
封底无防伪标均为盗版　机工教育服务网：www.cmpedu.com

前　言

本书为高等职业教育焊接技术及自动化专业“工学结合、校企合作”改革创新教材，是根据高等职业教育对焊接技能的要求，依据行业主导、校企联合制定的《焊接制造岗位职业标准》，参考国际焊工培训标准和劳动部制定的《焊工国家职业标准》，为适应焊接技术及自动化专业教学改革的要求而编写的。

本书在取材上力求注意：突出技能训练，摒弃现有教材中与职业能力关系不大的内容，以培养学生具有较强的动手能力为目的，紧密结合焊工考证的考核要求；采用最新的国家标准，使内容更加规范。

本书由渤海船舶职业学院邓洪军主编，冯菁菁任副主编，渤海造船厂集团有限责任公司杨家武研究员担任主审。本书第一单元项目一、二由邓洪军编写，项目三、四由王军编写，项目五、六、七由冯菁菁编写；第二单元由路宝学编写；第三单元由扈成林编写；第四单元、第五单元由王子瑜编写，全书由邓洪军统稿。

本书在编写过程中，参阅了国内外出版的有关教材和资料，渤海造船厂集团有限责任公司、大连船舶重工集团有限公司、中航黎明锦西化工机械集团公司和大连船用柴油机有限公司的有关专家提出了宝贵意见。在此向有关作者和专家表示衷心感谢！

由于编者水平有限，书中不妥之处在所难免，敬请读者批评指正。

编　者

目　录

第二单元　CO_2气体保护焊技能训练

第三单元　钨极氩弧焊技能训练

第四单元　埋弧焊技能训练

第五单元　气焊与气割技能训练

第一单元 焊条电弧焊技能训练

焊条电弧焊是用手工操纵焊条进行焊接的电弧焊方法。它是利用焊条与工件之间建立起来的稳定燃烧的电弧，使焊条与工件熔化，从而获得牢固的焊接接头。焊接过程中，焊条药皮不断地分解、熔化，形成气体及熔渣，保护焊接区，防止空气对熔化金属造成危害。焊芯也在焊接电弧的热作用下不断熔化，进入熔池，构成焊缝金属的一部分。有时也可以通过焊条药皮渗入合金粉末，向焊缝中提供附加的合金元素。焊条电弧焊是各种焊接方法中发展最早、应用广泛，也是最基础的一种焊接方法。

与其他熔焊方法相比，焊条电弧焊具有下列优点：

（1）设备简单，维护方便　焊条电弧焊可以用交流焊机或直流焊机进行焊接，装卸设备都比较简单，投资少，而且维修方便。

（2）操作灵活　焊条电弧焊之所以能成为应用广泛的连接金属的焊接方法，其主要原因在于它所具有的灵活性。无论是在车间内还是在野外施工现场，均可采用焊条电弧焊。由于其设备简单、移动方便、电缆长、焊把轻，因而广泛应用于平焊、立焊、横焊、仰焊等各种空间位置的焊接，又适用于对接、搭接、角接、T形接头等各种接头形式构件的焊接。可以说，凡是焊条能达到的任何位置的接头，均可采用焊条电弧焊方法来焊接。特别是对于结构复杂、形状不规则的构件，在以单件、非定型钢构件制造时，由于可以不用辅助工装、变位器、胎夹具等就可以焊接，焊条电弧焊的优越性显得尤为突出。

（3）待焊接头装配要求低　由于焊接过程由焊工控制，可以适时调整电弧位置和运条手法，修正焊接参数，以保证跟踪接缝和均匀熔透，因此对焊接接头装配尺寸的要求相对较低。

（4）应用范围广　焊条电弧焊广泛应用于低碳钢、低合金结构钢的焊接。选配相应的焊条，焊条电弧焊也可用于不锈钢、耐热钢、低温钢等合金结构钢的焊接，还可用于铸铁、铜合金、镍合金材料的焊接，以及有耐磨损、耐腐蚀等特殊使用要求的构件的表面层堆焊。

焊条电弧焊的缺点如下：

（1）生产率低　焊条电弧焊是手工操作，辅助工时长，如更换焊条、清理焊渣、打磨焊缝等。焊材利用率不高，熔敷率较低，难以实现机械化和自动化，所以生产率较低。

（2）对焊工要求高　焊条电弧焊的焊接质量除了与焊条、焊接设备及焊接参数的选择有关外，主要是靠焊工的操作技术和经验来保证的。在相同的工艺条件下，焊缝质量在很大程度上依赖于焊工的技术水平和经验，有时焊工的精神状态也会影响焊缝质量。

（3）劳动条件差　焊条电弧焊主要靠焊工的手工操作控制整个焊接过程，所以在焊接过程中，焊工处在手脑并用、精力高度集中的状态，而且受到高温烘烤，在有害的烟尘环境中工作。过多地吸入焊接过程中的烟尘对焊工的健康不利，必须加强劳动保护。

项目一　基本技能训练

本项目主要介绍焊接图的识读方法，了解焊缝的空间位置、焊缝的接头形式等。通过对焊条相关知识的学习，了解焊条的结构、型号、牌号及其保管和储存方法；通过学习焊条电弧焊设备和工具、辅具，了解焊条电弧焊设备的结构特点、使用及维护方法，掌握焊条电弧焊常用工具、量具的使用方法，并初步学会焊接检验尺的使用方法。

任务 1　焊接图的识读

【学习目标】

1）了解焊接接头的组成及类型、焊缝的空间位置、焊缝符号的表示方法。

2）读懂焊接图样，明确焊接符号的含义，学会焊缝尺寸的标注方法。

3）了解焊缝坡口的基本形式，掌握坡口的选用原则。

【任务提出】

焊接图能表达焊件焊接时的基本技术要求、焊件的重要结构信息及各焊件间的连接情况，在焊接生产中，读懂焊接图、了解焊接图所表达的焊接工艺信息是实施焊接的重要前提之一。

图 1-1 所示为支架焊接图，图 1-2 所示为支架零件图，各零件的材料均为 Q235B。要求读懂工件图样，了解各焊接符号在图中表示的含义及要求。

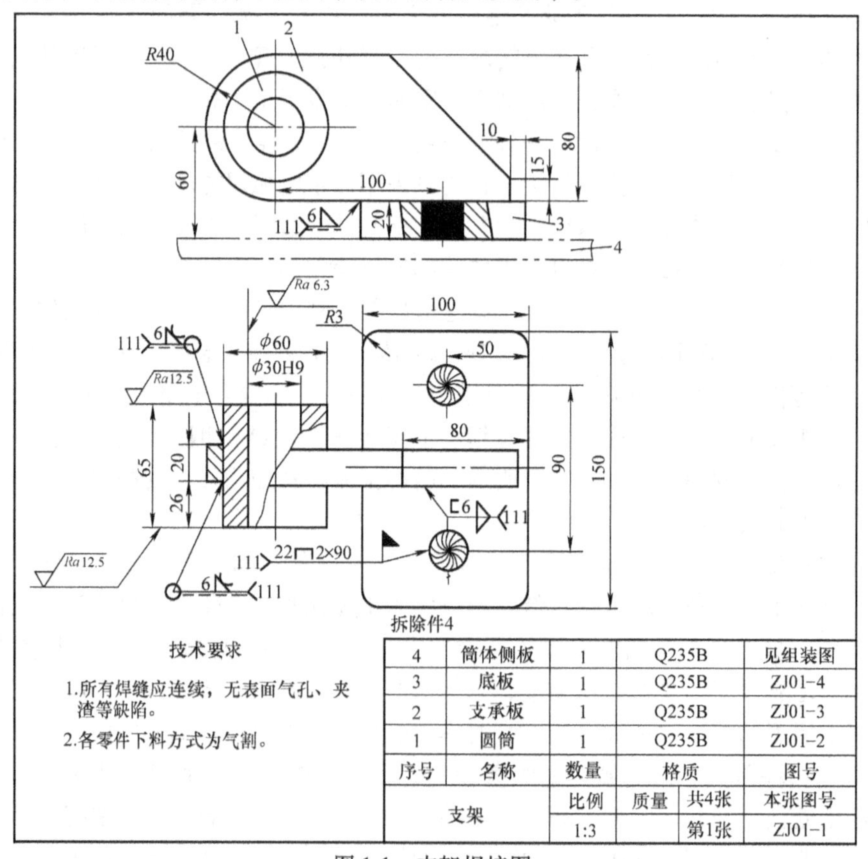

4	筒体侧板	1	Q235B		见组装图
3	底板	1	Q235B		ZJ01-4
2	支承板	1	Q235B		ZJ01-3
1	圆筒	1	Q235B		ZJ01-2
序号	名称	数量	格质		图号
支架		比例	质量	共4张	本张图号
		1:3		第1张	ZJ01-1

图 1-1　支架焊接图

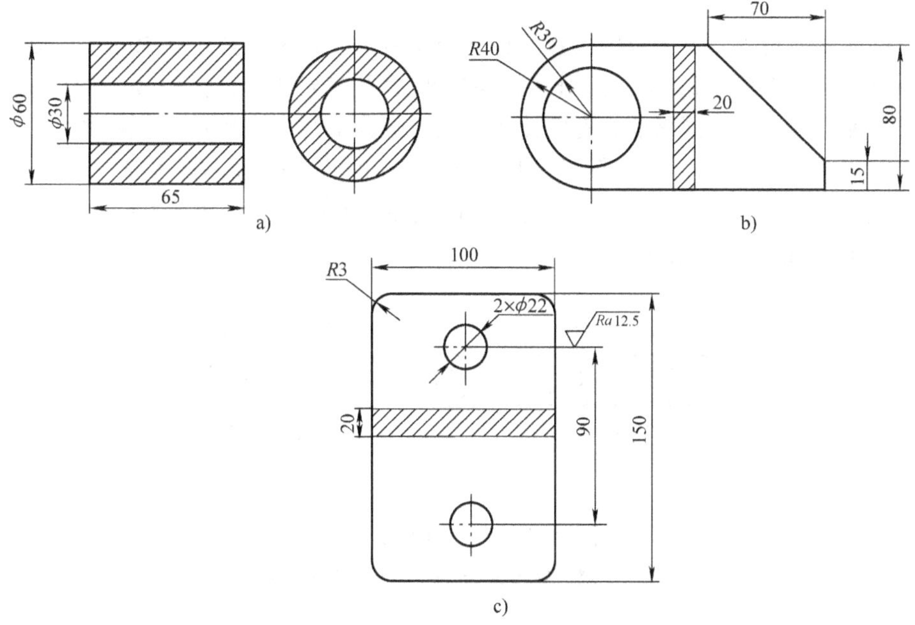

图 1-2　支架零件图

a）圆筒（图号 ZJ01 - 2）　b）支承板（图号 ZJ01 - 3）　c）底板（图号 ZJ01 - 4）

➢【任务分析】

识读焊接图时，要从图样中焊接符号的构成分析和技术要求分析两方面入手。由图 1-1 可知，该支架由三个零件焊接组合而成，即件 1 与件 2 焊接、件 2 与件 3 焊接。要识读支架的焊接图，首先应了解零件间焊接接头形式、焊缝的空间位置和焊缝符号及尾部符号后的数字所表示的含义，并分析不同焊件之间的连接情况。

➢【相关知识】

一、焊接接头的分类

在焊件需连接部位，用焊接方法制造而成的接头称为焊接接头，焊接接头包括焊缝区、熔合区和热影响区三部分。焊接结构中的接头形式有对接接头、角接接头、搭接接头、T 形接头、端部接头、卷边接头、套管接头、斜对接接头、锁底接头等多种。其中，应用最广的有对接接头、角接接头、搭接接头和 T 形接头四种，如图 1-3 所示。

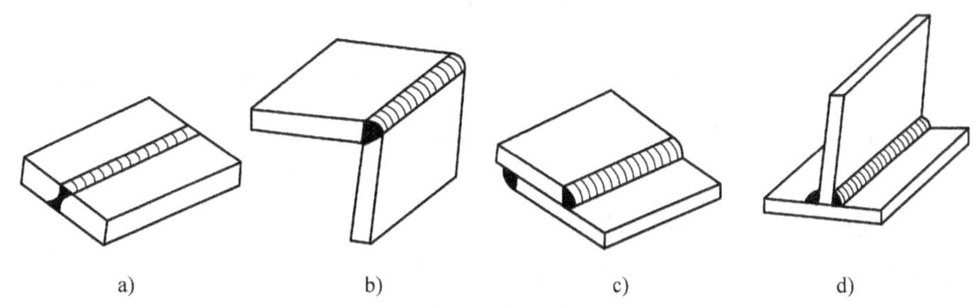

图 1-3　焊接接头的基本形式

a）对接接头　b）角接接头　c）搭接接头　d）T 形接头

1. 对接接头

两焊件表面夹角为135°~180°的接头称为对接接头，这是一种较理想的接头形式，常用于重要焊接结构，如图1-3a所示。对接接头能够承受较大载荷，在焊接结构中应用最多。根据工件厚度和结构的不同需要，对接接头形式可分为不开坡口和开坡口两种。

（1）不开坡口对接接头　当钢板厚度小于6mm时，一般可不开坡口（或称开I形坡口），而只留有1~2mm的装配间隙，如图1-4a所示。有时在一些较重要的焊接结构中，当工件厚度大于3mm时也要求开坡口。

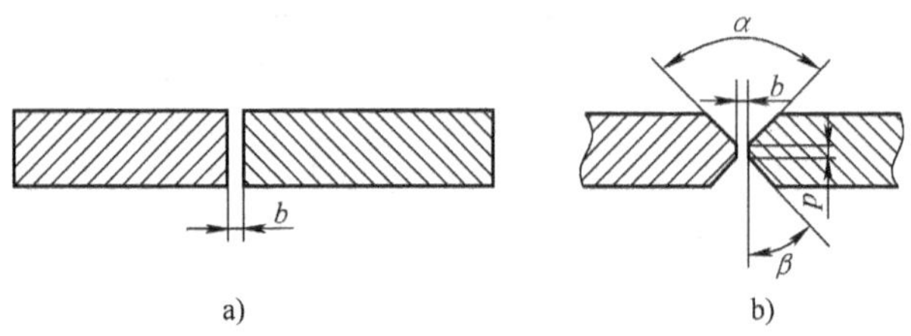

图1-4　对接接头

a）不开坡口对接接头　b）开坡口对接接头

（2）开坡口对接接头　坡口是用机械加工、火焰切割或等离子切割等方法加工而成的，能起到调节焊缝金属中母材和填充金属比例的作用。表示坡口形状的主要参数如下：

1）坡口角度和坡口面角度。两坡口面之间的夹角α称为坡口角度，待加工坡口的端面与坡口面之间的夹角β称为坡口面角度，如图1-4b所示。这两个角度是为了保证电弧能达到接头根部，使根部焊透，以获得良好的焊缝成形。

2）钝边。钝边是焊件开坡口时，沿焊件接头坡口根部的端面直边部分，如图1-4b中的p值。其作用是防止烧穿，但钝边的尺寸应保证第一层能焊透。

3）根部间隙。根部间隙是焊前在接头根部之间预留的空隙，如图1-4b中的b值。它的作用也是保证电弧能达到接头根部，使根部焊透。

（3）常用坡口形式　坡口的主要形式有V形、X形和U形等。

1）V形坡口。钢板厚度不小于6mm时，一般采用V形坡口。V形坡口的主要形式如图1-5所示，其特点是容易加工，但熔敷金属量大，焊后变形较大。

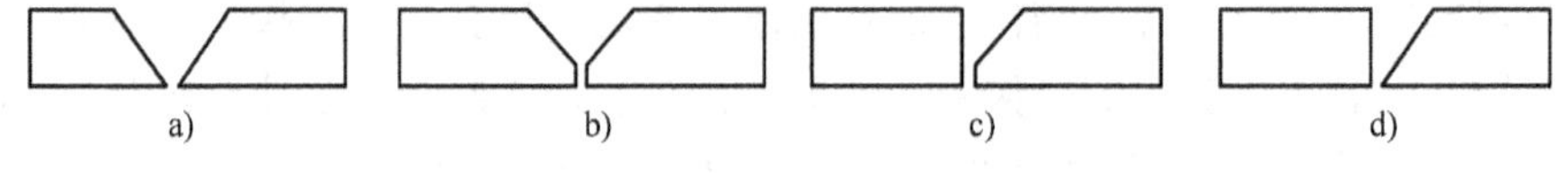

图1-5　V形坡口

2）X形坡口。当钢板厚度不小于12mm时，可采用X形坡口，也称为双面V形坡口，如图1-6所示。在厚度相同时，X形坡口与V形坡口相比能减少约1/2的熔敷金属量，焊后变形和产生的内应力也较小。这种坡口多用于厚度大及要求控制焊接变形量的结构。

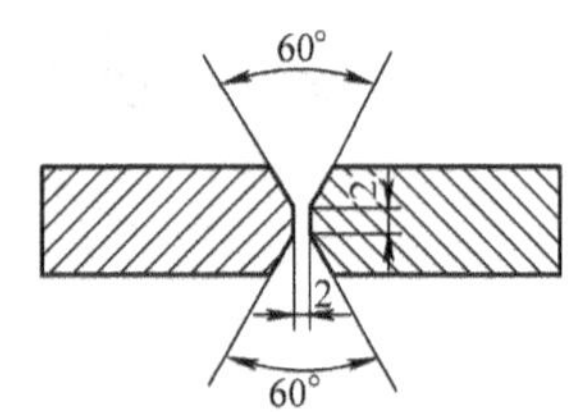

图1-6　X形坡口

3）U形坡口。U形坡口有单面U形坡口、单面单边U形坡口和双面U形坡口之分，如图1-7所示。U形坡口的特点是填充金属量少，焊件变形小，焊缝金属中母材金属占的比例也小。但这种坡

口加工较难，一般应用在较重要的焊接结构中。当钢板厚度为 20 ~ 40mm 时，宜采用单面 U 形坡口或单面单边 U 形坡口；当钢板厚度为 40 ~ 60mm 时，则采用双面 U 形坡口。

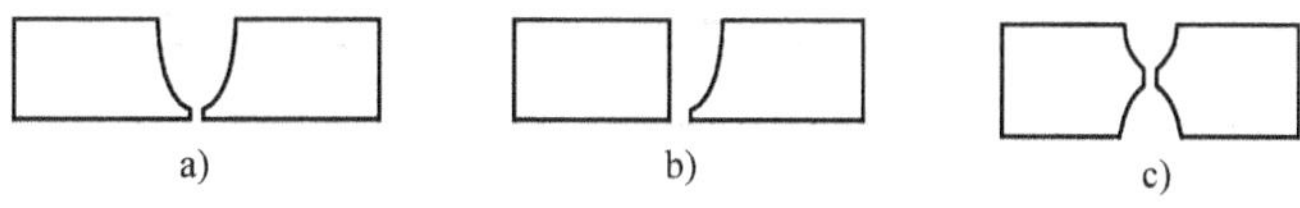

图 1-7　U 形坡口

a）单面 U 形坡口　b）单面单边 U 形坡口　c）双面 U 形坡口

2. 角接接头

两工件端面间夹角为 30° ~ 135°的接头称为角接接头，如图 1-3b 所示。角接接头的受力状况较差，根据工件的厚度和结构的不同需要，其接头形式可分为开坡口和不开坡口两种，常用于箱形结构中。角接接头的一般形式如图 1-8 所示。

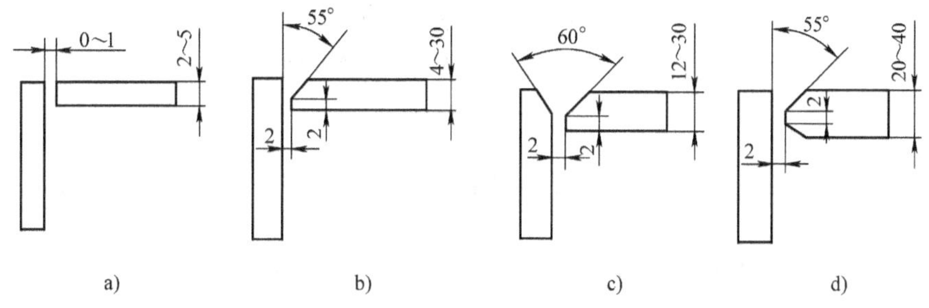

图 1-8　角接接头

a）不开坡口　b）单边 V 形坡口　c）V 形坡口　d）K 形坡口

3. 搭接接头

两工件部分重叠构成的接头称为搭接接头，如图 1-3c 所示。搭接接头一般用于厚度在 12mm 以下的板材，其重叠部分为板厚的 3 ~ 5 倍，采用双面焊接。根据工件结构对强度要求的不同，搭接接头可分为不开坡口 I 形、圆孔内塞焊型及长孔内角焊型三种。不开坡口 I 形采用双面焊接，这种接头的应力分布不均匀，承载能力较差，因此很少采用。后两种接头形式多用于被焊结构狭小或密封的焊接结构中。搭接接头的焊前准备和装配工作较对接接头简单，其横向收缩量也较对接接头小。这种接头对装配要求不高，也易于组装，但承载能力较差。在化工容器中，带补强圈的接管焊接、支座衬板焊接等结构，一般采用搭接接头形式。

4. T 形接头

一件的端面与另一件的表面构成直角或近似直角的接头称为 T 形接头，如图 1-3d 所示。根据立板厚度的不同，T 形接头可分为不开坡口、单边 V 形坡口、K 形坡口、单边 J 形坡口和双 J 形坡口五种形式，如图 1-9 所示。T 形接头的用途仅次于对接接头，它能够承受各种方向的力和力矩，应用较为普遍，特别是船体结构中约 70% 的焊缝采用这种接头。

T 形接头作为一般连接焊缝，当钢板厚度为 2 ~ 30mm 时，可不开坡口，这样省略了坡口准备工作。若对 T 形接头焊缝载荷有要求，则应按照钢板厚度及结构强度的要求，从 V 形、K 形、J 形和双 J 形坡口中选取适当形式，以保证接头强度。

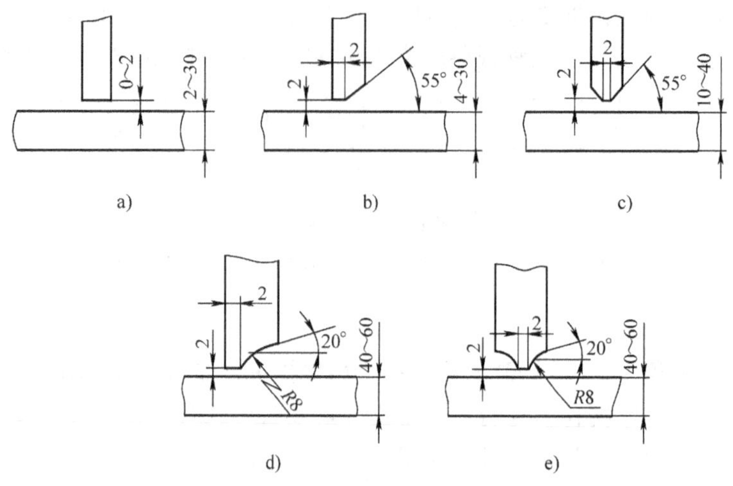

图 1-9　T 形接头形式

a）不开坡口　b）单边 V 形坡口　c）K 形坡口　d）单边 J 形坡口　e）双 J 形坡口

5. 其他接头形式

（1）十字接头　由三个焊件装配而成的十字形接头称为十字接头，其结构形式如图 1-10 所示。

（2）端接接头　两工件重叠或两工件表面之间的夹角不大于 30°构成的端部接头，称为端接接头，如图 1-11 所示。

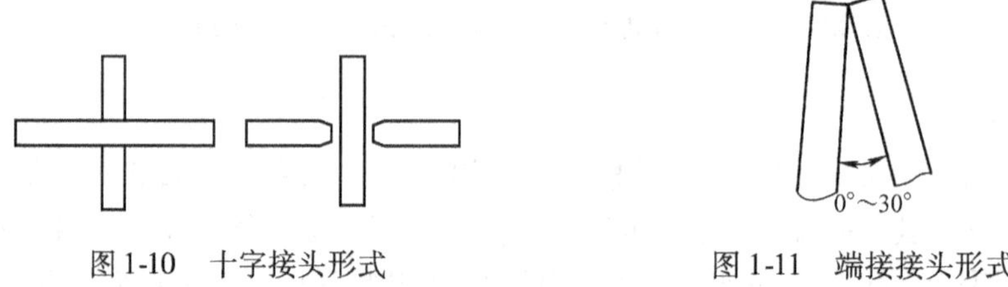

图 1-10　十字接头形式　　　图 1-11　端接接头形式

（3）卷边接头　工件端部预先卷边，焊后卷边只部分熔化的接头称为卷边接头，如图 1-12 所示。

（4）套管接头　将一根直径稍大的短管套于需要被连接的两根管子上构成的接头称为套管接头，如图 1-13 所示。

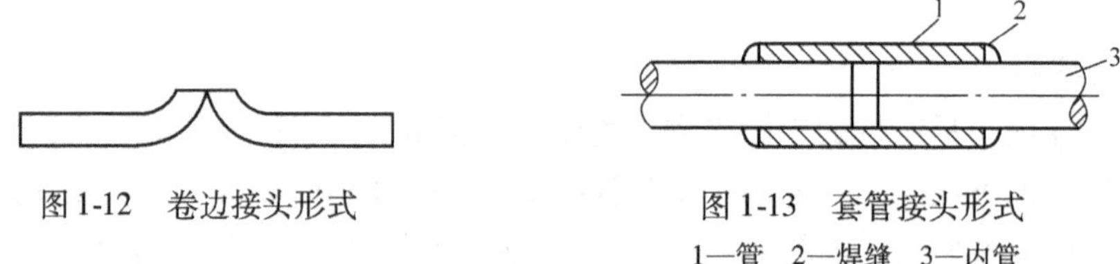

图 1-12　卷边接头形式　　　图 1-13　套管接头形式

1—管　2—焊缝　3—内管

二、焊缝空间位置

焊接时，焊缝所处的空间位置称为焊缝的空间位置（简称焊接位置），可用焊缝倾角和焊缝转角来表示。焊缝倾角是指焊缝轴线与水平面之间的夹角，如图 1-14 所示。焊缝转角

是指焊缝中心线（焊缝根部和盖面层中心连线）与水平参照面 Y 轴之间的夹角，如图 1-15 所示。焊缝的空间位置分为平焊位置、横焊位置、立焊位置和仰焊位置四种形式，如图 1-16 所示。

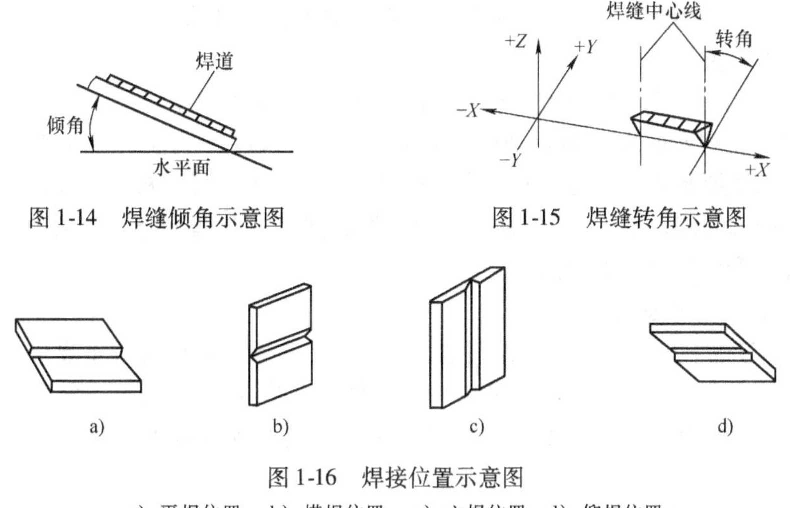

图 1-14　焊缝倾角示意图

图 1-15　焊缝转角示意图

图 1-16　焊接位置示意图

a）平焊位置　b）横焊位置　c）立焊位置　d）仰焊位置

1. 平焊

焊缝倾角为 0°，焊缝转角为 90°的焊接位置称为平焊位置，如图 1-16a 所示。在平焊位置进行的焊接称为平焊。由于焊缝处于水平位置，操作容易，因此可选用较大直径的焊条和较大的焊接电流进行焊接，也可选用多种运条方式进行焊接。

2. 横焊

焊缝倾角为 0°、180°，焊缝转角为 0°、180°的焊接位置称为横焊位置，如图 1-16b 所示。在横焊位置进行的焊接称为横焊。由于熔滴和熔池中的熔化金属受重力作用，容易下淌产生焊瘤、咬边等缺陷，因此进行横焊时，应尽可能将上边工件切成斜边（坡口），以便由下边工件形成一个横台托住熔化金属；操作时应采用短弧焊接，并选用较小的焊条直径和焊接电流以及适当的运条方式。

3. 立焊

焊缝倾角为 90°（立向上）、270°（立向下）的焊接位置称为立焊位置，如图 1-16c 所示。在立焊位置进行的焊接称为立焊。和横焊一样，熔滴和熔池中的熔化金属受重力作用，容易下淌产生焊瘤，造成焊缝成形困难，故也应采用短弧焊接，并选用比平焊时小的焊条直径和焊接电流。立焊时，一般采用直径小于 4mm 的焊条，以及比平焊小 10% ~15% 的焊接电流。

4. 仰焊

焊缝倾角为 0°、180°，焊缝转角为 270°的焊接位置称为仰焊位置，如图 1-16d 所示。在仰焊位置进行的焊接称为仰焊，这是最难操作的一个焊接位置。由于工件位于燃烧电弧的上方，熔化金属形成的液态熔滴受重力作用，易下滴，熔池形状和大小不易控制，易出现未焊透、夹渣等焊接缺陷。所以，施焊时要选用小直径焊条，选用的焊接电流应比平焊小 15% ~20%，采用短弧焊接。仰焊的生产率最低，焊接质量较难保证，在设计与制造焊接结构时，应尽量避免采用仰焊。

三、焊接坡口

焊接厚板时，经常需要开坡口。开坡口的目的是保证焊接电弧能深入焊缝根部，使根部焊透，以及便于清除熔渣，获得良好的焊缝成形。另外，坡口的大小和形状能起到调节母材金属和填充金属比例的作用。

表示坡口形状的主要参数有坡口角度、钝边高度和根部间隙。坡口角度用于保证满足工件的可焊到性（指焊条或焊丝能焊到的位置），焊条电弧焊一般根据板厚确定坡口角度大小。钝边的作用主要是防止烧穿，其高度一般以1.5~2mm为宜。根部间隙的作用是保证根部焊透，一般根部间隙取1.0~2.5mm。钝边和根部间隙应合理配合，如钝边过厚而根部间隙过小，则容易产生未焊透的缺陷。

1. 坡口形式的选取原则

（1）满足工件的可焊到性，方便焊接操作　这是选择坡口形式的重要依据之一，一般而言，要根据构件能否翻转，翻转难易或内、外两侧的焊接条件而定。对不需要翻转和内径较小的容器、转子及轴类的对接焊缝，为了避免大量的仰焊或内侧施焊，宜采用V形或U形坡口。

（2）节省焊接材料　对于同样厚度的焊接接头，采用X形坡口比V形坡口能节省较多的焊接材料、电能和工时。构件越厚，节省的焊材、电能及工时越多，成本就越低。

（3）焊接变形小　在焊接厚板时，如果选用不适当的坡口形式，则容易产生较大的焊接变形，如板对接平焊时，V形坡口的角变形就大于X形坡口。因此，应尽量选择合适的坡口形式，以有效地减少焊接变形。

（4）坡口形状加工容易　V形坡口和X形坡口可用氧乙炔火焰或等离子弧切割，也可采用机械切削加工。对于U形或双U形坡口，一般需要用刨边机加工。在圆筒体上，应尽量减少开U形坡口，因其加工困难。

2. 坡口尺寸的选择

对于不同接头的坡口形式，钝边和根部间隙必须配合好，应根据焊缝位置、焊件厚度、坡口形式及操作方法来确定，选择时参见国家标准GB/T 985.1—2008《气焊、焊条电弧焊、气体保护焊和高能束焊的推荐坡口》。采用焊条电弧焊时，钝边高度应控制在0~1.5mm，根部间隙在2mm左右，既要保证单面焊双面成形的穿透率，又要避免产生烧穿和焊瘤等缺陷。

四、焊缝符号表示法

焊缝符号是标注在工件图样上，指导焊接操作者施焊的主要依据。焊接操作者应清楚焊缝符号的标注方法及其含义。

1. 焊缝符号

GB/T 324—2008《焊缝符号表示法》中，焊缝符号一般由基本符号和指引线构成，有时还可以加上补充符号和尺寸符号。图形符号的比例、尺寸及其在图样上的标注方法执行GB/T 12212—2012的标注方法和有关规定。基本符号表示焊缝横截面形状的基本形式或特征，见表1-1。常用的补充符号见表1-2，焊缝符号的应用见表1-3，尺寸符号见表1-4，焊缝尺寸标注示例见表1-5。为了完整地表达焊缝，焊缝符号除了上述符号以外，还包括指引线、尺寸符号、数据等，如图1-17所示。

表 1-1　焊缝基本符号

序号	名　称	示　意　图	符　号
1	卷边焊缝		
2	I 形焊缝		
3	V 形焊缝		
4	单边 V 形焊缝		
5	带钝边 V 形焊缝		
6	带钝边 V 形焊缝	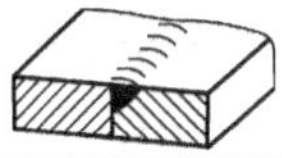	
7	带钝边 J 形焊缝		
8	带钝边 U 形焊缝 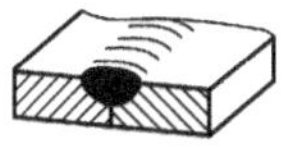 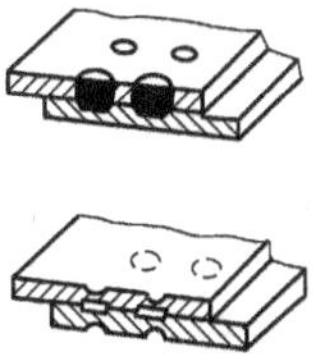 		
9	封底焊缝		
10	角焊缝		
11	塞焊缝或槽焊缝		
12	缝焊缝		
13	点焊缝		

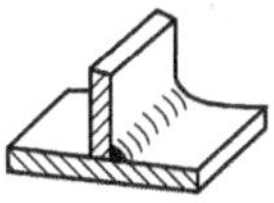

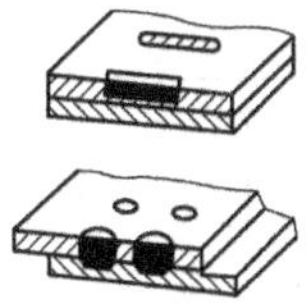

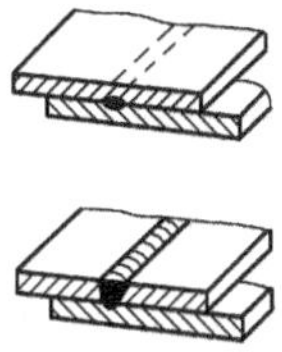

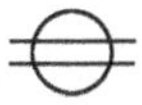

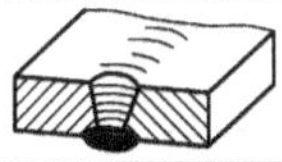

表 1-2　补充符号

序号	名　称	符　号	说　明
1	平面		焊缝表面通常经过加工后平整
2	凹面		焊缝表面凹陷
3	凸面		焊缝表面凸起
4	圆滑过渡		焊趾处过渡圆滑
5	永久衬垫	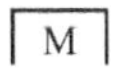 M	衬垫永久保留
6	临时衬垫	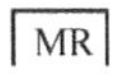 MR	衬垫在焊接完成后拆除
7	三面焊缝		三面带有焊缝
8	周围焊缝		沿着工件周边施焊的焊缝，标注位置为基准线与箭头线的交点处
9	现场焊缝		在现场焊接的焊缝
10	尾部		可以表示所需的信息

表 1-3　焊缝符号的应用

示　意　图	标 注 示 例	说　　明
	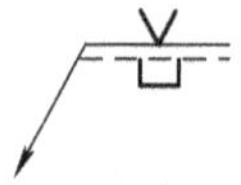	表示 V 形坡口焊缝的背面底部有垫板
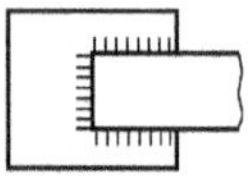	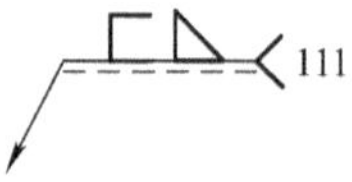 111	工件三面带有焊缝，焊接方法为焊条电弧焊
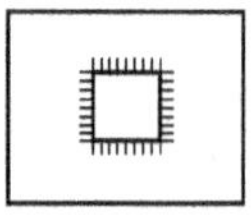	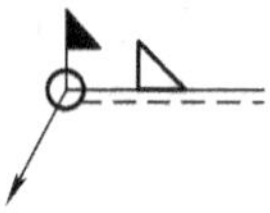	表示在施工现场沿焊件周围施焊

表 1-4　尺寸符号

符号	名　　称	示　意　图	符号	名　　称	示　意　图
δ	工件厚度	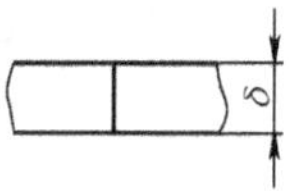 δ	c	焊缝宽度	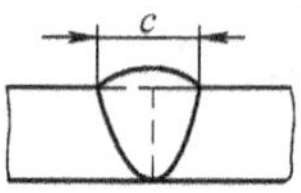 c
α	坡口角度	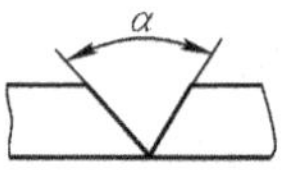 α	K	焊脚尺寸	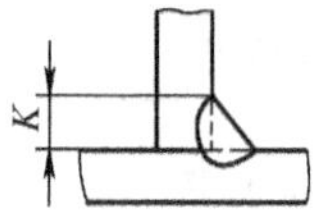 K
β	坡口面角度	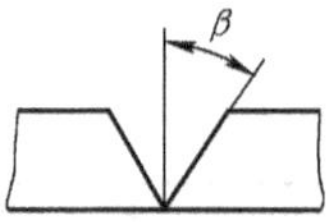 β	d	点焊：熔核直径 塞焊：孔径	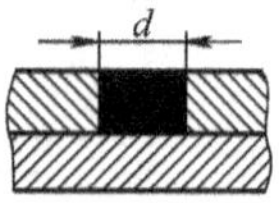 d
b	根部间隙	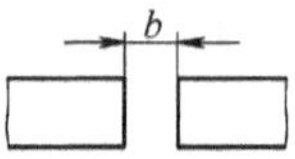 b	n	焊缝段数	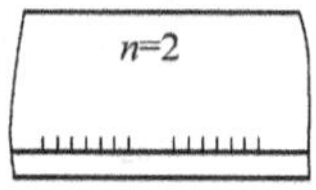 n=2
p	钝边	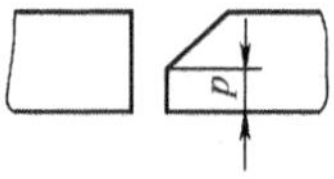 p	l	焊缝长度	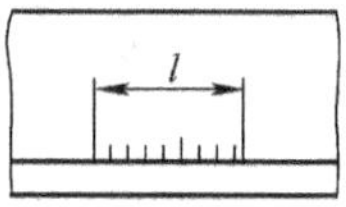 l
R	根部半径	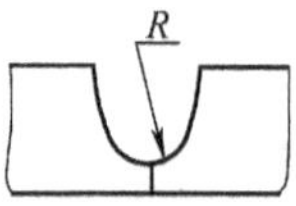 R	e	焊缝间距	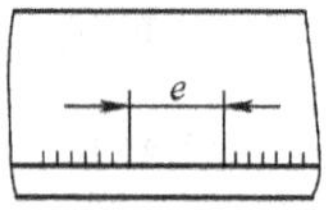 e
H	坡口深度	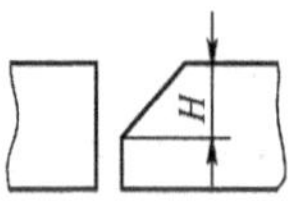 H	N	相同焊缝数量	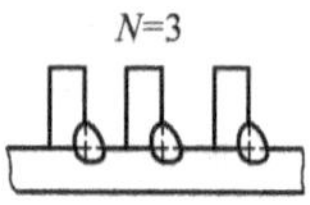 N=3
S	焊缝有效厚度	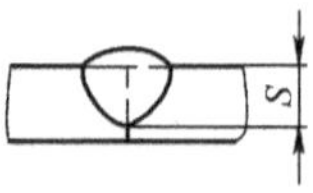 S	h	余高	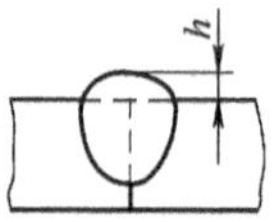 h

表 1-5　焊缝尺寸标注示例

序号	名　称	示 意 图	尺寸符号	标注方法
1	对接焊缝	S	S：焊缝有效厚度	S
2	连续角焊缝	K	K：焊脚尺寸	K
3	断续角焊缝	l (e) l	l：焊缝长度 e：间距 n：焊缝段数 K：焊脚尺寸	K n×l(e)
4	交错断续角焊缝	l (e) l (e) l l (e) l	l：焊缝长度 e：间距 n：焊缝段数 k：焊脚尺寸	K n×l (e) K n×l (e)
5	塞焊缝或槽焊缝	c l (e) l c	l：焊缝长度 e：间距 n：焊缝段数 c：槽宽	c n×l(e)
		d (e) d	e：间距 n：焊缝段数 d：孔径	d n×(e)
6	点焊缝	d (e) d	n：焊点数量 e：焊点距 d：熔核直径	d n×(e)
7	缝焊缝	c l (e) l c	l：焊缝长度 e：间距 n：焊缝段数 c：焊缝宽度	c n×l(c)

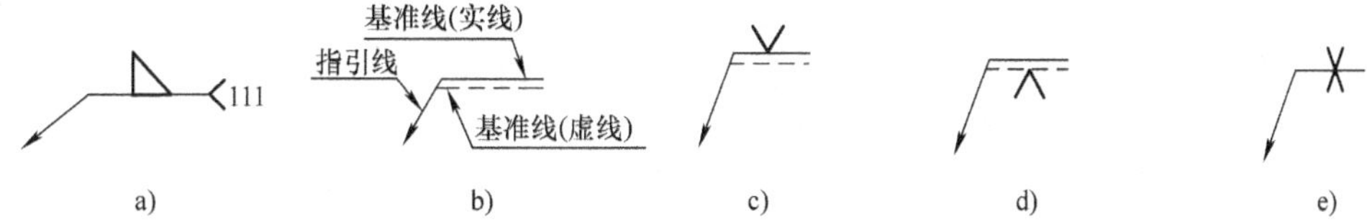

图 1-17　指引线及其标注

a）角焊缝采用焊条电弧焊　b）指引线的组成　c）焊缝在接头的箭头侧
d）焊缝在接头的非箭头侧　e）对称焊缝

2. 焊缝尺寸符号及数据标注原则

1）焊缝横截面上的尺寸（横向尺寸）应标注在基本符号的左侧，如钝边高度 p、坡口深度 H、焊脚尺寸 K、焊缝余高 h、焊缝有效厚度 S、根部半径 R、焊缝宽度 c、熔核直径 d 等。

2）焊缝长度方向的尺寸（纵向尺寸）应标注在基本符号的右侧，如焊缝长度、焊缝间距等。

3）坡口角度、坡口面角度和根部间隙应标注在基本符号的上面或下面。

4）相同焊缝数量符号标注在基准线尾部。

5）当需要标注的尺寸数据较多又不易分辨时，可在尺寸数据前面标注相应的尺寸符号。

6）当箭头线方向变化时，上述标注原则不变。

3. 焊接接头的简化标注

GB/T 12212—2012 还规定了某些情况下焊接接头的简化标注方法，如图 1-18 所示。

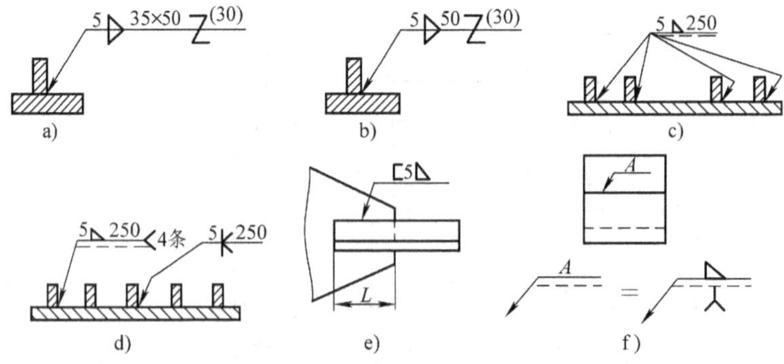

图 1-18　焊接接头的简化标注

a）交错对称焊缝　b）省略焊缝段数　c）焊缝的坡口尺寸和焊缝符号均相同

d）有其他形式的焊缝　e）标注焊缝简化符号　f）省略焊缝长度

为了简化焊接方法的标注和文字说明，可采用 GB/T 5185—2005《焊接及相关工艺方法代号》中规定的，用阿拉伯数字表示的金属焊接及钎焊等各种焊接方法的代号，见表 1-6。

表 1-6　焊接方法代号

序号	焊接方法	代号	序号	焊接方法	代号
1	电弧焊	1	11	气焊	3
2	焊条电弧焊	111	12	氧乙炔焊	311
3	埋弧焊	12	13	氧丙烷焊	312
4	熔化极非惰性气体保护电弧焊	135	14	压力焊	4
5	熔化极惰性气体保护电弧焊	131	15	超声波焊	41
6	钨极惰性气体保护电弧焊	141	16	摩擦焊	42
7	电阻焊	2	17	扩散焊	45
8	点焊	21	18	爆炸焊	441
9	电阻缝焊	22	19	电渣焊	72
10	电阻对焊	25	20	螺柱焊	78

▷【任务实施】

由图 1-1 可知，该支架为焊接组合件，其形状规则、对称，有 7 处接缝需要焊接，焊后用机械加工达到图样尺寸要求。要求根据施工图样分析焊接基本技术要求、焊件重要结构信息及焊件连接情况。

一、分析焊件基本信息

1. 基本技术要求

根据图 1-1，件 1、件 2、件 3 的材料均为 Q235B；各焊缝均用焊条电弧焊焊接，所有焊缝应连续、无缺陷；各零件的下料方式均为气割。

2. 焊件重要结构信息

由图 1-2 可知，件 1 是一个 ϕ60mm × 65mm 的短管；支承板为 t = 20mm 的钢板；底板为 100mm × 150mm、t = 20mm 的钢板，其上钻有中心距为 90mm 的两个 ϕ22mm 圆孔。

二、焊件连接情况

1. 件 1 与件 2 的焊接连接

当部件按主视图水平固定时，在件 1 与件 2 的焊缝符号 111>6◺○ 中，根据 GB/T 324—2008 的规定，焊缝指引线“◺”表示焊缝在接头箭头所指示的一侧，焊缝基本符号“◺”表示该焊缝为角焊缝，符号中的“◺”表示该角焊缝为表面凹陷，数字“6”表示该角焊缝的焊脚尺寸，补充符号“○”表示为全位置周围施焊。根据标准规定，补充符号尾部符号“＜”及后面的数字“111”表示该焊缝用焊条电弧焊完成。

2. 件 2 与件 3 的焊接连接

当部件按主视图水平固定时，在件 2 与件 3 的焊缝符号“⊏6▷<111”中，根据标准规定，焊缝指引线“▷”表示角接连续对称焊缝，焊缝基本符号“◁”表示上下对称角焊缝，补充符号“⊏”表示三面施焊焊缝，数字“6”表示该角焊缝的焊脚尺寸，根据标准规定，补充符号尾部符号“＜”及后面的数字“111”表示该焊缝用焊条电弧焊完成。

按主视图水平固定时，件 2 与件 3 在仰焊位置上，还有一处焊缝符号“111>6◺”，根据标准规定，焊缝指引线“◺”表示焊缝在接头箭头所指示的一侧，焊缝基本符号“◺”表示该焊缝为角焊缝，数字“6”表示该角焊缝的焊脚尺寸。根据标准规定，补充符号尾部符号“＞”及后面的数字“111”表示该焊缝用焊条电弧焊完成。

3. 件 3 与件 4 的焊接连接

在支架俯视图中，件 3 与件 4 的焊缝符号为 111>22⊓ 2×90 ⚑，根据标准规定，焊缝指引线表示用塞焊缝焊接，其中焊缝基本符号“⊓”表示该焊缝为塞焊缝，补充符号“⚑”表示该焊缝在施工现场或施工工地进行焊接。数字“22”表示该塞焊缝是在直径为 ϕ22mm 的孔中塞焊，“2 × 90”中的“2”表示有两处塞焊缝，“90”表示这两处塞焊缝的间距为 90mm。根据标准规定，补充符号尾部符号“＞”及后面的数字“111”表示该焊缝用焊条电弧焊完成。

➢【任务评价】

焊接图的识读评分标准见表1-7。

表1-7　焊接图的识读评分标准

序　号	评分项目	评分标准	配分	得分
1	111 6	指引线、基准线、补充符号共计7个，指出其表示的含义，每个5分	35	
2	6 111	补充符号共计3个，指出其表示的含义，每个5分	15	
3	111 6	补充符号共计3个，指出其表示的含义，每个5分	15	
4	111 22 2×90	指引线、基准线、补充符号共计7个，指出其表示的含义，每个5分	35	
总分			100	

任务2　焊条的选用和使用

➢【学习目标】

1）了解焊条的组成、作用及分类，理解焊条的型号与牌号的表示方法。

2）了解焊条的工艺性能，掌握焊条的正确保管、发放和使用方法。

➢【任务提出】

焊接如图1-1所示的焊件，选用直径为ϕ3.2mm，型号为E4303的焊条，要求理解该焊条型号所表示的含义，并在焊接前做好焊接准备工作。

➢【任务分析】

国产焊条目前有型号和牌号两种表示形式，其中，型号是根据国家标准GB/T 5117—2012《非合金钢及细晶粒钢焊条》制定的。要求理解焊条型号所表达的技术信息，掌握国家标准关于型号命名的相关规范，这是对焊接技术人员的基本要求。此外在焊接前，焊接技术人员还必须了解有关焊条烘干和焊条储存等方面的知识。

➢【相关知识】

一、焊条的组成及作用

焊条是焊条电弧焊采用的焊接材料，是涂有药皮熔化电极，由焊芯和药皮两部分组成，如图1-19所示。焊条作为传导焊接电流的电极和焊缝的填充金属，其质量和性能将直接影响焊接质量。

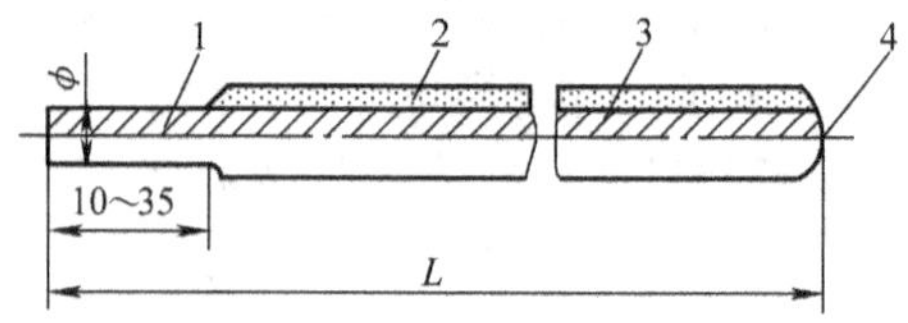

图1-19　焊条组成示意图

1—夹持端　2—药皮　3—焊芯　4—引弧端

焊条端部未涂药皮的焊芯部分长10～35 mm，其作用是供焊钳夹持并有利于导电，它是焊条夹持端。焊条前端的药皮有45°左右的倾角，将焊芯金属露出，以便于引弧。

1. 焊芯

焊芯是焊条的金属芯部分，在焊接过程中，焊芯有两个作用：一是导通电流，维持电弧

稳定燃烧；二是作为填充金属材料与熔化的母材共同形成焊缝金属。

焊条电弧焊时，焊芯熔化形成的填充金属约占整个焊缝金属的50%～70%，所以，焊芯的化学成分及各组成元素的含量，直接影响着焊缝金属的化学成分和力学性能。碳钢焊芯中各组成元素对焊接过程和焊缝金属性能的影响如下：

（1）碳（C）　在焊接过程中，碳是一种良好的脱氧剂，其在高温时与氧化合生成CO或CO_2气体，这些气体从熔池中逸出，在熔池周围形成气罩，可降低或防止空气中的氧、氮与熔池发生作用，所以碳能减少焊缝中氧和氮的含量。但碳含量过高时，由于还原作用剧烈，会增加飞溅和产生气孔的倾向，同时会明显地提高焊缝的强度、硬度，降低焊接接头的塑性，并使接头产生裂纹的倾向增大。因此，常用焊芯中碳的质量分数不大于0.10%。

（2）锰（Mn）　在焊接过程中，锰是很好的脱氧剂和合金剂。它既能减小焊缝中氧的含量，又能与硫化合生成硫化锰（MnS）起脱硫作用，可以减小产生热裂纹的倾向。锰可作为合金元素渗入焊缝，使焊缝的力学性能得到提高。常用焊芯中锰的质量分数为0.30%～0.55%。

（3）硅（Si）　硅也是脱氧剂，而且其脱氧能力比锰强，可与氧形成二氧化硅（SiO_2），但它会增加熔渣的粘度，而粘度过大会促使非金属夹杂物的生成。过多的硅还会降低焊缝金属的塑性和韧性。所以，焊芯中硅的质量分数一般限制在0.04%以下。

（4）铬（Cr）与镍（Ni）　对碳钢焊芯来说，铬与镍都是杂质，是从炼钢原料中混入的。焊接过程中，铬易氧化而形成难溶的氧化铬（Cr_2O_3），使焊缝产生夹渣。镍对焊接过程无影响，但对钢的韧性有比较明显的影响。一般低温冲击值要求较高时，可以适当掺入一些镍。焊芯中的ω_{Cr}一般控制在0.20%以下，ω_{Ni}则在0.30%以下。

（5）硫（S）与磷（P）　硫、磷都是有害杂质，它们会使焊缝金属的力学性能降低。硫与铁作用能生成硫化亚铁（FeS），它的熔点低于铁，使焊缝在高温状态下容易产生热裂纹。磷与铁作用生成磷化亚铁和磷化铁（Fe_3P和Fe_2P），使熔化金属的流动性增大，在常温下变脆，所以焊缝容易产生冷脆现象。一般焊芯中要求ω_S与ω_P均不大于0.04%；焊接重要结构时，焊芯中要求硫与磷的质量分数均不大于0.03%。

2. 药皮

压涂在焊芯表面的涂料层称为药皮。由于焊芯中不含某些必要的合金元素，且焊接过程中要补充焊芯烧损（氧化或氮化）的合金元素，所以焊缝具有的合金成分均须通过药皮添加。同时，通过药皮中加入的不同物质在焊接时发生的冶金反应和物理、化学变化，能起到改善焊条工艺性能和改进焊接接头性能的作用。所以，药皮也是决定焊接质量的重要因素之一。

（1）药皮组成物　焊条药皮为多种物质的混合物，主要有以下四种：

1）矿物类。主要是各种矿石、矿砂等，常用的有硅酸盐矿、碳酸盐矿、金属矿及萤石矿等。

2）铁合金和金属类。铁合金是指铁和各种元素的合金，常用的有锰铁、硅铁、铝铁。

3）化工产品类。常用的有水玻璃、钛白粉、碳酸钾等。

4）有机物类。主要有淀粉、糊精及纤维素等。

焊条药皮组成物的成分较为复杂，每种焊条药皮配方中都有多种原料。根据原料的作用不同，可分为稳弧剂、脱氧剂、造渣剂、造气剂、合金剂、粘接剂、稀渣剂和增塑剂。为简明起见，现将药皮涂料的名称、成分和作用列于表1-8中。

表 1-8　药皮涂料的名称、成分和作用

名　称	涂料成分	作　用
稳弧剂	碳酸钾、碳酸钠、长石、大理石、钛白粉、钠水玻璃、钾水玻璃	改善引弧性能和提高电弧燃烧的稳定性
脱氧剂	锰铁、硅铁、钛铁、铝铁、石墨	降低药皮或熔渣的氧化性和脱除金属中的氧
造渣剂	大理石、萤石、菱苦土、长石、花岗石、陶土、钛铁矿、锰矿、赤铁矿、钛白粉、金红石	造出具有一定物理性能、化学性能的熔渣，并能很好地保护焊缝和改善焊缝成形
造气剂	淀粉、木屑、纤维素、大理石	形成的气体可加强对焊接区的保护
合金剂	锰铁、硅铁、钛铁、铬铁、钼铁、钒铁、石墨	使焊缝金属获得必要的合金成分
粘接剂	钾水玻璃、钠水玻璃	将药皮牢固地粘接在焊芯上
稀渣剂	萤石、长石、钛铁矿、钛白粉、锰铁、金红石	降低熔渣的粘度，增加熔渣的流动性
增塑剂	云母、滑石粉、钛白粉、高岭土	增加药皮的流动性，改善焊条的压涂性能

（2）药皮的类型　根据药皮组成中主要成分的不同，焊条药皮可分为 8 种不同的类型。

1）氧化钛型。药皮中氧化钛的质量分数大于或等于 35%，主要从钛白粉和金红石中获得。

2）钛钙型。药皮中氧化钛的质量分数大于 30%，钙和镁的碳酸盐矿石的质量分数为 20% 左右。

3）钛铁矿型。药皮中含钛铁矿的质量分数大于或等于 30%。

4）氧化铁型。药皮中含有大量氧化铁及较多的锰铁脱氧剂。

5）纤维素型。药皮中有机物的质量分数为 15% 以上，氧化钛的质量分数为 30% 左右。

6）低氢型。药皮主要组成物是碳酸盐和氟化物（萤石）等碱性物质。

7）石墨型。药皮中含有较多的石墨。

8）盐基型。药皮主要由氯化物和氟化物组成。

常用焊条药皮的类型、主要成分及工艺性能见表 1-9。

表 1-9　常用焊条药皮的类型、主要成分及工艺性能

焊条药皮类型	主要成分	工艺性能	适用范围
钛　型（氧化钛型）	氧化钛（金红石或钛白粉）	焊接工艺性能良好，熔深较浅；交直流两用，电弧稳定，飞溅小，脱渣容易；能进行全位置焊接，焊缝美观，但焊缝金属的塑性和抗裂性能较差	用于一般低碳钢结构的焊接，特别适用于薄板的焊接
钛钙型（氧化钛钙型）	氧化钛及钙和镁的碳酸盐矿石	焊接工艺性能良好，熔深一般；交直流两用，飞溅小，脱渣容易；适用于全位置焊接，焊缝美观	用于较重要的低碳钢结构和强度等级较低的普通低合金钢一般结构的焊接
钛铁矿型	钛铁矿	焊接工艺性能良好，熔深一般；交直流两用，飞溅一般，电弧稳定；适用于全位置焊接，焊缝美观	用于较重要的低碳钢结构和强度等级较低的普通低合金钢一般结构的焊接
氧化铁型（铁锰型）	氧化铁矿及锰铁	焊接工艺性能较差，熔深较大，熔化速度快，焊接生产率高；飞溅稍多，但电弧稳定，再引弧容易；立焊及仰焊操作性较差；焊缝金属抗热裂性能较好；交直流两用	用于较重要的低碳钢结构和强度等级较低的普通低合金钢结构的焊接。特别适用于中等厚度以上钢板的平焊

（续）

焊条药皮类型	主要成分	工艺性能	适用范围
纤维素型	有机物及氧化钛	焊接时能产生大量气体，以保护熔敷金属，熔深大；交直流两用，电弧弧光强，熔化速度快；熔渣少，脱渣容易，飞溅一般；对各种位置焊接的适应性好	用于一般低碳钢结构的焊接，特别适用于向下立焊及深熔焊接
低氢型	碳酸钙（大理石或石灰石）、萤石和铁合金	焊接工艺性能一般，适用于全位置焊接；焊接时要求药皮干燥，采用短弧焊接；焊缝金属具有良好的抗热裂性能、低温冲击性能和力学性能。此焊条一般采用直流电，但药皮中加入稳弧剂后，也能采用交流电焊接	用于低碳钢及普通低合金钢重要结构的焊接

（3）药皮的作用

1）防止空气对熔化金属的不良作用。焊接时，药皮熔化后将产生大量气体笼罩着电弧和熔池，使熔化金属与空气隔绝。同时形成了熔渣，覆盖在焊缝的表面保护焊缝金属，熔渣还能使焊缝金属缓慢冷却，有利于已溶入液体金属中的气体逸出，降低生成气孔的可能性，并能改善焊缝的成形和结晶。

2）冶金处理。通过熔渣与熔化金属的冶金反应，除去有害杂质（如氧、氢、硫、磷）和添加有益的合金元素，使焊缝获得良好的力学性能。

3）改善焊条工艺性能。焊条的工艺性能主要包括焊接电弧的稳定性、焊缝成形、对全位置焊接的适应性、脱渣性、飞溅大小、焊条的熔敷率及焊条发尘量等。

总之，性能好的焊条，不仅要求焊缝金属具有优良的内在质量，即保证焊缝获得合乎要求的化学成分和力学性能，还要求焊条工艺性能良好。

二、焊条的分类

常用的焊条分类方法有按用途分类和按熔渣的碱度分类两种。

1. 按用途分类

焊条按用途可分为碳钢焊条、低合金钢焊条、不锈钢焊条、堆焊焊条、铸铁焊条、铜及铜合金焊条、铝及铝合金焊条、镍及镍合金焊条和特殊用途焊条等。

2. 按熔渣的碱度分类

焊接过程中，焊条药皮熔化后，经过一系列化学变化而形成的覆盖于焊缝表面的非金属物质，称为熔渣。

（1）酸性焊条　如果焊条药皮熔化后的熔渣中酸性氧化物比碱性氧化物多，则这类焊条称为酸性焊条。酸性焊条的电弧燃烧稳定，可交、直流两用；熔渣流动性好，飞溅小，焊缝成形美观，脱渣容易。

（2）碱性焊条　如果焊条药皮熔化后的熔渣中碱性氧化物比酸性氧化物多，则这类焊条称为碱性焊条。用碱性焊条施焊时，焊缝金属的力学性能和抗裂纹能力都高于酸性焊条；但电弧稳定性不如酸性焊条，对铁锈、水分比较敏感，焊接过程中烟尘较大，表面成形粗糙。

三、焊条的型号与牌号

1. 焊条的型号

焊条型号是以国家标准为依据，反映焊条主要特性的一种表示方法。其主要内容包括焊条符号“E”、焊条类别、焊条特点（主要是指熔敷金属的力学性能）和药皮类型等。

此处以非合金钢及细晶粒钢焊条为例作简要介绍，其他类型的焊条的编制请参阅有关资料。

国家标准 GB/T 5117—2012《非合金钢及细晶粒钢焊条》规定了非合金钢及细晶粒钢焊条的型号，具体是根据熔敷金属的力学性能、药皮类型、焊接位置和电流种类等来划分的。

1）型号中的第一字母“E”表示焊条。

2）“E”后面的两位数字表示熔敷金属的最小抗拉强度。

3）“E”后面的第三和第四位数字表示药皮类型、焊接位置和电流类型，见表 1-10。

表 1-10 药皮类型、焊接位置和电流类型代号

代 号	药皮类型	焊接位置①	电流类型
03	钛型	全位置②	交流和直流正、反接
10	纤维素	全位置	直流反接
11	纤维素	全位置	交流和直流反接
12	金红石	全位置②	交流和直流正接
13	金红石	全位置②	交流和直流正、反接
14	金红石 + 铁粉	全位置②	交流和直流正、反接
15	碱性	全位置②	直流反接
16	碱性	全位置②	交流和直流反接
18	碱性 + 铁粉	全位置②	交流和直流反接
19	钛铁矿	全位置②	交流和直流正、反接
20	氧化铁	PA、PB	交流和直流正接
24	金红石 + 铁粉	PA、PB	交流和直流正、反接
27	氧化铁 + 铁粉	PA、PB	交流和直流正、反接
28	碱性 + 铁粉	PA、PB、PC	交流和直流反接
40	不作规定	由制造商确定	
45	碱性	全位置	直流反接
48	碱性	全位置	交流和直流反接

①焊接位置见 GB/T 16672—1996，其中 PA = 平焊、PB = 平角焊、PC = 横焊、PG = 向下立焊。

②此处“全位置”并不一定包含向下立焊，由制造商确定。

4）第四部分为熔敷金属的化学成分分类代号，可为无标记或短划“-”后面加字母、数字和数字的组合。

5）第五部分为熔敷金属的化学成分代号之后的焊后状态代号，其中无标记表示焊态，“P”表示热处理状态，“AP”表示焊态和焊后热处理两种状态均可。

非合金钢及细晶粒钢焊条型号的示例如下：

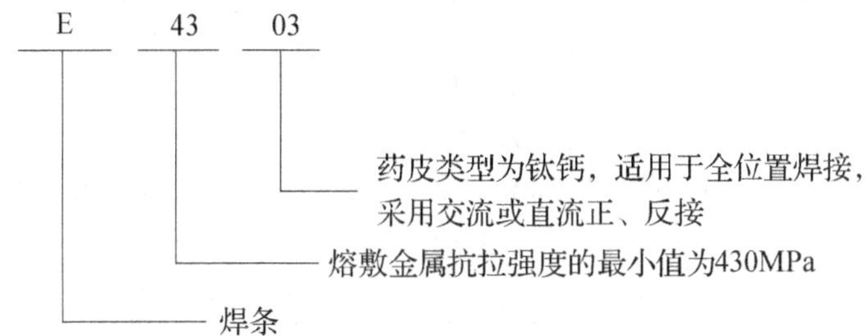

2. 焊条牌号

焊条牌号是焊条制造厂对其生产的焊条所规定的编号，主要根据焊条的用途及性能特点来命名，一般可分为十大类。以下主要介绍几种常用焊条牌号的编制方法。

（1）结构钢焊条牌号的编制

1）牌号的第一个汉语拼音大写字母“J ”或汉字”结”表示结构钢焊条。

2）“J”后面的两位数表示熔敷金属的抗拉强度等级。

3）“J”后面的第三位数字表示药皮类型和电源种类，见表1-11。

4）当药皮中铁粉的质量分数约为30%或熔敷效率为105%以上时，在牌号末尾只加注元素符号“Fe”或汉字“铁”即可；其后缀为两位数字，表示熔敷效率的1/10。

铁粉焊条的特点是：焊接时，由于铁粉受热氧化而产生大量的热量，成为除电弧以外的补充热源，因此可以提高焊芯的熔化系数和焊缝金属的熔敷效率，从而提高焊接生产率。

表1-11　焊条药皮类型及电源种类

牌　号	焊条类型	焊接电源种类	牌　号	焊条类型	焊接电源种类
××0	不属于规定的类型	不规定	××5	纤维素型	直流或交流
××1	氧化钛型	直流或交流	××6	低氢钾型	直流或交流
××2	氧化钛钙型	直流或交流	××7	低氢钠型	直流
××3	钛铁矿型	直流或交流	××8	石墨型	直流或交流
××4	氧化铁型	直流或交流	××9	盐基型	直流

5）当结构钢焊条具有特殊性能和用途时，在牌号末尾加注起主要作用的元素符号或表示主要用途的拼音字母（一般不超过2个）。

结构钢焊条牌号示例如下：

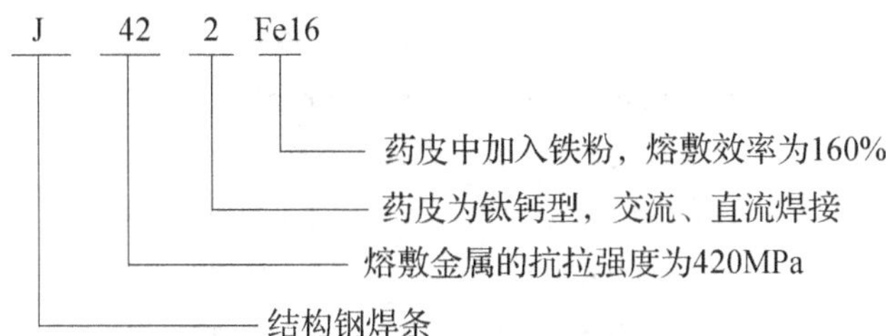

（2）铬钼耐热钢焊条牌号的编制

1）牌号的第一个汉语拼音大写字母“R”或汉字“热”表示钼及铬钼耐热钢焊条。

2）“R”后面的第一位数字表示熔敷金属主要化学成分的质量分数，见表1-12。

表 1-12　钼及铬钼耐热钢焊条

牌　　号	熔敷金属主要化学成分的质量分数
R1××	Mo 的质量分数为 0.5%
R2××	Cr 的质量分数为 0.5%，Mo 的质量分数为 0.5%
R3××	Cr 的质量分数为 1%～2%，Mo 的质量分数为 0.5%～1%
R4××	Cr 的质量分数为 2.5%，Mo 的质量分数为 1%
R5××	Cr 的质量分数为 5%，Mo 的质量分数为 0.5%
R6××	Cr 的质量分数为 7%，Mo 的质量分数为 1%
R7××	Cr 的质量分数为 9%，Mo 的质量分数为 1%
R8××	Cr 的质量分数为 11%，Mo 的质量分数为 1%

3）“R ”后面的第二位数字表示同一熔敷金属主要化学成分等级中的不同编号。对于同一药皮类型的焊条，可有十个编号，按 0、1、2、…、9 的顺序编排。

4）“R”后面的第三位数字表示药皮类型和电源种类，见表 1-11。

铬钼耐热钢焊条牌号示例如下：

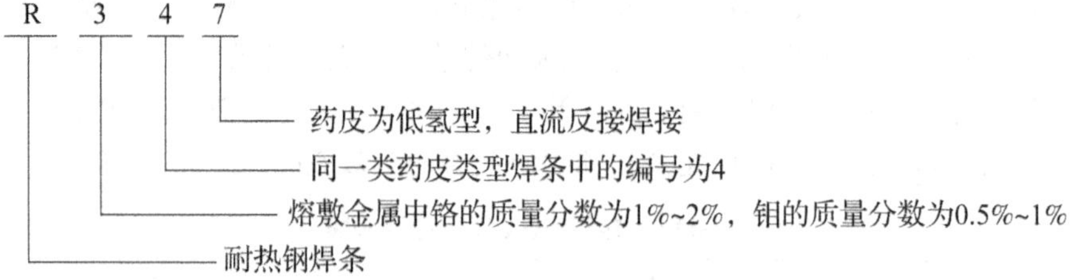

（3）不锈钢焊条牌号的编制

1）牌号中的第一个汉语拼音大写字母“G”及“A”或汉字“铬”及“奥”，表示铬不锈钢焊条和奥氏体不锈钢焊条。

2）“ G”或“A”后面的第一位数字表示熔敷金属主要化学成分的质量分数，见表 1-13。

表 1-13　不锈钢焊条

牌　　号	熔敷金属主要化学成分组成等级
G2××	Cr 的质量分数约为 13%
G3××	Cr 的质量分数约为 17%
A0××	Cr 的质量分数不大于 0.04%（超低级）
A1××	Cr 的质量分数约为 18%，Ni 的质量分数约为 8%
A2××	Cr 的质量分数约为 18%，Ni 的质量分数约为 12%
A3××	Cr 的质量分数约为 25%，Ni 的质量分数约为 13%
A4××	Cr 的质量分数约为 25%，Ni 的质量分数约为 20%
A5××	Cr 的质量分数约为 16%，Ni 的质量分数约为 25%
A6××	Cr 的质量分数约为 15%，Ni 的质量分数约为 35%
A7××	铬锰氮不锈钢
A8××	Cr 的质量分数约为 18%，Ni 的质量分数约为 18%
A9××	待发展

3）“G”或“A”后面的第二位数字表示同一熔敷金属主要化学成分组成等级中的不同编号。对于同一种药皮类型的焊条，可有十个编号，按 0、1、2、…、9 的顺序编排。

4）“G”或“A”后面第三位数字表示药皮类型和电源种类，见表 1-11。

不锈钢焊条牌号示例如下：

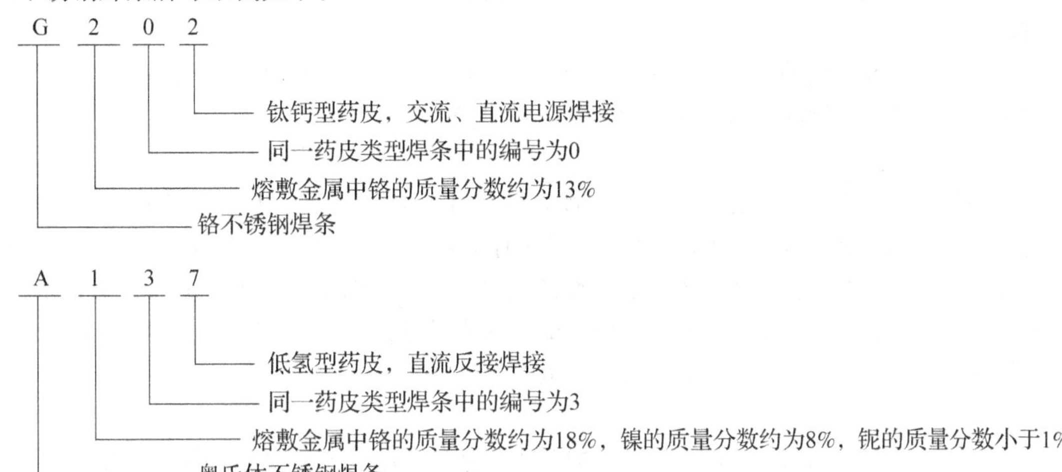

四、焊条的工艺性能

焊条的工艺性能是指焊条操作时的性能，它是衡量焊条质量的重要标志之一。焊条的工艺性能包括焊接电弧的稳定性、焊缝成形性、对各种焊接位置的适应性、脱渣性、熔化速度、飞溅率、药皮发红及焊接发尘量等。

1. 焊接电弧的稳定性

焊接电弧的稳定性就是保持电弧持续而稳定燃烧的能力，它对焊接过程能否顺利进行和焊缝质量好坏都有显著的影响。电弧稳定性与很多因素有关，焊条药皮的组成是其中的主要因素。焊条药皮的组成决定了电弧气氛的有效电离电压。有效电离电压越低，电弧燃烧就越稳定。焊条药皮加入少量的低电离电位物质，即可有效地提高电弧稳定性。

2. 焊缝成形性

良好的焊缝成形，应该是表面波纹细致、美观，几何形状正确，焊缝的余高量适中，焊缝与母材间过渡平滑，无咬边缺陷。焊缝成形与熔渣的物理性能有关，熔渣的熔点和黏度太高或太低，都会使焊缝的成形变差。熔渣的表面张力对焊缝成形也有影响，熔渣的表面张力越小，对焊缝覆盖越好。

3. 对各种焊接位置的适应性

实际生产中常需要进行平焊、横焊、立焊、仰焊等各种位置的焊接。几乎所有的焊条都适用于平焊，但很多种焊条在进行横焊、立焊或仰焊时有困难。例如，药皮较薄的焊条进行横焊、立焊或仰焊时，因在焊条端部形成的套筒（即“喇叭筒”）较短，电弧吹力较小，熔滴不能顺利过渡到熔池中，在重力的作用下，会使熔池金属和熔渣下流，而不易形成高质量的焊缝，如图 1-20 所示。

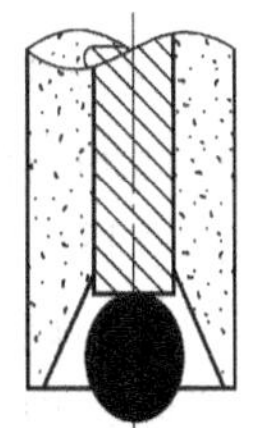

图 1-20　焊条形成的熔滴与套筒示意图

为了解决上述问题，除了正确选择焊接参数、掌握操作要领外，还应在焊条药皮配方方面采取一定的措施。首先是适当选择熔点低的药皮造气剂材料来提高电弧的气流吹力，把熔滴推进熔池；其次是熔渣应具有合适的熔点，使之能在较高的温度和较短的时间内凝固；再次是熔滴的黏度应产生适当的表面张力，阻止熔滴下流，熔渣的熔点与黏度要通过药皮的组成进行调节。

选择药皮厚一些的焊条，使焊接时焊条端部套筒的长度适当加长，可以提高电弧气流的吹力。为保证有足够的气体，药皮中应加入一定量的造气物质。

4. 脱渣性

脱渣性是指焊渣表面脱落的难易程度。脱渣性差会显著降低生产率（尤其是在多层焊时），还易造成夹渣缺陷。影响脱渣性的因素有熔渣的膨胀系数、氧化性、疏松度和表面张力等，其中熔渣的膨胀系数是影响脱渣性的主要因素。焊缝金属与熔渣膨胀系数之差越大，脱渣越容易。钛钙型焊条熔渣与低碳钢焊缝的膨胀系数相差最大，脱渣性较好；而低氢型焊条熔渣与焊缝金属的膨胀系数相差最小，故脱渣性较差。

5. 熔化速度

焊条金属的平均熔化速度可用单位时间内焊芯熔化的长度或质量来表示。试验证明，在正常焊接工艺条件下，焊条金属的平均熔化速度与焊接电流成正比。影响焊条熔化速度的因素主要有焊条药皮的组成、电弧电压、焊接电流、焊芯成分及直径等。

焊条的熔化速度可用其熔化系数表示。熔化系数是指焊接过程中，单位电流、单位时间内焊芯的熔化量。在焊接时，熔化的焊芯金属并不是全部进入熔池形成焊缝，而是有一部分损失。把单位电流、单位时间内焊芯熔敷在焊件上的金属量称为熔敷系数。

在药皮中加入较多的铁粉，不仅可以提高焊条的熔化速度，而且由于药皮导电、导热性的提高，允许在焊接时使用较大的电流，工艺性能也得到了改善。

6. 飞溅率

飞溅是指熔焊过程中液体金属颗粒向周围飞散的现象。飞溅会影响焊接过程的稳定性，增大金属的损失等。由于金属的蒸发、氧化和飞溅，焊芯在熔敷过程中的损失质量与熔化的焊芯质量之比称为飞溅率。

影响飞溅的因素很多，熔渣黏度增大、焊接电流过大、药皮中水分过多、电弧过长、焊条偏心等都能引起飞溅的增加。

7. 药皮发红程度

药皮发红是指焊条焊到后半段时，由于焊条药皮温度升高而导致发红、开裂或脱落的现象。这将使药皮失去保护作用，引起焊条工艺性能恶化，严重影响焊接质量。

8. 焊接发尘量

在电弧的高温作用下，焊条端部、熔滴和熔池表面的液体金属及熔渣激烈蒸发，产生的蒸气排出电弧区外即迅速氧化或冷却，细小颗粒飘浮于空气中，而形成焊接烟尘。焊接烟尘污染环境且影响焊工健康，为改善焊接工作卫生环境，许多国家先后制定了工业卫生的有关标准。我国在现行国家标准 GB 9448—1999《焊接与切割安全》中规定：锰及其化合物（换算成 MnO_2）的最高容许浓度为 0.2mg/m^3，氟化氢及其他氟化物（换算成氟）的最高容许浓度为 1mg/m^3，其他粉尘的最高容许浓度为 10mg/m^3。

五、焊条的正确保管、发放及使用

焊接材料的保管、发放和使用，以及必要的复验是保证焊接质量的重要环节。每一个焊工、保管员和技术员都应该熟悉焊接材料的储存和保管规则，熟悉焊接材料的烘焙和使用要求。

1. 焊条的保管

1）进厂的焊条应先由技术检验部门核对焊接材料的生产单位、质量证书、牌号、规格、重量、批号、生产日期。对不符合标准规定的焊接材料，检验人员有权拒绝验收入库。

2）当发现已入库的焊条出现保管不善、存放时间过长或发放错误等情况时，质检人员可按有关产品验收技术条件进行抽样检查，不合格的应予以报废，并通知车间停止使用。

3）焊条的仓库保管条件：①通风良好、干燥；②室温不低于18℃，对含氢量有特殊要求的焊条，其相对湿度应不大于60%；③货架或垫木离墙、离地应不小于300mm；④按品种、牌号分类堆放，并涂以明显标志。

2. 焊条的发放和使用

使用者从仓库领回焊条，须按产品说明书规定的规范进行烘干后才能发放使用。

1）由于酸性焊条对水分不敏感，不易产生气孔，所以酸性焊条可根据受潮情况决定是否进行烘干。对于受潮严重的焊条要进行70～150℃的烘焙，保温1h，使用前不再烘焙。对一般受潮的焊条，焊前不必烘焙。

2）碱性焊条在使用前必须烘干，以降低焊条的含水量，防止气孔、裂纹等缺陷的产生。烘干温度一般为350～400℃，保温2h。经烘干的碱性焊条最好放入一个温度控制在100～150℃的保温电烘箱中存放，随用随取。

3）露天作业时，规定碱性焊条一次领取不得超过4h的用量，酸性焊条一次领取不得超过8h的用量，如果到时间未用完应立即归还焊条房。

4）在现场作业时，焊工应将焊条存放在焊条箱（盒）或焊条保温筒内，不得随意乱放，以免焊条受潮或破损而影响焊接质量。

➢【任务实施】

根据焊条的型号和牌号不同，施焊前应按规定做以下工作。

一、焊条准备

1）E4303焊条熔敷金属抗拉强度的最小值为430MPa；03表示药皮类型为钛钙型，适用于全位置焊接，采用交流或直流正、反接。

2）按规定准备好ϕ3.2mm，型号为E4303的焊条，置于烘干炉中烘干。焊条数量根据焊工人数和工作量确定。

3）烘干焊条时，焊条不应成垛或成捆地堆放，应铺成层状。每次烘干时，焊条不能堆放得太厚（一般为1～3层），以避免焊条烘干时受热不均匀和潮气不易排出。

4）烘干时须特别注意，应使焊条烘干箱温度缓慢上升，防止焊条烘干箱骤冷骤热，而使焊条药皮爆裂，影响焊接质量。

5）在焊条烘干期间，应有专门的技术人员负责对操作过程进行检查和核对。每批焊条的检查和核对不得少于一次，并在操作记录上签字。

二、操作步骤

1）严格按照焊接安全操作规程操作，在专业教师指导下，必须穿戴好工作服、工作鞋和手套等防护用品，并按焊接安全技术和焊接安全注意事项做好安全检查工作。

2）一般来说，焊条一次出库量不能超过两天的用量，对于已经出库的焊条，焊工必须按规定将其保管好。

3）将选定的适当数量的ϕ3.2mm、型号为E4303的焊条，按焊条标准烘干温度（100～150℃）和烘干时间（1～2h）进行烘干。烘干完成后，把焊条放入预先准备的焊条保温筒（或保温箱）中，盖上盖子待用。做好领取焊条时间和次数的记录。

4）若使用通电恒温筒，要接通电源。

5）每根焊条用完后，要将焊条头回收，妥善保管，以免烫伤。

6）一根焊条应尽量一次焊完，避免焊缝接头过多而降低焊接质量。

7）未用完的焊条重新入库时必须单独摆放，再使用时应优先出库，且同一焊条重复烘干不得超过三次。

8）在实习场所周围应设置灭火器材。

【任务评价】

焊条的选用和使用评分标准见表1-14。

表1-14　焊条的选用和使用评分标准

序　号	评分项目	评分标准	配分	得分
1	焊条烘干时的摆放	烘干时摆放以1～3层为宜，每多一层扣5分，直到扣完为止	15	
2	焊条烘干温度	E4303焊条的烘干温度为100～150℃，烘干温度不正确全扣	15	
3	焊条烘干时间	E4303焊条的烘干时间为1～2h，烘干时间不正确全扣	15	
4	焊条放入与取出	禁止烘干箱骤冷骤热，不符合要求全扣	15	
5	烘干焊条的保管	焊条烘干后放入100～150℃的保湿筒（箱）内，及时盖盖保温，不符合要求全扣	10	
6	焊条烘干次数	焊条烘干次数不得超过3次，不符合要求全扣	10	
7	焊条烘干记录	记录焊条型号或牌号、批号、温度、时间，记录不全每项扣2分，无记录全扣	10	
8	安全操作规程	劳动保护用品穿戴不全扣3分，设备、工具使用不正确扣2分	5	
9	文明生产规定	工作场地应整洁，工具摆放整齐，按情况扣分，最多扣5分	5	
总分			100	

任务3　焊接设备及工具的使用

【学习目标】

1）了解焊条电弧焊设备的结构特点、使用及维护方法。

2）掌握焊条电弧焊常用工具、量具的使用方法，学习使用焊接检验尺。

3）掌握焊条电弧焊设备的安装方法及安全操作技术。

➢【任务提出】

焊条电弧焊电源是为电弧提供电能的一种装置，也就是利用焊接电弧产生的热量来熔化焊条和焊件，实现焊接过程的电气设备。操作者除应该掌握常用焊接设备的安装调试和安全使用方法以外，还应学会常用工具、量具的使用方法。

训练任务：安装 BX1—330 型电焊机。

➢【任务分析】

BX1—330 型电焊机属于动圈式弧焊变压器，其空载电压为 60～75V，工作电压为 30V，电流调节范围为 40～400A。这种焊机具有结构简单、性能可靠、使用方便等特点，适合焊接普通低碳钢。初学者应学会 BX1—330 型电焊机的安装调试和安全使用方法。

➢【相关知识】

一、对电弧焊电源的要求

焊条电弧焊电源实质上是用来进行电弧放电的电源。在焊条电弧焊过程中，影响焊接质量的因素除操作者以外，焊接电源也是重要因素。为保证焊接质量，对焊接电源提出如下要求。

1. 陡降的外特性

焊接电源在稳定的工作状态下，输出端焊接电压和焊接电流的关系称为电源的外特性。具有陡降外特性的电源不但能够保证电弧稳定燃烧，还能保证短路时不会产生过大的电流而烧坏焊机。

2. 合适的空载电压

为保证焊接电弧的顺利引燃和稳定燃烧，要求焊接电源必须有一定的空载电压。所谓空载电压，是在焊接电源接通电网而焊接回路断开没有引燃电弧时，焊接电源输出端的电压。

3. 良好的动特性

焊接电源的动特性是指弧焊电源适应焊接电弧变化的特性。在焊接过程中，由于操作者和外部因素的影响，电弧长度总是在不断地变化。电源的动特性良好，表示电源对电弧变化的反应速力快，这对电弧的稳定性、熔滴过渡、飞溅和焊缝成形都有很大影响。

4. 良好的调节性能

在焊接过程中，要面对不同的结构、材质、厚度、焊接位置和焊条直径。因此，要求弧焊电源能在较大范围内均匀、连续、方便地调节焊接电流。

二、常用弧焊电源的类型

电弧焊机按照输出电流的性质，可分为直流焊机和交流焊机两大类；按焊机的结构不同，又可分为交流弧焊机、旋转式直流弧焊机、硅整流弧焊机和逆变式弧焊电源焊机四种类型。

1. BX1—330 型交流弧焊机

（1）结构及性能　BX1—330 型交流弧焊机的构造如图 1-21 所示，它属于动铁心增强漏磁式类型，其结构特点是在“口”字形静铁心的中间部位增加了一个可动铁心，主要是作为磁分路来增加漏抗，从而获得下降的外特性。BX1—330 型弧焊机的结构原理如图 1-22 所示。

图 1-21 BX1—330 型交流弧焊机

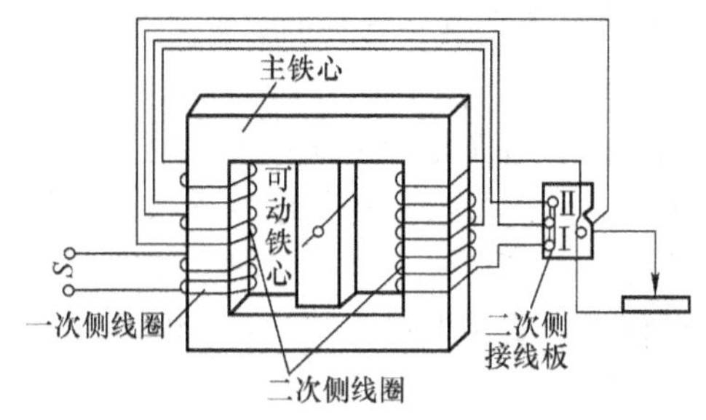

图 1-22 BX1—330 型弧焊机的结构原理

型号中的“B”表示焊接变压器，“X”表示焊接电源为下降的外特性，“1”表示该系列产品中的序号属于动铁式，“330”表示额定焊接电流为 330A。

（2）电流调节　电流调节分为粗调和细调两种。电流的粗调是靠改变次级线圈的匝数，即改变接线板的连接序号来实现的，如图 1-23 所示。当连接片接“I”位置时电流较大，调节范围为 160 ~ 450A。

电流的细调是通过转动螺杆来移动铁心，如图 1-24 所示，以改变变压器的漏磁来实现的。当活动铁心外移时，磁阻增大，磁分路作用减小，漏抗也就减小，所以电流增大；反之，当活动铁心内移时，电流减小。

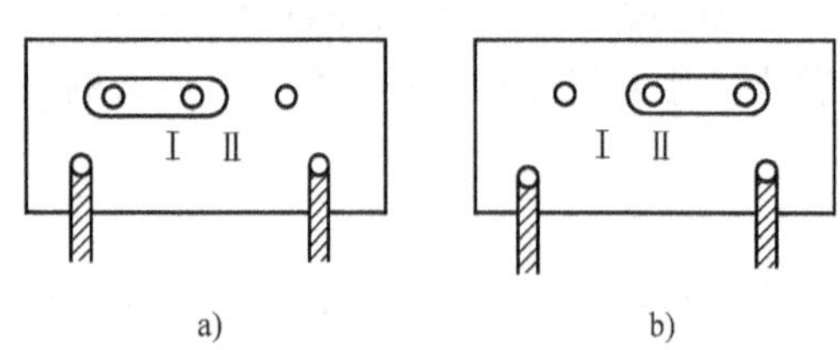

图 1-23 BX1—330 型交流弧焊机电流的粗调

a）接Ⅰ级位置　b）接Ⅱ级位置

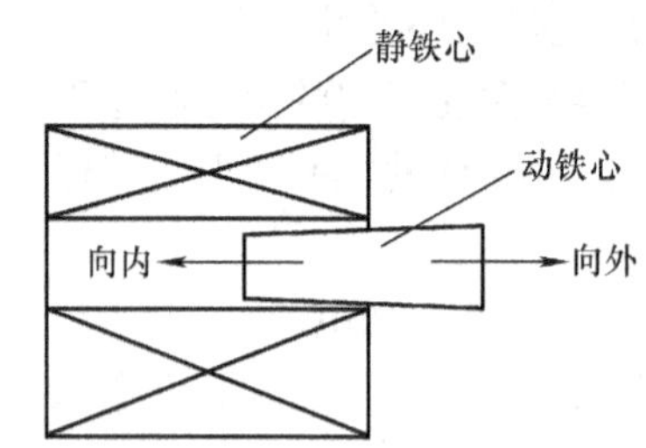

图 1-24 动铁心移动示意图

2. ZXG—300 型整流弧焊机

（1）结构及性能　这种焊机无旋转部分，其结构属于磁放大器式，如图 1-25 所示。焊机空载电压为 70V，工作电压为 25 ~ 30V，焊接电流的调节范围 50 ~ 300A。

焊机主要由三相降压变压器、三相磁放大器、输出电抗器、通风机组及控制系统等组成。通过三相磁放大器的整流作用，将外接电源的交流电变为焊接所需的直流电。

焊机型号中的“Z”表示弧焊整流器，“X”表示焊接电源为下降的外特性，“G”表示焊机采用硅整流元件。

（2）整流弧焊机的电流调节　这种焊机的电流调节比较简单方便，均在焊机的面板上进行。先起动电源开关，然后转动电流调节器，电流表上指

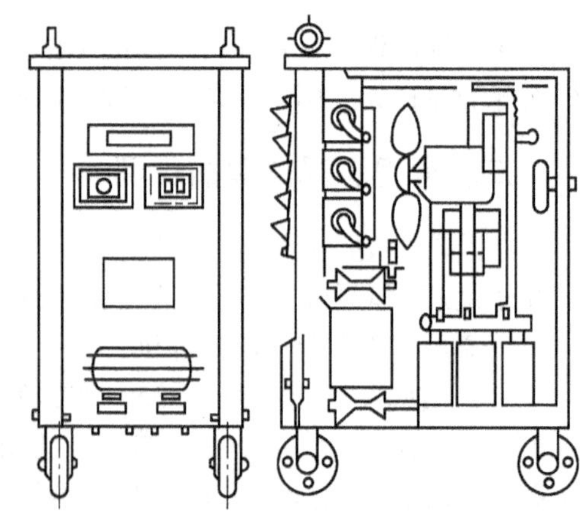

图 1-25 ZXG—300 型整流弧焊机

示电流数值，调到所需要的电流即可进行焊接。

3. 逆变式弧焊电源

逆变式弧焊电源是近年来发展起来的一种新型弧焊电源，这种电源具有工作频率高、动特性好、体积小、重量轻及高效、节能等优点，是一种很有发展前途的弧焊电源。

（1）逆变式弧焊电源的基本原理　逆变式弧焊电源也称为弧焊逆变器，它的基本原理是将由电网输入的50Hz交流电通过整流、滤波后，将得到的直流电经逆变器逆变为几十到几百赫兹的中频电压，并经中频焊接变压器降至适合焊接用的低电压。如果需要直流弧焊，可再经整流和滤波，将中频交流电变成稳定的直流电输出。其基本原理可归纳为：工频交流→直流→逆变为中频交流→直流输出。

由以上叙述可知，逆变器是焊接电源的关键部件。所谓逆变器，就是将直流电转换成交流电的装置，它是由大功率开关的电子元件的交替开关作用来完成转换过程的。逆变式弧焊电源依靠电子控制电路与电弧电压、电流反馈信号的配合，通过对逆变器进行定频率调节脉冲宽度或定脉冲宽度调节频率两种调节控制，来获得各种形状的外特性，以满足各种焊接方法的需要。

逆变式弧焊电源的规范调节，一般是通过改变逆变器的开关脉冲频率（工作频率）或开关脉冲的占空比（脉冲时间占整个周期的比例）来实现的。脉冲频率或占空比越大，焊接电流越大；反之，则焊接电流越小。

（2）逆变式弧焊电源的优点　与弧焊变压器、直流弧焊发电机、弧焊整流器等传统焊接电源相比，逆变式弧焊电源具有以下优点：

1）反应速度快，动特性好。当负载发生变化时，从反应速度的快慢来看，磁饱和电抗器为0.1s，晶闸管式为0.01s，而逆变式为0.001s，反应速度显著提高。由于反应速度快，焊接回路时间常数小，有利于获得良好的动特性。因此，逆变式弧焊电源的引弧性能、稳弧性能、对各种波形的控制能力均大幅度提高，而且焊接电流的脉动系数很小，可以得到非常稳定的焊接电流波形。

2）效率高，节省电能。逆变式弧焊电源由于体积缩小，铜损及铁损随着耗材的减少而大大降低，无功损耗也减少，功率因数可达95%～99%。因此，这种弧焊电源的效率高，可达到80%～90%。由于电源功率因数提高，而且电源空载时电路基本上不工作，空载损耗也很小，因此，逆变器式弧焊电源比传统的电源节电1/3以上，可大幅度降低焊接成本，是高效、节能的理想电源。

三、弧焊电源的使用

弧焊电源是供电设备，在使用过程中一是要注意操作者的安全，不要发生人身触电事故；二是要注意对弧焊电源的正确使用和维护保养，不应发生损坏弧焊电源的事故。

为了安全、正确地使用弧焊电源，应注意以下问题：

1）尽可能将弧焊电源放置在通风良好、干燥、不靠近高温和空气粉尘少的地方，要特别注意保护和冷却弧焊整流器。

2）接线和安装应由专门的电工负责，焊工不应自行动手。

3）弧焊变压器和弧焊整流器必须接地，以防机壳带电。

4）弧焊电源接入电网时，必须使两者的电压相符合。

5）起动弧焊电源时，电焊钳和焊件不能接触，以防短路。焊接过程中，也不能长时间短路，特别是弧焊整流器，在大电流下工作时，产生短路会使硅整流器损坏。

6）应按照弧焊电源的额定焊接电流和负载持续率来使用，不要使弧焊电源因过载而损坏。

7）经常保持焊接电缆与弧焊电源接线柱的接触良好，注意紧固螺母。

8）调节焊接电流和变换极性接法时，应在空载下进行。

9）露天使用时，要防止灰尘和雨水侵入弧焊电源内部。

10）弧焊电源在移动时不应受剧烈振动，特别是硅整流弧焊电源更忌振动，以免影响工作性能。

11）要保持弧焊电源的清洁，特别是硅整流弧焊电源，应定期用干燥的压缩空气吹净内部的灰尘。

12）当弧焊电源发生故障时，应立即将弧焊电源的电源切断，然后及时进行检查和修理。

13）工作完毕或临时离开工作场地时，必须及时切断弧焊电源的电源。

四、焊条电弧焊常用工具、量具

1. 常用工具

焊条电弧焊常用的工具有焊钳、焊接电缆、面罩、清渣工具、焊条保温筒等。

（1）焊钳　焊钳是用以夹持焊条（或碳棒）并传导电流以进行焊接的工具。焊接对焊钳有如下要求：

1）焊钳必须有良好的绝缘性与隔热能力。

2）焊钳的导电部分采用纯铜材料制成，保证有良好的导电性；其与焊接电缆的连接应简便可靠、接触良好。

3）焊条位于水平、45°、90°等方向时，焊钳应能夹紧焊条，更换焊条方便，并且质量轻，便于操作，安全性高。

常用焊钳有300A和500A两种规格，其技术参数见表1-15。焊钳的构造如图1-26所示。

表1-15　焊钳的技术参数

型　号	额定电流/A	电缆孔径/mm	适用的焊条直径/mm	质量/kg	长×宽×高/mm
G352	300	$\phi14$	$\phi2 \sim \phi5$	0.5	250×80×40
G582	500	$\phi18$	$\phi4 \sim \phi8$	0.7	290×100×45

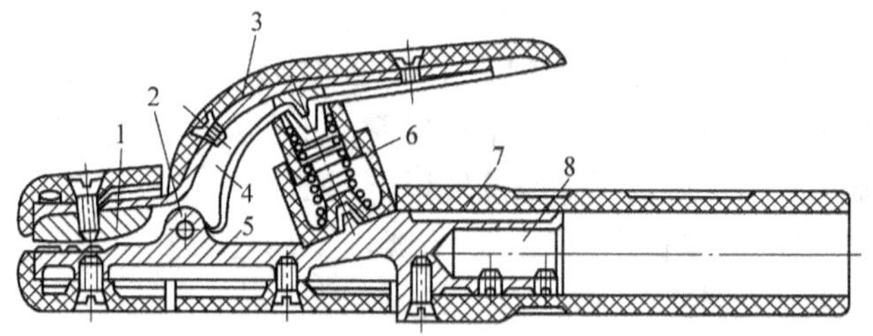

图1-26　焊钳的构造

1—钳口　2—固定销　3—弯臂罩壳　4—弯臂　5—直柄
6—弹簧　7—胶布手柄　8—焊接电缆固定处

（2）焊接电缆　焊接电缆的作用是传导焊接电流。焊接电缆由多股细纯铜丝制成，其截面应根据焊接电流和导线长度选择。对焊接电缆有如下要求：

1）焊接电缆外皮必须完整、柔软、绝缘性好，如外皮损坏，应及时修好或更换。

2）焊接电缆的长度一般不宜超过20～30m，如需超过时，可以用分节导线，连接焊钳的一段用细电缆，这样便于操作，可减轻焊工的劳动强度。电缆接头最好使用电缆接头连接器，其连接简便、牢固。焊接电缆的型号有YHH型电焊橡胶套电缆和YHHR型电焊橡胶特软电缆。电缆的选用可参考表1-16。

3）电焊机的电缆线应使用整根导线，中间不应有连接接头。当需要接长导线时，应使用接头连接器牢固连接，连接处应保持绝缘良好，而且接头不超过两个。

4）禁止利用厂房的金属结构、轨道、管道、暖气设施或其他的金属物体搭建起来作为回路导线。

表1-16　焊接电流、电缆长度与焊接电缆铜芯截面积的关系

截面积/mm^2 电缆长度/m 焊接电流/A	20	30	40	50	60	70	80	90	100
100	25	25	25	25	25	25	25	28	35
200	35	35	35	35	50	50	60	70	70
300	35	35	50	50	70	70	70	70	70
400	35	50	60	60	70	70	70	85	85
500	50	60	85	85	95	95	95	120	120
600	60	70	85	85	95	95	120	120	120

（3）面罩　面罩是防止焊接时产生的飞溅、弧光及其他辐射对焊工面部及颈部造成损伤的一种遮蔽工具，有手持式和头盔式两种。面罩上装有用以遮蔽焊接有害光线的护目镜片，可按表1-17选用。选择护目镜片的色号时，还应考虑焊工的视力，一般视力较好的，宜用色号大些和颜色深些的护目镜片，以保护视力。为保证护目镜片不被焊接时的飞溅损坏，可在外面加上两片无色透明的防护白玻璃。有时为增强视觉效果，可在护目镜片后加一片焊接放大镜。

表1-17　焊工护目镜片选用参考表

色　号	适用电流/A	尺寸（长度×宽度×厚度）/mm
7～8	≤100	2×50×107
8～10	100～300	2×50×107
10～12	≥300	2×50×107

（4）焊条保温筒　焊条从烘箱内取出后可放在焊条保温筒内继续保温，以保持焊条药皮在使用过程中的干燥度。焊条保温筒在使用过程中，先连接在弧焊电源的输出端，在弧焊电源空载时通电加热到工作温度（150～200℃）后再放入焊条。装入焊条时，应将焊条斜滑入筒内，防止直落保温筒底；在焊接过程中断时，应接入弧焊电源的输出端，以保持焊条保温筒的工作温度。

（5）角向磨光机　角向磨光机有电动和气动两种，电动角向磨光机转动平稳、力量大、噪声小、使用方便；气动角向磨光机质量轻、安全性高，但对气源要求高，所以手持电动式角向磨光机应用得较多。角向磨光机用于焊接前坡口钝边的磨削、焊件表面的除锈，焊接接头的磨削，多层焊时层间缺陷的磨削及一些焊缝表面缺陷等的磨削。

（6）敲渣锤　敲渣锤是清除焊缝中焊渣的工具，焊工应随身携带。敲渣锤有尖锯形和扁铲形两种，常用的是尖锯形。清渣时，焊工应戴平光镜。

（7）气动打渣工具　气动打渣工具可以减轻焊工清渣时的劳动强度，尤其是采用低氢型焊条焊接开坡口的厚板接头时，手工清渣占全部工作量的一半以上，采用气动打渣工具，可以缩短 2/3 的时间，而且清渣更干净、轻便、安全。

2. 常用量具

（1）钢直尺　钢直尺用以测量长度尺寸，常用薄钢板或不锈钢制成。钢直尺的刻度误差为：在 1cm 长度内，误差不得超过 0.1mm。常用的钢直尺有 150mm、300mm、500mm 和 1000mm 四种长度。

（2）游标卡尺　游标卡尺用以测量工件的外径、孔径、长度、宽度、深度和孔距等，是一种中等精度的常用量具，分度值为 0.02mm。

（3）焊接检验尺

1）焊接检验尺的结构。焊接检验尺（又称万能焊接检验尺）是一种用来测量工件加工坡口角度、工件的组装间隙和焊后的焊缝余高、焊缝宽度等几何尺寸的精密测量工具，它的正、反面均可用于测量。焊接检验尺由主尺、活动尺和测角尺等组成，如图 1-27 所示。

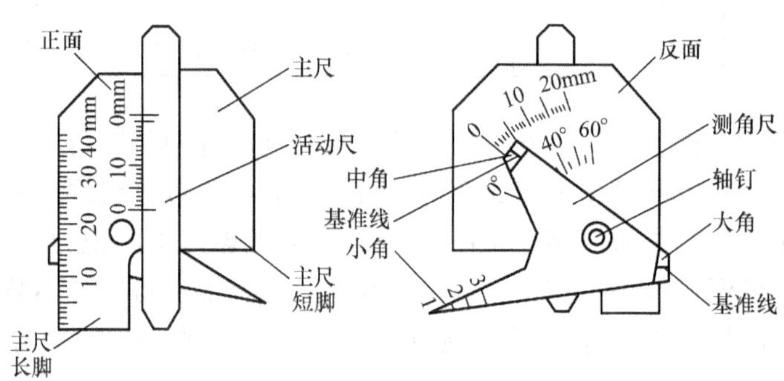

图 1-27　焊接检验尺结构示意图

焊接检验尺的外形尺寸为 71mm×54mm×8mm，质量为 80g。使用时应避免磕碰划伤，不要接触腐蚀性的气体、液体，保持尺面清晰，使用完后应放入封套内。

2）焊接检验尺的正确使用。使用焊接检验尺测量焊缝的正确方法，如图 1-28 所示。

①焊缝宽度的测量。将焊接检验尺主尺短脚的拐角尖端置于焊缝一侧的边缘，转动主尺背面的测角尺，将测角尺的小角置于焊缝另一侧的边缘，这时中角基准线对准的主尺背面的尺寸刻度即为被测焊缝的宽度，如图 1-28a 所示的焊缝，其测量宽度为 10mm。

②焊缝余高的测量。将焊接检验尺主尺长脚端部位于焊缝一侧的边缘，且使活动尺尖端位于工件焊缝的最高处，长脚端与被测工件表面压实。这时，活动尺与主尺间的尺寸值为 H，这个 H 值就是测得的焊缝余高。图 1-28b 所示的焊缝余高为 2mm。

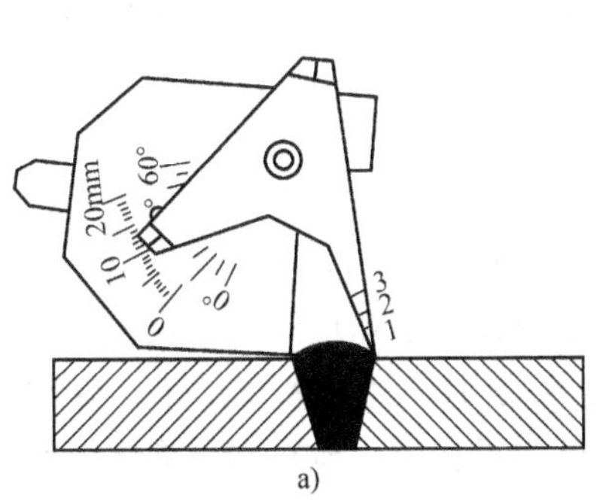

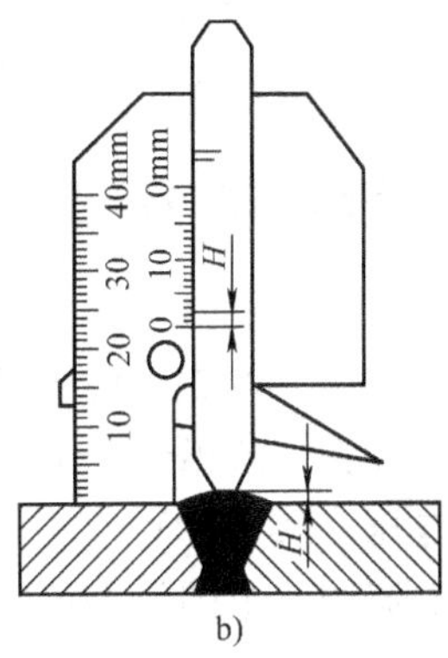

图 1-28　焊接检验尺测量焊缝示意图

➢【任务实施】

完成安装 BX1—330 型电焊机的任务，学会 BX1—330 型电焊机的安装调试和安全使用方法。训练任务的实施应按以下步骤进行。

一、准备工作

1）按规定穿戴好焊接劳动保护服装和用品，如工作服、工作鞋、工作帽、皮焊接手套；准备辅助工具，如面罩、护目镜、扳手、钳子等；选择焊接电缆，长 20m，横截面积为 $35mm^2$。

2）弧焊设备选用 BX1—330 型电焊机。

二、实际操作

1. BX1—330 型电焊机动力线的安装

接线时，应根据弧焊电源铭牌上所标的初级电压值确定接入方案。初级电压有 380V 的，也有 220V 的，还有 380V/220V 两用的，必须使线路电压与弧焊电源的规定电压一致。将选择好的熔断器、开关装在开关板上，开关板固定在墙上，并接入具有足够容量的电网。用选好的动力线将弧焊电源输入端与开关板连接。弧焊电源一次电源线的长度一般不宜超过 2～3m。当需要较长的电源线时，应沿墙或立柱用瓷瓶隔离布设，其距地面的高度必须在 2.5m 以上，不允许将电源线拖在地面上。

2. BX1—330 型电焊机接地线的安装

为了防止弧焊变压器绝缘损坏或初级线圈碰壳时使外壳带电而引起触电事故，弧焊电源外壳必须可靠接地。接地线应选用单独的多股软线，其截面积不小于相线截面积的 1/2。接地线与机壳的连接点应保证接触良好，连接牢固。接地线另一端可与地下水管或金属架相接（接触必须良好），但不可接在地下气体管道上，以免引起爆炸。最好安装接地极，用金属管（壁厚大于 3.5mm，直径为 25～35mm，长度大于 2m）或扁铁（厚度大于 4mm，截面积大于 $48mm^2$，长度大于 2m）埋在地下 0.5m 深处即可。

3. 焊接电缆的安装

在安装焊接电缆之前，根据弧焊电源的最大焊接电流，选择一定横截面积，长度不超过 20m 的焊接电缆。电缆的一端接上电缆铜接头，另一端分别装上焊钳或地线卡头。铜接头要牢牢地卡在电缆端部的铜线上，并且要灌锡，以保证接触良好和具有一定的接合强度。

交流焊机电源不分极性，可将焊接电缆铜接头一端拉入弧焊电源输出接线板并拧紧。

三、安装后的检查与验收

1. 自检

弧焊电源安装后，按表1-18所列评分标准进行自检。自检无误后，先接通电源，用手背接触弧焊电源外壳，若感到轻微震动，则表示弧焊电源初级线圈已通电，弧焊电源输出端应有正常空载电压（60~80V）。然后将弧焊电源分别调到最大及最小，分别进行试焊，以检验弧焊电源电流调节范围是否正常可靠。在试焊过程中，应观察弧焊电源是否有异味、冒烟、异常噪声等现象。如有上述现象发生，应及时停机检查，排除故障。

2. 互检

同组同学对动力线、接地线和焊接电缆的安装等进行互检，并指出不足，进行讨论，然后将结果汇报给相应教师，由教师作出准确结论。

3. 专检

教师巡回检查学生对动力线、接地线和焊接电缆的安装，及时纠正不正确的姿势和操作。

【任务评价】

安装BX1—330型电焊机评分标准见表1-18。

表1-18　安装BX1—330型电焊机评分标准

序　号	评分项目	评分标准	配分	得分
1	将弧焊电源接入电网	正确接入电网电压，选择错误扣10分；正确接线，接线错误扣10分	20	
2	弧焊电源的接地	接地错误全扣	10	
3	弧焊电源输出回路的安装	正确选择焊接电缆、焊钳，选择错误扣10分；正确安装焊接电缆与弧焊电源，安装错误扣10分	20	
4	弧焊电源安装后的检查与验收	空载电压达不到规定值扣6分；检查最小与最大焊接电流，缺项没有检验各扣6分	20	
5	焊接电缆与电缆铜接头的安装	接线牢固、可靠，否则全扣	6	
6	焊接电缆与地线接头的安装	安装牢固、可靠，否则全扣	6	
7	焊接电缆与焊钳的安装	安装牢固、可靠，否则全扣	6	
8	安全操作规程	按达到规定的标准程度评定，否则扣2~6分	6	
9	安全文明生产	工作场地整洁，工具放置整齐、合理，否则扣2~6分	6	
总分			100	

注：从开始接线计时，该任务应在40min内完成，每超出1min，从总分中扣2.5分。

项目二　平焊位技能训练

平焊位焊条电弧焊是焊接生产中最基本的焊法之一，包括熔敷平焊、平角焊、板对接双面平焊和板对接单面焊双面成形。平焊是一种最有利于焊接操作的空间位置，平焊时熔滴容易过渡，熔渣和液体金属不易流失，也易于控制焊缝形状。平焊时，可以使用较粗的焊条和较大的焊接电流来提高生产率；由于焊接是俯视操作，焊工不易疲劳。因此，焊接时应尽可能使焊缝处于平焊位置。

任务1　平敷焊技能训练

【学习目标】

1）了解平敷焊的特点，学习板对接平焊的基本操作技能。

2）掌握焊条电弧焊引弧、运条、收尾及连接接头等基本操作技术。

3）进一步学习焊接检验尺的使用方法。

【任务提出】

本任务通过熔敷平焊操作练习，学习焊条电弧焊常用工具、辅具的使用方法，初步掌握引弧、运条、收弧和连接接头等平焊焊条电弧焊中的基本操作技术。在工程实践中，熔敷平焊主要用于工件的堆焊。

熔敷平焊工件如图1-29所示，板件材料为Q235B，规格为300mm×150mm×8mm。

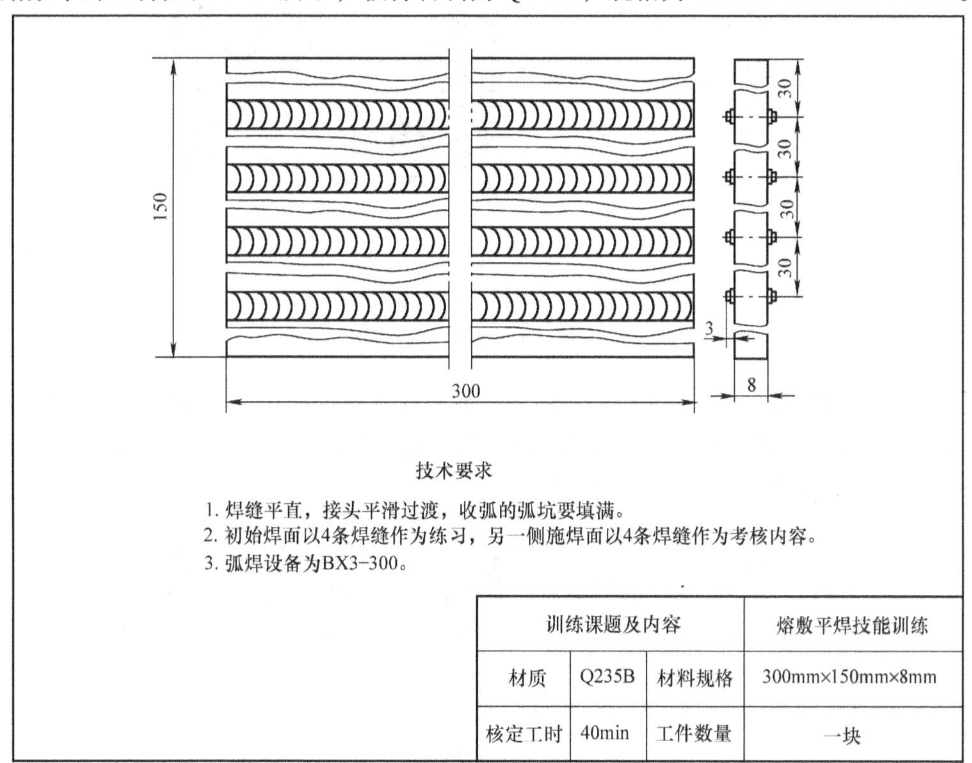

训练课题及内容			熔敷平焊技能训练
材质	Q235B	材料规格	300mm×150mm×8mm
核定工时	40min	工件数量	一块

图1-29　熔敷平焊工件图

➢【任务分析】

如图 1-29 所示，熔敷平焊在操作时易出现以下问题：初学者在施焊时容易将焊条粘在工件上造成短路，即粘条；运条过程中，将焊条向熔池送进时，易出现电弧长短不均，造成电弧燃烧不稳定，进而导致焊缝宽窄不均、高低不平；收弧时如果收弧方法不正确，则易出现弧坑；焊缝连接时，引弧与上次收弧时，若操作不当，会造成连接处成形不良等。因此，初学者应加强基本操作姿势和操作手法的稳定性训练，在钢板上进行两面熔敷平焊，同时要熟悉安全操作规程。

➢【相关知识】

一、熔敷平焊基本操作技术

熔敷平焊是工件处于水平位置时，在工件上堆敷焊道的一种操作方法。在已确定焊接参数和操作方法的基础上，控制弧长、焊接速度，达到控制熔池温度、熔池形状的目的，完成焊接。

熔敷平焊是初学者进行焊接技能训练时必须掌握的一项基本焊接方法，这种焊接方法易掌握，焊缝无烧穿、焊瘤等缺陷，易获得良好的焊缝成形和焊缝质量。

1. 基本操作姿势

（1）基本姿势　焊接基本操作姿势有蹲姿、坐姿和站姿。每个焊接操作姿势均要确保焊接动作流畅，面罩能遮挡住面部，且通过护目镜可观察到熔池而无遮挡物，如图 1-30 所示。

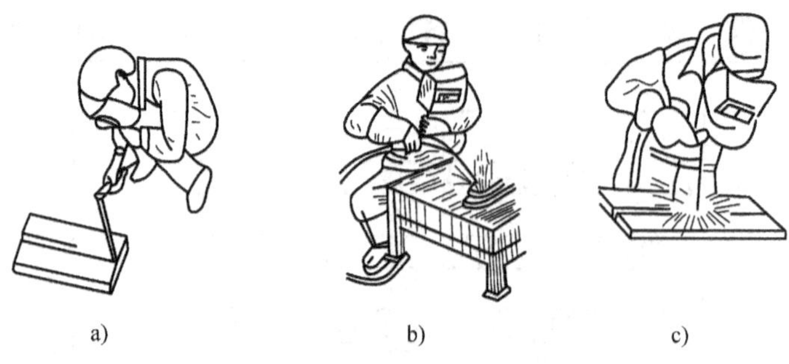

图 1-30　焊接基本操作姿势

a）蹲姿　b）坐姿　c）站姿

（2）焊钳与焊条的夹角　在不影响导电和不破坏焊条药皮的情况下，焊钳与焊条的夹角可按图 1-31 选择。在选择焊钳与焊条夹角时，可按被焊工件及焊工持焊钳的习惯进行，但必须确保施焊运条流畅，且易观察熔池。

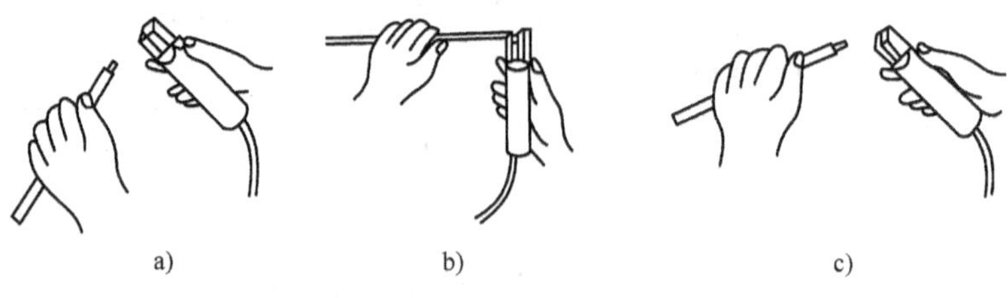

图 1-31　焊钳与焊条的夹角

a）80°　b）90°　c）120°

（3）操作姿势　平焊时，焊钳的握法如图 1-32 所示。平焊操作姿势及两脚打开角度如图 1-33 所示。面罩的握法为：左手握面罩，自然上提至内护目镜框与眼平行，向脸部靠近，面罩与鼻尖的距离为 10～20mm 即可。

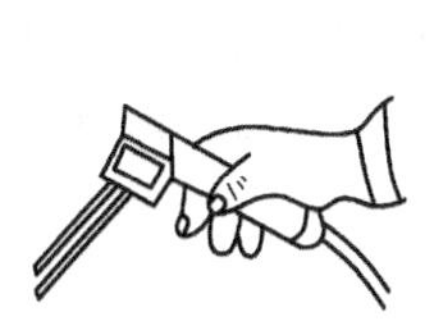

图 1-32　焊钳的握法

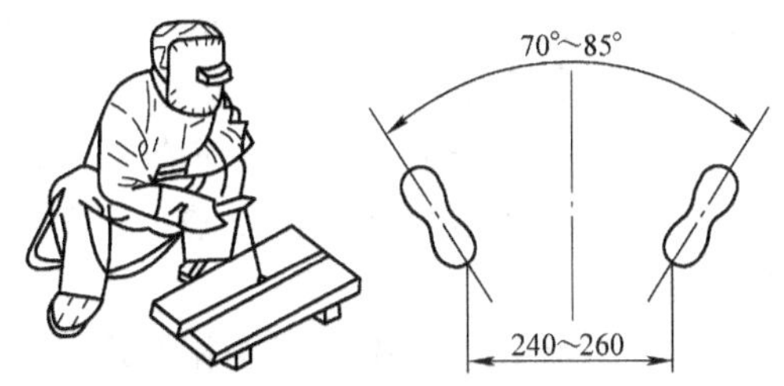

图 1-33　平焊操作姿势及两脚打开角度

2. 基本操作方法

（1）引弧　焊条电弧焊施焊时，用焊条引燃焊接电弧的过程称为引弧。引弧操作时的姿势很重要，需要找准引弧位置，身心放松，精力集中；操作时的动作主要是手腕运动，动作幅度不能过大。焊条电弧焊常用的引弧方法为接触引弧，即先使电极和焊件短路，再迅速拉开电极引燃电弧。根据手法不同，又可分为划擦法和直击法两种。

1）划擦法。优点：易掌握，不受焊条端部清洁情况的限制，一般在开始施焊或更换焊条后施焊时使用此法。缺点：操作不熟练时，易损伤工件。

操作要领：类似于划火柴。先将焊条端部对准焊缝，扭转手腕，使焊条在工件表面上轻轻划擦，划擦的长度以 20～30mm 为宜，以减少对工件表面的损伤；然后将手腕扭平后迅速提起焊条，使电弧弧长约为所用焊条外径的 1.5 倍，做“预热”动作（即停留片刻），保持电弧弧长不变，预热后将电弧弧长压短至与所用焊条直径相符。在始焊点作适量横向摆动，且在起焊处稳弧（即稍停片刻），形成熔池后，再进行正常焊接，如图 1-34a 所示。

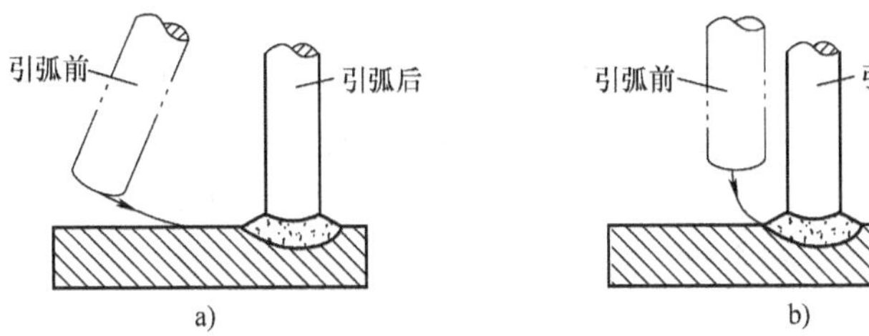

图 1-34　引弧方法

a）划擦法　b）直击法

2）直击法。优点：直击法是一种理想的引弧方法，适用于各种位置的引弧，不易碰伤工件。一根焊条未用完熄弧，用这根未用完的焊条再次引弧施焊时常用此法。缺点：受焊条端部清洁情况的限制，用力过猛时药皮易大块脱落，造成暂时电弧偏吹，操作不熟练时易粘在工件表面上。

操作要领：焊条垂直于工件，使焊条末端对准焊缝，然后将手腕下弯，使焊条轻碰工件，引燃后，手腕放平，迅速将焊条提起，使弧长约为焊条外径的 1.5 倍；稍作“预热”后，压低电弧，使弧长与焊条外径相等，且焊条横向摆动，待形成熔池后向前移动，如图 1-34b 所示。

影响电弧顺利引燃的因素有工件清洁度、焊接电流、焊条质量、焊条酸碱性、操作方法等。

3）引弧注意事项。注意清理工件表面，以免影响引弧及焊缝；引弧前应尽量使焊条端部焊芯裸露，若不裸露可用锉刀轻锉，或轻击地面使焊芯裸露；焊条与工件接触后，提起时间应适当；引弧时，若焊条与工件出现粘连，应迅速使焊钳脱离焊条，以免烧损弧焊电源，待焊条冷却后，用手将焊条拿下；引弧前应夹持好焊条，然后用正确的操作方法进行焊接；初学引弧时，要注意防止电弧光灼伤眼睛；不要用手触摸刚焊完的工件，焊条头也不可乱丢，以免造成烫伤和火灾。

（2）运条方法　焊接过程中，焊条相对焊缝所作的各种动作总称为运条。在正常焊接时，焊条一般有三个基本运动相互配合，即沿焊条中心线向熔池送进、沿焊接方向移动、焊条横向摆动（熔敷平焊练习时焊条可不摆动），如图1-35所示。

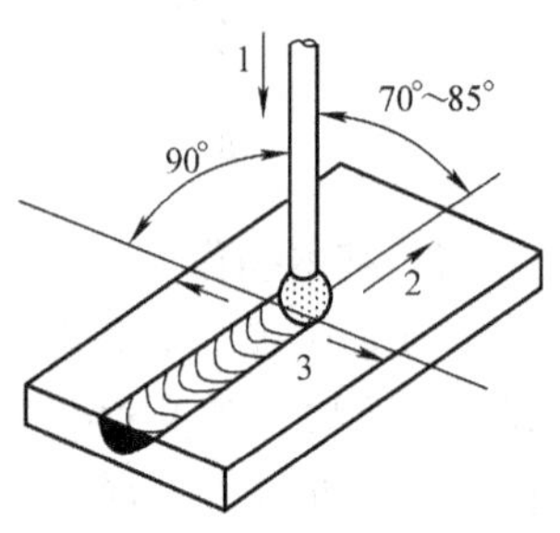

图1-35　焊条的角度与运条
1—送进方向　2—前进方向
3—摆动方向

1）焊条送进。焊条送进是指沿焊条中心线向熔池进给焊条，主要用来维持所要求的电弧长度和向熔池添加填充金属。焊条送进的速度应与焊条的熔化速度一致，如果焊条送进速度比焊条熔化速度慢，则电弧长度会增加；如果焊条送进速度太快，则电弧长度会迅速缩短，焊条与工件接触造成粘条，从而影响焊接过程的顺利进行。

电弧长度是指焊条端部与熔池表面之间的距离。电弧长度超过所选用的焊条直径时，称为长弧；电弧长度小于焊条直径时，称为短弧。长弧焊接所得的焊缝质量较差，因为电弧易左右飘移，不稳定，电弧的热量散失大，焊缝熔深浅，又由于空气侵入而易产生气孔，所以焊接时应选用短弧。

2）焊条沿焊接方向移动。焊条沿焊接方向移动的目的是控制焊缝成形，若焊条移动速度太慢，则焊缝会过高、过宽，外形不整齐，如图1-36a所示，焊接薄板时甚至会发生烧穿等缺陷；若焊条移动速度太快，则焊条和工件熔化不均，会造成焊缝较窄，甚至发生未焊透等缺陷，如图1-36b所示。只有在焊条移动速度适中时，才能焊成表面平整，波纹细致、均匀的焊缝，如图1-36c所示。焊条沿焊接方向移动的速度由焊接电流、焊条直径、焊件厚度、组装间隙、焊缝位置及接头形式决定，并通过变化直线速度控制每道焊缝的横截面积。

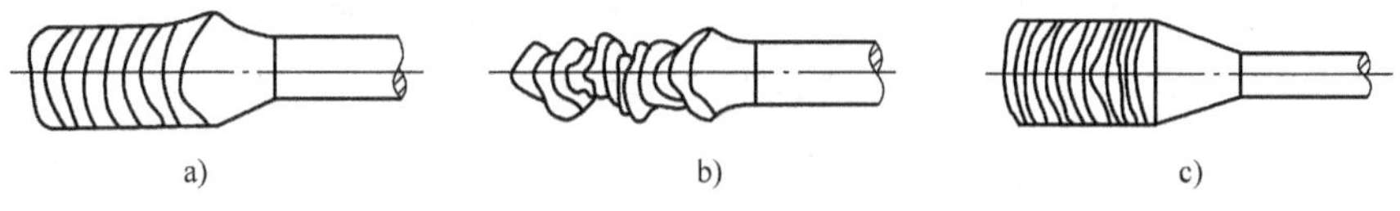

图1-36　焊条沿焊接方向移动

3）焊条横向摆动。焊条横向摆动，主要是为了获得一定宽度的焊缝，同时可以控制熔池的存在时间，以利于排除熔池内的熔渣和气泡。横向摆动的作用是保证两侧坡口根部与每个焊缝波纹之间熔合良好及获得适当的焊缝熔深与熔宽。横向摆动范围受工件厚度、坡口形式、焊道层次和焊条直径的影响，摆动的范围越宽，得到的焊缝越大。稳弧动作（电弧在某处稍加停留）的作用是保证坡口根部很好地熔合，增加熔合面积。为了控制好熔池温度，使焊缝具有一定的宽度和高度及良好的熔合边缘，对焊条的横向摆动可采用多种方法，见表1-19。

表 1-19　运条方法

运条方法		运条轨迹	特　点	适用范围
直线形运条			焊条不作横向摆动，而是沿焊接方向直线运动。焊缝宽度较窄，熔深较大。在正常焊接速度下，焊缝波纹饱满、平整	适用于板厚为 3～5mm 的不开坡口平焊、多层焊的打底焊及多层多道焊缝
直线往复运条			焊条末端沿焊缝纵向作往复直线摆动，焊接速度快，焊缝窄，散热快	适用于接头间隙较大的多层焊的第一层焊缝和薄板的焊接
锯齿形运条			焊条末端作锯齿形连续摆动并沿焊缝纵向移动，运动到边缘稍停。这种运条方式可以防止咬边，通过摆动可以控制液体金属流动和焊缝宽度，改善焊缝成形	运条手法操作容易，应用较广，适用于中、厚钢板的平焊、立焊、铆焊的对接接头和立焊的角接接头
月牙形运条			焊条末端沿着焊接方向作月牙形左右摆动，并在两边的适当位置稍作停顿，使焊缝边缘有足够的熔深，防止产生咬边缺陷。此法会使焊缝的宽度和余高增大。其优点是金属熔化良好且有较长的保温时间，熔池中的气体和熔渣易上浮到焊缝表面	适用于铆焊、立焊、平焊及需要比较饱满焊缝的场合
三角形运条	斜三角形		焊条末端作连续的斜三角形运动，并不断向前移动。通过焊条的摆动控制熔化金属，使焊缝成形良好	适合焊接 T 形接头的仰焊缝和有坡口的横焊缝
	正三角形		一次能焊出较厚的焊缝断面，有利于提高生产率，而且焊缝不易产生夹渣等缺陷	适用于开坡口的对接接头和 T 形接头的立焊
圆圈形运条	斜圆圈		焊条末端连续作斜圆圈形运动并不断前进。可控制熔化金属不受重力影响，能防止金属液体下淌，有助于焊缝成形	适用于 T 形接头的横焊（平角焊）和仰焊以及对接接头的横焊
	正圆圈		能使熔化金属有足够高的温度，可防止焊缝产生气孔	只适合焊接较厚工件的平焊缝
单 8 字和双 8 字形运条			焊缝边缘加热充分，熔化均匀，焊透性好，可控制两边停留时间不同，调节热量分布	适用于开坡口的厚件和不等厚度工件的对接焊

4）焊条角度。焊接时，工件表面与焊条所形成的夹角称为焊条角度。焊条角度应根据焊接位置、工件厚度、工作环境、熔池温度等进行选择，如图 1-37 所示。掌握好焊条角度，可以使铁液与熔渣很好地分离，防止熔渣超前现象并可控制一定的熔深。立焊、横焊、仰焊时，还有防止铁液下坠的作用。

5）运条注意事项。焊条运至焊缝两侧时应稍作停顿，并压低电弧；作运条、送进和摆动三个动作时要节奏均匀、有规律，应根据焊接位置、接头形式、焊条直径与性能、焊接电流大小及技术熟练程度等因素来掌握；对于碱性焊条，应选用较短的电弧进行操作；焊条在向前移动时，应达到匀速运动，不能时快时慢；运条方法的选择应在指导教师的指导下，根据实际情况确定。

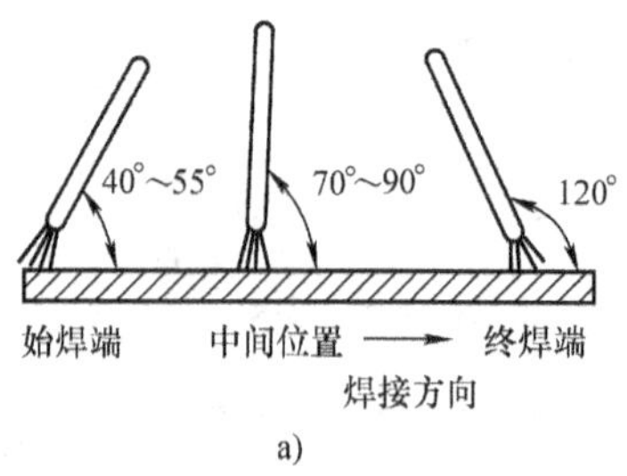

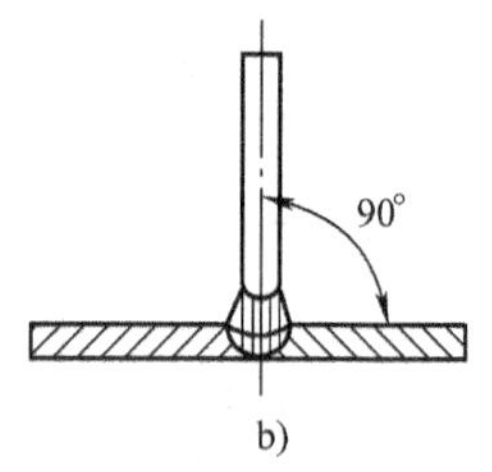

图 1-37　焊条角度

a）焊条与焊缝轴线方向的夹角　b）焊条与焊缝轴线垂直方向的夹角

（3）焊缝的接头　焊条电弧焊时，对于一条较长的焊缝，一般需要使用多根焊条才能焊完。每根焊条焊完更换焊条时，焊缝就有一个衔接点。当焊缝连接处处理不当时，易造成气孔、夹渣和成形不良等缺陷。后焊焊缝与先焊焊缝的连接处称为焊缝的接头，接头处的焊缝应当力求均匀，防止过高、脱节、宽窄不一致等缺陷。焊缝接头的连接形式有以下几种，如图 1-38 所示。

1）首尾连接法。后焊焊缝从先焊焊缝收尾处开始焊接，如图 1-38a 所示。这种接头最好焊，操作适当时几乎看不出接头。操作时，一般在前段焊缝弧坑前 10mm 附近引弧，将弧坑里的熔渣向后赶并略微拉长电弧，预热连接处，然后回移至弧坑处，压低电弧填满弧坑后转入正常焊接。采用这种连接方法，换焊条动作要快，不要使弧坑过分冷却，因为在热态连接可以使焊缝衔接处的外形美观。

2）首首连接法。后焊焊缝的首部与先焊焊缝的首部相连接，如图 1-38b 所示。要求先焊焊缝的起焊处稍低，后焊焊缝在先焊焊缝前 10mm 左右引弧，然后稍拉长电弧，并将电弧移至衔接处，覆盖住先焊焊缝的端部，等熔合好后再向焊接方向移动。焊前段焊缝时，在起焊处焊条移动要快，使焊缝在起焊处略低一些。为使衔接处平整，可将先焊焊缝的起焊处用角向磨光机磨成斜面后再进行连接。

3）尾尾连接法。后焊焊缝的结尾与先焊焊缝的结尾相连，如图 1-38c 所示。当后焊焊缝焊到先焊焊缝的收尾处时，应降低焊接速度，将先焊焊缝的弧坑填满后，以较快的速度向前焊一段，然后熄弧。这种衔接同样要求前段焊缝收尾处略低些，以使衔接处焊缝的高低、宽窄均匀。若先焊焊缝的收尾处过高，为保证衔接处平整，可预先将先收尾处的焊缝打磨成斜面。

4）尾首连接法。后焊焊缝的结尾与先焊焊缝的起首相接，主要用于分段退焊，如图 1-38d所示。要求焊缝的起焊处较低，最好呈斜面。后焊焊缝至前段焊缝始端时，改变焊条角度，将前倾改为后倾，将焊条指向先焊焊缝的始端；然后拉长电弧，待形成熔池后，再压低电弧并往返移动，最后返回原来的熔池收尾处。

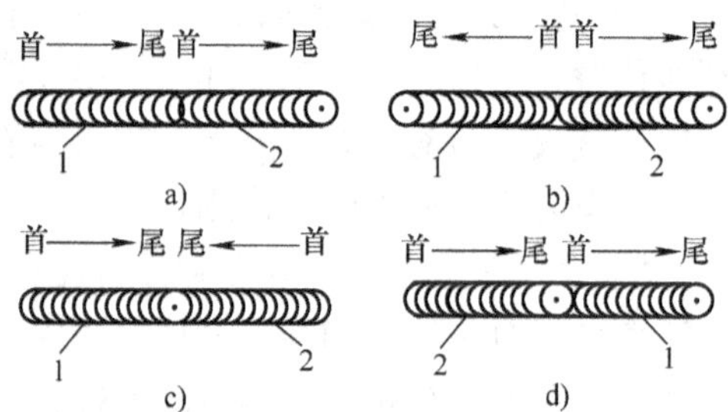

图 1-38　焊缝接头的连接方式

1—先焊焊缝　2—后焊焊缝

在焊接对接管的环形焊缝时，也使用这些焊缝连接方式。

焊缝连接注意事项：接头时，引弧应在弧坑前 10mm 的任何一个待焊面上进行，然后迅速移至弧坑处划圈进行正常焊接，如图 1-39 所示；接头时，应对前一道焊缝端头进行认真清理，必要时可对接头处进行修整，这样有利于保证连接接头的质量；温度越高，接头越平整。对于首尾相接的焊缝，接头动作要快，操作方法如图 1-40a 所示；对于首首相接的焊缝，应先拉长电弧再压低电弧，操作方法如图 1-40b 所示；对于尾尾相接、尾首相接的焊缝，应压低电弧，操作方法如图 1-40c 所示，且可采用多次点击法加划圈法连接。

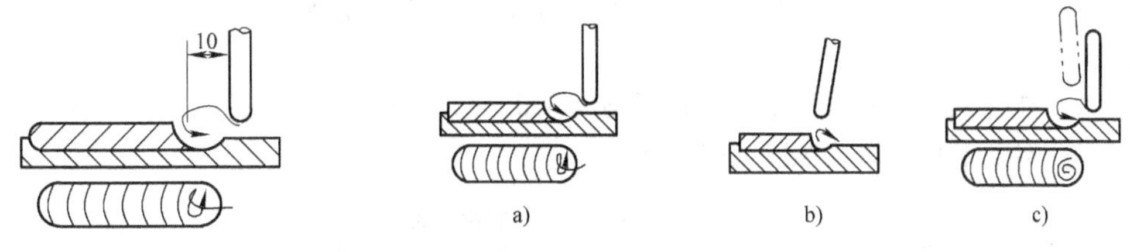

图 1-39　接头引弧处　　图 1-40　焊缝接头操作方法

（4）焊缝的收尾　焊缝的收尾是指一条焊缝完成后进行收弧的过程。焊缝收尾不仅是为了熄灭电弧，还要将弧坑填满。收尾不当时会产生弧坑，也易出现疏松、裂纹、气孔、夹渣等缺陷。为了克服这些缺陷，必须采用正确的收尾方法，常用的收尾方法有以下三种。

1）划圈收尾法。采用这种收尾方法，当焊条移至焊缝终点时，应使焊条作圆圈运动，直到填满弧坑再拉断电弧。此法适用于厚板收尾，如图 1-41a 所示。

2）反复断弧收尾法。采用这种方法收尾，当焊条移至焊缝终点时，在弧坑处反复熄弧、引弧数次，直到填满弧坑为止，如图 1-41b 所示。此法一般用于大电流焊接和薄板焊接，不适用于使用碱性焊条的场合。

3）回焊收尾法。采用这种方法收尾，当焊条移至焊缝收尾处即停止运条，但不熄弧，此时改变焊条角度回焊一段，待填满弧坑后再拉断电弧，如图 1-41c 所示。此法适用于碱性焊条。

具体收尾方法的选用还应根据实际情况来确定，可单项使用，也可多项结合使用。无论选用何种方法，都必须将弧坑填满，直到无缺陷为止。

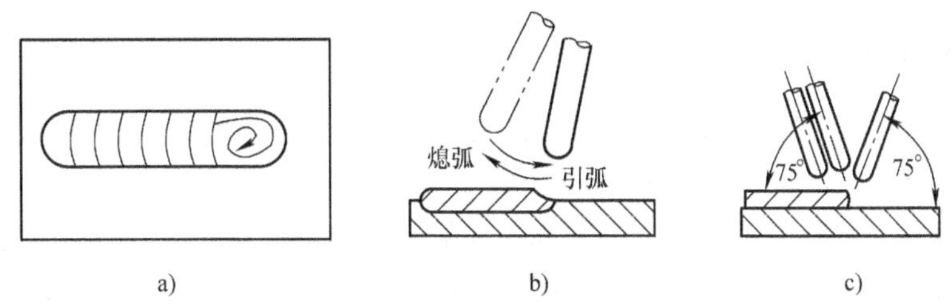

图 1-41　焊缝收弧方法

a）划圈收尾法　b）反复断弧收尾法　c）回焊收尾法

【任务实施】

为完成图 2-1 所示平敷焊接工件的焊接，应掌握引弧、连接接头、收尾的正确操作方法；能熟练、正确地选用各种运条技术及操作方法；掌握焊接时的正确操作姿势。焊接任务的实施按以下步骤进行。

一、焊前准备

1）按规定穿戴好焊接劳动保护服装和用品，如工作服、工作鞋、工作帽、焊接皮手套。准备辅助工具，如面罩、护目镜、清渣锤、锉刀、砂布、钢丝刷、划线工具和锤子等必备焊接用具和焊接检验尺。选择焊接电缆，长20m，横截面积为35mm^2；若长度不够，可用型号为DKJ—35的快速电缆接头连接焊接电缆。弧焊设备为BX3—300或ZXG—300型电焊机。

2）准备工件。材质为Q235B；规格为300mm×150mm×8mm；数量为1块/人。

3）熔敷平焊的焊接参数见表1-20。

表1-20　焊接参数

序号	焊接层次	焊条直径/mm	焊接电流/A	电弧电压/V	焊接速度/（cm/min）
1	焊道一层	$\phi3.2$	100～150	21～24	6～9
2	焊道二层	$\phi4$	160～180	25～28	12～16
3	盖面焊道三层	$\phi4$	150～180	25～28	11～14
4	盖面焊道四层	$\phi4$	160～200	25～28	11～14

4）严格按焊接安全操作规程，在专业教师的指导下接两次线（即手把线和工件回路线），并按焊接安全技术和焊接安全注意事项进行安全检查。电弧焊机外壳必须有良好的接地线或接零，焊钳绝缘手柄必须完整无缺。

5）用石笔在300mm×150mm×8mm钢板上，以20mm的间距划出焊缝中心线。

6）正确使用焊接设备，以划出轮廓的焊缝中心线为运条的轨迹，采用直线运条法和正圆圈形运条法运条，焊条角度如图1-42所示。

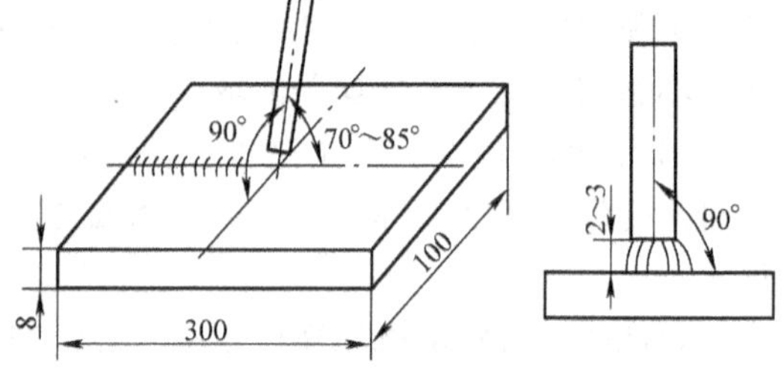

图1-42　焊条电弧焊焊接角度示意图

二、焊接操作

要求焊缝的引弧、运条、连接和收尾方法正确，严格按相关技术进行引弧、运条、接头和收尾的操作训练。具体步骤如下：

1）手持面罩，看准引弧位置，用面罩挡住面部，将焊条端部对准引弧处，用划擦法或直击法引弧，迅速而适当地提起焊条，形成电弧，调试电流。调试应在空载状态下进行，调节极性时应在焊接电源未闭合的状态下进行。操作过程中应注意以下几点：

①引弧后观察飞溅。电流过大时，电弧吹力大，可看到较大颗粒的铁液向熔池外飞溅，焊接时爆裂声大；电流过小时，电弧吹力小，熔渣和铁液不易分清。

②焊接时要注意对熔池的观察，熔池的亮度反映熔池的温度，熔池的大小反映焊缝的宽窄。注意对熔渣和熔化金属的分辨。

③观察焊缝成形。电流过大时，熔深较大，焊缝余高低，两侧易产生咬边；电流过小时，焊缝窄而高，熔深较浅，且两侧与母材金属熔合不好；电流适中时，焊缝两侧与母材金属熔合得很好，呈圆滑过渡。运条若匀速，则焊接波纹就均匀，焊缝缺陷减少，焊件焊后无

引弧痕迹。

④观察焊条熔化状况。若电流过大，则当焊条熔化了大半截时，其余部分均已发红；当电流过小时，电弧燃烧不稳定，焊条易粘在工件上。焊接的起头引弧和连接处应平滑，无局部过高、过宽现象，收尾处应无缺陷。

操作要求：按指导教师的示范动作进行操作；教师巡查指导，主要检查焊接电流、电弧长度、运条方法等，出现问题应及时指出。

2）每条焊缝焊完后，清理熔渣，分析焊接中出现的问题，再进行下一条焊缝的焊接。

3）焊后工件及焊条头应妥善处理，以免烫伤。

4）在实习场所周围设置灭火器材。

三、检查

1. 自检

及时校正自己的操作姿势和运条方法，将焊完清理好的工件依据图1-29及表1-21进行自检。检测工件时，要正确使用焊接检验尺，检查的操作内容在评分标准范围内为合格。

2. 互检

同组同学对操作姿势、夹持焊条方法和角度等，参照相关技术和要领互相监督校正。交换焊完清理好的工件，进行互相检查，并指出不足，进行讨论，然后将结果汇报给相应教师，由教师作出准确结论。

3. 专检

教师要对学生在焊接操作过程中的操作姿势、夹持焊条方法和角度等进行巡回检查，及时纠正不正确的姿势和操作。

教师在接到上交的焊完清理好的工件后，要依据评分标准对工件进行严格检测，准确打分。并对学生在焊接过程中焊接参数的选择、引弧、收弧及连接等各操作步骤中存在的问题进行更正，给出明确解答，这样有利于提高学生熔敷平焊的操作技术水平。

➢【任务评价】

熔敷平焊操作评分标准见表1-21。

表1-21　熔敷平焊操作评分标准

序　号	评分项目	评分标准	配　分	得　分
1	操作姿势	蹲、坐、站姿每项不正确各扣3分	9	
2	焊条夹持	焊钳握法、焊条夹持角度不正确各扣3分	6	
3	引弧方法	引弧方法不正确、粘条各扣5分	10	
4	运条方法	运条方法不正确、焊条摆动超差各扣5分	10	
5	焊缝宽度	宽9～11mm，每超差1mm扣4分	10	
6	焊缝高度	高1～3mm，每超差1mm扣4分	10	
7	焊缝成形	要求波纹细、均匀、光滑，否则每处扣3分	9	
8	弧坑	弧坑填满，否则每处扣4分	8	
9	接头	要求接头连接圆滑，否则每处扣4分	10	
10	电弧擦伤	若是有电弧擦伤，每处扣2分	6	

（续）

序　号	评分项目	评分标准	配　分	得　分
11	飞溅	飞溅清理干净，否则每处扣2分	6	
12	安全文明生产	服从管理、安全操作，否则各扣3分	6	
总分			100	

注：从开始引弧计时，该工件在40min内完成，每超出1min，从总分中扣2.5分。

任务2　平角焊技能训练

【学习目标】

1）了解T形接头平角焊的特点，学习T形接头平角焊的基本操作技能。

2）掌握T形接头平角焊的技术要求，掌握多层焊和多层多道焊的操作技术。

3）学会制订T形接头平角焊的装配焊接方案，掌握用焊接检验尺测量角焊缝的方法。

【任务提出】

在工程中，平角焊多用于梁、柱、架及船的球鼻、龙骨的角接或T形接头平焊位置焊接结构件中，常见的桥梁、大型的高压线柱和各种桁架等基本都采用平角焊。

图1-43所示为T形接头平角焊的工件图，板件材料为Q235B。要求读懂工件图样，学习T形接头平角焊的基本操作技能，完成工件制作任务，达到图样技术要求。

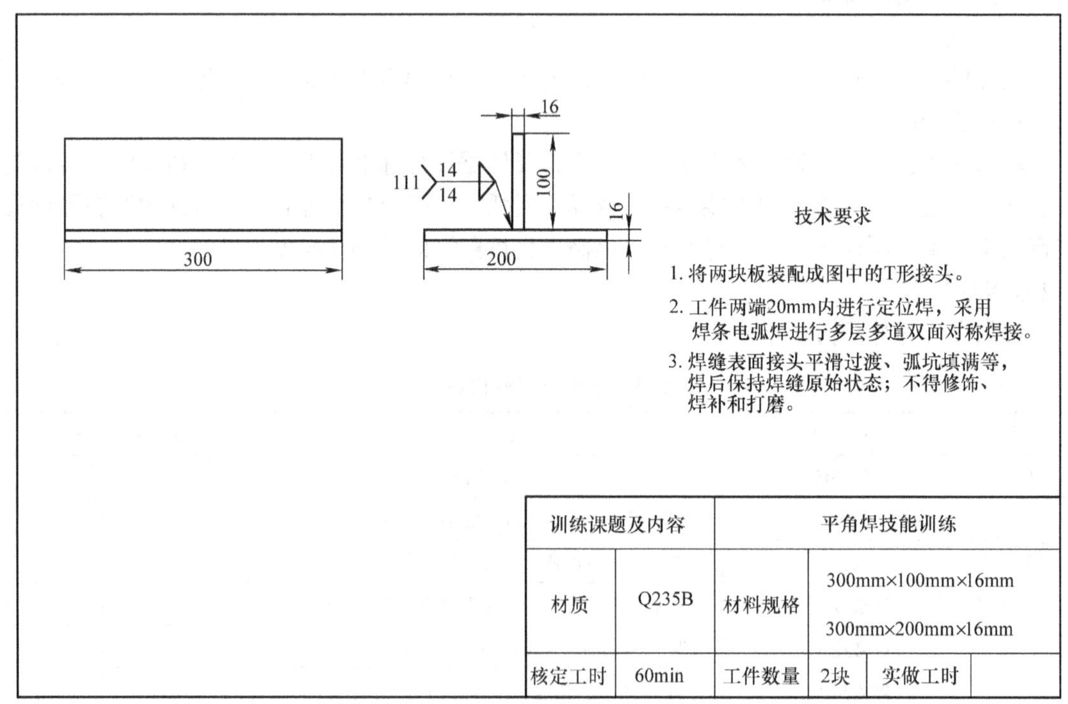

图1-43　平角焊工件图

【任务分析】

平角焊时，由于两板之间有一定的夹角，降低了熔敷金属和熔渣的流动性，容易出现以

下问题：

1）在平角焊操作过程中，如果焊条放置角度不当、焊接电流过大或电弧过长，则在工件的立板面很容易产生咬边缺陷。

2）如果各层间清渣不彻底或选择的焊接电流过小，则熔渣不能及时浮出，在焊道间容易产生夹渣缺陷。

3）焊缝偏下是平角焊焊接时最容易出现的问题，可通过调整焊条角度和焊接电流来解决。

➢【相关知识】

一、平角焊的概念及分类

焊接角接接头处于水平位置（即角接焊缝倾角为0°、180°，转角为45°、135°的角焊位置）时的焊接操作称为平角焊。平角焊是对平角焊缝施焊时的焊接操作，图1-44所示为平角焊的接头形式。以下仅介绍具有代表性的T形接头的平角焊和船形焊操作技术。

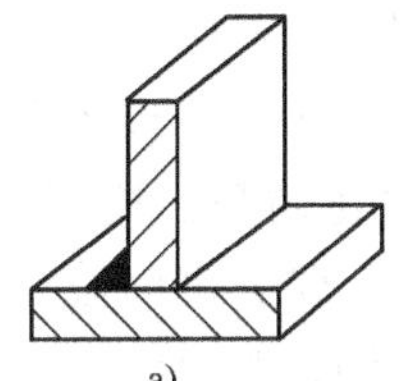

a)

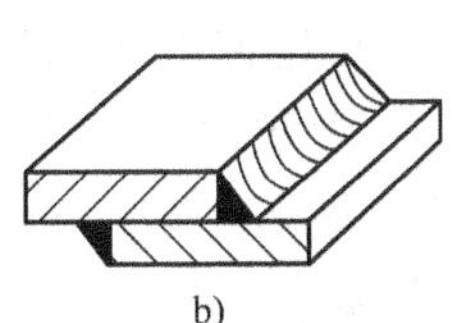

b)

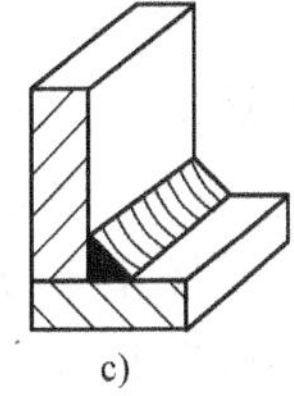

c)

图1-44　平角焊的接头形式

a）T形接头　b）搭接接头　c）角接接头

二、T形接头焊接

1. T形接头平角焊

（1）角焊缝各部位的名称　在焊接结构中，广泛采用角焊缝连接，角焊缝各部位的名称如图1-45所示。角焊缝的焊脚尺寸应符合国家标准和设计图样的要求，以保证焊接接头的强度。一般焊脚尺寸随工件厚度的增大而增加，两者的关系见表1-22。

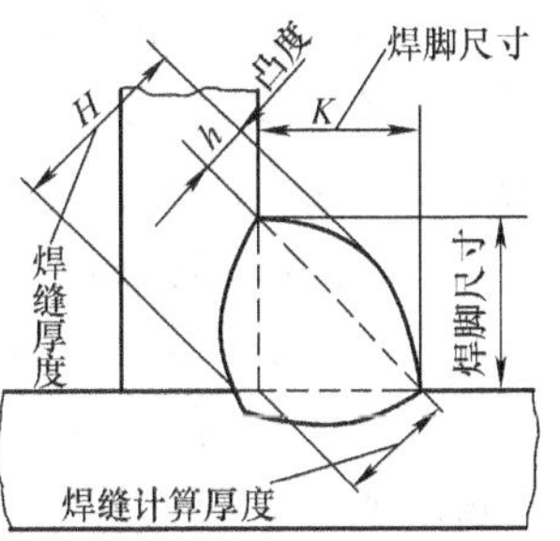

图1-45　角焊缝各部位的名称

（2）焊缝层数的选择　角焊缝的焊接方式有单层焊、多层焊和多层多道焊，焊接层数和焊道数量主要取决于所要求的焊脚尺寸和工件厚度。通常焊脚尺寸在6mm以下时，选择直径为ϕ4.0mm的焊条，采用单层焊；当焊脚尺寸为6～10mm时，采用多层焊，选择直径为ϕ4.0～ϕ5.0mm的焊条；当焊脚尺寸大于10mm时，采用多层多道焊，选择直径为ϕ5.0mm的焊条。这样便于操作，并能提高焊接生产率。

表1-22　角焊缝焊脚尺寸与钢板厚度的关系

钢板厚度/mm	6～10	10～12	12～16	16～23
最小焊脚尺寸/mm	4	5	8	10

当焊脚尺寸大于10mm时，采用两层三道焊接。如果焊脚尺寸大于12mm，可以采用三层六道、四层十道焊接，如图1-46所示。

平角焊时，还可在焊件的立板开单边V形坡口，如图1-47a所示；在工件的立板开带钝边双边V形坡口，如图1-47b所示。

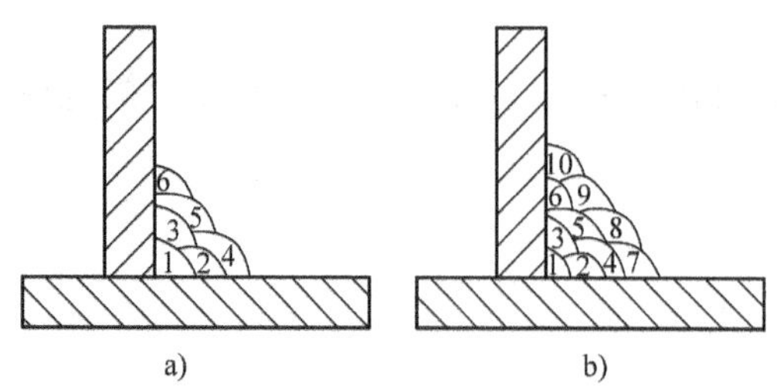

图1-46　多层多道焊枪的焊道排列

a）三层六道焊接　b）四层十道焊接

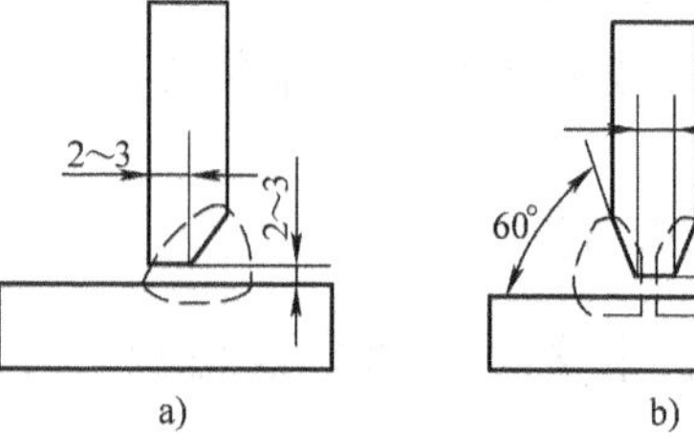

图1-47　大厚度工件角焊时的坡口

a）单边V形坡口　b）带钝边双边V形坡口

（3）运条方式的选择

1）直线形运条法。对于角接平焊单层焊，可选择直径为ϕ4.0mm的焊条。焊接操作时，可采用直线形运条法，短弧焊接，焊接速度要均匀。焊条与平板的夹角为45°，与焊接方向的夹角为70°~80°。运条过程中，要始终注视熔池的熔化情况，要保持熔池在接口处不偏上或偏下，以便使立板与平板焊道充分熔合；熔渣拖后，焊缝表面波纹粗糙。运条时，通过对焊接速度的调整和适当的焊条摆动，保证工件所要求的焊脚尺寸。

对于平角焊采用多层多道焊时，焊接第一层，一般选用直径小一些的焊条，焊接电流应稍大些，以达到一定的熔深。可以采用直线运条法，收尾时要填满弧坑。焊接第二道焊缝前，必须认真清理第一层焊道的熔渣。焊接时，可采用直径为ϕ4.0mm的焊条，加大焊道的熔宽。由于焊件温度升高，应采用较小的电流和较快的焊接速度，以防止垂直板产生咬边现象。

2）斜圆圈形运条法。采用斜圆圈形运条法时，应注意焊条在焊道两侧的停顿节奏，否则容易产生咬边、夹渣、边缘熔合不良等缺陷。如图1-48所示：由$a \rightarrow b$要慢，焊条作微量的往复前移，以防熔渣超前，保证水平焊一侧熔深；由$b \rightarrow c$稍快，以防液体金属下淌而形成焊瘤缺陷；在c处稍作停顿，以保证填充适量并确保在垂直一侧熔合，避免咬边；由$c \rightarrow d$稍慢，保持各熔池之间形成1/2~2/3的重叠，以利于焊道的成形，防止夹渣；由$d \rightarrow e$稍快，到e处稍作停顿，如此反复运条。焊道收尾时填满弧坑，能获得令人满意的焊缝。

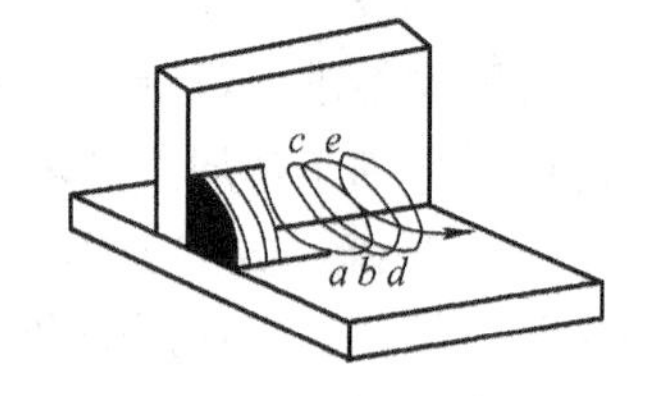

图1-48　平角焊的斜圆圈形运条法

（4）焊条角度的选择　平角焊时，焊条角度因板厚的不同而有所不同。由不等厚度板组装的角焊缝，在角焊时，要相应地调节焊条角度，电弧要偏向厚板一侧，使厚板所受热量增加。通过对焊条角度的调节，使厚、薄板受热趋于均匀，以保证接头熔合良好。否则，容易产生未焊透、焊偏、咬边、夹渣等缺陷。焊条角度的选择如图1-49所示。另外，多层多道焊时，焊条的角度随每道焊缝位置的不同而有所不同。

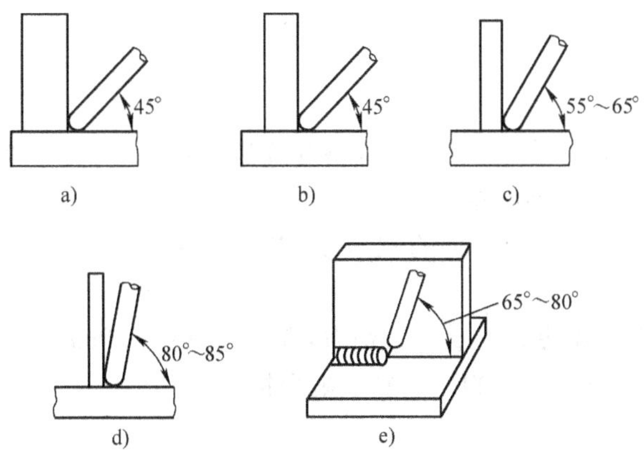

图 1-49　平角焊焊条角度的选择

a）立板比平板厚　b）两板等厚　c）、d）平板比立板厚　e）焊条与焊接方向的夹角

2. T 形接头船形焊

在平角焊的实际生产中，将 T 形、十字形或角接接头的工件翻转 45°，使角接接头处于平焊位置进行的焊接，称为船形焊，如图 1-50 所示。船形位置焊接时，因熔池处于水平位置，能避免咬边、焊脚下偏等焊接缺陷。同时，焊缝美观、平整，操作方便，有利于使用大直径焊条和大的焊接电流，而且能一次焊成较大截面的焊缝，焊脚最大尺寸可超过 10mm，从而提高了焊接生产率。因此，如果施工条件允许，应尽可能采用船形焊。运条可用月牙形或锯齿形运条方法。

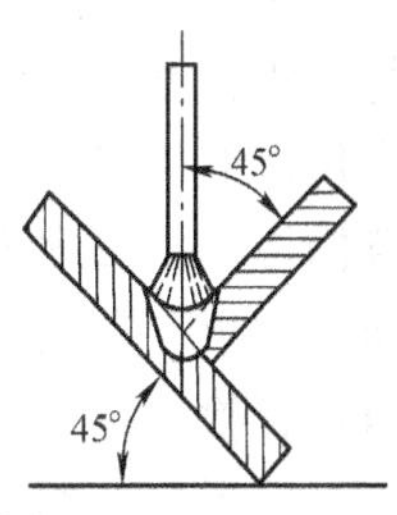

图 1-50　船形焊

三、工件角焊缝尺寸的测量

测量角焊缝厚度时，以主尺的 90°角处为测量基面，在活动尺的配合下进行测量，活动尺上短线对准的主尺部分的刻度值，即为所测的角焊缝厚度值。一般焊缝厚度范围为 1～20mm。如图 1-51 所示，此焊缝的厚度为 5mm。

测量角焊缝焊脚尺寸时，以主尺长脚侧面靠紧立板面，将主尺长脚端置于被焊焊缝焊脚尺寸的最高端，推动活动尺，使活动尺端部位于平板上。这时活动尺上短线对准的主尺部分的刻度值，即为所测角焊缝的焊脚尺寸，一般焊脚尺寸的范围为 1～20mm。如图 1-52 所示，焊脚尺寸为 10mm。

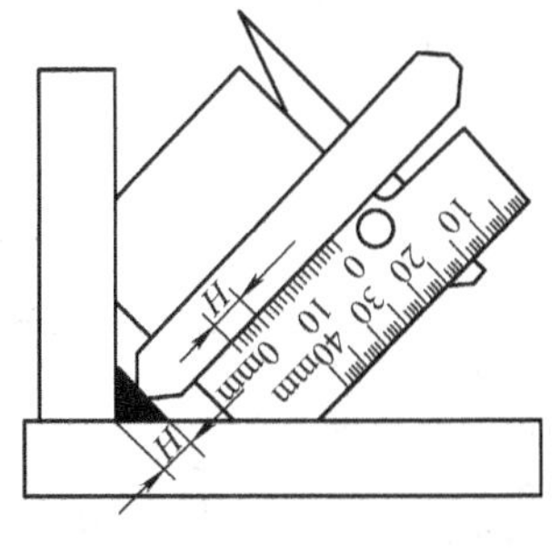

图 1-51　角焊缝厚度的测量

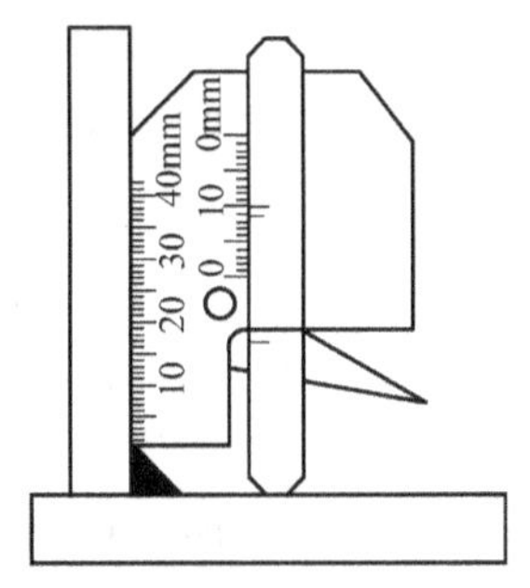

图 1-52　角焊缝焊脚尺寸的测量

➢【任务实施】

一、焊前准备

1）按规定穿戴好焊接劳动保护用品，准备焊接辅助工具，详见本项目任务1的相应内容。

2）T形接头平角焊的焊前准备。

①Q235B钢板两块，其中一块的尺寸为300mm×100mm×16mm，另一块尺寸为300mm×200mm×16mm。

②焊接材料为E4303型焊条，直径分别为$\phi3.2$mm和$\phi4.0$mm。

③弧焊设备为BX3—300或ZXG—300型电焊机。

二、装配与焊接

1．装配及定位焊

按图1-43的要求划装配定位线，将焊件装配成90°T形接头，不留间隙；采用正式焊缝所用的焊条进行定位焊，焊接电流要比正式焊接电流大15%～20%，以保证定位焊缝的强度和焊透。定位焊的位置应该在角焊缝的背面两端，长度为10～15mm。装配完毕，应矫正焊件，保证立板与平板间的垂直度，并对装配位置和定位焊质量进行检查。

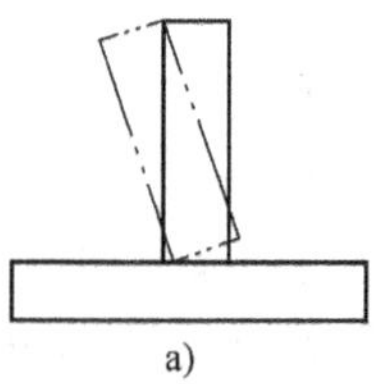
a)

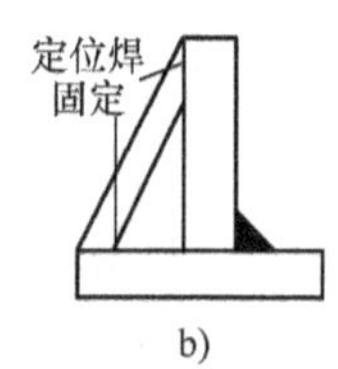

b)

图1-53　减少焊后变形的措施
a）反变形法　b）刚性固定法

船形焊的组装及定位焊与T形接头平角焊相同。在平角焊的实际生产中，如工件能翻动，应尽可能把焊件放在船形焊位置进行焊接。同时，要考虑工件焊后产生角变形的可能性，采取适当的预留变形量，即反变形法，如图1-53a所示；或者在工件两端施焊的另一侧用型钢临时固定焊牢，如图1-53b所示。待工件焊完后再取下来，以减少焊后变形。

焊接平角焊缝和船形焊缝的焊接参数见表1-23。

表1-23　焊接参数

序号	焊接层数	焊条直径/mm	焊接电流/A	焊接速度/(cm/min)	运条方法	焊条角度
1	第1层	$\phi3.2$	100～130	6～9	平角焊缝用直线形或斜圆圈形运条，船形焊缝用月牙形运条	45° 45° 45°
2	第2层	$\phi4$	180～190	12～16	平角焊缝用直线形运条，船形焊缝用锯齿形运条	45° 45° 45°

（续）

序号	焊接层数	焊条直径/mm	焊接电流/A	焊接速度/（cm/min）	运条方法	焊 条 角 度
3	盖面焊道 3 层	$\phi4$	180 ~ 200	11 ~ 14	平角焊缝用直线形运条，船形焊缝用锯齿形运条	50°～55°　40°～50°　45°　45°

2. T 形接头平角焊操作

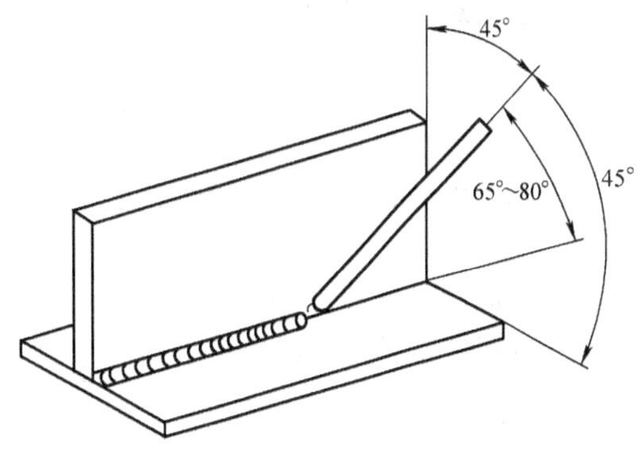

图 1-54　打底焊焊条角度

（1）打底层的焊接　起弧时，在始焊端约 10mm 处引弧，再将电弧拉到始焊端，弧长约 10mm，停顿 1 ~ 2s，迅速压低电弧，弧长保持在 2 ~ 4mm，开始正常焊接。直线运条时，焊条角度如图 1-54 所示。焊接时采用短弧，速度要均匀，焊条中心与焊缝的夹角中心重合；注意排渣和熔敷效果。

（2）盖面层的焊接　如图 1-55 所示，第二和第三道焊缝合称为盖面焊。焊前应清理干净焊渣和飞溅；先焊第二道焊缝，再焊第三道焊缝。焊接时，焊条中心对准打底层焊缝与水平钢板、垂直钢板的夹角中心，焊条角度要有适当的变化；焊缝表面应光滑，略呈内凹，避免立板侧出现咬边；焊脚对称并符合尺寸要求。

1）第二道焊缝的焊接。焊条中心对准打底层焊缝和平板之间夹角的中心，焊条与平板的角度为 60°。直线运条时，运条要稳；第二道焊缝要覆盖第一层焊缝的 1/2 ~ 2/3；焊缝与底板之间应熔合良好，边缘整齐。焊接速度比打底层焊接时稍快。

2）第三道焊缝的焊接。操作同第二道焊缝；要覆盖第二道焊缝的 1/3 ~ 1/2 ；焊接速度要均匀，不能太慢，否则易产生咬边或焊瘤，使焊缝成形不美观。

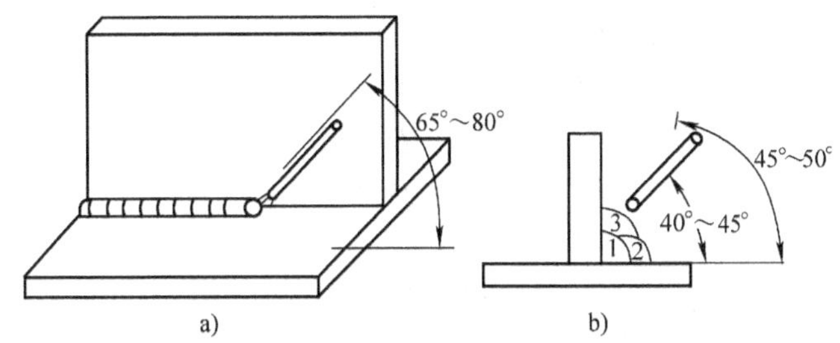

图 1-55　T 形焊缝多层多道焊焊条角度

a）焊缝与焊条之间的夹角　b）焊条与底板之间的夹角

3. 船形焊操作

1）将工件置于如图 1-50 所示的位置。焊接第一层焊道时，采用直径为 ϕ4.0mm 的焊条，焊接电流比平角焊时大些，焊条在两板之间保持垂直状态，与前进方向成 80°～85°角。运条时采用直线形运条，焊接速度要均匀，并控制焊道宽度，收尾时要填满弧坑。

2）焊完第一条焊道时，为控制工件的角变形，翻转工件后，应用同样的操作方法焊接另一侧焊道。

3）焊接其他各层焊道也是两侧交替进行，均应选择直径为 ϕ4.0mm 的焊条，并适当调大焊接电流。焊接过程中采用锯齿形运条法或正圆圈形运条法，焊条作适当的摆动，电弧应更多地在焊道两侧停留，使钢板有足够的热量，以保证焊缝得到良好的熔合。采用短弧焊接，保持熔渣对熔池的覆盖，这样有利于焊缝的成形。通过多层的焊接，直至达到工件所要求的 14mm 焊脚尺寸。

三、焊缝外观检测

1. 自检

对焊完清理好的 T 形工件，依据图 1-43 的技术要求及表 1-24 中的评分标准，进行自检。检测工件时，要正确运用焊接检验尺，检测的操作内容在评分标准范围内为合格。

2. 互检

同组同学参照相关评分标准，对各自焊完清理好的 T 形工件进行互相检测，并指出不足，相互讨论，然后将结果汇报给相应教师，由教师作出准确结论。

3. 专检

教师对学生在焊接操作过程中的动作及各参数的选定等进行巡回检查，有问题及时纠正。

教师在接到学生上交的焊完清理好的工件后，依据评分标准进行严格检测，给出分值。并对焊接参数选择的准确性及引弧、运条、收弧操作的正确性等给出明确指导，作出准确解答。

➢【任务评价】

平角焊操作评分标准见表 1-24。

表 1-24　平角焊操作评分标准

序　号	评分项目	评分标准	配分	得分
1	焊脚尺寸	13≤K≤15，每超差一处扣 3 分	12	
2	工件角变形	α≤3°，超差不得分	12	
3	焊缝凸度	0≤h≤3，每超差一处扣 5 分	10	
4	焊缝成形	要求波纹均匀、光滑，否则每处扣 2 分	12	
5	弧坑	弧坑要填满，否则每处扣 2 分	10	
6	焊接接头	接头连接处不脱节、不超高，否则每处扣 2 分	10	
7	夹渣	有点状夹渣扣 4 分，有条状夹渣扣 8 分	8	
8	电弧擦伤	有电弧擦伤，每处扣 2 分	10	
9	飞溅	清理飞溅，否则每处扣 2 分	8	
10	安全文明生产	服从管理，安全操作，否则全扣	8	
总分			100	

注：从开始引弧计时，该工件在 40min 内完成，每超出 1min，从总分中扣 2.5 分。

任务 3　板对接双面平焊技能训练

➢【学习目标】

1）了解焊接电弧的概念，理解产生电弧偏吹的原因，掌握防止电弧偏吹的措施。

2）了解板对接平焊的特点，学习板对接平焊的基本操作技能。

3）掌握板对接平焊的技术要求及操作要领，学会制订板对接平焊的装配焊接方案。

➢【任务提出】

工件开 V 形坡口的工艺较开其他形式坡口的工艺简单。一般情况下，焊接其他形式坡口的工艺与焊接 V 形坡口的工艺类似。因此，在焊接实训中，多数都用开 V 形坡口的工件进行焊接训练。

在实践中，双面平焊多用于大型容器和大口径管线的平位焊缝的焊接生产，这种焊接方式可以在容器内、外错位的情况下进行施焊，这样既提高了生产率，又可以减小一些因焊接加热引起的工件变形。图 1-56 所示为 V 形坡口对接双面平焊工件图，板件材料为 Q235B。要求读懂工件图样，制作出合格的板对接平焊工件，达到工件图样要求。

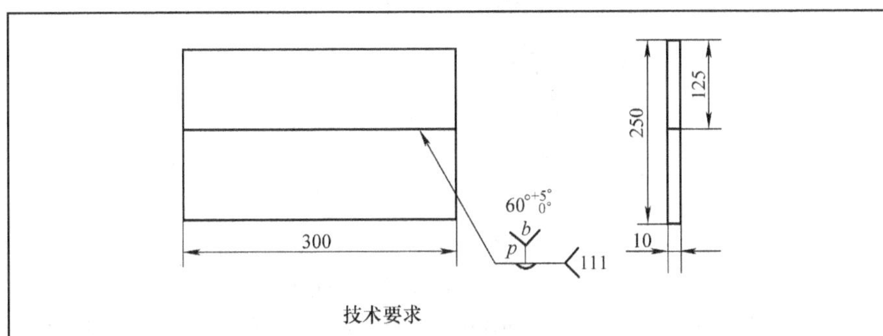

技术要求

1. 组装平齐成对接接头，p值取1～2，b值取2.7～3.2，工件两端20内定位。
2. 采用双面焊，焊缝表面接头平滑过渡、弧坑填满等。焊缝正面与背面每边比坡口增宽<2m，正面余高为0～2,背面余高为0～1.5,正面斜高差≤1.5,背面余高差≤1。整体焊缝要求匀、齐、圆滑。
3. 焊后保持焊缝原始状态，不得修饰、焊补和打磨。

训练课题及内容		V形坡口对接双面平焊技能训练			
材　质	Q235B	材料规格	300mm×125mm×10mm		
核定工时	60min	工件数量	2块	实做工时	

图 1-56　V 形坡口对接双面平焊工件图

➢【任务分析】

平焊时，金属熔滴借助自重能够顺利进入熔池，易控制成形，操作较容易。V 形坡口对接平焊多层焊时（3 层以上称为多层焊），因焊缝处于水平焊位置，故操作与平敷焊相似。但在操作过程中应注意，打底焊时，若焊接速度过慢、焊接电流过大，易在焊件背面出现焊瘤；若焊接速度过快、焊接电流太小，将导致液态金属与熔渣混合，使熔渣来不及浮出而留在焊缝中形成夹渣。盖面焊和封底焊时，可能会因为焊接电流过大、电弧过长而导致焊缝两侧出现咬边。当焊条作横向摆动时，由于在焊缝两侧停顿时间不足或焊条角度不正确等因素，会在坡口边缘处造成填充量不足而形成咬边的焊接缺陷。

➢【相关知识】

一、焊接电弧

电弧是一种加有一定电压的两电极间的气体放电现象。当两极间的气体被加热到一定温度时，将产生大量带电荷的正、负离子和电子，正、负离子综合放电就产生电弧。所有电弧焊都是利用电弧作为焊接热源熔化金属来实现焊接的。图 1-57 所示为焊接电弧及焊缝形成过程。

为了便于焊条电弧焊的引弧，要求焊接电源有一定的空载电压，同时要求焊条药皮中加入易电离物质，如钾、钠、钙、镁、钛等元素。

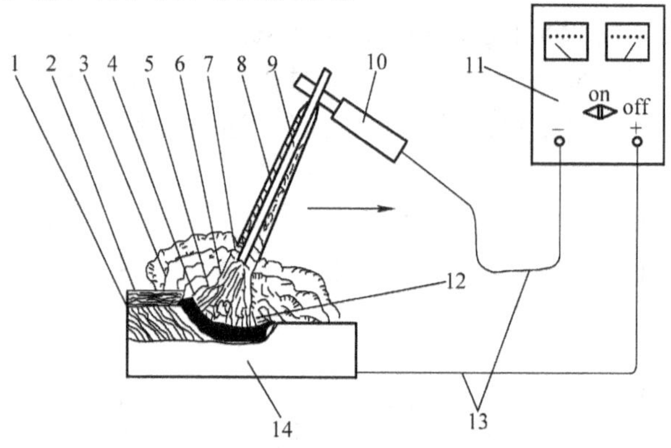

图 1-57　焊接电弧及焊缝形成过程

1—焊缝　2—固态熔渣　3—气体和烟尘　4—液态熔渣　5—电弧　6—保护气体　7—熔滴　8—焊条药皮　9—焊芯　10—焊钳　11—电焊机　12—熔池　13—焊接电缆　14—工件

二、焊接电弧的偏吹及防止方法

焊条电弧焊在正常情况下，电弧轴线和焊条轴线重合。当焊条倾斜时，电弧轴线也会随着焊条的轴线倾斜，如图 1-58 所示。在焊接过程中，因焊条偏心、气流干扰或磁场作用的影响，电弧中心偏离焊芯轴线的现象称为电弧偏吹。

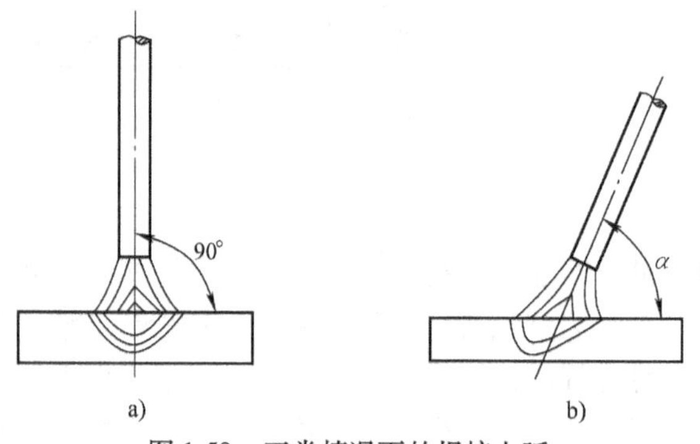

图 1-58　正常情况下的焊接电弧

a）焊条与工件垂直　b）焊条与工件倾斜

1. 焊条偏心产生的偏吹

焊条的偏心度过大，就会产生电弧偏吹，如图 1-59 所示。这是由于焊条药皮厚薄不均匀，药皮较厚的一边在熔化时比药皮较薄的一边吸收的热量多，药皮较薄的一边很快熔化而使电弧外露，造成了电弧偏吹。因此，为了保证焊条质量，在焊条生产中，对焊条的偏心度有一定的限制。GB/T 5117-2012《非合金钢及细晶粒钢焊条》对焊条偏心度的要求如下：

1）直径不大于 ϕ2. 5mm 的焊条，偏心度应不大于 7%。

2）直径为 ϕ3. 2mm 和 ϕ4. 0mm 的焊条，偏心度应不大于 5%。

3）直径不小于 ϕ5. 0mm 的焊条，偏心度应不大于 4%。

符合以上标准要求的焊条，焊接时一般不会造成明显的电弧偏吹。焊条的偏心度如图 1-60 所示。

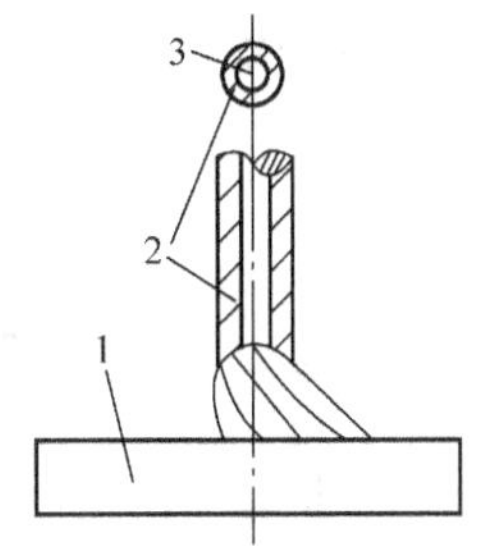

图 1-59　焊条偏心引起的电弧偏吹

1—焊件　2—药皮　3—焊芯

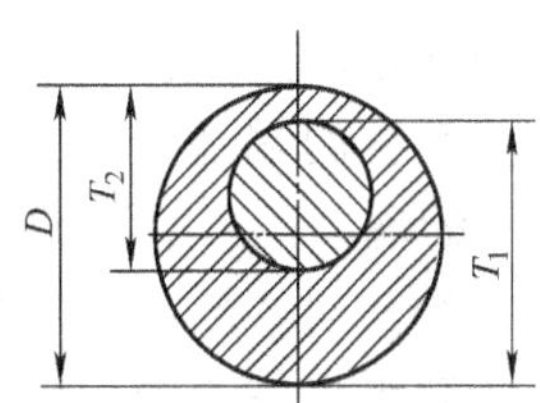

图 1-60　焊条偏心度

防止偏吹的方法为：焊接中发现因焊条偏心引起电弧偏吹时应立即熄弧，若偏心较小，可转动焊条将偏心位置移动到焊接前进方向，调整焊条角度后再施焊；若偏心过大，就必须更换焊条。

2. 电弧周围气流干扰产生的偏吹

电弧周围气体流动过强也会把电弧吹向一侧而产生偏吹。造成电弧周围气体流动的因素很多，主要是大气中的气流和热对流作用。如果在露天风速较大的环境中操作或在狭窄焊缝处焊接，电弧偏吹会很严重；在管线焊接中，由于空气在管子中的流速较大，形成“穿堂风”，而易产生电弧偏吹；如果对接接头的间隙较大，在热对流的影响下也会产生偏吹。

防止偏吹的方法为：焊接过程中，如果遇到气流引起的电弧偏吹，要停止焊接，查明原因，采用遮挡等方法来解决。

3. 焊接电弧的磁偏吹

直流电弧焊时，因受到焊接回路中电磁力的作用而产生的电弧偏吹现象，称为焊接电弧的磁偏吹。

（1）接地线位置引起的磁偏吹　焊接时，不仅电流通过焊条与电弧时会在空间产生磁场，通过焊件的电流也会在空间产生磁场。如图 1-61 所示，当焊条与焊件垂直时，电弧左侧的磁力线密度较大，而电弧右侧的磁力线稀疏，根据左手定则，磁力线的不均匀分布致使密度大的一侧对电弧产生推力，使电弧偏离轴线。

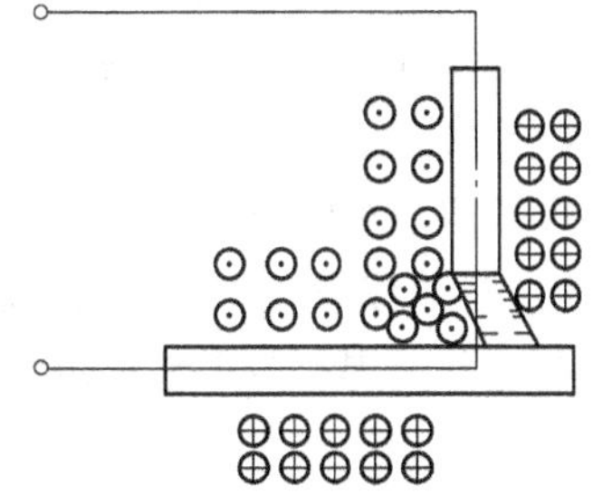

图 1-61　导线接地线位置引起的磁偏吹

（2）不对称铁磁物质引起的磁偏吹　焊接时，若在电弧一侧放置一块钢板（导磁体），电弧将离开焊条轴线偏向钢板一侧，如图 1-62 所示。这是由于铁磁物质（钢板、铁块等）的导磁能力远远大于空气，当焊接电弧周围有铁磁物质存在时，铁磁物质侧的磁力线大部分都通过铁磁物质形成封闭曲线，致使电弧同铁磁物质之间的磁力线密度降低，所以在电磁力的作用下，电弧将向铁磁物质一侧偏吹。

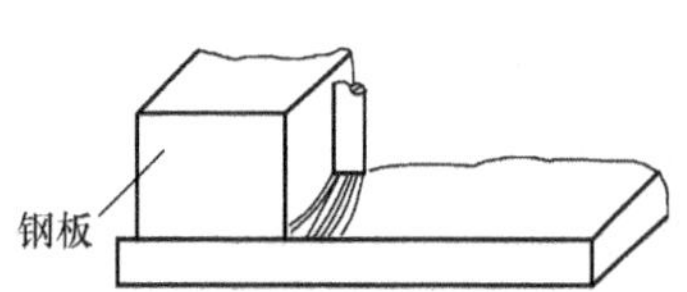

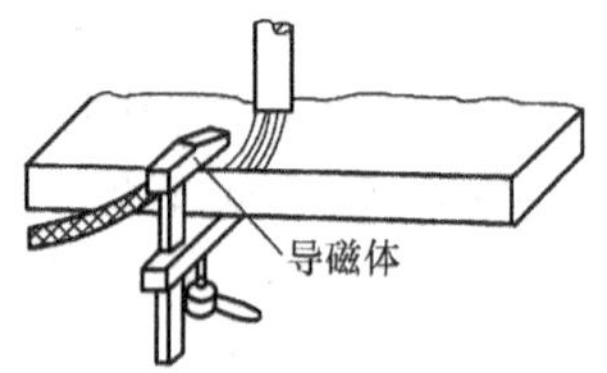

图 1-62　不对称铁磁物质引起的磁偏吹

（3）电弧运动至钢板一端的磁偏吹　当焊接电弧移动至钢板的端部时，也容易发生电弧向钢板中心偏吹的现象，如图 1-63 所示。这是因为电弧到达钢板端头时，导磁面积发生变化，导致空间磁力线在靠近焊件边缘的地方密度增加，所以在电磁力的作用下，产生了指向焊件内侧的磁偏吹。

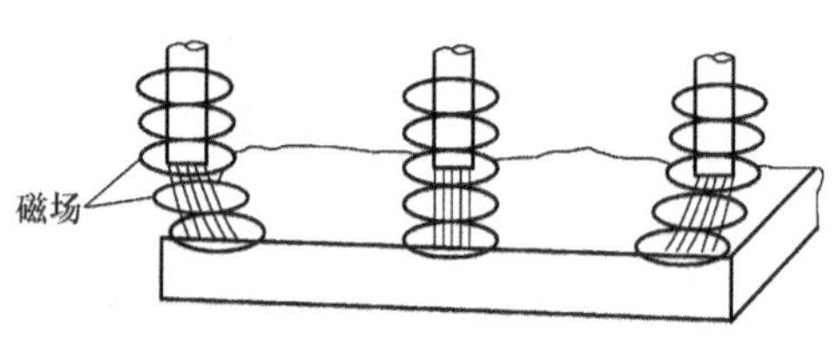

图 1-63　在焊件一端焊接时引起的磁偏吹

防止磁偏吹的措施如下：

1）发生磁偏吹时，可将焊条向与磁偏吹相反的方向倾斜，以改变电弧左右空间的大小，使磁力线密度趋于均匀，可减少偏吹量。

2）改变接地线位置或在工件两侧对称加接地线，可减少因导线接地位置不当引起的磁偏吹。

3）因为交流的电流和磁场的方向是不断变化的，所以使用交流电源可以防止磁偏吹。

4）采用短弧焊也可以减小磁偏吹。

三、定位焊与定位焊缝

焊前为固定焊件的相对位置进行的焊接操作称为定位焊，定位焊形成的短小而断续的焊缝称为定位焊缝。通常定位焊缝都比较短小，焊接过程中，都作为正式焊缝的一部分保留在焊缝金属中，因此定位焊缝质量的好坏，位置、长度和高度是否合适，将直接影响正式焊缝的质量及焊件的变形。根据经验，生产中发生的一些质量事故，如结构变形大、出现未焊透及裂纹等缺陷，往往是由定位焊不合格造成的，因此对定位焊缝必须引起足够的重视。

焊接定位焊缝时，必须做到以下几点：

1）必须按照焊接工艺的要求焊接定位焊缝。如采用工艺规定的焊条牌号，用相同的焊接参数进行施焊；若工艺规定焊前需预热，焊后需缓冷，则定位焊缝焊前也需预热，焊后也需缓冷。

2）定位焊缝必须保证熔合良好，焊道不能太高，起头和收弧处应圆滑而不能太陡，防止焊缝接头处两端焊不透。

3）定位焊缝的长度、余高和间距见表 1-25。

表 1-25　定位焊缝的尺寸

焊件厚度/mm	定位焊缝余高/mm	定位焊缝长度/mm	定位焊缝间距/mm
≤4	<4	5 ~ 10	50 ~ 100
4 ~ 12	3 ~ 6	10 ~ 20	100 ~ 200
>12	>6	15 ~ 30	200 ~ 300

4）定位焊缝不能位于焊缝交叉或焊缝方向发生急剧变化的地方，通常至少应离开 50mm 以上。

5）为防止焊接过程中焊件开裂，应尽量避免强制装配，必要时可增加定位焊缝的长度，并减小定位焊缝的间距。

6）定位焊后必须尽快焊接正式焊缝，避免中途停顿或存放时间过长。定位焊使用的焊接电流可比正式焊缝的焊接电流大 10% ~15%。

➢【任务实施】

为完成图 1-56 中 V 形坡口对接双面平焊工件的焊接任务，掌握引弧、连接接头和收弧的正确操作方法，能熟练、正确地选用一种或几种运条操作方法，掌握运用焊接检验尺测量坡口角度、工件组对间隙的方法，应按以下步骤进行操作。

一、焊前准备

1）按规定穿戴好焊接劳动保护用品，准备焊接辅助工具等，详见本项目任务 1 的相应内容。

2）按图样要求准备工件：材质为 Q235B，规格为 300mm×125mm×10mm，数量为 2 块/人。用剪板机或氧乙炔切割下料，钝边值为 2mm，单边坡口为 30°，如图 1-64 所示。

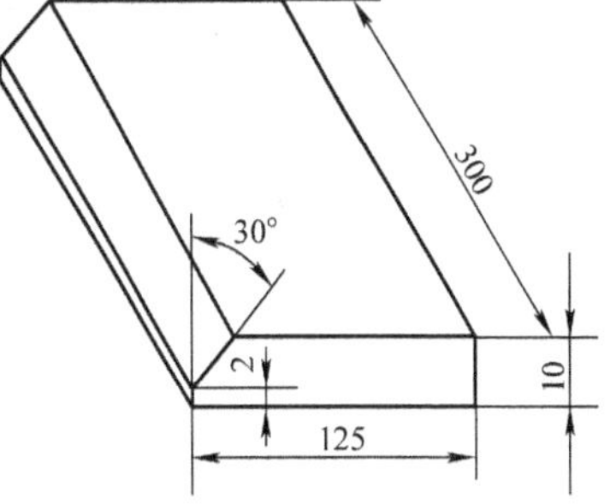

图 1-64　单件钝边 V 形坡口焊接试板

3）选用 ϕ3.2mm 和 ϕ4.0mm 两种规格的 E4303（J422）型焊条。根部焊道选用 ϕ3.2mm 的焊条焊接，填充焊及盖面焊选用 ϕ4.0mm 的焊条。焊条不得受潮变质，焊芯应无锈，药皮不能开裂和脱落。焊条在使用前须烘至 100 ~150℃，保温 1 ~1.5h。

二、装配与焊接

1. 工件的组装与定位焊

用与正式焊接相同的焊条在焊件背面两端进行定位焊，定位焊缝的长度为 10mm，装配间隙为 3 ~4mm 如图 1-65 所示。进行定位焊时，要留有收缩余量，即终焊端的间隙比始焊端的间隙约大 1mm。平焊位置始焊端的间隙为 3mm，终焊端的间隙为 4mm，针对角变形的反变形量为 3°左右，错边量不大于 1mm。试件装配尺寸如图 1-66 和表 1-26 所示。

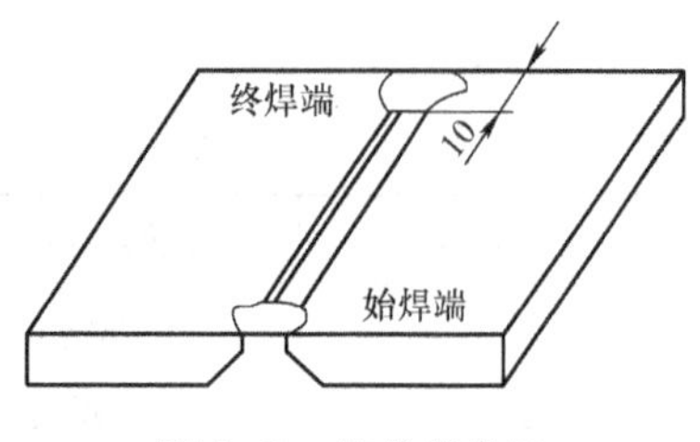

图 1-65　定位焊位置

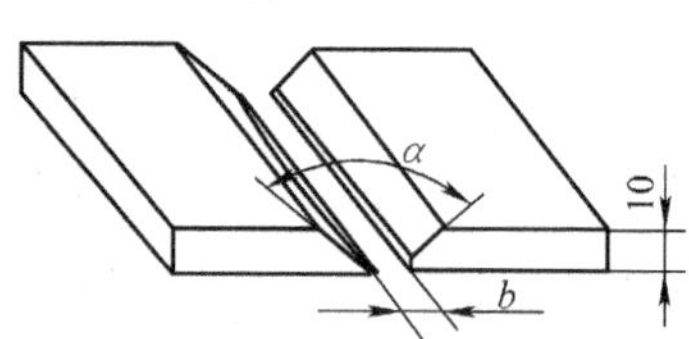

图 1-66　试件装配尺寸

表 1-26　试件装配尺寸

坡口角度/°	间隙/mm	钝边/mm	反变形/（°）	错边量/mm
60	始焊端 3 终焊端 4	2	3	≤1

2. 打底层焊接

焊接这类焊缝时常采用锯齿形运条方法，如图 1-67 所示。焊接层数由焊件厚度及焊条直径来确定，焊接分为四层四道，如图 1-68 所示。焊接参数及碳弧气刨工艺参数见表 1-27。

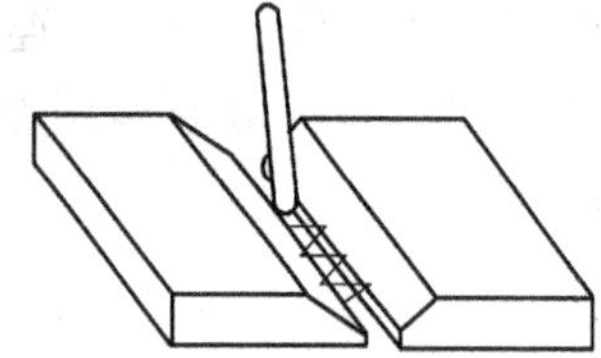

图 1-67　锯齿形运条方法

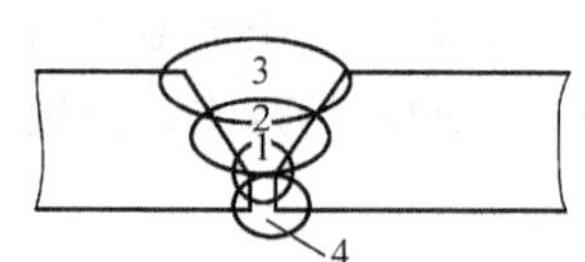

图 1-68　开 V 形坡口多层焊

表 1-27　焊接参数及碳弧气刨工艺参数

序　号	焊 接 层 次	焊条直径/mm	焊接电流/A	电弧电压/V	焊接速度/(cm/min)
1	打底焊道 1 层	ϕ3. 2	80 ~ 90	21 ~ 24	6 ~ 9
2	填充焊道 2 层	ϕ4	160 ~ 180	25 ~ 28	12 ~ 16
3	盖面焊道 3 层	ϕ4	150 ~ 180	25 ~ 28	11 ~ 14
4	背面焊道 4 层	ϕ4	160 ~ 180	25 ~ 28	11 ~ 14

焊接打底层时应采用小直径的 ϕ3. 2mm 焊条，运条方法根据间隙的大小而定。间隙小时可用直线运条法，间隙大时应用直线往复式运条法，以防烧穿。当间隙逐步增大而无法一次焊成时，可用缩小间隙法来完成根部的焊接，如图 1-69 所示。即先在坡口两侧各堆覆一条焊道 1、2，使间隙缩小，然后焊中间焊道 3。

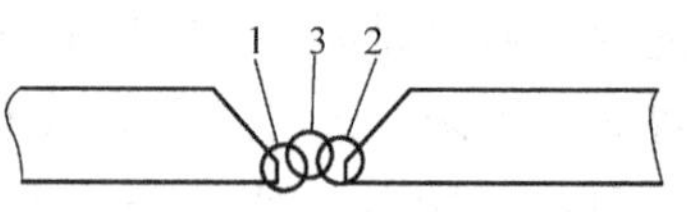

图 1-69　缩小间隙法

（1）引弧及运条　在试件的定位焊缝处引弧后，电弧稍作停顿，预热 1 ~ 2s，然后作横向锯齿形运条。焊条角度（焊条与工件在焊接方向上的夹角）为 70° ~ 80°。正常运条时，焊条端部离坡口 2mm 左右。1/3 的电弧将在背面燃烧，电弧深度 L 及焊条端部位置如图 1-70 所示。

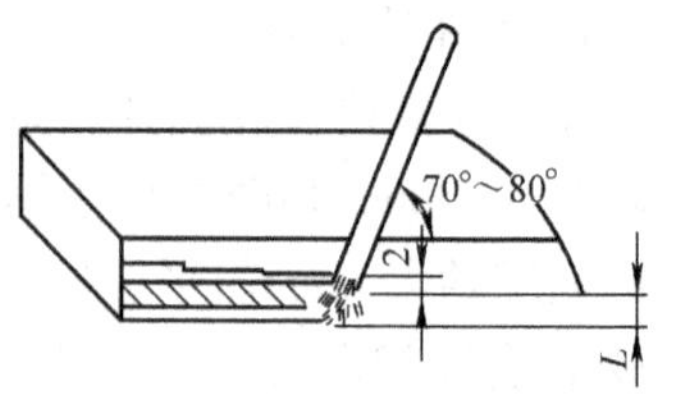

图 1-70　电弧深度 L 及焊条端部位置

（2）收弧　焊接打底焊道时，需要更换焊条或熄弧，将焊条下压使熔孔稍增大后，慢慢向右方一侧引弧 10mm 衰减焊接电弧直至熄弧，使之形成一个斜坡，为下一根焊条的引弧打好基础。同时可以把冷缩孔引到正面，以利于重新熔化，否则将在背面形成焊接缺陷，如图 1-71 所示。

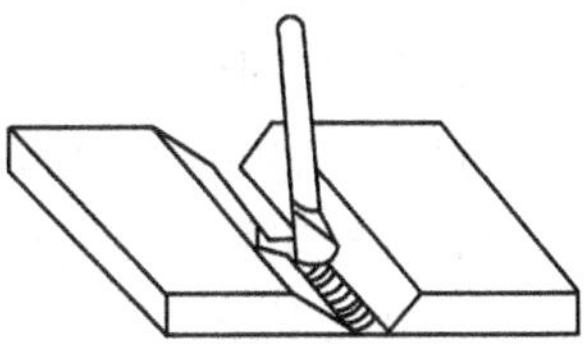

图 1-71　收弧方法

（3）连接接头　在收弧熔池前约 10mm 处引弧，引燃电弧后立即将电弧引向上一根焊条的收弧熔池中心，达到中心后即作折返，同时作横向锯齿形摆动并向前运条。电弧击穿试件根部时，按前述进行正常焊接，作横向锯齿形向前运条。待电弧到达收弧熔池前端时，电弧下压（约 2s）并稍作摆动。将电弧击穿试件根部时，再正常焊接，如图 1-72 所示。

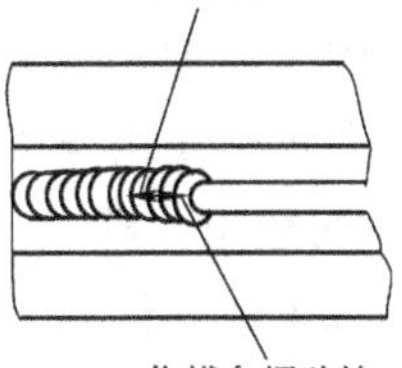

折返点

作横向摆动处

图 1-72　接头方法（根部焊道）

在打底焊道的焊接过程中，接头是关键。要得到良好的接头，必须掌握以下两点：

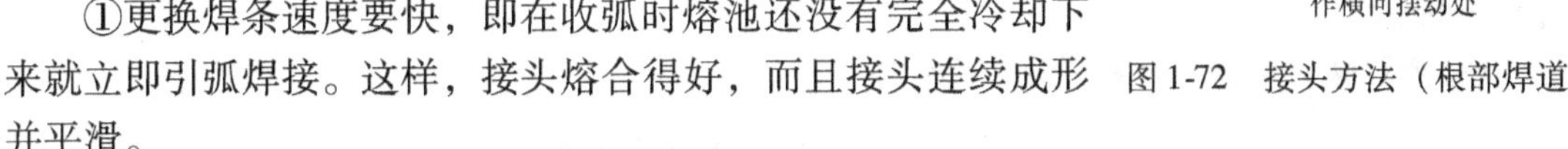

①更换焊条速度要快，即在收弧时熔池还没有完全冷却下来就立即引弧焊接。这样，接头熔合得好，而且接头连续成形并平滑。

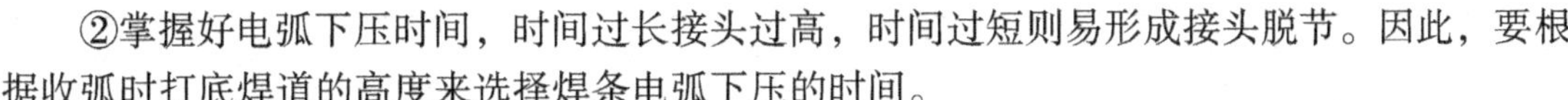

②掌握好电弧下压时间，时间过长接头过高，时间过短则易形成接头脱节。因此，要根据收弧时打底焊道的高度来选择焊条电弧下压的时间。

3. 填充焊

焊接填充焊道时，在距离焊缝端部 10mm 左右处引弧，然后将电弧拉回开头处施焊，运条作横向锯齿形摆动，在坡口两侧稍加停顿，以保证熔池及坡口均衡，并有利于良好熔合及排渣。焊接填充焊道时，焊条角度（与焊接前进方向的夹角）为 80° ~ 85°。注意：一定要压低电弧，因为电弧过长会出现气孔等缺陷。填充焊道的焊缝余高距母材表面 0. 5mm 左右。

4. 盖面焊

盖面焊道的引弧要领与填充焊相同。运条作横向锯齿形摆动，摆动至焊趾两侧对称后稍作停留，以防咬边，摆动时以焊芯到达坡口边缘为止，坡口边缘熔化 1 ~ 2mm，前进的速度要均匀，以使焊缝高低平整。盖面焊接头时，在弧坑前面 10mm 处引弧至弧坑中心时先左后右，使焊缝与弧坑边缘接上，防止接头脱节或过高，如图 1-73 所示。

5. 背面清根

用碳弧气刨清除焊接工件背面打底焊接时焊成的成形不良的焊缝的操作，称为背面清根。气刨时，手向下轻按，刨出的凹槽较浅，将不良焊缝清除，刨削速度应稍快一些，这样得到的刨槽底部呈 U 形，如图 1-74 所示。

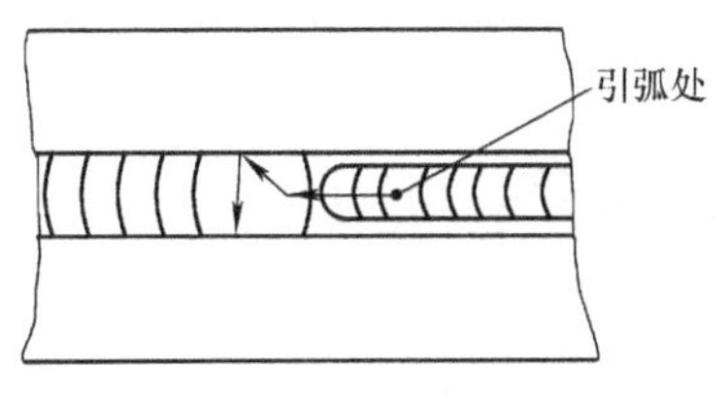

图 1-73　盖面层接头引弧

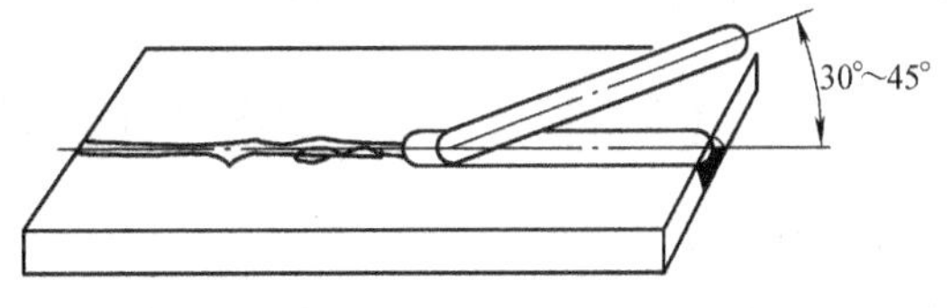

图 1-74　背面气刨清根

6. 封底焊

按照表 1-26 的要求，背面封底焊采用相应的工艺参数进行焊接，引弧要领与填充层相同。运条作锯齿形横向摆动，摆动至刨槽口两侧对称后稍作停留，以防咬边，前进的速度要均匀一致，使焊缝高低平整。背面焊道接头与盖面层接头相同，即在弧坑前 10mm 处引弧至弧坑中心时先左后右，使焊缝与弧坑边缘接上，防止接头脱节或过高。待电弧到达收弧熔池前端时，电弧下压（约 2s）并稍作摆动，快速收弧。

三、焊缝外观检测

1. 自检

对焊完清理好的工件，依据图 1-56 中的技术要求和表 1-27，进行校正和检测。检测工件时，要正确使用焊接检验尺，检测的操作内容在评分标准范围内为合格。

2. 互检和专检

参照本项目任务 2 的相关内容进行。

➢【任务评价】

板对接双面平焊评分标准见表 1-28。

表 1-28　板对接双面平焊评分标准

序　号	评 分 项 目	评 分 标 准	配分	得分
1	焊接检验尺的使用	焊接检验尺使用正确、读数准确，否则各扣 4 分	8	
2	工件组装定位	工件尺寸组装正确、符合要求，否则各扣 5 分	10	
3	焊缝正面成形	要求波纹细、均匀、光滑，否则每处扣 2 分	10	
4	焊缝宽度差	宽度允许相差 1mm，每超差 1mm 扣 5 分	10	
5	焊缝余高	允许相差 0.5～1mm，每超差 0.5mm 扣 4 分	8	
6	工件角变形	允许相差 1°，每超差 1°扣 5 分	10	
7	引弧痕迹	无引弧痕迹不扣分，若有则每处扣 2 分	6	
8	接头成形	要求成形良好，脱节或超高一处扣 4 分	8	
9	收尾弧坑	弧坑要填满，否则每处扣 4 分	8	
10	焊缝背面成形	宽窄均匀、整齐，圆滑过渡，否则每项扣 5 分	10	
11	工件清理	工件要清洁，否则每处扣 5 分	6	
12	安全文明生产	服从管理，安全文明生产，否则每项扣 3 分	6	
总分			100	

注：从开始引弧计时，该试件的焊接在 60min 内完成，每超出 1min，从总分中扣 2.5 分。

任务 4　板对接单面平焊双面成形技能训练

➢【学习目标】

1）了解电源极性、焊接参数的相关内容，学会正确选用焊接参数。

2）进一步掌握焊条电弧焊的定位焊技术，学习薄板焊接技术，掌握焊条电弧焊的连弧

和断弧焊法。

3）学习焊条电弧焊V形坡口平对接多层单面焊双面成形操作技术。

➢【任务提出】

单面焊双面成形是指采用普通焊条，在坡口背面没有任何辅助措施的条件下，在坡口正面进行焊接，焊后坡口的正、反面都能得到均匀、成形良好、符合质量要求的焊缝的操作方法。在生产实践中，单面平焊双面成形多用于人进不去施工的小型容器或小直径管道的平位纵环焊缝的焊接生产，这种焊接方式可以实现在容器外面施焊而里面也能形成焊缝。

图1-75所示为钝边V形坡口板对接单面焊双面成形焊接工件图，板件材料为Q235B。要求读懂工件图样，完成工件制作任务，达到工件图样技术要求。

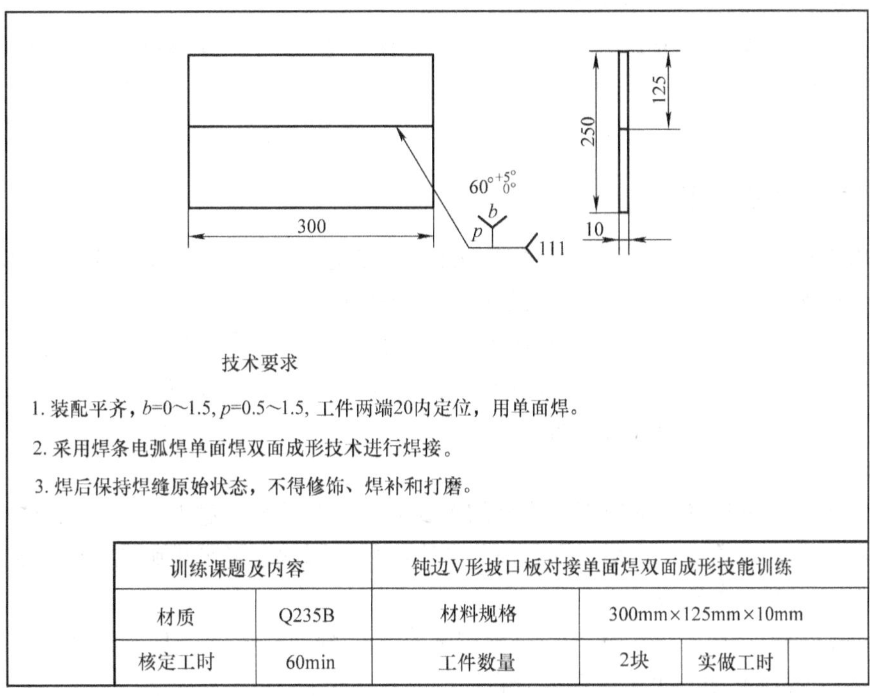

训练课题及内容		钝边V形坡口板对接单面焊双面成形技能训练		
材质	Q235B	材料规格	300mm×125mm×10mm	
核定工时	60min	工件数量	2块	实做工时

图1-75　钝边V形坡口板对接单面焊双面成形焊接工件图

➢【任务分析】

V形坡口板对接单面焊双面成形焊接，与V形坡口对接多层双面焊的填充焊和盖面焊相似，差别在于第一层打底焊时，对工件根部间隙 b、钝边 p 的值要求较严格。另外，焊接电弧不能出现偏吹，否则，由于操作不当和焊接参数选择不当，容易在焊道背面产生未焊透、超高、焊瘤等缺陷。

➢【相关知识】

一、焊接电弧极性的选择

使用直流焊机焊接时，焊接电弧由阴极区、弧柱区和阳极区组成，如图1-76所示。在这三个区域中，弧柱区的温度最高，阳极区的温度次之，阴极区的温度最低。

焊条电弧焊在使用直流弧焊电源时，工件接电源正极称为正接法（正接），工件接电源负极称为反接法（反接），如图1-77所示。由于阴极区和阳极区的温度不一样，可根据工件厚度、材质和焊条类型选择正接和反接，来调节熔深。单面焊双面成形焊接时多采用直流反接法。

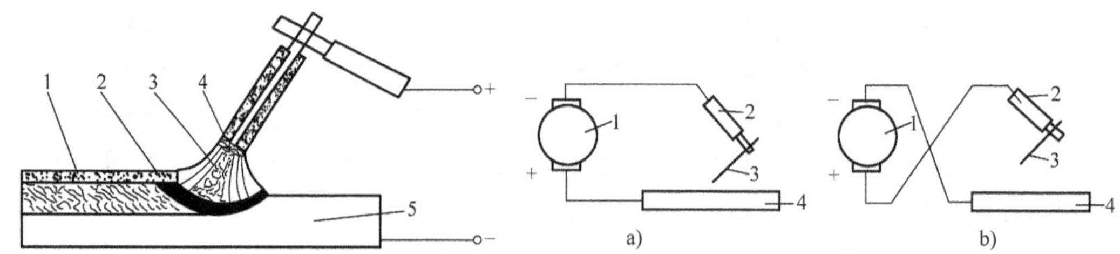

图1-76　焊接电弧的组成
1—焊缝　2—阴极区　3—弧柱区
4—阳极区　5—工件

图1-77　直流电源焊接时的正接与反接
a）正接　b）反接
1—直流焊机　2—焊钳　3—焊条　4—工件

二、焊接参数的选择

焊条电弧焊的焊接参数，是指焊接时为保证焊接质量而选定的各物理量（如焊条直径、焊接电流、电弧电压、焊接速度、焊接层数等）的总称。

焊条电弧焊的焊接参数除上述几项外，通常还包括焊条型号和牌号、电源种类与极性等。焊接参数选择得正确与否，直接影响焊缝的形状、尺寸、焊接质量和生产率，是焊条电弧焊焊接工作中应该注意的首要问题。

1. 焊条直径的选择

焊条直径的正确选择是保证焊接质量的重要因素，焊条直径过大，易造成未焊透或焊缝成形不良的缺陷；焊条直径过小，则会使生产率降低。因此，必须正确选择焊条直径，焊条直径的选择与下列因素有关。

（1）焊件厚度　厚度较大的焊件应选用大直径的焊条；较薄构件的焊接，则应选用小直径的焊条。表1-29中列出了选择焊条直径的参考数据。

表1-29　焊条直径与工件厚度的关系

工件厚度/mm	焊条直径/mm	工件厚度/mm	焊条直径/mm
1.5	$\phi1.5$	4～6	$\phi3.2$～$\phi4.0$
2	$\phi1.5$～$\phi2.0$	8～12	$\phi3.2$～$\phi4.0$
3	$\phi2.0$～$\phi3.2$	≥13	$\phi4.0$～$\phi6.0$

（2）焊接位置　在板厚相同的条件下，平焊位置的焊接所选用的焊条直径应大一些，立焊、横焊和仰焊则应选用较小的焊条直径，一般不超过ϕ4mm。否则，会导致熔池过大，铁液易下淌，焊缝成形较差。

（3）焊接层数　在进行开坡口多层焊时，如果第一层选用直径较大的焊条来焊接，焊条不能深入坡口根部，会造成根部焊不透的现象，而且清根又过深，从而将增加焊接工作量。因此，第一层焊道应选用小直径焊条焊接，以后各层可以根据焊件厚度，选用较大直径的焊条。

(4) 接头形式　T形接头、搭接接头都应选用较大直径的焊条。

2. 焊接电源种类和极性的选择

通常根据焊条的种类来决定焊接电源的种类，除低氢钠型焊条必须采用直流反接电源外，低氢钾型焊条可采用直流反接或交流；所有酸性焊条通常都采用交流电源焊接，但也可以用直流电源；焊厚板时用直流正接，焊薄板时用直流反接。

3. 焊接电流的选择

焊接时，流经焊接回路的电流称为焊接电流。焊接电流是焊条电弧焊的主要焊接参数。焊接电流越大，焊条熔化得越快，焊接效率就越高。但是，焊接电流越大，电弧飞溅越大，焊条药皮越易发红而脱落，且易产生咬边、焊瘤、烧穿等缺陷。若电流太小，则引弧困难，会出现焊条粘在工件上的现象，且电弧不稳定，熔池温度低，焊缝窄而高，熔合不好，易产生夹渣、未焊透、未熔合等缺陷，生产率降低。

选择焊接电流时需要考虑的因素很多，如焊条直径、药皮类型、工件厚度、接头形式、焊接位置、焊道、焊接层数和工件材料等，但主要由焊条直径、焊接位置和焊接层数等决定。

(1) 根据焊条直径选择焊接电流　焊条直径越大，熔化焊条所需的热量越大，需要的焊接电流越大。每种直径的焊条都有一个合适的焊接电流范围，其值可参考表1-30。

表1-30　焊条直径与焊接电流的关系

焊条直径/mm	ϕ1.6	ϕ2.0	ϕ2.5	ϕ3.2	ϕ4.0	ϕ5.0	ϕ6.0
焊接电流/A	25～40	40～65	50～80	80～130	140～200	200～270	260～300

平焊时，焊接电流的大小还可以用下面的经验公式来计算

$$I=(30\sim50)d$$

式中　I——焊接电流（A）；

　　d——焊条直径（mm）。

根据上式计算所得的焊接电流，还须根据实际情况进行修正。

(2) 根据焊接位置选择焊接电流　当焊接位置不同时，所用的焊接电流大小也不同。平焊时，由于运条和控制熔池中的液态金属都比较容易，因此可选用较大的焊接电流；立焊时，较难控制熔池中的液态金属，所以焊接电流应比平焊时小10%～15%；而横焊、仰焊时，更难控制熔池中的液态金属，所以焊接电流比平焊时要减小15%～20%。

(3) 根据焊接层数选择焊接电流　通常情况下，焊接打底焊道时使用的焊接电流较小，有利于控制熔池中的液态金属和保证焊接质量；焊填充焊道时，通常采用较大的焊接电流；而焊盖面焊道时，为了防止咬边和获得美观的焊缝，则使用较小的焊接电流。

(4) 根据焊接材料选择焊接电流　在焊接不锈钢时，不锈钢焊条的电阻较大，易过热发红，因此一般情况下，不锈钢焊条比同规格碳素钢焊条的焊接电流小20%。同时，为了减小晶间腐蚀倾向，焊接电流应选用低系数或下限值。有些材质和结构需要通过工艺试验和评定来确定焊接电流的范围。

(5) 其他影响选择焊接电流因素　T字接头和十字接头因散热方向多，焊接电流应比对

接接头大些。当工件厚度较大时，焊接电流也相应增大，薄件的焊接电流应较小。

4. 电弧电压的选择

电弧两端的电压降即电弧电压。当焊条和母材一定时，电弧电压由弧长（弧长是指从熔化的焊条端部到熔池表面的最短距离）决定，电弧越长，则电弧电压越高；电弧越短，则电弧电压越低。焊接过程中，焊接弧长对焊接质量有很大的影响。弧长可按下面的公式确定

$$L=(0.5\sim1.0)d$$

式中 L——电弧长度（mm）；

d——焊条直径（mm）。

电弧长度大于焊条直径时称为长弧，小于焊条直径时称为短弧。采用酸性焊条时，用长弧，焊接电压控制在25～28V；采用碱性焊条时，用短弧，焊接电压控制在20～22V，以提高电弧的稳定性。

电弧长度与坡口形式等因素也有关。V形坡口对接、角接的打底层焊应使电弧短些，以保证焊透和避免咬边；第二层可使电弧稍长，以填满焊缝。焊缝间隙小时用短弧，间隙大时电弧可稍长。焊接薄钢板时，为了防止烧穿，电弧不宜过长。仰焊时电弧应最短，以防止熔池液态金属下淌；立焊或横焊时，为了控制熔池温度，应用小电流、短电弧施焊。

焊接过程中，不管选用哪种类型的焊条，都应尽可能保持电弧长度不变。

5. 焊接速度的选择

焊接速度是指单位时间内，焊条相对工件移动的直线长度，即焊接时焊条向前移动的速度。焊接速度由焊工根据个体情况灵活掌握，以保证焊缝具有所要求的外形尺寸、熔合良好。焊接速度取决于焊条熔化速度、焊缝尺寸、组装质量和焊接空间位置等。

焊接对焊接热输入敏感的材料时，焊接速度按照工艺文件的要求确定。在焊接过程中，焊工应适时调整焊接速度，以保证焊缝宽窄、高低一致。焊接速度过快，则焊缝较窄，焊缝成形不良，易发生未焊透、夹渣等缺陷；焊接速度过慢，则焊缝过高、过宽，会出现焊瘤、溢流等情况，焊接薄板时容易烧穿。

6. 焊接层数的选择

在中厚板上进行焊条电弧焊时，需要开坡口，采用多层多道焊。前一层焊道对后一层焊道有预热作用，后一层焊道对前一层焊道有回火作用，可以改善焊接接头的组织和性能。但每层焊道不宜过厚，否则会使焊缝金属的组织变粗，降低焊缝的力学性能；当层数过少，每层的厚度过大时，焊接热输入大，焊缝金属易过热，会使焊缝的塑性和韧性降低，易产生焊接缺陷。所以，应选择适当的焊接层数和每一层的焊接厚度，一般每层焊缝的厚度不应大于4mm。对于低碳钢和低合金钢，焊缝层数对焊接接头性能的影响不大，焊接层数可按下面的公式确定

$$N=S/d$$

式中 N——焊接层数；

S——焊缝有效厚度（mm）；

d——焊条直径（mm）。

低碳钢和低合金钢焊条电弧焊常用的焊接参数见表1-31，仅供参考。

表 1-31　低碳钢和低合金钢焊条电弧焊常用的焊接参数

焊缝空间位置	焊缝断面形状	工件厚度/mm	第一层焊缝		其他各层焊缝	
			焊条直径/mm	焊接电流/A	焊条直径/mm	焊接电流/A
对接平焊		2 2.5～3.5	φ2 φ3.2	55～60 90～120	—	—
		4～5	φ3.2 φ4	100～130 160～200	—	—
		5～6	φ3.2 φ4	100～130 160～250	—	—
		≥6	φ3.2 φ4	100～130 160～210	φ4 φ5	160～210 220～280
		≥12	φ4	160～210	φ4 φ5	160～210 220～280
立对接焊缝		2 2.5～4	φ2 φ3.2	50～55 80～110	—	—
		5～6 7～10	φ3.2 φ3.2 φ4	90～120 90～120 120～160	φ4	120～160
		≥11	φ3.2 φ4	90～120 120～160	φ4 φ5	120～160 160～200
		12～18	φ3.2 φ4	90～120 120～160	φ4	120～160
		≥19	φ3.2 φ4	90～120 120～160	φ4 φ5	120～160 160～200
横对接焊缝		2 2.5	φ2 φ3.2	50～55 80～110	—	—
		3～4	φ3.2 φ4	90～120 120～160	—	—
		5～8	φ3.2	90～120	φ3.2 φ4	90～120 140～160
		≥9	φ3.2 φ4	90～120 140～160	φ4	140～160
		14～18	φ3.2 φ4	90～120 140～160	φ4	140～160
		≥9	φ4	140～160	φ4	140～160

三、薄板的焊接技术

在焊接结构中，3mm 以下薄板结构的焊接难度是相当大的。主要是因为焊接熔池的温度难以控制，容易造成烧穿，且焊接变形大，焊缝成形不美观。

焊接薄板结构时，为了获得良好的焊接质量，应采取如下技术措施。

1）装配间隙越小越好，最大不要超过 0.5mm，切割氧化物或剪切毛刺应清理干净。

2）两焊件对接装配时，错边量不能超过板厚的 1/3，对某些要求高的焊件，错边量应不大于0.5mm。

3）焊接薄板时，可以采用压马、压铁或四周定位焊进行刚性固定，以减小焊接变形。

4）薄板焊接要采用直流反接法，焊接短弧施焊，快速直线形运条法，以得到较小的熔池和良好的焊缝成形。薄板焊接参数见表1-32，可供参考。

表1-32　薄板焊接参数（直流反接）

板　厚/mm	对接或角接		T形接头		搭　　接	
	焊条直径/mm	电流强度/A	焊条直径/mm	电流强度/A	焊条直径/mm	电流强度/A
1.0	ϕ1.6	25～30	ϕ1.6	22～25	ϕ1.6	22～25
1.5	ϕ2.0	45～50	ϕ2.0	45～50	ϕ2.0	45～50
2.0	ϕ2.0	55～60	ϕ2.0	55～60	ϕ2.0	55～60
2.5	ϕ2.0	60～65	ϕ2.0	60～65	ϕ2.0	60～65

5）对可移动的焊件，最好将焊件一头垫起，使焊件倾斜20°～30°后进行下坡焊。这样可以提高焊接速度和减小熔深，对防止烧穿和减少焊接变形极为有利。

6）为防止烧穿和焊接变形，可采用熄弧法焊接。即焊接时发现熔深将要烧穿时，立即熄弧使焊接温度降低，随后再引弧焊接；也可采用直线往返运条法来防止烧穿和焊接变形。长焊缝应采用跳焊法。

7）薄板焊接也可选用酸性焊条和交流电源。由于酸性焊条配合交流电源焊接时的熔深较浅，而这对防止烧穿很有利，所以能获得较高的焊缝质量。其焊接参数见表1-33。

表1-33　薄板焊接参数（交流电源）

焊条型号	板厚/mm	焊缝形式	焊条直径/mm	焊接电流/A		电流种类
E4303（J422）	1.5～2	平对接焊缝	ϕ2.5	正　面	反　面	交流
		平对接焊缝	ϕ2.5	55～60	60～65	
		横角焊缝	ϕ2.5	60～70	—	
	3～4	平对接焊缝	ϕ2.5	60～65	60～70	
		平对接焊缝	ϕ3.2	90～110	90～120	
		平对接焊缝	ϕ3.2	100～120	—	

四、单面平焊双面成形焊接操作技术

单面平焊双面成形技术的关键是第一层打底焊缝的操作，其他各填充层的操作要点与各种位置的普通焊接操作技术相同。打底层单面焊双面成形技术可分为连弧焊法和断弧焊法两大类，其中断弧焊法又分为一点击穿法、两点击穿法和三点击穿法。

（1）连弧焊法打底焊　采用连弧焊法打底焊时，在电弧引燃后，中间不允许人为地熄弧，一直采用短弧连续运条，直至应换另一根焊条才熄弧。由于在连弧焊接时，熔池始终处在电弧连续燃烧的保护下，液态金属和熔渣容易分离，气体也容易从熔池中逸出，因此，焊缝不容易产生缺陷，焊缝金属的力学性能也较好。用碱性焊条焊接时，连弧焊的操作方法应用比较广泛。

（2）断弧焊法打底焊　采用断弧焊法焊接打底层时，利用电弧周期性的燃弧-断弧（熄弧）过程，使母材坡口两侧的金属有规律地熔化成一定尺寸的熔孔，在电弧作用在正面熔池的同时，使 1/3 ~ 2/3 的电弧穿过熔孔形成背面焊缝。

➢【任务实施】

完成图 2-47 所示工件的焊接任务，掌握引弧、连接接头、收弧的正确操作方法，能熟练、正确地选用一种或几种运条操作方法。操作步骤如下。

一、焊前准备

1）按规定穿戴好焊接劳动保护用品，准备焊接辅助工具，详见本项目任务 1 的相应内容。

2）准备工件：按图样要求准备焊件，材质为 Q235B，规格为 300mm × 125mm × 10mm，数量为 2 块/人。用氧乙炔切割下料，钝边值为 0.5 ~ 1.5mm，单边坡口为 30°，如图 1-78 所示。

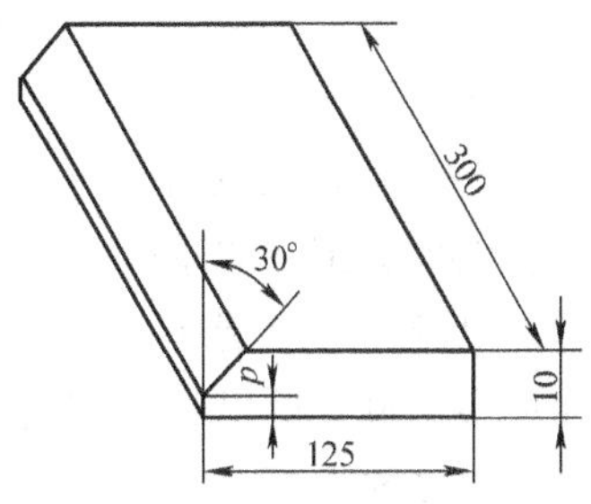

图 1-78　单件钝边 V 形坡口焊接试板

3）选用 ϕ3.2mm 和 ϕ4.0mm 两种规格的 E5016（J506）型焊条。根部焊道选用直径为 ϕ3.2mm 的焊条，填充及盖面焊道选用直径为 ϕ4.0mm 的焊条。焊接设备选用 BX1—300 或 ZXG—300 型焊机。

二、装配与焊接

1. 工件的组装与定位焊

工件在组装定位焊时所使用的焊条和正式焊接时所使用的焊条相同。平焊位置始焊端的间隙为 1.0mm，终焊端的间隙为 1.5mm，反变形量为 3°左右，如图 1-79 所示，即 $\Delta H = L\sin\alpha = 125\text{mm} \times \sin3° = 6.54\text{mm}$。

定位焊的位置在工件背面距两端 10mm 处，如图 1-80 所示。始焊端可适当减少定位焊的点数，终焊端必须定位牢固，以防止因焊接过程中的收缩，造成未焊段坡口间隙变小而影响施焊。进行定位焊时，要留有收缩余量，即焊缝终焊端间隙要比始焊端间隙约大 0.5mm。

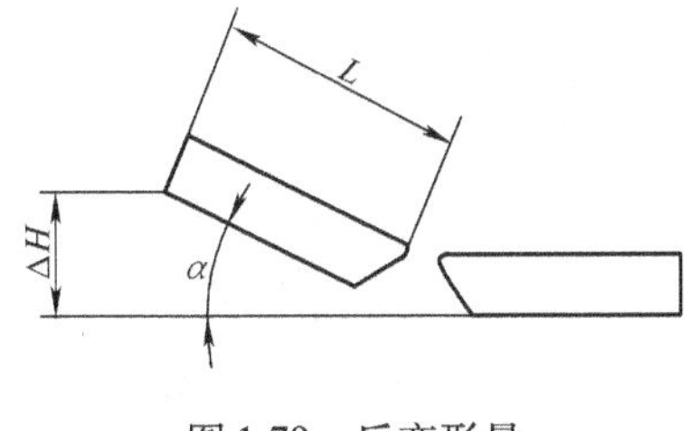

图 1-79　反变形量

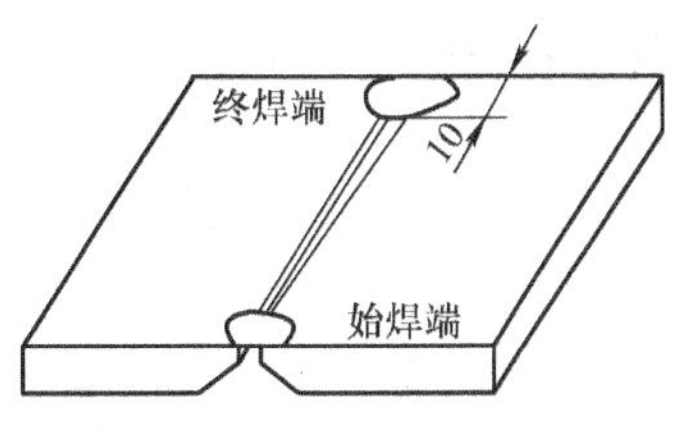

图 1-80　定位焊的位置

工件的组装如图 1-81 所示，组装尺寸见表 1-34。焊接这类焊缝时常采用锯齿形运条方法，焊接层数由工件厚度及所用焊条的直径来确定，焊接分为三层三道，如图 1-82 所示。

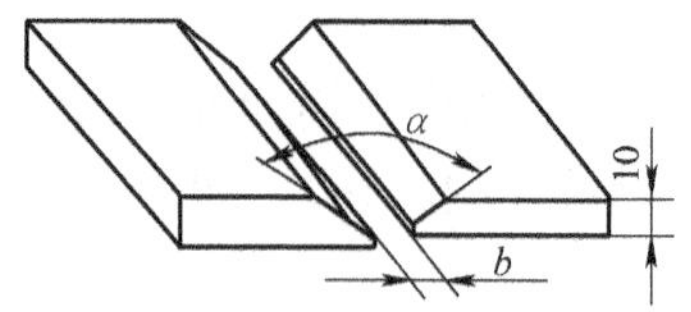

图 1-81　工件的组装

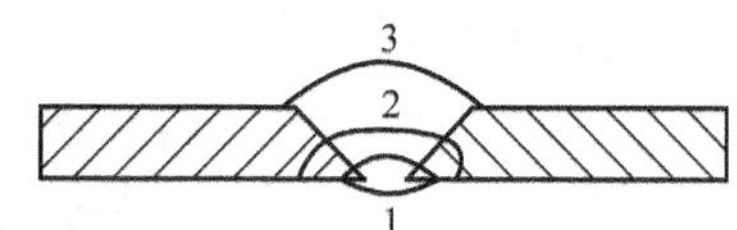

图 1-82　开 V 形坡口多层焊

表 1-34　工件组装尺寸

坡口角度/(°)	间隙/mm	钝边/mm	反变形/(°)	错边/mm
60	始焊端 1 终焊端 1.5	0.5 ~ 1.5	3	≤1

2. 连弧焊法打底焊

首先根据工件的厚度（打底层工件厚度为钝边时）选择焊条直径，再根据焊条直径选择焊接电流。一般情况下，因单面平焊双面成形打底焊易出现焊穿或塌腰等焊接缺陷，造成反面成形不良，所以打底焊电流比双面平焊电流小 10A 左右，其他层焊接电流差别不大。焊接参数见表 1-35。

表 1-35　板对接单面平焊双面成形的焊接参数

焊缝名称	焊缝层次	焊条直径/mm	焊接电流/A
打底焊	1	ϕ3.2	90 ~ 120
填充焊	3	ϕ4	160 ~ 200
盖面焊	1	ϕ4	140 ~ 160

连弧打底层单面焊双面成形技术包括引弧、运条方法、收弧和接头连接等内容。

（1）引弧　在定位焊缝上划擦引弧，焊至定位焊缝尾部时，以弧长约为 3.5mm 的稍长电弧在该处摆动 2 ~ 3 个来回，进行预热。当看到定位焊缝和坡口根部有“出汗”现象时，说明预热温度已合适。此时应立即压低电弧，使弧长约为 2mm，等待大约 1s 后，听到电弧穿透坡口而发出“噗噗”声，同时看到定位焊缝及坡口根部两侧金属开始熔化并形成熔池，即说明引弧工作完成，可以进行连弧焊接。

（2）焊条角度和运条方法　在焊接过程中，要始终让焊接电弧对准坡口间隙中间，并随着熔池温度的变化而不断地变化焊条角度，如图 1-83 所示。

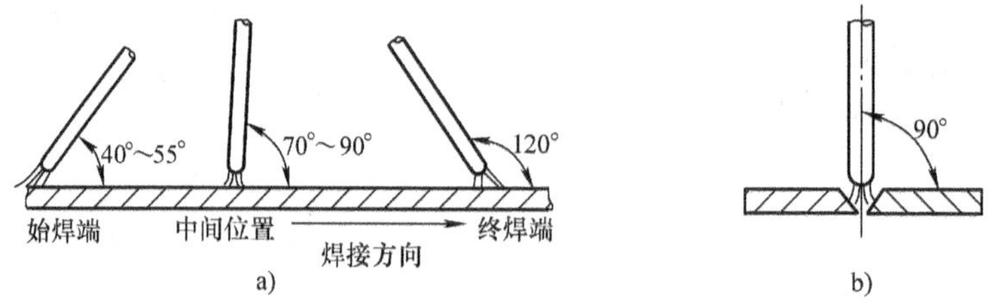

图 1-83　单面焊双面成形平焊连弧打底层的焊条角度

a）焊条在焊缝纵向上与工件间的夹角　b）焊条在焊缝横向上与工件间的夹角

具体运条方法如下：

1）采用直线小摆动运条方法。焊条摆动应始终保持在钝边口两侧之间进行，每边熔化缺口控制在0.5mm为宜。

2）进退清根法。焊接过程中，运条采用前后进退操作，焊条向前进时为焊接，时间较长；焊条向后退是为了降低熔池金属温度，以便观察熔孔大小，为后面的焊接做准备，这个过程的时间较短。进退清根法如图1-84所示。

3）左右清根法。主要应用在焊接坡口间隙大的焊缝上。焊接过程中，电弧在坡口两侧交替进退清根，如图1-85所示。

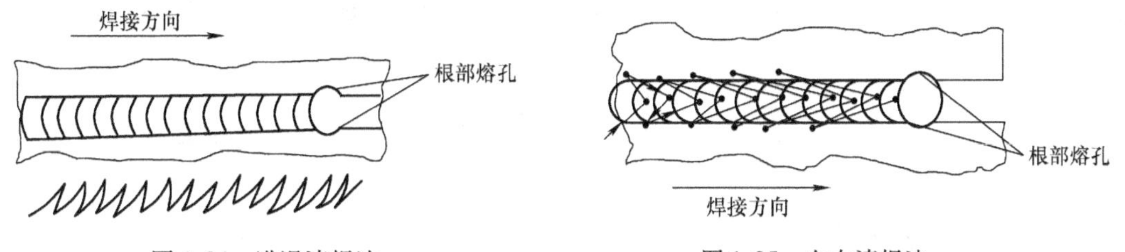

图1-84　进退清根法　　　图1-85　左右清根法

焊接时应注意以下问题：

1）注意观察熔池的形状和熔孔的大小。在焊接过程中，要认真观察熔池的开关和熔孔的大小，注意将熔渣与液态金属分开，熔池是明亮而清晰的，熔渣在熔池内是黑色的。熔孔的大小以电弧能够将两侧钝边完全熔化并深入每侧母材0.5～1mm为宜，熔孔过大，背面焊缝余高大，甚至会形成焊瘤或烧穿；熔孔过小，则坡口两侧根部容易出现未焊透现象。

2）熔透的标志。焊接时，电弧击穿工件坡口根部时会发出"噗噗"声，表明焊缝熔透良好。如果没有这种声音出现，说明坡口根部没有被电弧击穿，继续向前焊接，会造成未焊透的缺陷。

3）熔孔的控制。在焊接过程中，要准确地掌握熔孔成形的尺寸，即每一个新焊点应与前一个焊点搭接2/3，保持电弧的1/3部分在工件表面燃烧，用于加热和击穿坡口钝边，形成新焊点。

（3）收弧　需要更换焊条时，在熄弧之前，应将焊条下压，使熔孔稍微扩大后往回焊接15～20mm，形成斜坡形再熄弧，为下一根焊条的引弧打好基础。

（4）焊缝接头方法

1）冷接。更换焊条时，要把距弧坑15～20mm斜坡上的熔渣敲掉并清理干净，这时弧坑已经冷却，起弧点应该在距弧坑15～20mm的斜坡上。电弧引燃后，将其引至弧坑处进行预热，当有"出汗"现象时，将电弧下压，直至听到"噗噗"声后，提起焊条再向前继续施焊。

2）热接。当弧坑还处于红热状态时，迅速更换焊条，在距弧坑15～20mm的焊缝斜坡上引弧并焊至收弧处，这时弧坑处温度升高得很快，当有"出汗"现象时，迅速将焊条向熔孔下压，听到"噗噗"声后，提起焊条继续向前施焊。

3. 断弧焊法打底焊

断弧焊打底层单面焊双面成形技术包括引弧、控制焊条角度、运条方法和收弧等内容。

（1）引弧　断弧焊打底层单面焊双面成形的引弧技术与连弧焊打底层单面焊双面成形的引弧技术基本一致。在定位焊缝上划擦引弧，然后沿直线运条至定位焊缝与坡口根部相接处，以弧长约为3mm的稍长电弧在该处摆动2～3个来回进行预热。当出现“出汗”现象时，立即将电弧压低至弧长约为2mm，在听到“噗噗”声的同时，会看到坡口两侧、定位焊缝与坡口根部相接的金属开始熔化，形成熔池并有熔孔，说明引弧结束，可以进行断弧打底层的焊接。

（2）焊条角度　焊条与焊接方向的夹角为45°～55°，如图1-86所示。坡口根部钝边大，夹角要大些；反之，夹角可小些。

（3）运条方法

1）一点击穿法。电弧同时在坡口两侧燃烧，两侧钝边同时熔化，然后迅速熄弧，在熔池将要凝固时，又在熄弧处引燃电弧、击穿、停顿，周而复始地进行，如图1-87所示。

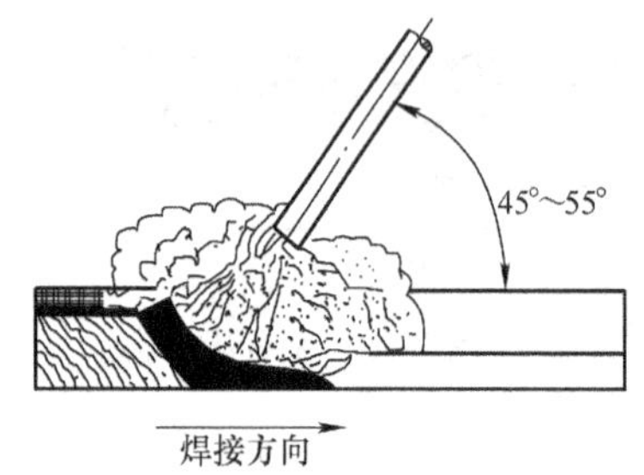

图1-86　打底层焊条角度

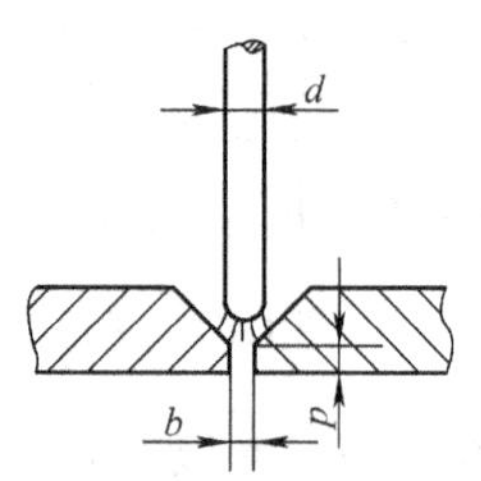

图1-87　断弧焊一点击穿法

熔池始终是逐个叠加的集合，熔池在液态存在的时间较长，冶金反应充分，不易出现夹渣、气孔等缺陷。但是，熔池温度不易控制，温度低时，容易出现未焊透现象；温度高时，可能会使背面余高过大，甚至出现焊瘤。一点击穿法适用于焊条直径大于坡口间隙的情况，坡口钝边小于0.5mm。

2）两点击穿法。电弧分别在坡口两侧交替引燃，左侧钝边给一滴熔化金属，右侧钝边也给一滴熔化金属，依次循环，如图1-88所示。

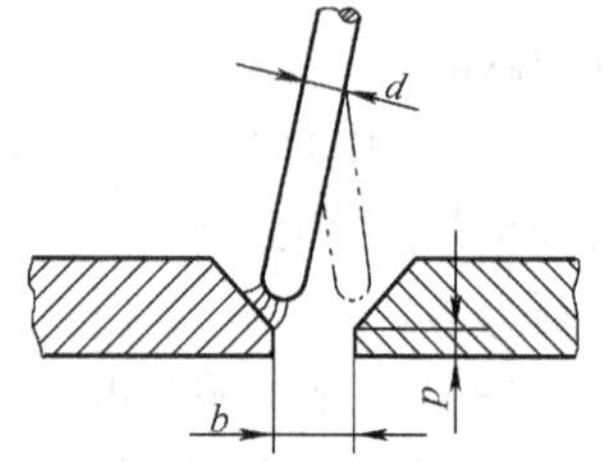

图1-88　断弧焊两点击穿法

两点击穿法比较容易掌握，熔池温度也容易控制，钝边熔化良好。但是，由于焊道是两个熔池叠加形成的，熔池反应时间不太充分，使气体及熔渣的上浮受到一定的限制，容易出现夹渣、气孔等缺陷。如果后一个熔池的温度控制在前一个熔池尚未凝固时，两个熔池能充分叠加在一起共同结晶，就能避免产生气孔和夹渣。两点击穿法适用于焊条直径小于或等于坡口间隙的情况，坡口钝边为0.5～1mm。

3）三点击穿法。电弧引燃后，左侧钝边给一滴熔化金属，右侧钝边给一滴熔化金属，中间间隙给一滴熔化金属，如图1-89所示。

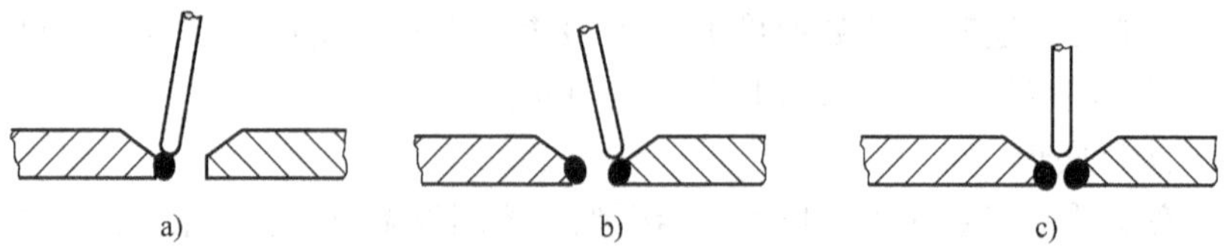

图1-89　断弧焊三点击穿法

a）左侧钝边给一滴熔化金属　b）右侧钝边给一滴熔化金属　c）中间间隙给一滴熔化金属

这种方法比较适用于根部间隙较大的情况，因为两焊点中间的熔化金属较少，第三滴熔化金属补在中央是非常必要的。否则，在熔池凝固前析出气体时，由于没有较多的熔化金属愈合孔穴，在背面容易出现冷缩孔缺陷。

三点击穿法适用于焊条直径比坡口间隙 b 小很多，坡口钝边 p 为 1～1.5mm 的情况。

4）断弧焊接操作。熄弧与重新引燃电弧之间的时间要合适，间隔时间过长，则熔池温度过低，熔池存在的时间较短，冶金反应不充分，容易造成气孔、夹渣等缺陷；如果间隔时间过短，则熔池温度过高，会使背面焊缝余高过大，可能出现焊瘤或烧穿缺陷。

4. 填充层焊接

（1）焊接基本要求

1）焊接单面焊双面成形填充层时，焊条除了向前移动外，还要作横向摆动。在摆动过程中，焊道中央移弧要快，即滑弧。电弧在两侧时要稍作停留，使熔池左右侧的温度均衡，两侧圆滑过渡。

2）在焊接第一层填充层时，应注意焊接电流的选择。过大的焊接电流会使金属组织过热，使焊缝根部的塑性、韧性降低。单面焊双面成形工件在进行弯曲试验时，背弯不合格的较多，除了焊缝熔合不良，有气孔、夹渣、裂纹、未焊透等缺陷之外，大部分是由于第一层填充层的焊接电流过大，造成金属组织过热、晶粒粗大、塑性和韧性降低。所以，焊接填充层时也要限制焊接电流。

（2）清渣　对前一层焊缝进行仔细清渣，注意清除打底层焊缝与坡口两侧之间夹角处的熔渣。此外，填充层之间、焊点叠加处、各填充层与坡口两侧夹角处的熔渣也要仔细清除。

（3）引弧　在距焊缝起始端 10～15mm 处引弧后，将电弧拉回起始端施焊，每次接头或其他填充层也都按此方法操作，以防止产生焊接缺陷。

（4）运条方法　采用月牙形或横向锯齿形运条法。焊条摆动到坡口两侧处要稍微停顿，使熔池和坡口两侧的温度均衡，防止填充金属与母材交界处形成死角，因清渣不彻底而造成焊缝夹渣。

最后一层填充后应比母材表面低 0.5～1.5mm，并且焊缝中心要凹下去，而两边与母材交界处要高，确保焊接盖面层时，能看清坡口，以保证盖面焊缝边缘平直。

（5）焊条角度　焊条与焊接方向成 75°～80°的夹角，如图 1-90 所示。

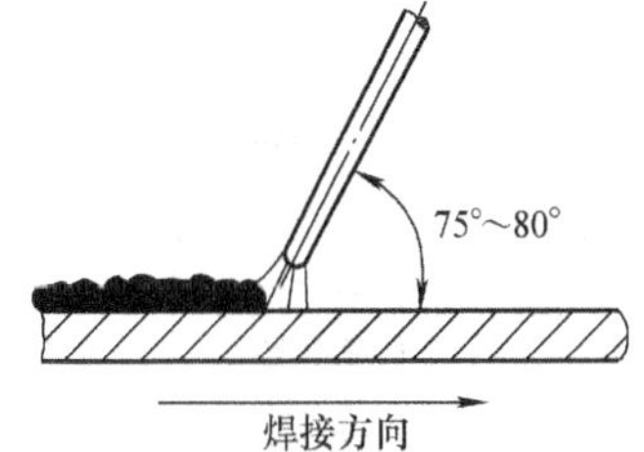

图 1-90　单面焊双面成形断弧焊法平焊时填充层的焊条角度

5. 盖面层焊接

盖面层焊缝是金属结构上最外面的一层焊缝，除了要具有足够的强度、气密性外，还要求焊缝成形美观、波纹整齐。在焊接过程中，焊条角度应尽可能与焊缝垂直，以便在焊接电弧的直吹作用下，使盖面层焊缝的熔深尽可能大，且能够与最后一层填充层焊缝熔合良好。

（1）清渣　焊接盖面层前，应仔细清除最后一层填充层与坡口两侧母材夹角处及填充层焊道间的焊渣，以及焊道表面的油污、锈等。

（2）引弧　焊接引弧处应距焊缝始端 10～15mm，引弧后将电弧拉回始焊端施焊。

（3）运条方法　采用月牙形或横向锯齿形运条。焊接电流要适当小些，焊条摆动到坡口边缘时，要稳住电弧并稍作停留，注意控制坡口边缘，使其熔化 1～2mm 即可。同时要控制弧长及摆动幅度，防止焊缝发生咬边及背面焊缝下凹过大等缺陷。焊接速度要保持均匀一致，焊点与焊点搭接要均匀，焊缝余高的高低差应符合要求。

采用多道焊时，在焊接过程中，也可以用直线运条法，由起点焊至终点，其后各道焊缝也是由起点焊至终点。但是，后一道焊缝要熔合 1/3，焊接每道焊缝前，应仔细清除焊缝处的熔渣。

（4）焊条角度　焊条与焊接方向的夹角为 75°～80°，如图 1-91所示。

（5）焊缝接头操作　采用热接法。更换焊条前，向熔池中稍加些液态金属，然后迅速更换焊条，在弧坑前 10～15mm 处引弧，并将其引至弧坑处划一个小圆圈预热，当弧坑重新熔化，形成的熔池延伸进坡口两侧边缘内各 1～2mm 时，即可开始正常焊接。

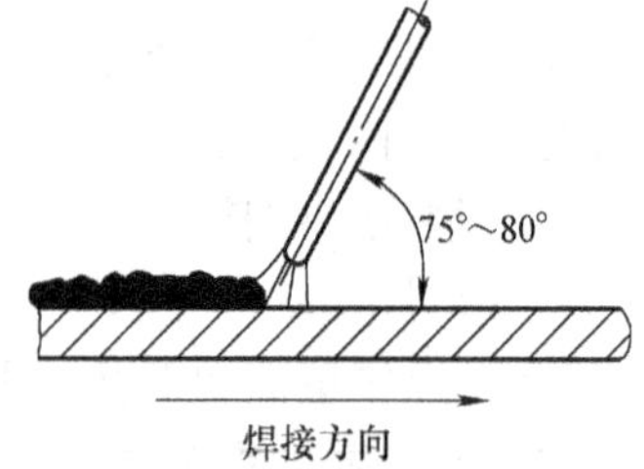

图 1-91　单面焊双面成形平焊盖面层的焊条角度

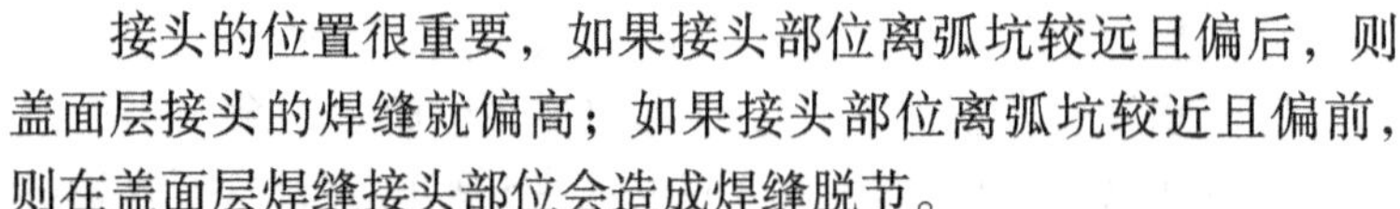

接头的位置很重要，如果接头部位离弧坑较远且偏后，则盖面层接头的焊缝就偏高；如果接头部位离弧坑较近且偏前，则在盖面层焊缝接头部位会造成焊缝脱节。

三、焊缝外观检测

1. 自检

对焊完清理好的工件，依据图 1-75 的技术要求和表 1-35 进行校正和检测。检测工件时，要正确使用焊接检验尺，检测的操作内容在评分标准范围内为合格。

2. 互检和专检

可参照本项目任务 2 的相关内容进行。

【任务评价】

板对接单面平焊双面成形评分标准见表 1-36。

表 1-36　板对接单面平焊双面成形评分标准

序　号	评分项目	评分标准	配　分	得　分
1	焊接检验尺的使用	焊接检验尺使用正确、读数准确无误，否则每项扣 4 分	8	
2	工件组装定位	工件尺寸组装正确、符合要求，否则各扣 5 分	10	
3	焊缝正面成形	要求焊缝波纹细、均匀、光滑，否则每处扣 2 分	10	
4	焊缝宽度差	宽度允许相差 1mm，每超差 1mm 扣 5 分	10	
5	焊缝余高	允许相差 0.5～1.5mm，每超差 0.5mm 扣 4 分	8	
6	工件角变形	允许相差 1°，每超差 1°扣 4 分	10	
7	引弧痕迹	无引弧痕迹不扣分，若有则每处扣 2 分	6	
8	接头成形	接头良好不扣分，脱节或超高一处扣 4 分	8	
9	收弧弧坑	弧坑要饱满，否则每处扣 4 分	8	
10	焊缝背面成形	焊缝宽窄均匀、整齐，圆滑过渡，否则每处扣 5 分	10	
11	工件清理	工件要清洁，否则每处扣 2 分	6	
12	安全文明生产	服从管理，安全文明生产，否则每项扣 3 分	6	
总分			100	

注：从开始引弧计时，该试件的焊接在 60min 内完成，每超出 1min，从总分中扣 2.5 分。

项目三　立焊位技能训练

立焊是指焊接垂直于水平方向的焊缝的一种操作方法，它也是焊条电弧焊基本焊法之一。由于熔化金属受重力作用易下淌，使焊缝成形受影响。因此，焊接时选用的焊条直径和焊接电流应小于平焊位，并采用短弧施焊。

任务 1　板对接双面立焊技能训练

【学习目标】

1）了解立焊的特点和适用范围，学习立焊位焊接的基本操作技能。

2）掌握板对接立焊的技术要求及操作要领。

3）学会制订板对接立焊的焊接方案，正确选择焊接参数。

【任务提出】

在工程实际中，立焊双面焊多用于大型容器、大口径管线及船甲板立焊位焊缝的焊接生产。这种焊接方式可以在容器内、外焊位错开的情况下同时施焊，这样既提高了生产率，又可以减少因焊接加热引起的工件变形。

图 1-92 所示为开 V 形坡口板对接立焊双面焊工件图，钢板材料为 Q235B，要求读懂工件图样，完成工件制作任务，达到图样技术要求。

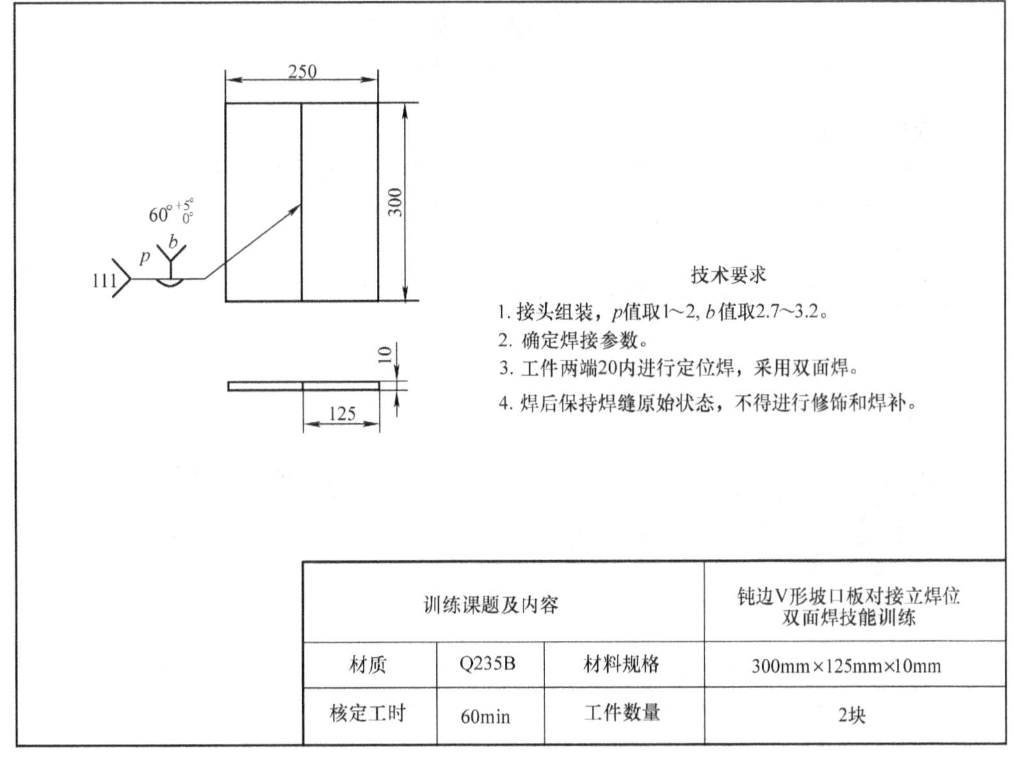

图 1-92　V 形坡口板对接立焊双面焊工件图

➢【任务分析】

进行V形坡口板对接立焊双面焊时，主要难点在于熔化的液态金属和熔渣受重力作用容易下淌而产生焊瘤，焊接时须采用较小的焊接参数。因此，采用较小的焊接电流、短弧焊，适当地调整焊条倾角和相应的运条方法是立焊位焊接的关键技术。

➢【相关知识】

一、立焊位焊接（简称立焊）的基本技术

1. 立焊操作姿势

立焊位焊接操作时，可采取胳臂有依托和无依托两种姿势。有依托是指胳臂轻轻地托在肋部或大腿、膝盖位置，这种方法比较平稳、省力。无依托是把胳臂半伸开悬空操作，靠胳臂的伸缩来调节焊条位置，胳臂的活动范围大，操作难度也较大。基本功训练应以无依托操作姿势为主。立焊操作的基本姿势有站姿、坐姿和蹲姿三种，如图1-93所示。

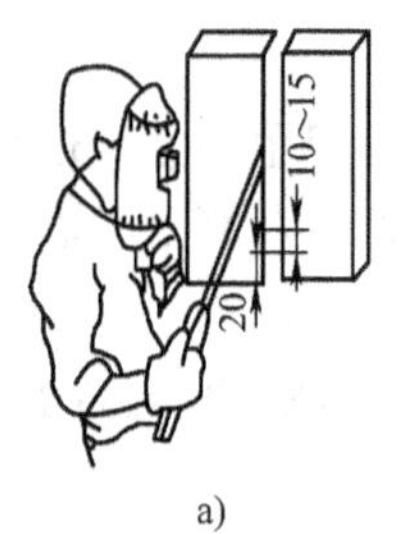

a)

b)

c)

图1-93　立焊操作的基本姿势

a）站姿　b）坐姿　c）蹲姿

2. 立焊操作的握焊钳方法

立焊操作的握焊钳方法有正握焊钳法、平握焊钳法和反握焊钳法三种，如图1-94所示。当遇到较低的焊接部位和不易施焊的位置时，常采用反握焊钳法。

3. 焊条角度

一般情况下，焊条角度向下倾斜60°～80°，焊条与工件的夹角为90°，电弧指向熔池中心，如图1-95所示。

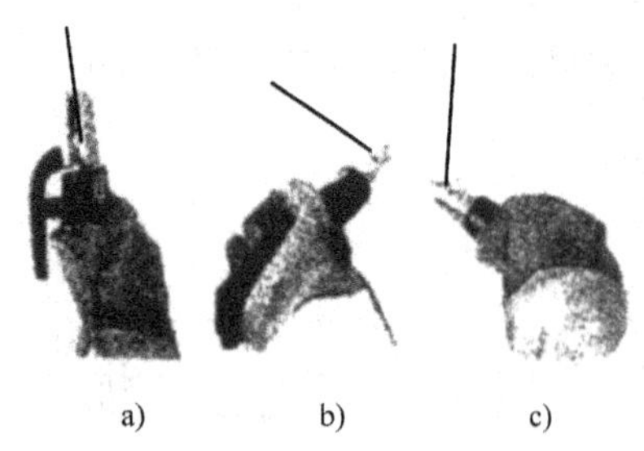

a)　b)　c)

图1-94　立焊操作的握焊钳方法

a）正握焊钳法　b）平握焊钳法

c）反握焊钳法

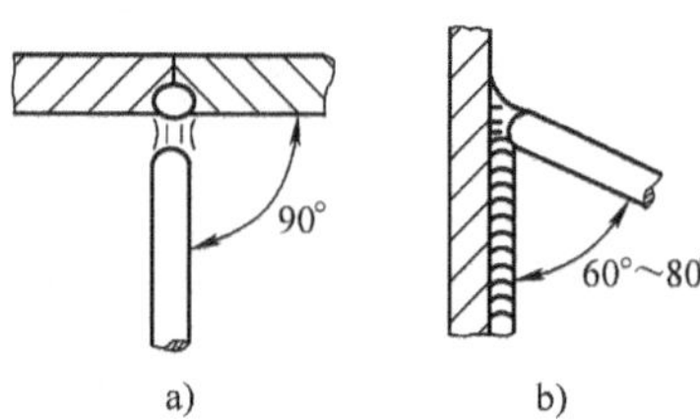

a)　b)

图1-95　对接立焊的焊条角度

a）立焊俯视焊条角度　b）立焊左视焊条角度

4. 焊接参数

立焊时，应选用小直径焊条，焊接电流比平焊时小10%～15%，宜采用短弧焊，以避

免过多的熔化金属下淌。

5. 运条方法

立焊对接焊缝可选用月牙形、锯齿形和三角形等运条方法，如图 1-96 所示。月牙形运条法适用于间隙为焊条直径 1 ~1. 5 倍的工件，可对准根部间隙直接击穿，同时在坡口两侧作轻微的月牙形摆动运条；当工件间隙大于焊条直径的 1. 5 倍时，宜采用锯齿形运条，从坡口一侧落弧摆到另一侧，始终控制熔池温度；当工件间隙较大时，则选用三角形运条方法。

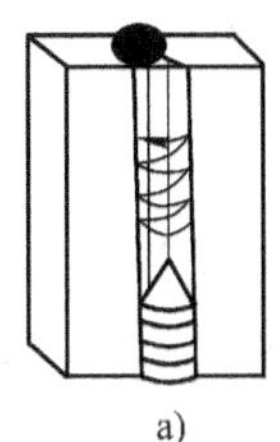
a)

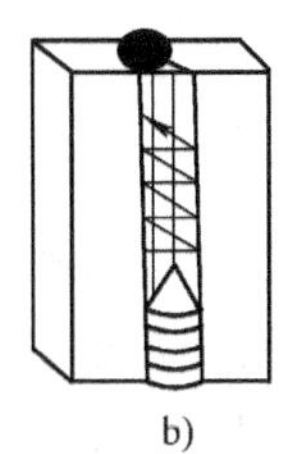
b)

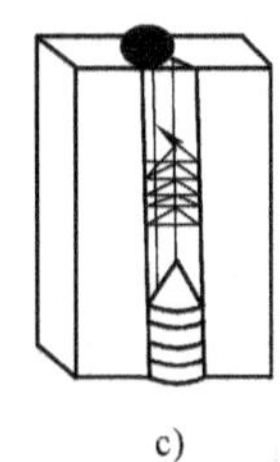
c)

图 1-96　立焊对接焊运条方法
a）月牙形　b）锯齿形　c）三角形

在立焊过程中，眼睛和手要协调配合，采用长、短电弧交替的焊接法。当电弧向上抬高时，电弧应长些，但不应超过 6mm；在电弧自然下降，接近冷却的熔池边缘时，再迅速恢复短弧。电弧沿焊缝轴线纵向移动的速度应根据电流大小及熔池冷却情况而定，其上下移动的间距一般不超过 12mm。焊条的运条手法要根据焊缝的熔宽来决定。有时在薄板对接立焊间隙较大时，采取由上向下施焊，这种焊法熔深浅，薄件不易烧穿，有利于焊缝成形。实际生产中，经常采用的是由下向上施焊。在焊接操作过程中，可以通过以下措施保证焊接质量：

1）焊接时要特别注意对熔池温度的控制，温度不要过高。为控制温度也可选用断弧焊法施焊，以避免电弧过长所造成的熔滴下淌，形成焊瘤。焊接开坡口的厚板工件时，当焊条运至坡口两侧时应稍作停顿，以增加焊缝熔合性。

2）当盖面焊缝较宽时，若采用月牙形或锯齿形运条法，则一次摆动往往达不到焊缝边缘的良好熔合，而采用 8 字形运条法能得到较宽的焊波，焊缝表面是鱼鳞状的花纹。采用 8 字形运条法焊接时，自左向右把熔滴放置在焊缝宽度的 1/3 处，稍微停顿一下。接着，把焊条抬高并引到焊缝的 2/3 处，此时，瞬间变成短弧，停顿一下，使熔化金属与前面的焊波熔合好。然后把焊条抬高，向左引到焊缝宽度的 1/3 处。这种有规律的运条方法要求焊条有节奏地均匀摆动，摆动时要求快而稳，熔滴下落的位置要准确。

6. 熔孔的大小和形状

立焊时，不论是向上立焊，还是向下立焊，都要控制好熔池尺寸，如图 1-97 所示。焊接过程中，电弧要尽可能地短些，使焊条端头约 1/2 覆盖在熔池上，电弧的 1/2 在熔池的上部坡口间隙中燃烧，利用熔渣和焊条药皮产生的气体保护熔池，以避免产生气孔。每焊完一根焊条后收弧时，先在熔池上方稍作停留，这样可以不使弧坑过大，然后回焊 10mm 再断弧，并使其形成缓坡，为下面的接头做好准备。

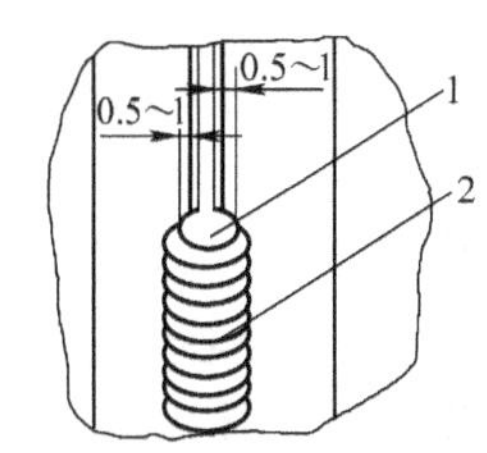

图 1-97　板对接立焊的熔池尺寸
1—熔池　2—焊缝

7. 挑弧焊法

工件根部间隙不大，而且不要求背面焊缝成形的第一层焊道可采用挑弧焊法。挑弧焊法的要领是将电弧引燃后，拉长电弧预热始焊端的定位焊缝，适时压低电弧并开始焊接。当熔滴过渡到熔池后，立即将电弧向焊接方向（向上）挑起，弧长不超过6mm，如图1-98所示。但电弧不熄灭，使熔池金属凝固，等熔池颜色由亮变暗时，将电弧拉回熔池。当熔滴过渡到熔池后，再向上挑起电弧，如此不断地重复，直至焊完第一层焊道为止。

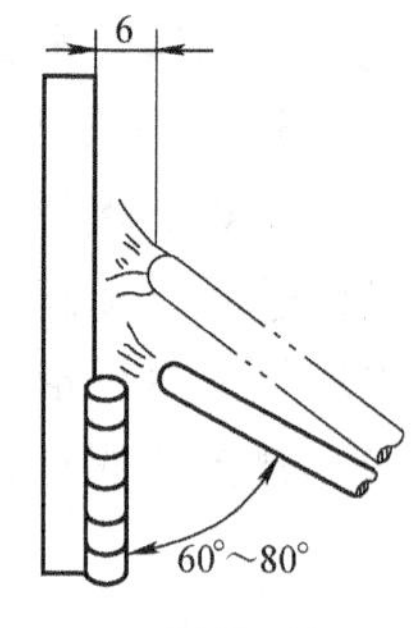

图1-98　立焊挑弧焊法

8. 断弧焊法

当工件根部间隙较大时，宜采用断弧焊法。断弧焊法的要领是当熔滴过渡到熔池后，因熔池温度较高，而且根部间隙较大，所以熔池金属有下淌的趋势，此时立即将电弧熄灭，使熔池金属有瞬时凝固的机会。随后重新在熄弧处引弧，当形成的新熔池良好熔合后，再立即熄弧，如此燃弧-熄弧-燃弧-熄弧交替地进行。熄弧停留时间的长短须根据熔池温度的高低作相应的调节，燃弧时间也根据熔池的熔合状况灵活掌握。

焊接第一层焊道时，可根据工件的根部间隙来选择上述焊法，并通过有节奏的运条动作，控制好熔池温度和形状，以获得均匀且平整的底层焊道。

9. 控制焊缝接头的质量

打底焊缝接头质量的好坏，对背面焊道的影响最大，接头质量差可能造成凹坑或局部凸起太高缺陷，甚至产生焊瘤。

接头尽量采用热接法焊接，更换焊条要迅速，在熔池尚处于红热状态时，立即在熔池上端10~15mm处引弧，稍拉长弧，并退至原焊接熔池处进行预热（1~2s）。然后逐渐压低电弧，将焊条向焊道背面压送，并稍作停留。不宜急于熄弧，最好连弧锯齿形摆动几下之后，再恢复正常的断弧焊法。

冷接法一般是在最初练习阶段或耽误了热接时间时采用。冷接时，要将熔池周围的熔渣和飞溅物等清理干净，必要时将接头打磨为顶层缓坡。然后在熔池上方10~15mm处引燃电弧，迅速移至原熔池下部10mm处并将电弧稍稍拉长，轻轻摆动2~3s，对熔池及其附近区域进行预热。接下来将电弧下压，作向上的预热焊接，然后采用与热接法相同的操作方法进行焊接，如果操作得当，效果与热接法基本一样，只是需要在填充焊时对预热焊所产生的局部高出部分进行熔合，使熔池与工件良好熔合后，转入正常焊接。

预热法是起头、接头时常用的操作手法，要通过反复的训练逐渐掌握。

二、对接立焊

对接立焊可采用自上而下和自下而上两种焊接方法，分别称为向下立焊和向上立焊。

1. 不开坡口的向上立焊

采用向上立焊时，根据焊条的选择原则可选用碱性焊条，焊条直径为ϕ2.5mm或ϕ3.2mm，焊接电流要比平焊时小。对于不开坡口的对接立焊，当焊接薄板时，容易产生烧穿、咬边和变形等缺陷。采用短弧焊接，可使熔滴过渡的距离缩短，易于操作，有利于避免烧穿和缩小受热面积。运条手法可用直线形、月牙形或锯齿形等。如发现有熔化金属下淌、焊缝成形不良的部位应立即铲去，一般可用电弧吹掉后再向上焊接。当发现有烧穿时，应立

即停止焊接，将烧穿部位焊补后，再进行焊接。

2. 不开坡口的向下立焊

采用向下立焊时，应使用向下立焊焊条，焊接时焊条不摆动，焊条套筒直接放在工件表面，直拖而下。向下立焊时，所用焊条的熔渣凝固温度范围较小，这样焊接时既不淌渣，又能盖住焊缝，焊接速度比向上立焊快一倍，焊缝成形良好，是一种值得推广的焊接技术。向下立焊一般用于薄板的焊接，在造船行业中用得比较多。

采用酸性焊条时，也必须使用小直径焊条，并注意焊条的角度，一般采用长电弧焊接法。在操作中应注意观察焊缝的中心线、焊接熔池和焊条的起落位置。由于酸性焊条的熔渣为长渣，所以要求焊条摆动速度快而准确。焊条的摆动方法是以焊缝中心线为基准，从左右两侧向中间作半圆形摆动。

3. 开V形坡口对接的多层立焊

开V形坡口对接立焊，一般采用多层焊。焊接时，一定要注意每层焊缝的成形，如果焊缝不平，中间高、两侧低，甚至形成尖角，则不仅会给清渣带来困难，而且会因成形不良而造成夹渣、未焊透等缺陷。开坡口的对接立焊包括打底焊、中间层焊缝焊接和盖面焊接。

（1）打底焊　多层焊时，在焊接接头根部焊接的焊道为打底焊道。打底焊时，应选用直径较小的焊条和较小的焊接电流。对开V形坡口的厚板，可采用小三角形运条法；对开V形坡口的中厚板或较薄板，可采用小月牙形运条法。打底焊时一定要保证焊缝质量，特别要注意避免产生气孔。如果第一层焊缝产生了气孔，就会形成自下而上的贯穿气孔。在焊接厚板时，打底焊宜采用逐步退焊法，每段长度不宜过长，应按每根焊条可能焊接的长度来计算。

（2）中间层焊缝焊接　中间层焊缝的焊接主要是填满焊缝。为提高生产率，可采用月牙形运条，焊接时应避免产生未熔合、夹渣等缺陷。接近表面的一层焊缝的焊接非常重要，首先要将以前各层焊缝的凸凹不平处加以平整，为焊接盖面焊缝打好基础。这层焊缝一般比板面低1mm左右，而且焊缝中间应有些凹，以保证表面焊缝成形美观。

（3）盖面焊接　盖面焊多层焊的最外层焊缝，应满足焊缝外观尺寸的要求。运条手法可按要求的焊缝余高加以选择：如果余高要求较高，则焊条可作月牙形摆动；如果对余高要求稍平整，则焊条可作锯齿形或单“8”字形摆动。在焊接盖面焊缝时，运条的速度必须均匀一致。当焊条在焊缝两侧时，要将电弧进一步缩短，并稍微停留，这样有利于熔滴的过渡和减小电弧的辐射面积，以防止产生咬边等缺陷。

（4）封底焊　封底焊是下面的对接坡口焊完后，在焊缝背面施焊的最终焊道。封底焊焊前应用碳弧气刨清除焊根。立焊时，这一焊缝的操作与盖面焊接相似，只是横向摆动幅度小些。

➢【任务实施】

一、焊前准备

1. 准备防护用品和工具

按规定穿戴好焊接劳动保护用品，准备焊接辅助工具，详见项目二任务1的相应内容。

2. 准备工件

按图样要求准备工件：材质为Q235B，规格为300mm×125mm×10mm，数量为2块/

人。用氧乙炔焰切割下料，钝边值为 1 ~ 2mm，单边坡口为 30°。用钝刀、砂布、钢丝刷等工具清理工件，在坡口正、反面 20mm 范围内清除铁锈、油渍、氧化物等，使其呈现金属光泽。用焊接检验尺测量工件坡口达到图 1-92 的要求。

3. 焊条及焊接设备的选用

焊条选用 E4303（J422）型或 E5016（J506）型，直径分别为 ϕ3. 2mm 和 ϕ4. 0mm。焊前 E4303 型焊条须经过 100 ~ 150°烘干 1 ~ 2h，E5016 型焊条须经过 350 ~ 400°烘干 1 ~ 2h，烘干好的焊条放在保温筒内备用。

焊接设备选择 BX1—300 或 ZXG—300 型焊机。

二、装配与焊接

1. 装配与定位焊

将准备好的焊件背面朝上进行组对，检查有无错边现象，留出合适的根部间隙，始焊端预留间隙 2. 5mm，终焊端预留间隙 4. 0mm，反变形量为 2° ~ 3°。使用与正式焊接相同的焊条在焊件两端 10 ~ 15mm 的范围内进行定位焊，终焊端定位焊缝要牢固，以防焊接过程中焊缝收缩使间隙尺寸减小或开裂。定位焊后的工件表面应平整，错边量不大于 1. 2mm，如图 1-99 所示。

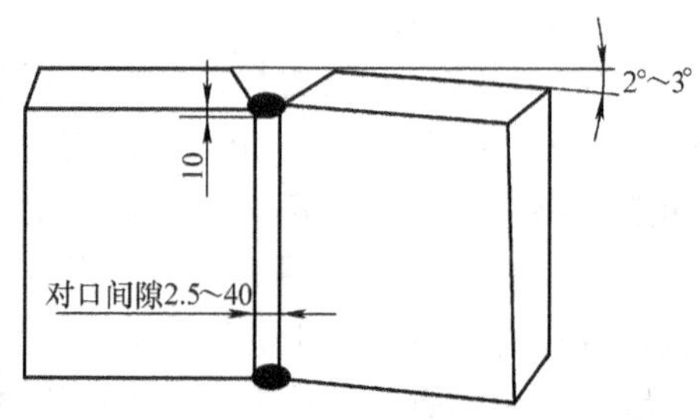

图 1-99　板对接立焊装配图

2. 打底焊

将焊件垂直固定在离地面一定距离的工装上，间隙小的一端在下，采用向上立焊法。一般采用灭弧法（碱性焊条为 50 ~ 60 次 min）打底焊，注意控制熔孔和熔池的大小。合适的熔孔如图 1-100a 所示，熔池表面呈水平的椭圆形，使电弧的 1/3 对着坡口间隙，电弧的 2/3 覆盖在熔池上。

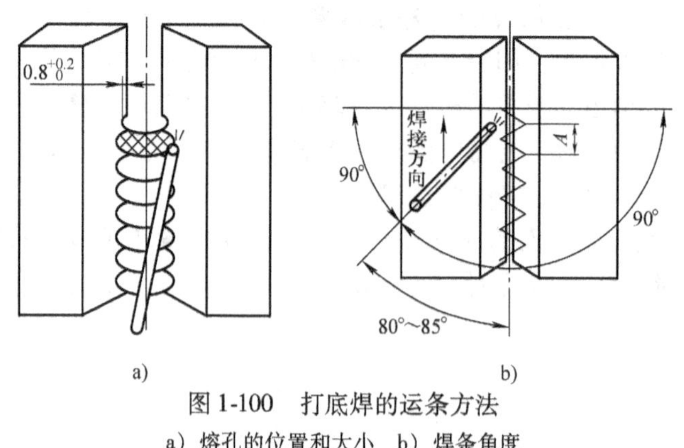

图 1-100　打底焊的运条方法

a）熔孔的位置和大小　b）焊条角度

3. 焊缝接头

一般采用热焊法焊接，更换焊条速度要快。接头时，在弧坑下方 10mm 处引弧，摆动向上施焊；电弧移至弧坑处时，焊条角度比正常焊接角度大 10°，电弧向焊缝根部背面压送，稍作停留，待焊缝根部被击穿并形成熔孔时，焊条倾角恢复正常角度，然后横向摆动向上焊

接，如图 1-100b 所示。

4. 填充层的焊接

填充层施焊前，应彻底清除前道焊缝的焊渣、飞溅，并将焊缝接头过高处打磨平整。填充层的焊接可以焊一层一道或二层二道。施焊的焊条角度比打底焊时下倾 10°~15°；采用月牙形运条，坡口两侧稍作停顿，焊条摆动速度要快，摆动幅度逐渐增大，各层焊道应平整或呈凹形。填充层焊缝的厚度应低于坡口表面 1~1.5mm。焊接填充层接头时，应先在弧坑上方 10mm 处引弧，再将电弧拉至弧坑处，将弧坑填满，然后转入正常焊接。填充层焊接的运条方法如图 1-101 所示。

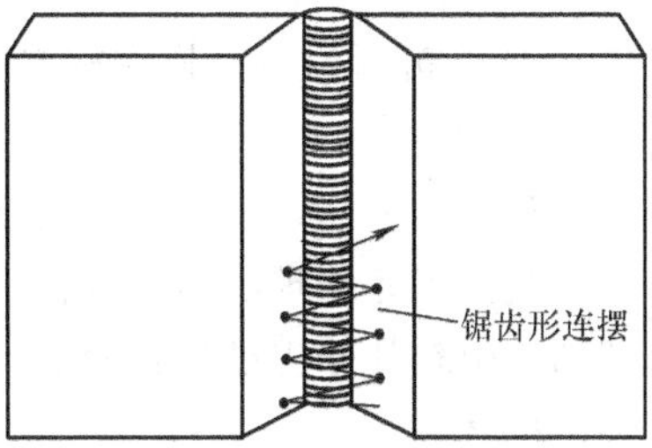

锯齿形连摆

图 1-101　填充层焊接的运条方法

5. 盖面层的焊接

盖面层施焊时，焊条角度、运条方式和接头方法与填充层相同。

焊接时，电弧在坡口边缘稍微压低和停顿，稍微加快摆动速度，避免咬边和焊瘤的产生。运条时，焊条的摆动幅度和间距应保持均匀、一致，使每个新熔池覆盖前一个熔池的 2/3~3 / 4，始终控制电弧熔化母材棱边 1mm 左右内的金属，这样可有效地获得宽度一致的平直焊缝，如图 1-102 所示。

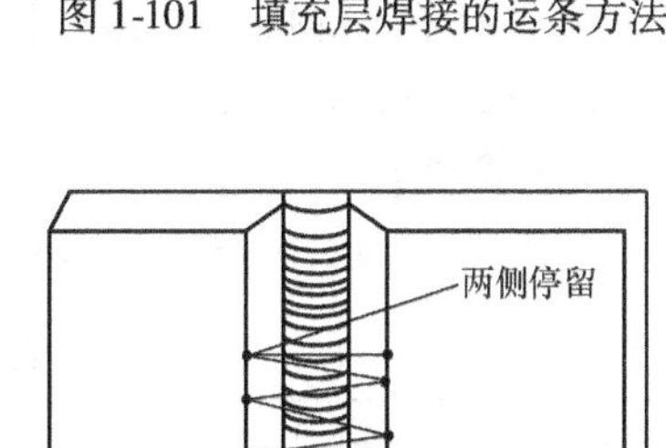

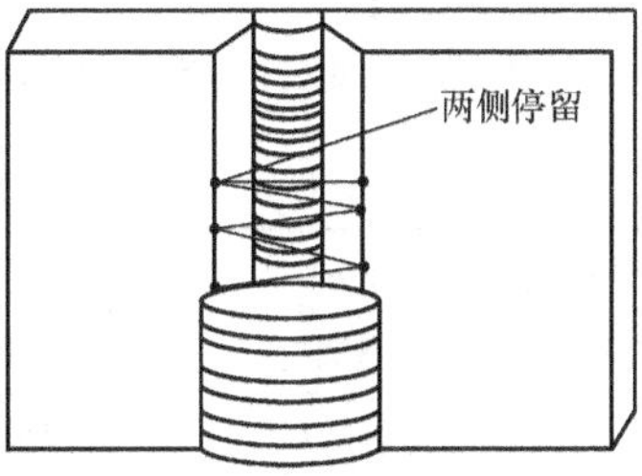

图 1-102　盖面层焊接的运条方法

焊缝接头时，在弧坑上方 10mm 左右的填充层焊道上引弧，将电弧拉至原弧坑处稍加预热。当弧坑出现熔化状态时，逐渐将电弧压向弧坑，使新形成的熔池边缘与弧坑边缘吻合，并转入正常的锯齿形运条，直至完成盖面层的焊接。

6. 气刨清根

用碳弧气刨清除焊接试件背面打底焊接时造成的成形不良的焊缝，以得到刨槽底部 2~3mm 的 U 形坡口。背面气刨清根如图 1-103 所示，刨削出的刨槽表面要光滑，熔渣要容易清除。

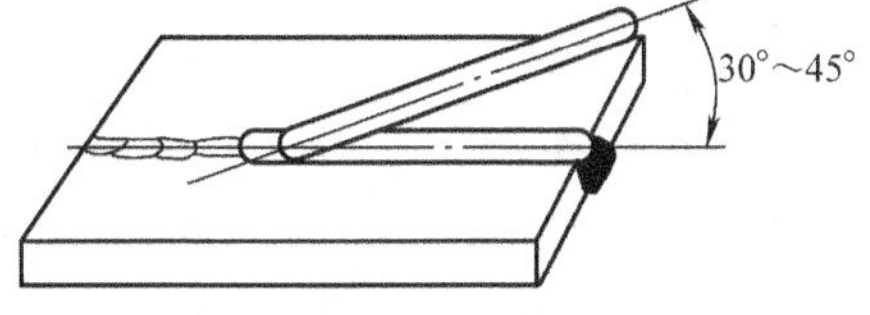

图 1-103　背面气刨清根

7. 背面封底焊缝

背面的立焊封底焊缝与立焊盖面焊缝相似，只是横向摆动幅度小些。

8. 运条方法和焊接参数

运条方法及焊接参数见表 1-37。

表 1-37　运条方法及焊接参数

焊接层次	运条方法	焊条直径/mm	焊接电流/A
根部焊层	断弧焊法	$\phi3.2$	100~110
填充层	月牙形运条法	$\phi4.0$	110~120
盖面层	月牙形运条法	$\phi3.2$	95~105
封底层	月牙形运条法	$\phi3.2$	95~105

三、焊缝外观检测

1. 自检

对操作姿势、握焊钳手法、焊条角度及焊完清理好的工件，依据图1-92中的技术要求和表1-37进行检测，检测的操作内容在评分标准范围内为合格。

2. 互检

参照相关知识，与同组同学对相互的操作姿势、握焊钳手法及焊条角度等进行检查和校正。交换焊完清理好的工件，进行互相检测，指出不足并进行讨论，然后将结果汇报给指导教师，由教师作出准确结论。

3. 专检

教师对学生焊接操作过程中的操作姿势、握焊钳手法及焊条角度等进行巡回检查，及时纠正不正确的姿势和操作。

➢【任务评价】

板对接立焊双面焊评分标准见表1-38。

表1-38　板对接立焊双面焊评分标准

序号	评分项目	评分标准	配分	得分
1	焊缝宽度	宽度允许相差1mm，每超1mm扣5分	10	
2	焊缝成形	要求波纹细、均匀、光滑，否则每处扣5分	6	
3	正面焊缝余高	允许相差0.5~1.5mm，每超差0.5mm扣4分	8	
4	焊缝余高	允许相差1mm，每超1mm扣3分	6	
5	背面焊缝余高	允许相差0.5~1mm，每超差0.5mm扣2分	6	
6	咬边	咬边深度应≤0.5mm，每咬边1mm长扣1分；咬边连续长度>6mm或深度>0.5mm扣6分	6	
7	焊缝填充	焊道填充不足不得分	4	
8	接头成形	要求成形良好，脱节或超高一处扣4分	8	
9	收弧弧坑	弧坑要填满，否则每处扣4分	8	
10	焊瘤	出现焊瘤不得分	8	
11	背面焊缝成形	宽窄均匀、圆滑过渡，否则每处扣5分	10	
12	工件角变形	允许为1°，每超差1°扣5分	10	
13	工件清理	工件清洁，否则每处扣2分	4	
14	安全文明生产	服从管理，安全操作，否则每项扣3分	6	
总分			100	

注：从开始引弧计时，该试件的焊接在60min内完成，每超过1min，从总分中扣2.5分。

任务2　立角焊技能训练

➢【学习目标】

1）了解焊条电弧焊立角焊的主要运条方式，学习T形接头立角焊的基本操作技能。

2）掌握T形接头立角焊的技术要求及操作要领。

3）学会制订T形接头立角焊的装配焊接方案，能够正确选择焊接参数。

➢【任务提出】

在工程中，立角焊多用于梁、柱、架及船的球鼻、龙骨的角接和T形接头立焊缝的焊接结构件，常见的有桥梁、大型高压线柱和各种桁架等。

图1-104所示为T形接头立角焊工件图，板件材料为Q235B。要求读懂工件图样，完成T形接头立角焊的制作任务，达到工件图样技术要求。

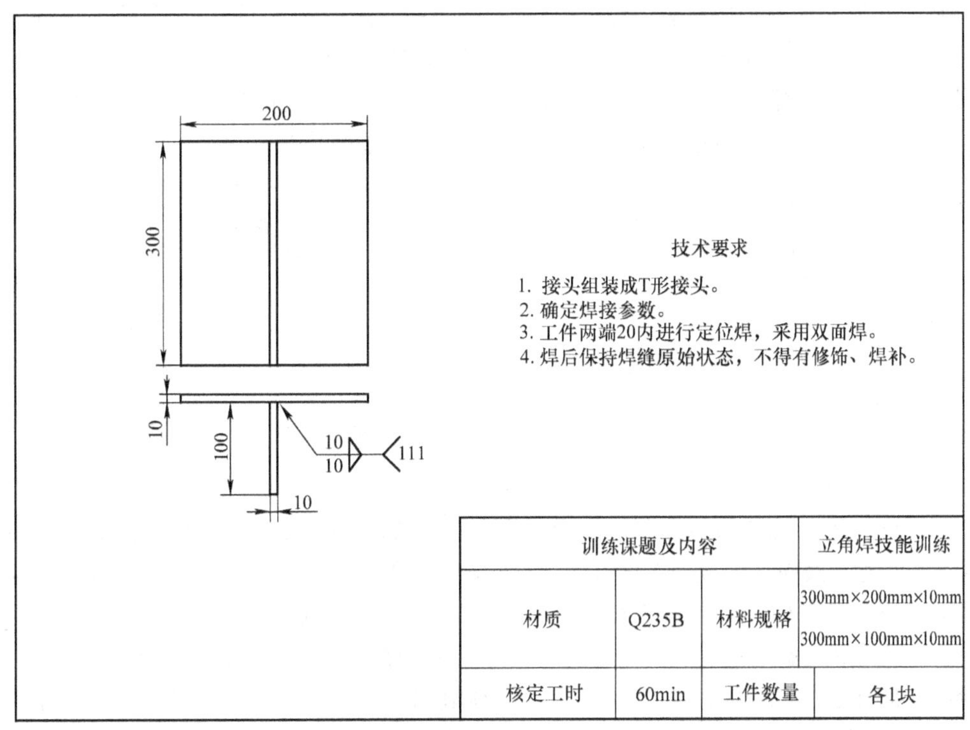

训练课题及内容			立角焊技能训练
材质	Q235B	材料规格	300mm×200mm×10mm 300mm×100mm×10mm
核定工时	60min	工件数量	各1块

图1-104　T形接头立角焊工件图

➢【任务分析】

如图1-104所示，焊缝横截面呈等腰直角三角形并对称分布，焊脚尺寸为10mm。由于在重力的作用下，熔滴和熔池中的熔化金属会下淌，造成焊缝成形困难，影响焊接质量，因此，立角焊时选用的焊条直径和焊接电流均小于平焊时的数值，并应采用短弧焊。如果焊接时的焊条角度不正确，焊缝两侧停顿时间过短，则在焊件的板面上容易产生咬边缺陷。若熔池温度控制不当，如温度过高，熔池下边缘轮廓就会逐渐凸起变圆，甚至会产生焊瘤等焊接缺陷。

➢【相关知识】

一、立角焊的焊接特点

立角焊是指T形接头、角接接头或搭接焊缝处于立焊位置时的焊接操作，如图1-105所示。焊接时，焊缝根部（角顶）易出现未焊透现象，焊缝两旁易出现咬边，焊缝中间则易出现夹渣等焊接缺陷。

二、立角焊操作技术

立角焊与对接立焊的操作技术有很多相似之处，如用小直径焊条短弧操作，操作姿势和握焊钳手法基本相似。立角焊时，还应掌握以下操作要领。

1. 焊条位置的控制

为了使两块钢板均匀受热，保证熔深和提高效率，立角焊时应注意焊条的位置和倾斜角度。为使工件能够均匀受热并有一定的熔深，焊接时焊条应处于两板角平分线的位置上，如图 1-106 所示。当被焊的两块钢板厚度相等时，焊条与两块钢板之间的夹角应左右相等，焊条与焊缝中心线的夹角应根据板厚的不同来改变，一般应使焊条与工件保持 75°～90°的下倾角，这样可利用电弧对熔池向上的吹力，使熔滴顺利过渡并托住熔池。

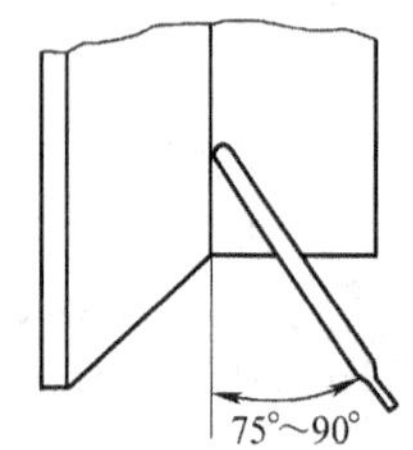

图 1-105　立角焊操作

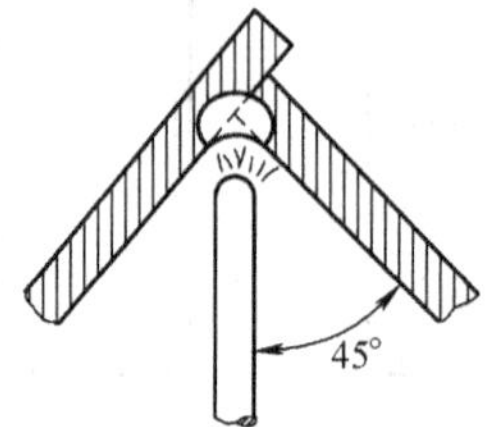

图 1-106　立角焊俯视时的焊条角度

2. 熔池形状的控制

立角焊的关键是控制熔池形状。立角焊操作时，要求焊工注意力集中，注意观察金属的冷却情况，熔池金属位于两直角板的夹角内，比较容易控制，但是要获得良好的焊缝形状，焊条应根据熔池温度作有节奏的左右摆动并向上运条。在立角焊的过程中，当引弧后焊出第一个焊波时，电弧应快速提起；当看到熔池瞬间冷却成一个暗红点时，电弧应下降到弧坑处，并使熔滴凝固在前面已形成焊波的 2/3 处，然后抬高电弧。如果前一熔滴未冷却到一定的程度，就过急地下降焊条，会造成熔化金属下滴；而当焊条下降动作过慢时，又会造成熔滴之间熔合不良。如果焊条放置的位置不对，会使焊波不均匀，从而影响焊缝的外观和焊接质量。

3. 立角焊熔池温度与焊缝形状的关系

立角焊时，若熔池温度正常，则熔池下边缘轮廓均匀、圆滑，焊缝成形美观，如图 1-107 所示。当熔池温度过高时，熔池下边缘轮廓将凸起变圆，甚至会产生焊瘤，如图 1-107 所示。此时，可加快摆动节奏，同时让焊条在焊缝两侧停留的时间长一些，直到把熔池下部边缘调整成平直外形为止。焊接打底层时，应使熔池外形保持椭圆形；焊接填充层、盖面层时，熔池应为扁平形。不论选择何种形状，都要使熔池外边缘保持平直，熔池宽度一致、厚度均匀。

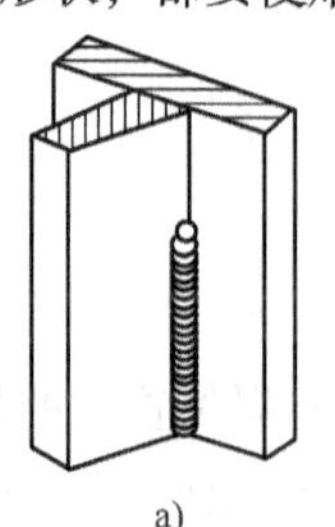

a)

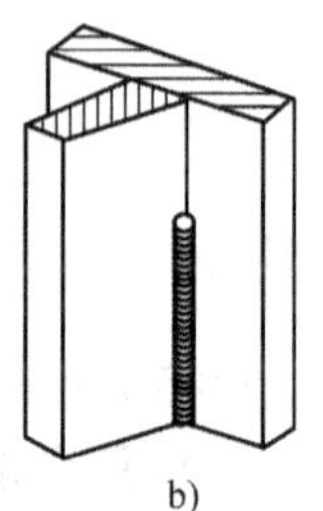

b)

图 1-107　立角焊熔池温度与焊缝形状的关系

4. 焊接电流

采用较小的焊条直径和较小的焊接电流，焊接电流比平焊时的电流小10% ~15%。

5. 运条方法

应根据板厚的不同和对焊脚尺寸的要求，选用适当的运条方法。对于焊脚尺寸较小的焊缝，可采用挑弧运条法；对于焊脚尺寸较大的焊缝，可采用月牙形、三角形、锯齿形等运条手法，如图1-108所示。为避免出现咬边等缺陷，除选用合适的焊接电流外，焊条在焊缝两侧应稍停片刻，使熔化金属能填满焊缝两侧的边缘部分。焊条的摆动宽度应小于所要求的焊脚尺寸，例如，当要求焊出焊脚尺寸为10mm的焊缝时，焊条的摆动范围应在8mm以内，否则焊缝两侧将不均匀。

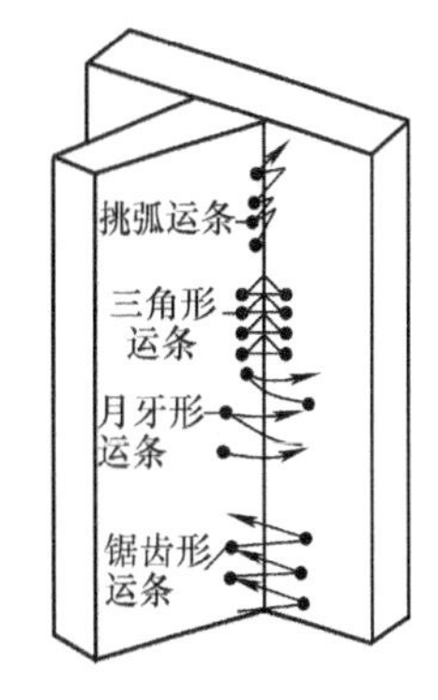

图1-108　不同焊脚尺寸立角焊的运条方法

➢【任务实施】

一、焊前准备

1）按规定穿戴好焊接劳动保护用品，准备焊接辅助工具，详见项目二任务1的相应内容。

2）按图样要求准备工件：材质为Q235B，规格为300mm×200mm×10mm、300mm×100mm×10mm，数量为1块/人，用氧乙炔切割下料。

3）焊条和焊机的选择。焊条选用E4303型，直径分别为ϕ3.2mm、ϕ4.0mm。焊前焊条须经过100~150℃烘干1~2h，烘干的焊条放在保温筒内备用。使用前应认真检查焊条药皮有无偏心、开裂、脱落等现象。焊机选择BX3—300。

二、装配焊接

1. 工件的组装及定位焊

将工件清理干净并校平后，按图1-104的要求划装配定位线，装配并定位焊。定位焊时，使用与正式焊接相同的焊条，焊接电流比正式焊接时的电流大15% ~20%，以保证定位焊缝的强度和焊透。定位焊缝在工件背面两端，长10~15mm。用直角尺进行检测，保证立板和横板相互垂直，并对定位焊的位置和定位焊缝的质量进行检查。

2. 打底层的焊接

打底层焊接的焊条角度如图1-109所示，采用三角形运条的方法焊接（也可采用灭弧法打底）。

焊接时从工件下端定位焊缝处引弧，引燃电弧对工件预热1~2s后，压低电弧至2~3mm，使焊缝根部形成椭圆形，形成第一个熔池；随即迅速将电弧向上提高3~5mm，等熔池冷却为一个暗点，直径约为ϕ3mm时，立即将电弧沿焊接方向挑起（电弧不熄灭），让熔池冷却凝固。待熔池颜色由亮变暗时，再将电弧下降到引弧处，重新引弧焊接，新熔池与前一个熔池重叠2/3，然后提高电弧。这样不断地挑弧－下移熔池－挑弧，有节奏地运条，形成一条较窄的立角焊道，作为第一层焊道。即打底焊采用挑弧操作手法施焊。

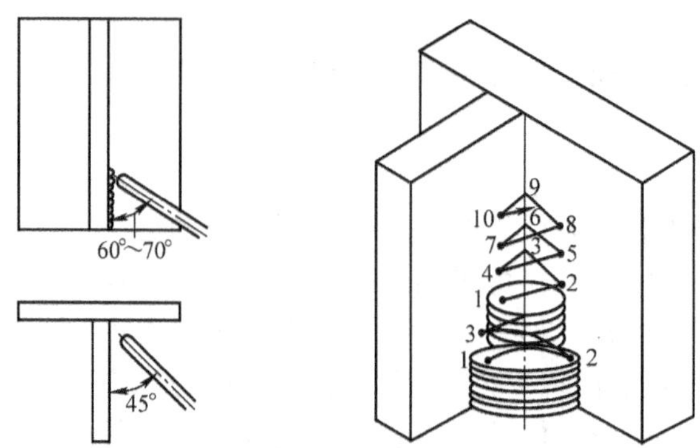

图 1-109　T 形接头立角焊的焊条角度和运条方法

3. 盖面层的焊接

1）焊盖面层前，应清理前一层焊道的熔渣和飞溅，焊缝接头处的凸起部分须打磨平整。

2）在试板最下端引弧，焊条角度如图 1-109 所示，采用小间距锯齿形运条法，横向摆动向上焊接。为了避免出现咬边等缺陷，除选用合适的焊接电流外，焊条在焊道中间摆动得应稍快些，两侧稍作停顿，使熔化金属填满焊道两侧边缘部分，并保持每一个熔池均呈扁圆形，即可获得平整的焊道。

3）盖面焊可选用连弧焊，但焊接时要控制好熔池温度，若出现温度过高情况应随时随地灭弧，降低熔池温度后再起弧焊接，以避免焊缝过高和焊瘤的出现。

4）焊缝接头应采用热接法焊接，做到快、准、稳。若用冷接法，可通过预热法的操作来完成。焊后应对焊缝进行质量检查，发现问题应及时处理。

立角焊一般采用多层焊，焊缝的层数根据工件的厚度（或图样给定的焊脚尺寸）来确定。该工件的板厚为 10mm，确定焊脚尺寸为 10mm，可采用两层两道焊接，见表 1-39。

表 1-39　焊接参数

层　　次	焊条直径/mm	焊接电流/A	焊脚尺寸/mm	运 条 方 法	电弧长度/mm
第一层打底焊	ϕ3.2	110～120	5	锯齿形 三角形 月牙形	2～3
第二层盖面焊	ϕ4.0	160～180	10		

三、焊缝外观检测

1. 自检

对操作姿势、握焊枪手法、焊条角度及焊完清理好的工件，依据图 1-104 中的技术要求和表 1-39 进行校正和检测，检测的操作内容在评分标准范围内为合格。

2. 互检和专检

参照项目二任务 2 的内容进行互检和专检。

➢【任务评价】

立角焊评分标准见表 1-40。

表 1-40　立角焊评分标准

序号	评分项目	评分标准	配分	得分
1	焊脚尺寸 K	9mm≤K≤11mm，超差不得分	10	
2	焊缝宽度	允许值为 1mm，每超差 1mm 扣 3 分	6	
3	焊缝成形	要求焊缝波纹细、均匀、光滑，否则每处扣 2 分	10	
4	夹渣	点状夹渣每处扣 4 分，条状夹渣大于 2mm 不得分	10	
5	咬边	咬边深度≤0.5mm，每 1mm 长扣 1 分；连续长度≥6mm 或深度>0.5mm 不得分	6	
6	工件角变形	允许值为 1°，每超差 1°扣 3 分	6	
7	焊道填充	焊道填充不足不得分	4	
8	接头成形	接头良好不扣分，脱节或超高一处扣 4 分	8	
9	收弧弧坑	弧坑要饱满，否则每处扣 4 分	8	
10	焊瘤	出现焊瘤不得分	8	
11	焊缝凸度 h	0mm≤h≤3mm，超差不得分	8	
12	焊缝凹度 h'	0mm≤h'≤2mm，超差不得分	8	
13	工件清理	工件要清洁，否则每处扣 2 分	4	
14	安全文明生产	服从管理，安全文明生产，否则每项扣 2 分	4	
总分			100	

注：从开始引弧计时，该试件的焊接在 60min 内完成，每超出 1min，从总分中扣 2.5 分。

项目四　横焊位技能训练

横焊位焊条电弧焊也是焊接操作的基本焊法之一。本项目主要学习板对接双面横焊操作技能，横焊位焊条电弧焊直线形、直线往复形和斜圆圈形运条法操作技术，板对接横焊单面焊双面成形技术，横焊位焊条电弧焊断弧打底焊法，以及多层多道焊的排列顺序。

任务 1　板对接双面横焊技能训练

【学习目标】

1）了解横焊位焊条电弧焊的特点及适用范围，学习板对接双面横焊的操作方法。

2）掌握板对接横焊的技术要求及操作要领。

3）学会制订板对接横焊的装焊方案，能够选择板对接横焊的焊接参数。

【任务提出】

在工程实际中，板对接横焊多用于大型容器和大口径管线的横位焊缝的焊接生产。这种焊接方式可以在容器内、外错位的情况下同时施焊，既提高了生产率，又可以减小因焊接热源引起的工件变形。图 1-110 所示为板对接双面横焊工件图，板件材料为 Q235B。要求读懂工件图样，完成板对接双面横焊任务，达到工件图样技术要求。

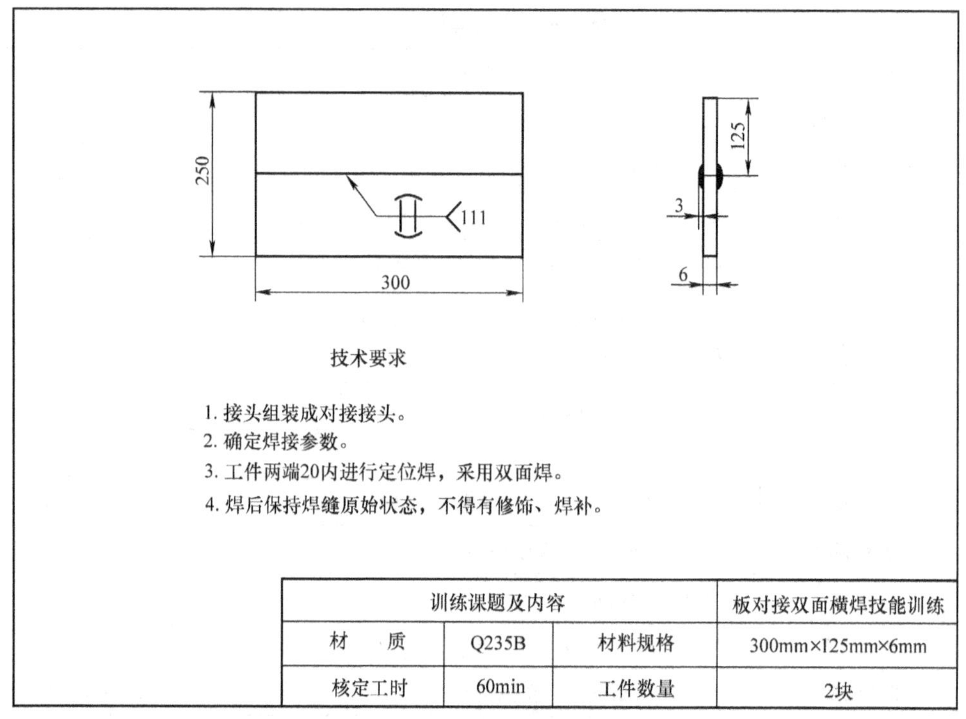

图 1-110　板对接双面横焊工件图

➢【任务分析】

板对接横焊与板对接立焊相似，焊接时，熔滴和熔池中的熔化金属在重力的作用下容易下淌而产生焊瘤，同时容易产生焊缝上侧咬边现象，还易形成未熔合和层间夹渣等缺陷。因此，焊接时应采用较小的焊接参数。较厚板对接横焊的坡口一般为 V 形或 K 形，板对接横焊也要注意采用反变形来防止焊接角变形。

➢【相关知识】

一、对接横焊的特点

对接横焊的熔池与熔渣容易分清，铁液发亮，熔渣发暗，与立焊类似。采用多层多道焊能防止熔滴下淌，但焊缝外观不平整。根据钢板的厚度不同，对接横焊可分为不开坡口双面焊、开坡口多层焊或多层多道焊和单面焊双面成形等。

二、不开坡口板对接横焊技术

1. 焊条角度

当工件厚度小于或等于 6mm 时，适合采用不开坡口对接横焊。进行正面横焊时，焊条直径宜为 $\phi3.2 \sim \phi4.0$mm，焊条与焊接速度方向的焊缝中心线成 70° ~ 80° 夹角，焊条与下板成75° ~ 80° 夹角，如图 1-111 所示。

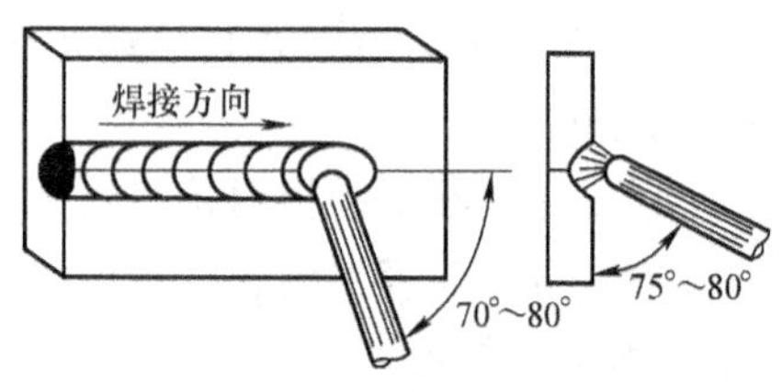

图 1-111　对接横焊的焊条角度

2. 焊接电流

焊接正面时，焊接电流可比对接平焊时小 10% ~15%，否则会使熔池温度升高，金属处于液态的时间较长容易下淌而形成焊瘤。如果熔渣超前，焊接操作时要用焊条沿焊缝将熔渣轻轻拨掉，否则熔化金属也会下淌。

反面封底焊时，应选用细焊条，焊接电流可适当加大，一般可采用平焊时的焊接电流，用直线形运条法进行焊接。

（1）正面焊缝的焊接　要留有适当的间隙（1 ~2mm），以得到一定的熔深，通常采取双层焊。

第一层焊道采用直线往复形运条法，选择小直径焊条，焊条角度如图 1-112 所示。借助电弧的吹力托住熔化金属，防止其下淌。

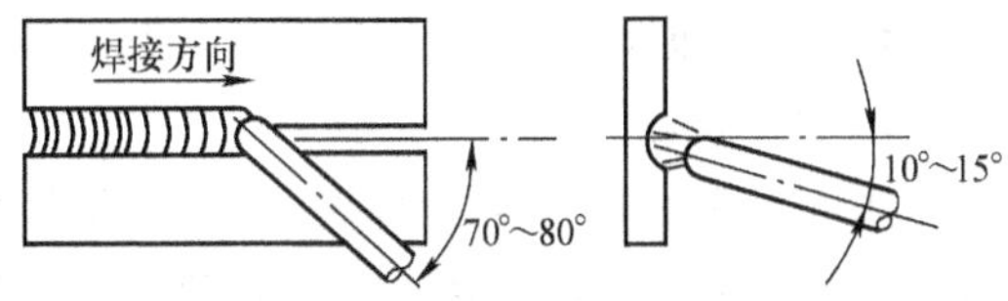

图 1-112　对接横焊操作

第二层焊道（即盖面焊缝）可采用多道焊来修饰焊缝。一般堆焊两条焊道；第一条焊道应该紧靠在第一层焊道的下边缘，覆盖第一层焊道约 1/2 的宽度；第二条焊道达到全覆盖，要注意使焊道与母材圆滑过渡。为防止出现咬边缺陷，最好使焊道窄而薄，所用焊条的直径和焊接电流要小，运条速度要快，用直线形或直线往复形运条方法进行焊接。

（2）背面封底焊　为保证一定的熔深，在封底焊前，要清理正面打底焊缝根部的熔渣，使封底焊缝与正面焊缝良好熔合；应选用小直径的焊条和稍大的焊接电流，采用直线形运条法，用一条焊道完成背面的封底焊接。

3. 运条方法

当工件较薄时，用直线形或直线往复形运条法，可利用焊条的向前移动使熔池得到冷却，防止烧穿。当工件较厚时，可采用短弧直线形或小斜圆圈形运条法，以得到合适的熔深。采用直线形或斜圆圈形运条法时，斜圆圈与焊缝中心线约成 45°角，如图 1-113 所示。焊接速度应稍快些，而且要均匀，以免熔滴过多地熔化在某一点上，形成焊瘤并造成焊缝上部咬边，影响焊缝成形。

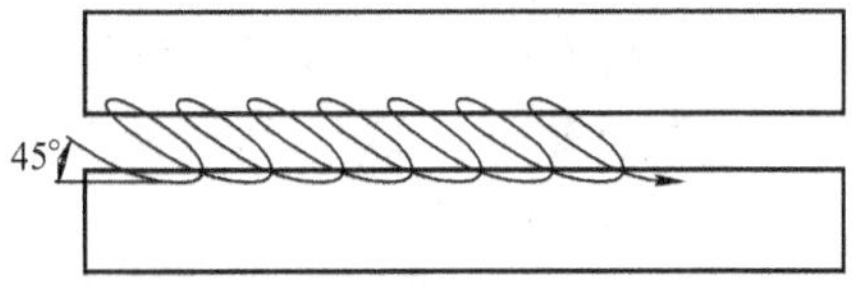

图 1-113　对接横焊斜圆圈形运条法

4. 接头方法

在弧坑前（约 10mm 处）引弧，电弧可比正常焊接时略长些，然后将电弧后移到原弧坑的 2/3 处，填满弧坑后即向焊接方向移动。必须注意后移量，如果电弧后移太多，可能造成接头过高；后移太少，将造成接头脱节，产生弧坑、未填满等缺陷。

5. 收尾方法

焊缝收尾时，可在弧坑处反复熄弧、引弧数次，直到将弧坑填满为止。

➢【任务实施】

一、焊前准备

1. 准备保护用品和工具

按规定穿戴好焊接劳动保护用品，准备焊接辅助工具，详见项目二任务 1 的相应内容。

2. 按图样要求准备工件

材质为Q235B，规格为300mm×125mm×6mm，数量为2块/人。用剪板机或氧乙炔切割下料。

3. 选择焊条和焊机

选用E4303型（J422）或E5016型（J506）焊条，直径为ϕ3.2mm。焊前E4303型焊条须经过100～150℃烘干1～2h，E5016型焊条须经过350～400℃烘干1～2h，然后放在保温筒内备用。使用前，应认真检查焊条药皮有无偏心、开裂、脱落等现象。焊机选择BX3—300或ZXG—300。

4. 确定焊接参数。

薄板不开坡口对接横焊时，应选用小直径焊条，焊接电流可比对接平焊时小10%～15%。薄板不开坡口对接横焊的焊接参数见表1-41。

表1-41 薄板不开坡口对接横焊的焊接参数

焊接层次	焊条直径/mm	焊接电流/A
正面焊缝	ϕ3.2	80～120
封底焊缝	ϕ3.2	90～120

二、装配与焊接

1. 装配与定位焊

首先清理焊道正、反两侧20mm范围内的铁锈及污物，并矫平焊件，然后采用与正式焊接相同的焊条进行定位焊，定位焊缝位于工件背面的两端，长度为10mm。装配间隙为1～2mm，一头窄一头宽，反变形量为4°～5°，错边量小于0.5mm，并对装配位置和定位焊缝进行检查，装配尺寸如图1-114所示。

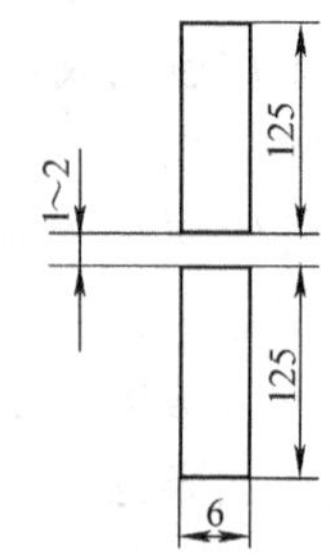

图1-114 工件尺寸及装配间隙

2. 焊接正面焊缝

按表1-40选择焊条直径与焊接电流，从工件左端边缘引弧，电弧引燃后，先将电弧稍微拉长，对端部进行预热，然后适当缩短电弧进行正常焊接。横焊时的焊条角度如图1-115所示。焊接速度应稍快些，否则易形成焊瘤和造成焊缝上部咬边等焊接缺陷，从而影响焊缝质量。

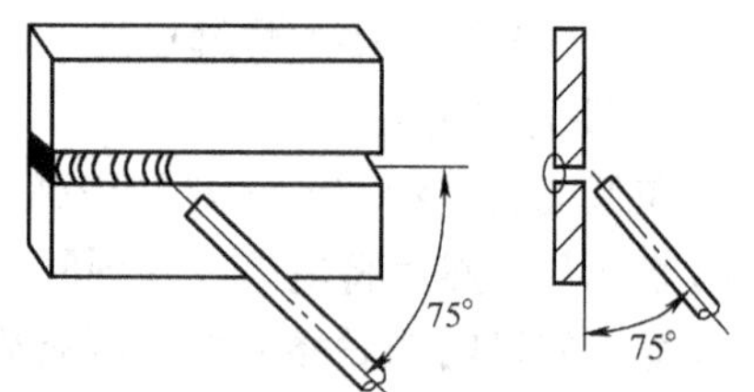

图1-115 不开坡口对接横焊的焊条角度

更换焊条时，在弧坑前（约10mm处）引弧，电弧可比正常焊接时略微拉长些，然后将电弧后移到原弧坑的2/3处，填满弧坑后即向焊接方向移动。必须注意后移量，如果电弧后移太多，可能造成接头过高；后移太少将造成接头脱节，产生弧坑未填满的缺陷。

焊缝收尾时，可在弧坑处重复引弧和熄弧数次，直到弧坑填满为止。

3. 封底焊

封底焊时，焊条直径优先选择ϕ3.2mm，焊接电流可比下面焊缝稍大些，见表1-41；采用直线形运条法进行焊接。将焊条缓缓地向前移动，运条速度要均匀，采用短弧焊接。

三、焊缝外观检测

1. 自检

及时校正操作姿势和运条方法，依据图 1-110 中的技术要求和表 1-41 校正和检测焊完清理好的工件，合格后进行互检和专检。

2. 互检和专检

参照项目二任务 2 的相关内容进行互检和专检。

【任务评价】

板对接双面横焊评分标准见表 1-42。

表 1-42　板对接双面横焊评分标准

序号	评分项目	评分标准	配分	得分
1	焊缝宽度	不大于 6mm 得 10 分，大于 6mm 不得分	10	
2	焊缝宽度差	宽度允许相差 1mm，每超差 1mm 扣 5 分	10	
3	焊缝成形	要求波纹细、均匀、光滑，否则每处扣 2 分	6	
4	正面焊缝余高	不大于 3mm 得 10 分，大于 3mm 不得分	10	
5	焊缝余高差	允许值为 1mm，每超差 1mm 扣 4 分	8	
6	工件角变形	允许值为 1°，每超差 1°扣 5 分	10	
7	焊缝直线度	不大于 2mm 得 10 分，大于 2mm 不得分	10	
8	接头成形	接头良好不扣分，脱节或超高一处扣 4 分	8	
9	咬边	咬边深度应不大于 0.5mm，每 1mm 长扣 1 分；连续长度大于或等于 6 或深度大于 0.5mm 不得分	6	
10	焊瘤	出现焊瘤不得分	8	
11	焊道填充	焊道填充不足不得分	4	
12	工件清理	工件要清洁，否则每处扣 2 分	4	
13	安全文明生产	服从管理，安全文明生产，否则每项扣 3 分	6	
总分			100	

注：从开始引弧计时，该工件的焊接在 60min 内完成，每超出 1min，从总分中扣 2.5 分。

任务 2　板对接单面横焊双面成形技能训练

【学习目标】

1）了解焊条电弧焊横焊的运条方式。

2）掌握板对接横焊单面焊双面成形的技术要求及操作技术。

3）学会制订板对接横焊单面横焊双面成形的装焊方案，并学会选择焊接参数。

【任务提出】

在生产实践中，单面横焊双面成形多用于小型容器或小口径管道的横位纵、环焊缝的焊接，这种焊接方式可以在容器外面施焊而里面也能形成焊缝。

图 1-116 所示为 V 形坡口板对接单面横焊双面成形工件图，板件材料为 Q235B。要求读懂工件图样，完成焊件制作任务，达到工件图样技术要求。

【任务分析】

V 形坡口板对接单面横焊双面成形与不开坡口板对接双面横焊相似，除在打底焊时区别较大外，其他焊层差别很小。熔滴和熔池中熔化的金属受重力作用容易下淌，焊缝成形较困难。

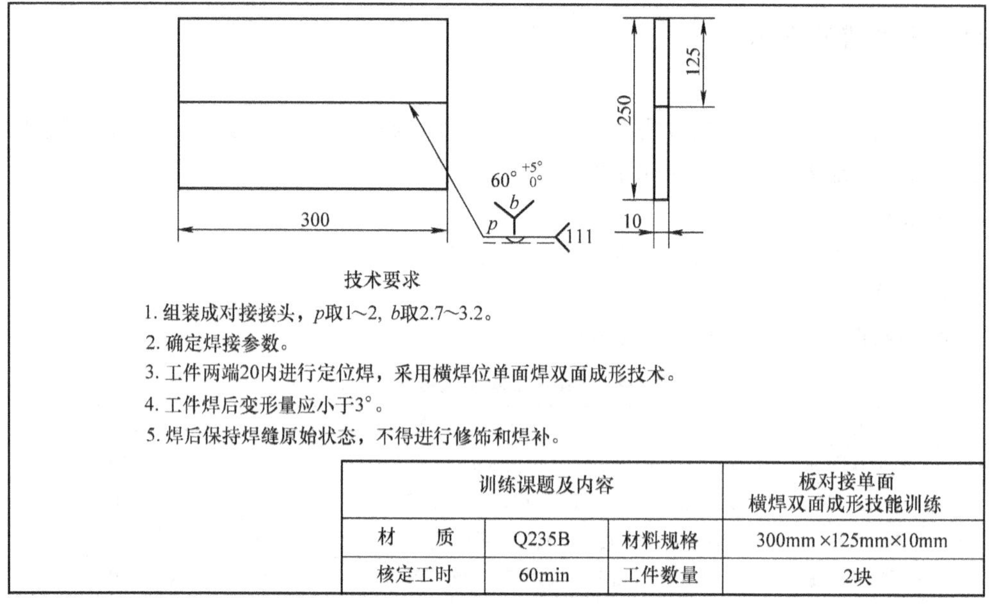

图 1-116　V 形坡口板对接单面横焊双面成形工件图

如果焊接参数选择不当或运条操作不当，则容易产生焊缝上侧咬边、焊缝下侧金属下坠、焊瘤、夹渣、未焊透等缺陷。为避免上述缺陷的产生，应采用短弧、多层多道焊接，并根据焊道的不同位置调整合适的焊条角度。焊接打底层时选择小直径焊条，断弧焊频率要适宜，电弧在坡口根部停留的时间要适当。板对接横焊也要注意采用反变形法防止焊接角变形。

➢【相关知识】

一、V 形坡口板对接单面横焊双面成形操作

1. 打底层的焊接

打底层的焊接是 V 形坡口板对接单面横焊双面成形的关键工序。首先，要解决焊缝在工件背面成形的问题；其次，焊缝内部和表面均不能有焊接缺陷。打底焊时将试件垂直固定于焊接工装上，并使焊接坡口处于水平位置。

（1）打底层焊条角度　为了防止背面焊缝产生咬边、未焊透等缺陷，焊条与板下方之间的角度为 80°～85°。在横焊过程中，电弧应指向横板对接坡口下侧根部，每次运条时电弧在此处应停留 1～1.5s，让熔化的液态金属吹向上侧坡口，以得到良好的根部成形。单面横焊双面成形打底层的焊法有连弧焊和断弧焊两种，连弧焊打底层的焊条角度如图 1-117 所示，断弧焊打底层的焊条角度如图 1-118 所示。

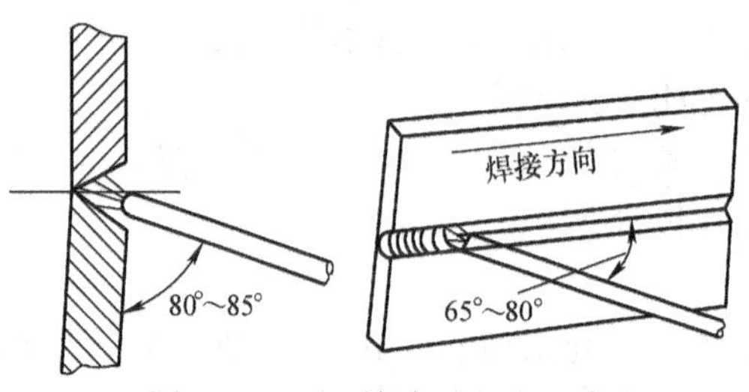

图 1-117　连弧焊打底层的焊条角度

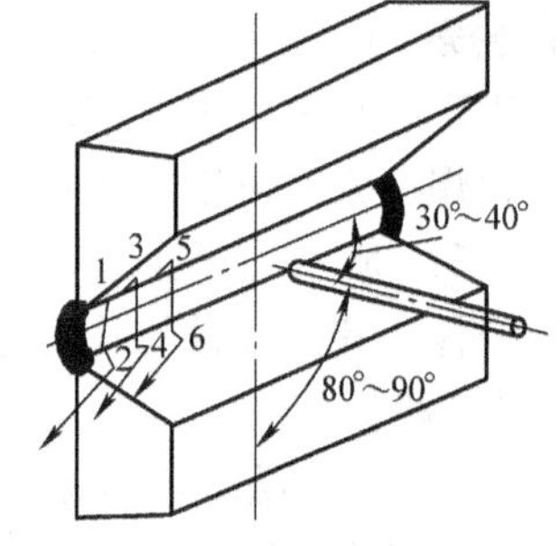

图 1-118　断弧焊打底层的焊条角度

（2）打底层焊法

1）连弧法。操作方法为：在工件左端定位焊缝上的始焊端引弧，焊条不作横向摆动，以短弧直线运条，先焊一小段，多用于始焊端的小间隙焊缝；稍停预热，然后作横向小锯齿形摆动向前运条，当电弧到达定位焊缝终端时，压低电弧；待电弧前移到坡口根部使之熔化并击穿，在坡口根部形成熔孔后，就可转入正常焊接。为了保证焊接质量，用连弧焊法施焊打底层时还应注意：运条时首先向下面工件坡口摆动，熔化下面工件坡口根部，然后熔化上面工件坡口根部，使熔孔呈斜椭圆形；要保持每侧坡口边缘熔化 0.5～1mm，并保持熔孔大小的一致性。直线形或小锯齿形运条法形成的熔孔如图 1-119 所示。

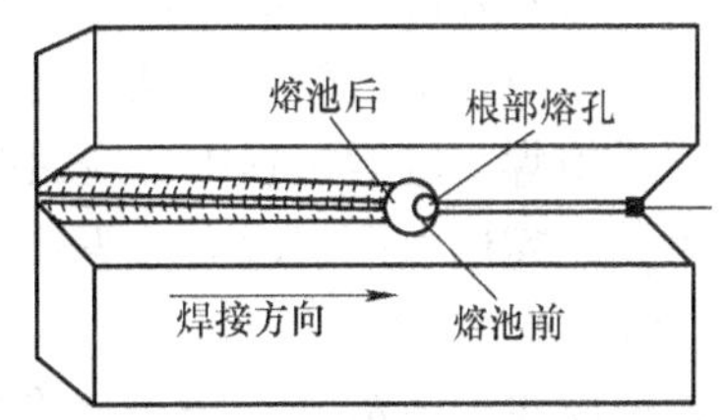

图 1-119　直线形或小锯齿形运条法形成的熔孔

施焊过程中要采用短弧，使电弧的 1/3在熔池前，用来击穿和熔化坡口根部；2/3 覆盖在熔池上，用来保护熔池，防止气孔产生。应注意控制熔池温度，熔池温度不能过高，以防止熔化金属因温度过高而外溢流淌形成焊瘤；运条要均匀，间距不宜过大。为防止产生咬边，焊条摆动到坡口上侧时应稍作停顿。连弧法的运条方法与焊条角度如 1-120 所示，此运条法多用于间隙偏小焊缝的焊接。

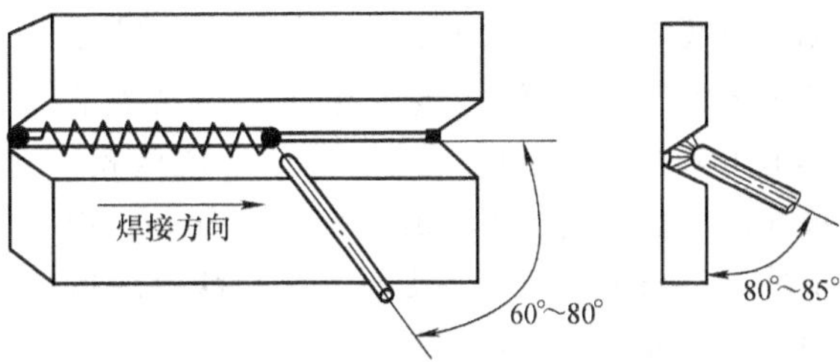

图 1-120　连弧法的运条方法与焊条角度

2）断弧法。采用直线运条法，焊接过程中不作任何摆动，直至每根焊条焊完。焊道之间的搭接要适量，以不产生深沟为准。为避免在焊道之间的深沟内产生夹渣，通常两焊道之间搭接 1/3～1/2，最后一层填充层的高度以距母材表面 1.5～2mm 为宜。

中厚板横焊连弧焊和断弧焊的焊接参数见表 1-43。

表 1-43　中厚板横焊的焊接参数

焊接层次	焊条直径/mm	焊接电流/A
打底层（第一层 1 道）	φ2.5	70～80（断弧焊）
		65～75（连弧焊）
填充层（第一层 2、3 道，第二层 4、5 道）	φ3.2	120～140
盖面层（6、7、8 道）	φ3.2	120～130

断弧焊时，首先在工件左端定位，在焊缝始端引弧，电弧引燃后稍作停顿，然后以小锯齿形摆动向前运条。当电弧到达定位焊缝终端时，对准坡口根部中心，将焊条向根部顶送出稍作停顿。当听到电弧击穿坡口根部的“噗噗”声时，形成第一个熔池后立即灭弧，然后按图 1-121 所示的方法运条。

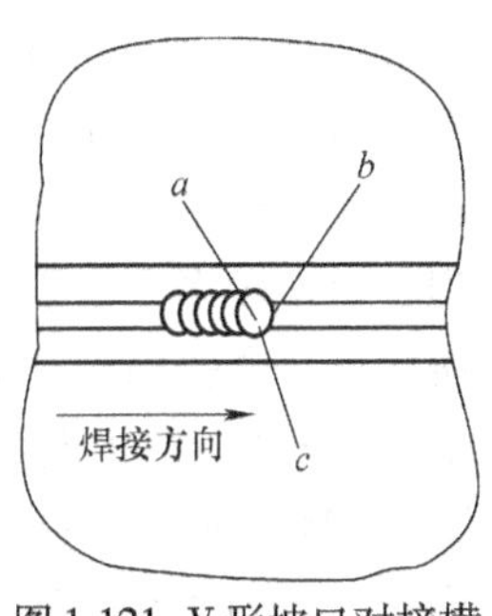

图 1-121　V 形坡口对接横焊断弧焊的运条方法

当第一个熔池还处于暗红状态时，立即从熔池中心 a 点处引弧，然后将电弧移向与第一个熔池相连接的两坡口根部中心 b 点，并向背面顶送焊条。当听到击穿坡口根部的“噗噗”声后，将电弧移到 c 点灭弧，c 点处于 a、b 点之间的下方，即原下坡口边缘搁置的熔池边缘。在 c 点处灭弧，可增加熔池温度，减缓熔池冷却速度，防止电弧在 a 点燃烧时熔池金属下坠到下坡口，引起熔合不良，还可以防止产生缩孔、气孔等缺陷。如此按 a—b—c 的顺序反复运条施焊。施焊过程中，应始终注意焊条总是顶着熔池，并保持一致的焊条角度，防止熔池金属超越电弧而引起夹渣等缺陷。停弧及接头的方法与连弧焊时相同。

2. 填充层的焊接

施焊前应将焊道清理干净，并将焊道局部凸出处打磨平整。填充层的焊接采用多层多道焊（共两层，每层两道），焊接层次及焊道次序见表 1-42。施焊过程中的焊条角度如图 1-122 所示。

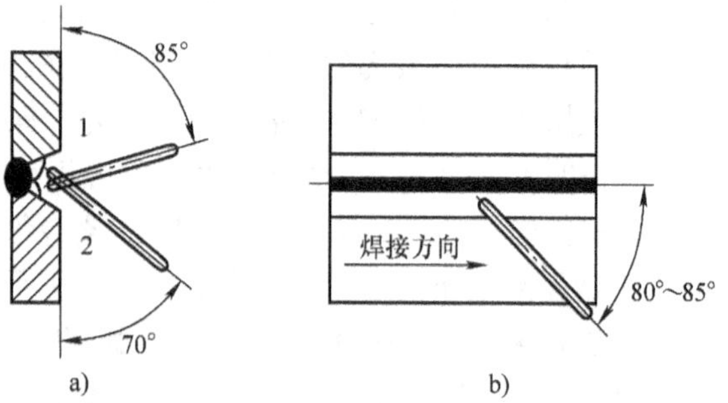

焊接上、下焊道时，要注意坡口上、下侧与打底焊道间夹角处的熔合情况，以防止产生未焊透与夹渣等缺陷；使上焊道覆盖下焊道 1/2 为宜，以防焊层过高或形成沟槽。填充层焊缝表面应距下坡口表面约 2mm，距上坡口 0. 5mm，注意不要破坏坡口两侧的棱边，为施焊盖面层做准备。

图 1-122　对接横焊填充层的焊条角度

a）焊条与工件的夹角　b）焊条与焊缝中心线的夹角

3. 盖面层的焊接

焊接盖面层时也采用多道焊（三道），焊条角度如图 1-123 所示，运条方法采用直线形或圆圈形运条法。

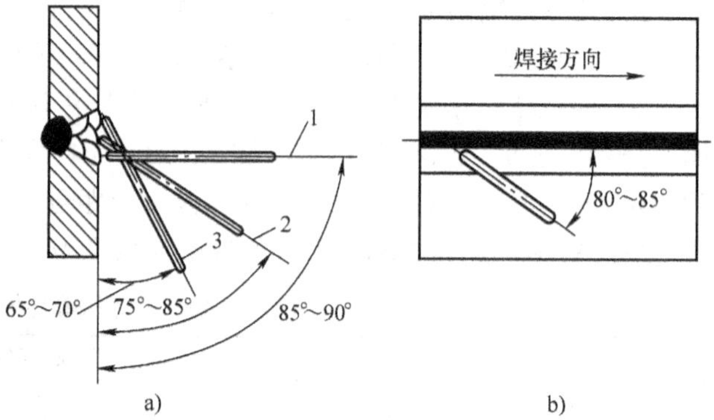

（1）直线形运条法　采用直线形运条法时，焊条不作任何摆动。每层焊缝均由下坡口始焊，直线焊到终点。每层的若干条焊道也是由下板焊起，一条条焊道叠加，直至熔进上板母材 1 ~ 2mm。焊接过程中采用短弧焊接，控制熔池金属的流动，防止产生熔化金属流淌的现象。

图 1-123　横焊盖面层的焊条角度

a）焊条与工件的夹角　b）焊条与焊缝中心线的夹角

1—下焊道　2—中层焊道　3—上焊道

（2）斜圆圈形运条法　采用斜圆圈形运条法时，应保持较短的焊接电弧和有规律的运条节奏。每个斜圆圈与焊缝中心的斜度应不大于 45°。当焊条运动到斜圆圈上面时，电弧应短些并在此处稍停片刻，以使较多的熔敷金属过渡到焊道中（以防咬边）。然后焊条缓缓地将电弧引到焊道下边，并稍稍向前移动（防止下滴的熔化金属堆积），再将电弧运动到斜圆圈的上面，如此反复循环，如图 1-124 所示。焊接过程中，要保持熔池之间搭接 1/2 ~ 2/3，采用短弧、匀速直线运条，以获得较好的焊缝成形。

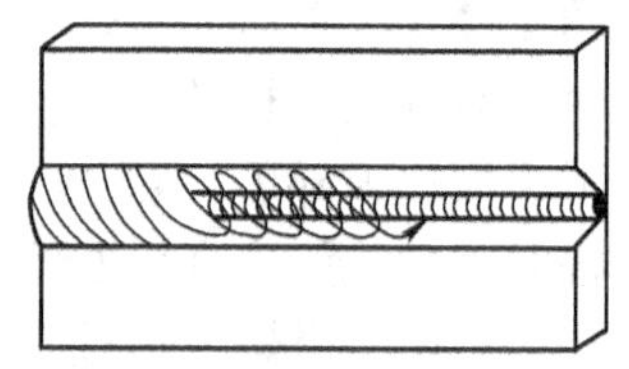

图 1-124　开坡口对接横焊时的斜圆圈形运条法

【任务实施】

一、焊前准备

1. 准备保护用品和工具

按规定穿戴好焊接劳动保护用品，准备焊接辅助工具，详见项目二任务 1 的相应内容。

2. 按图样要求准备工件

材质为 Q235B，规格为 300mm×125mm×10mm，数量为 2 块/人，用氧乙炔切割下料。

3. 选择焊条和焊机

选用 E4303 型（J422）或 E5016 型（J506）焊条，直径为 ϕ3.2mm、ϕ4.0mm。焊前 E4303 型焊条须经过 100～150℃烘干 1～2h，E5016 型焊条须经过 350～400℃烘干 1～2h，然后放在保温筒内备用。使用前，应认真检查焊条药皮有无偏心、开裂、脱落等现象。焊接设备选择 BX3-300 或 ZXG-300 型焊机。

4. 工件组装尺寸及焊接参数的确定

开 V 形坡口对接横焊的工件组装尺寸见表 1-44。

表 1-44　对接横焊的工件组装尺寸

板　厚/mm	坡口角度/（°）	钝　边/mm	组装间隙/mm	反变形角度/（°）	错边量/mm
10	60±2	1～1.5	2.7～3.2	4～6	≤1

由于对接横焊采用多层多道焊，易产生较大的角变形，因此应预留较大的反变形角度。对接横焊工件的装配如图 1-125 所示。

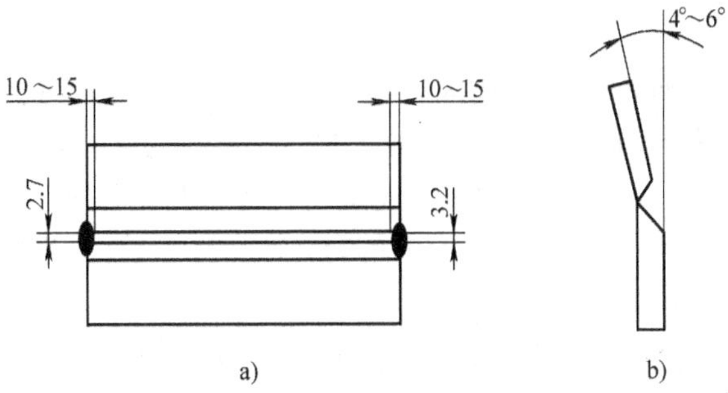

图 1-125　对接横焊的工件组装图

a）工件组装间隙　b）工件组装反变形角度

V 形坡口板对接单面横焊双面成形的焊接参数见表 1-45。

表 1-45　焊接参数

焊接层次	焊缝层次和焊道数	运条方法	焊条直径/mm	焊接电流/A
打底层	1 层 1 道	断弧焊法	ϕ3.2	75～90
填充层	2 层 5 道	直线形或直线往复形运条	ϕ4.0	160～180
盖面层	1 层 4 道	直线形运条	ϕ3.2	120～130

二、装配与焊接操作

1. 装配与定位焊

首先清理焊道正、反两侧20mm范围内的铁锈及污物，并矫平焊件，然后采用与正式焊接相同的焊条进行定位焊，定位焊缝位于工件背面的两端，长度为10mm；装配间隙为3～4mm，一头窄一头宽，反变形量为7°～8°，错边量小于0.5mm；对装配位置和定位焊缝进行检查。

2. 打底层的焊接

1）将工件垂直固定在焊接工装上，保证焊件的焊缝与水平面平行，间隙小的一端在左，并从该端开始焊接。采用连弧法或断弧法进行打底焊。

2）在定位焊缝前引弧，随后将电弧拉到定位焊缝的中心部位预热。当坡口钝边即将熔化时，将熔滴送至坡口根部，并下压电弧，使焊接电弧将定位焊缝和坡口钝边熔合成一个熔池。当听到背面有电弧的击穿声时，立即熄弧，形成明显的熔孔。

3）按先上坡口、后下坡口的顺序进行往复击穿→熄弧→焊接。熄弧时将焊条快速移向后下方。在从熄弧转入引弧时，焊条要与熔池保持较短的距离（做引弧的准备动作），待熔池温度下降、颜色由亮变暗时，迅速在原熔池的顶端引弧，熔焊片刻（约1s），再立即熄弧。如此反复地引弧→熔焊→熄弧→引弧，直至完成打底层的焊接。

4）焊缝接头采用热接法或冷接法焊接。收弧时，向焊接反方向的下坡口面回拉焊条10～15mm后逐渐抬起焊条，形成缓坡；在距弧坑前约10mm的上坡口面将电弧引燃，电弧移至弧坑前沿时，压向焊根背面，稍作停顿；形成熔孔后，电弧恢复正常角度，再继续施焊。

3. 填充层的焊接

（1）清渣　应仔细清理前一层焊道间、坡口两侧之间的焊渣，避免焊缝夹渣。

（2）焊条角度　焊条与焊接方向的夹角为80°～85°。为防止由于横焊填充层焊接操作不正确所导致的盖面层焊缝下坠，在焊接填充层时，焊条与工件上、下侧之间的夹角是有区别的。焊下侧焊道时，焊条与下侧工件的夹角为80°～95°；焊上侧焊道时，焊条与下侧工件的55°～70°，如图1-126所示。

（3）引弧　在距焊缝始焊端10～15mm处引弧，然后将电弧拉至始焊端开始焊接。

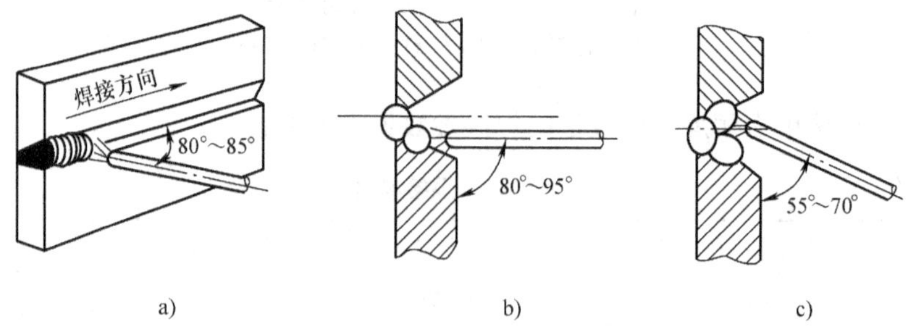

图1-126　断弧焊法横焊时填充层的焊条角度

a）焊条与焊接方向的夹角　b）下侧焊道焊条与下侧工件的夹角　c）上侧焊道焊条与下侧工件的夹角

（4）焊接操作

填充层采用两层三道焊。填充层施焊前，先将第一层焊道的熔渣及飞溅物清理干净，并适当调大焊接电流，以避免产生夹渣及未熔合等缺陷。

焊第一层填充焊道时，焊条下倾约10°，与前进方向成75°~80°的夹角，采用直线运条的单层单道焊，保证与坡口面良好熔合，焊道表面平整。

第二层填充焊有两条焊道，其焊道分布及焊条角度如图1-126c所示。对第二层下面的填充焊道施焊时，电弧对准第一层填充焊道的下沿，作小斜圆圈形摆动，使熔池能覆盖前一层焊道的1/2~2/3。对第二层上面的填充焊道施焊时，电弧对准第一层填充焊道的上沿，作直线形运条，使熔池正好填满空余位置。

填充层焊完后，应使其表面距下坡口棱边约1.5mm，距上坡口棱边约0.5mm，若填充层焊道有凸凹处，则应在盖面焊前予以补平，为盖面层施焊打好基础。

焊接上、下焊道时，要注意坡口上、下侧与打底焊道间夹角处的熔合情况，以防止产生未焊透与夹渣等缺陷；使上焊道覆盖下焊道1/2~2/3为宜，以防焊层过高或形成沟槽。

4. 盖面层的焊接

（1）焊条角度　焊接各道焊缝时，应合理选择焊条与下板之间的夹角。盖面层的各条焊道应平直、搭接平整，与母材相交处应圆滑过渡、无咬边。焊接第7道焊缝时，焊条与下板的夹角为80°~90°，焊道的1/3落在母材上，熔进母材1~2mm，其余2/3落在填充层上，如图1-127a所示。施焊焊缝中心线第8道焊缝时，焊条与下板的夹角为95°~100°，与前一道焊缝搭接1/2，如图1-127b所示。施焊焊缝中心线第9道焊缝时，焊条与下板的夹角为75°~85°，与前两道焊缝搭接1/2，如图1-127c所示。焊接与上板相接的盖面层焊缝（第10道）时，焊条与下板的夹角为85°~95°，与前一道焊缝搭接1/2，与母材搭接1/2，其焊道熔进母材1~2mm，如图1-127d所示。

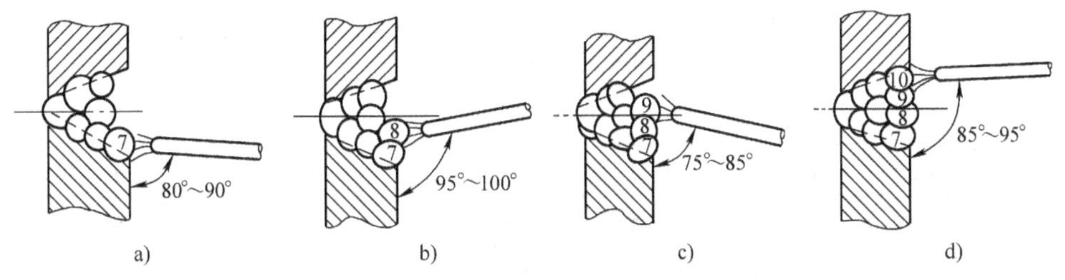

图1-127　横焊盖面层的焊条角度

a）第7道焊缝　b）第8道焊缝　c）第9道焊缝　d）第10道焊缝

（2）运条方法　采用直线形运条法，焊条微微地向前移动，运条速度要均匀，采用短弧焊接，不作任何摆动。每层焊缝均由下坡口始焊，直线焊到终点。每层的若干条焊道也是由下板焊起，一条条焊道叠加，直至熔进上板母材1~2mm。焊接过程中，采用短弧焊接，控制熔池金属的流动，防止产生熔化金属流淌的现象。

焊接最下面的盖面层焊道时，应注意观察熔池的下边缘，只要熔化了坡口棱边就向前运条，以保证焊道与焊件下表面形成圆滑过渡的焊缝。每条焊道都要覆盖前一条焊道的1/3~1/2。最上面一条焊道的运条速度应稍快些，焊道尽可能细、薄，以避免出现咬边缺陷，同时有利于焊道与工件上表面圆滑过渡。表面焊缝的实际宽度以覆盖上、下坡口边缘各1.5~

2mm 为宜。

三、焊缝外观检测

1. 自检

及时校正操作姿势和运条方法，依据图 1-116 中的技术要求和表 1-45 校正和检测焊完清理好的工件，合格后进行互检和专检。

2. 互检和专检

参照项目二任务 2 的相关内容进行互检和专检。

【任务评价】

板对接单面横焊双面成形评分标准见表 1-46。

表 1-46　板对接单面横焊双面成形评分标准

序　号	评 分 项 目	评 分 标 准	配　分	得　分
1	正面焊缝宽度	不大于 6mm 得 10 分，大于 6mm 不得分	10	
2	正面焊缝宽度差	宽度允许相差 1mm，每超差 1mm 扣 5 分	10	
3	正面焊缝余高	不大于 3mm 得 10 分，大于 3mm 不得分	10	
4	正面焊缝余高差	允许相差 1mm，每超差 1mm 扣 4 分	8	
5	背面焊缝余高 h'	$0 \leqslant h' \leqslant 2$mm 得 6 分，超过标准不得分	6	
6	背面焊缝余高差	允许值为 1mm，每超差 1mm 扣 2 分	4	
7	错边	错边量不大于 1.2mm 得 6 分，大于 1.2mm 不得分	6	
8	焊缝直线度	不大于 2mm 得 6 分，大于 2mm 不得分	6	
9	接头成形	接头良好得 8 分，脱节或超高一处扣 4 分	8	
10	咬边	咬边深度应不大于 0.5mm，每 1mm 长扣 1 分；连续长度大于或等于 6 或深度大于 0.5mm 不得分	6	
11	焊瘤	出现焊瘤不得分	8	
12	焊道填充	焊道填充不足不得分	4	
13	工件角变形	允许值为 1°，每超差 1°扣 3 分	6	
14	工件清理	工件要清洁，否则每处扣 2 分	4	
15	安全文明生产	服从管理，安全文明生产，否则每项扣 2 分	4	
总分			100	

注：从开始引弧计时，该工件的焊接在 60min 内完成，每超出 1min，从总分中扣 2.5 分。

项目五　仰焊位技能训练

仰焊位焊条电弧焊是焊工仰视焊件进行焊接的方法。在这种位置施焊时，熔滴过渡和焊缝成形都很困难，而且操作者的劳动条件很差，因此仰焊位是最难操作的一种焊接位置。

本项目主要学习焊条电弧焊单面仰焊双面成形、仰焊的断弧打底焊、仰焊锯齿形运条法、仰角焊反握焊钳法焊接，以及焊条电弧焊仰角焊多层多道焊接等的操作技术。

任务 1　板对接单面仰焊双面成形技能训练

【学习目标】

1）了解仰焊位的焊接特点及适用范围，学习板对接仰焊的基本操作技能。

2）掌握板对接仰焊的技术要求及操作要领，掌握板对接仰焊单面焊双面成形的操作技术。

3）学会制订板对接仰焊的装配焊接方案，能够选择板对接仰焊的焊接参数。

【任务提出】

在生产实践中，单面仰焊双面成形多用于小型容器或小口径管道的纵、环仰焊位焊缝的焊接生产，这种焊接方式可以在容器外面施焊而内部也能形成焊缝。图 1-128 所示为 V 形坡口对接单面仰焊双面成形工件图，板件材料为 Q235B。要求读懂工件图样，完成焊接任务，达到工件图样技术要求。

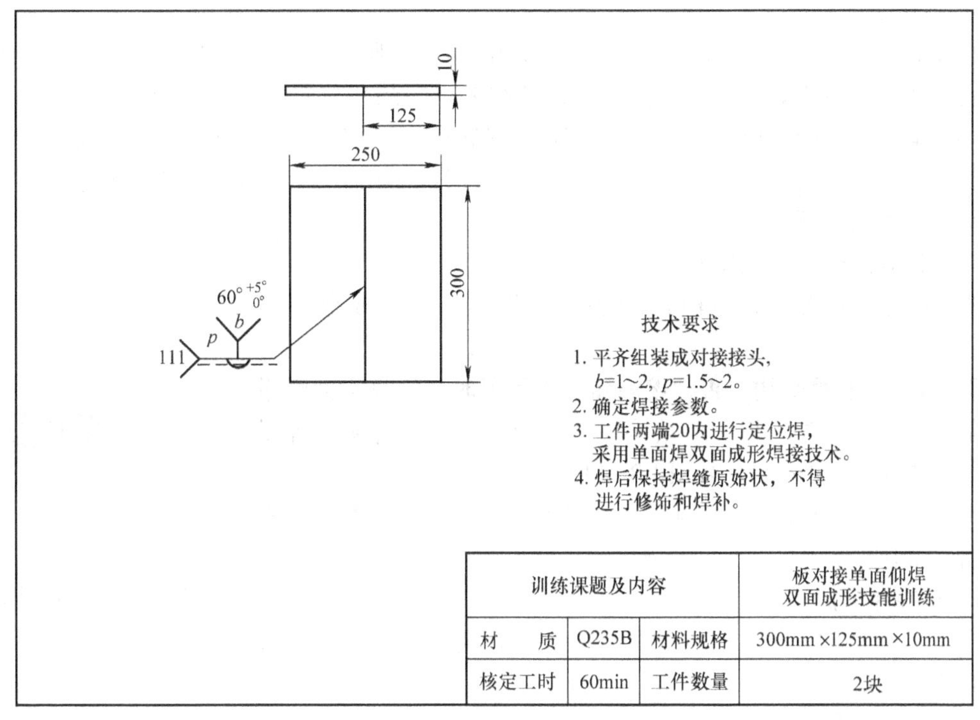

训练课题及内容			板对接单面仰焊双面成形技能训练
材　质	Q235B	材料规格	300mm×125mm×10mm
核定工时	60min	工件数量	2块

图 1-128　V 形坡口板对接单面仰焊双面成形工件图

【任务分析】

从图 1-128 中可知，板开钝边 V 形 60°坡口。焊接时，由于熔池倒悬在焊件下面，熔滴和熔池中的熔化金属在重力的作用下容易下淌而形成焊瘤，且背面焊缝容易下凹，影响焊缝成形。为了控制熔池的大小和温度，减少和防止液体金属的下淌，除采用较小的焊接参数（较小直径的焊条和较小的焊接电流，以及最短的电弧）外，操作时还应借助焊条的电弧吹力将熔滴向上“顶推”。

【相关知识】

一、对接仰焊的特点与分类

仰焊是对接焊缝倾角为0°、180°，转角为270°的焊接位置，工件是水平固定的，焊缝位于燃烧电弧的上方，焊条位于工件下方，焊工在仰视位置进行焊接。仰焊位是最难施焊的一种焊接位置。它的熔池完全倒悬，熔化的液态金属和熔滴受重力作用比立焊、横焊时更容易坠落，使焊缝成形极为困难。

按仰焊时焊接接头的形式，仰焊操作一般分对接仰焊和角接仰焊（也称仰角焊）两类，如图1-129所示。

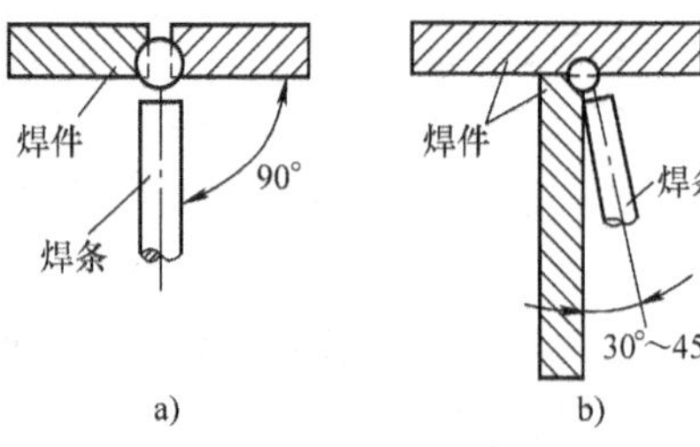

图1-129　仰焊操作分类
a）对接仰焊　b）仰角焊

二、对接仰焊技术

1. 焊接要领

由于熔池倒悬在工件下面，熔滴和熔池中的熔化金属容易下淌。因此，施焊时要准确控制熔池的大小和凝固时间。仰焊操作时，视线要选择最佳位置，上身要稳，由远而近地运条。为了减轻臂腕的负担，可将焊接电缆挂在临时设置的钩子上。焊接时，熔滴过渡主要依靠电弧吹力、电磁力及熔化金属的表面张力，一般选用较小直径的焊条和焊接电流，并采用短弧焊接、喷射过渡。

对接仰焊操作的要领如下：

1）采用短弧焊接，熔池体积要尽可能小，焊道成形应薄而平。

2）操作时反握焊钳，否则熔滴和熔渣下落时很容易将握焊钳的手烧伤。反握焊钳可以躲避熔滴飞溅，焊钳夹持的焊条与焊钳柄纵轴的夹角为45°左右，如图1-130所示。

3）操作时采取站姿，两脚呈半开步站立，头部稍向左侧歪斜注视焊接部位。

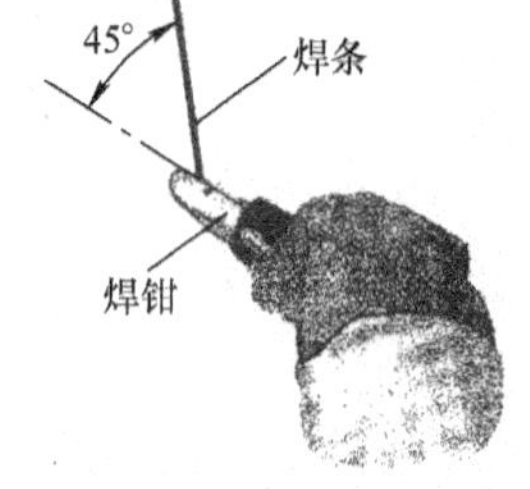

图1-130　仰焊反握焊钳操作及夹持焊条的角度

2. 对接仰焊操作

（1）打底层的焊接　打底层的焊接可采用连弧焊手法，也可采用断弧焊手法。

1）连弧焊操作。

①焊条角度。将焊条始终压紧在坡口间隙中间，与焊接方向的夹角为70°～80°，如图1-131所示。熔池温度应低些，以减小表面焊缝下凹的程度。

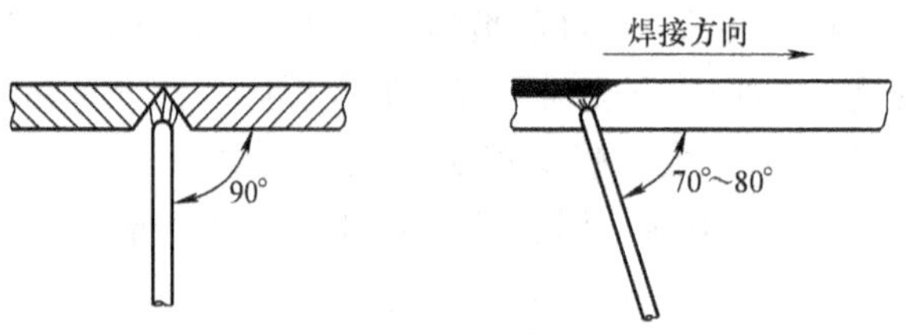

图1-131　连续焊法仰焊打底层时的焊条角度

②引弧。在定位焊缝上引弧，并使焊条在坡口内作轻微的横向快速摆动。当焊至定位焊缝尾部时，应稍微预热，将焊条向上顶一下，听到“噗噗”声时，说明坡口根部已被熔透，第一个熔池已形成，需使熔孔向坡口两侧各深入0.5～1mm。

③运条方法。采用短月牙形或锯齿形运条，合理选择焊接电流。焊条摆动到坡口边缘时，要稳住电弧并稍作停留，将坡口两侧边缘熔化并深入每侧母材1～2mm。应防止与母材交界处形成夹角，以避免不易清渣。

④焊接操作。要采用短弧施焊，利用电弧吹力把液体金属托住，并将一部分液体金属送到工件背面。同时要使新熔池覆盖前一熔池的1/2，并适当加快焊接速度，以减小熔池面积，从而形成薄焊道，同时可减轻焊缝金属的自重。焊层表面要平直，避免下凸，否则会给下一层的焊接带来困难，并易产生夹渣、未熔合等缺陷。

⑤焊缝接头。接头前收弧时，先在熔池前方做一熔孔，然后将电弧向后回焊10mm左右再熄弧，并使其形成斜坡。

采用热接法时，在弧坑后面10mm的坡口内引燃电弧。当将焊条运到弧坑根部时，应减小焊条与焊接方向之间的夹角，同时将焊条顺着原先的熔孔向坡口根部压一下，听到“噗噗”声后，稍停顿并恢复正常焊接。热接法的换焊条动作越快越好。

采用冷接法时的操作要领是：在弧坑冷却后，用砂轮或扁铲在收弧处打磨一个10～15mm的斜坡，并在斜坡上引弧并预热，使弧坑温度逐步升高，然后将焊条顺着原先的熔孔迅速上顶，听到“噗噗”声时稍作停顿，接着恢复正常手法焊接。

2）断弧焊操作。

①焊条角度。焊条与焊接方向之间的夹角为70°～80°。

②引弧。先在定位焊缝上引弧，然后使焊条在始焊部位坡口内作轻微的横向快速摆动。当焊至定位焊缝尾部时，应稍作停留，并将焊条向上顶一下，听到“噗噗”声时，表明坡口根部已被焊透，第一个熔池已形成。同时，使熔池前方形成向坡口两侧各深入0.5～1mm的熔孔，然后焊条向斜下方熄弧。

③焊接操作。采用两点击穿法，左、右两侧钝边应完全熔化，并深入每侧母材0.5～1mm，熄弧动作要快，利用电弧吹力可有效地防止背面焊缝内凹。熄弧与引弧时间要短，熄弧频率为30～50次/min。每次引弧的位置要准确，焊条中心要对准熔池前端与母材的交界处。打底层焊道要细而均匀，外形应平缓，避免焊缝中部过分下坠，否则易给第二道焊缝的焊接带来困难，产生夹渣和未熔合等缺陷。

④焊缝接头。换焊条前，应在熔池前方做一熔孔，然后回焊10mm左右再熄弧。迅速更换焊条后，在弧坑后部10～15mm坡口内引弧，用连弧手法运条到弧坑根部时，将焊条沿着预先做好的熔孔向坡口根部压一下，听到“噗噗”声后稍作停顿，在熔池中部斜下方熄弧，随即恢复原来的断弧焊手法。

（2）填充层的焊接

1）清渣。应仔细清理前一道焊缝的熔渣和飞溅物。

2）焊条角度。焊条与焊接方向之间的夹角为85°～90°。

3）引弧。在焊缝始端10mm左右处引弧，然后将电弧引向始焊处施焊。

4）焊接操作。采用短弧形、月牙形或锯齿形运条；焊条摆动到两侧坡口处时，应稍作停顿，运条至上道焊缝中间时可稍快些，以便形成较薄的焊道，避免形成下凸的不良焊缝；

应让熔池始终呈椭圆形，并保证其大小一致。

（3）盖面层的焊接　盖面层的焊接采用短弧形、月牙形或锯齿形运条；焊条与焊接方向之间的夹角为90°；焊条摆动到坡口边缘时要稍作停顿，以坡口边缘熔化1~2mm为宜，防止咬边；焊接速度要均匀一致，使焊缝表面平整；接头采用热接法，换焊条前，应对熔池稍填熔滴，然后迅速换焊条，在弧坑前10mm左右处引弧，接着把电弧拉到弧坑处划一小圆圈，使弧坑重新熔化，随后进行正常焊接。

➢【任务实施】

一、焊前准备

1. 准备保护用品和工具

按规定穿戴好焊接劳动保护用品，准备焊接辅助工具，详见项目二任务1的相应内容。

2. 准备工件

按图样要求准备工件：材质为Q235B，规格为300mm×125mm×10mm，数量为2块/人。用氧乙炔切割下料，单边坡口为30°。

3. 选择焊材和焊机

选用E4303（J422）型或E5016（J506）型焊条，直径分别为ϕ2.5mm、ϕ3.2mm。E4303型焊条焊前须经过100~150°烘干1~2h，E5016型焊条焊前须经过350~400℃烘干1~2h，烘好的焊条放在保温筒内备用。焊接设备选用BX3-300或ZXG-300型焊机。

4. 确定焊接参数

V形坡口板对接单面仰焊双面成形的焊接参数见表1-47。

表1-47　V形坡口板对接单面仰焊双面成形的焊接参数

焊缝名称	焊缝层次和道次	运条方法	焊条直径/mm	焊接电流/A	焊接电压/V	焊接速度/（cm/min）
打底焊	1层1道	断弧焊法	ϕ2.5	80~90	20~23	8~11
填充焊	2层5道	锯齿形运条	ϕ3.2	120~130	22~26	12~16
盖面焊	1层4道	锯齿形运条	ϕ3.2	110~120	22~26	11~14

5. 清理工件

使用锉刀、砂布、钢丝刷等工具，清除坡口正、反面20mm范围内的铁锈、油污、氧化物等，直至呈现金属光泽。用焊接检验尺测量工件坡口，达到图1-128中的技术要求。

二、装配与焊接

1. 组装与定位焊

用与正式焊接相同的焊条在工件背面两端进行定位焊，定位焊缝长度为10mm；装配间隙为3~4mm，始焊端预留间隙3mm，终焊端预留间隙4mm，反变形量为3°~4°，错边量小于0.5mm，并对装配位置和定位焊缝的质量进行检查。工件的组装尺寸见表1-48。

表 1-48　定位焊时工件的组装尺寸

坡口角度	间隙/mm	钝边/mm	反变形量	错边量/mm
60°	始焊端 3 终焊端 4	0 ~ 1	3° ~ 4°	≤0.5

2. 打底焊

将焊件固定在离地面一定距离（600mm 左右）的工装上，间隙小的一端在远端，且从该端开始焊接。仰焊操作的焊条角度如图 1-132 所示。在工件的定位焊缝处引弧时，电弧稍作停顿，预热 1 ~ 2s，采用灭弧法进行打底焊；接头采用热接法焊接；严格采用短弧焊接，灭弧次数为 25 ~ 30 次/min，灭弧时间约 0.8s（控制熔池存在时间不能太长）；焊条向上顶深一些，以保持较强的电弧穿透力，保证焊缝背面成形饱满，防止下凹。

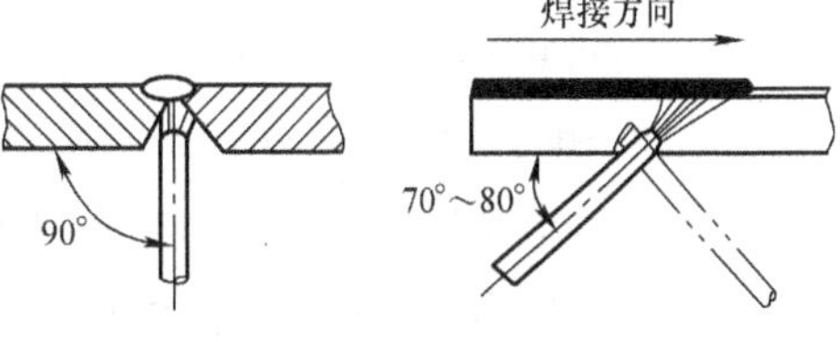

图 1-132　开 V 形坡口对接仰焊时的焊条角度

3. 填充层的焊接

填充层的焊接分两层，采用横向锯齿形运条或月牙形运条，焊前必须将前一层焊缝的熔渣和飞溅物清理干净；注意分清金属液和熔渣，并控制熔池的形状、大小和温度。焊接时，在距离焊缝端部 10mm 处引弧，然后将电弧拉回始焊处施焊，在坡口两侧稍加停顿。必须保证每层焊缝表面平整，坡口熔合良好。焊条在焊道中间运行要快，以保证熔池和坡口两侧温度的均匀性，有利于良好地熔合和排渣。

焊接填充焊道时，焊条角度为 80° ~ 85°（与焊接前进方向的夹角），一定要保持短弧焊接，否则会出现气孔等缺陷，填充焊道应距母材表面 0.5mm 左右。

第二层填充焊时，不得熔化坡口边缘，并且要通过控制运条形成中间凹形的焊道，如图 1-133 所示。焊完的填充层应比工件表面低 1mm 左右，若有凸凹不平处要予以补平，以便盖面焊接时易于控制焊缝的平直度。

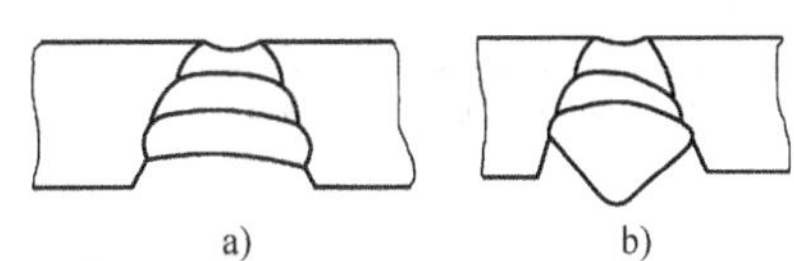

图 1-133　填充层焊道的形状
a）合格的焊道　b）焊道表面凸起过高不合格

4. 盖面层的焊接

盖面层的焊接与填充层的焊接基本相同。焊接过程中严格采用短弧，运条速度要均匀，焊条摆动的幅度和间距要均匀，焊条横向摆动的幅度要比焊接填充层时略大些，在坡口边缘稍加停顿，使坡口边缘熔合良好，防止咬边、未熔合和焊瘤等缺陷。

三、焊缝外观检测

1. 自检

及时校正操作姿势和运条方法，依据图 1-128 中的技术要求和表 1-48 校正和检测焊完清理好的工件，合格后进行互检和专检。

2. 互检和专检

参照项目二中任务 2 的相关内容进行互检和专检。

【任务评价】

对接平板单面仰焊双面成形评分标准见表1-49。

表1-49 对接平板单面仰焊双面成形评分标准

序号	评分项目	评分标准	配分	得分
1	正面焊缝宽度	不大于6mm得8分，否则不得分	8	
2	正面焊缝宽度差	宽度允许相差1mm，每超差1mm扣4分	8	
3	正面焊缝余高	不大于3mm得8分，大于3mm不得分	8	
4	正面焊缝余高差	允许相差1mm，每超差1mm扣4分	8	
5	背面焊缝余高h'	$0 \leq h' \leq 2$mm得6分，否则不得分	6	
6	背面焊缝余高差	允许值为1mm，每超差1mm扣3分	6	
7	错边	错边量不大于1.2mm得6分，否则不得分	6	
8	焊缝直线度	不大于2mm得4分，否则不得分	4	
9	接头成形	接头良好不扣分，脱节或超高一处扣4分	8	
10	咬边	咬边深度应大于或等于0.5mm，每1mm长扣1分；连续长度大于或等于6或深度大于0.5mm不得分	6	
11	焊瘤	出现焊瘤不得分	8	
12	焊道填充	焊道填充不足不得分	6	
13	工件角变形	允许值为1°，每超差1°扣4分	8	
14	工件清理	工件要清洁，否则每处扣2分	4	
15	安全文明生产	服从管理，安全文明生产，否则每项扣3分	6	
总分			100	

注：从开始引弧计时，该工件的焊接在60min内完成，每超出1min，从总分中扣2.5分。

任务2 仰角焊技能训练

【学习目标】

1）进一步练习焊条电弧焊斜圆圈形运条法，学习仰角焊多层焊及多层多道焊的基本操作技能。

2）掌握仰角焊的技术要求和操作要领。

3）学会制订仰角焊的装配焊接方案，能够选择仰角焊的焊接参数。

【任务提出】

在工程中，仰角焊多用于梁、柱、架及船只球鼻、龙骨的角接或T形接头仰焊焊缝的焊接结构件，如桥梁、大型的高压线柱和各种桁架等。

图1-134所示为仰角焊工件图，材料为Q235B。要求读懂工件图样，完成焊接任务，达到工件图样技术要求。

【任务分析】

图1-134所示为不开坡口的T形接头，是由焊条电弧焊完成的、焊脚尺寸为14mm的对称仰角焊焊缝。由于仰角焊时易出现焊瘤、夹渣和咬边等缺陷，因此，施焊时必须准

确控制熔池的大小和凝固时间。仰焊时，熔滴的过渡主要依靠电弧吹力、电磁力及熔化金属表面的张力，所以一般选用直径较小的焊条和较小的焊接电流，采用短弧焊接、喷射过渡。

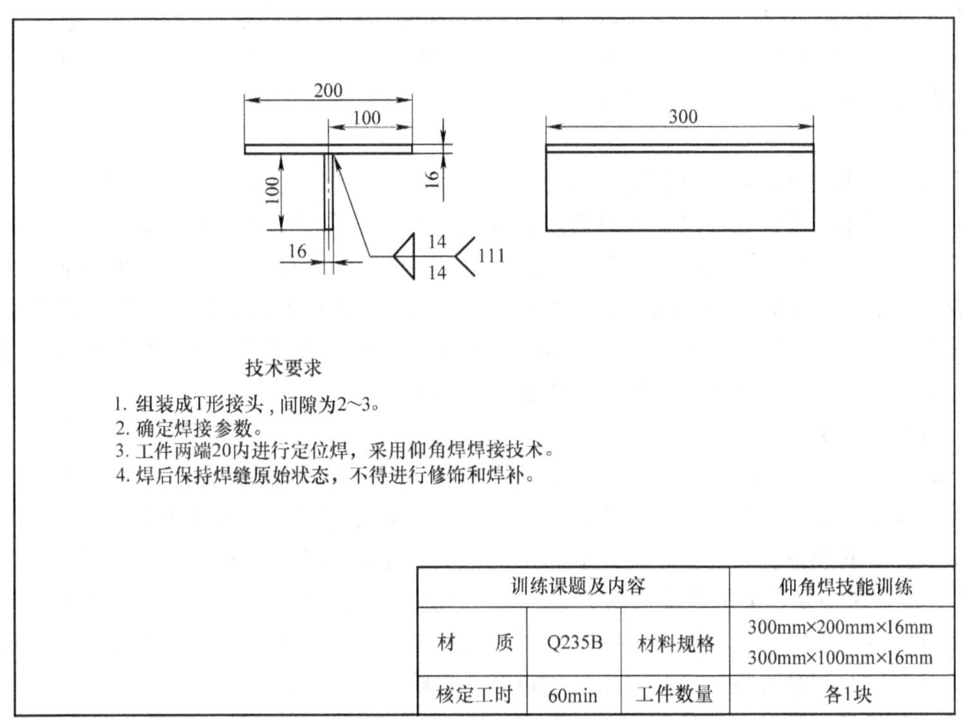

训练课题及内容			仰角焊技能训练
材　　质	Q235B	材料规格	300mm×200mm×16mm 300mm×100mm×16mm
核定工时	60min	工件数量	各1块

图 1-134　仰角焊工件图

➢【相关知识】

一、仰角焊的特点及分类

仰角焊是倾角为 0°、180°，转角为 250°、315°的角焊位置。根据工件的接头形式，可将仰角焊分为角接接头不开坡口（图 1-135a）、角接接头开坡口（图 1-135b）、T 形接头不开坡口（图 1-135c）、T 形接头开单边坡口（图 1-135d）和 T 形接头开双边坡口（图 1-135e）五种形式。

根据工件厚度、坡口形式、焊脚尺寸的要求不同，仰角焊有单层焊（图 1-135a、c）、多层焊和多层多道焊（图 1-135b、d、e）之分。

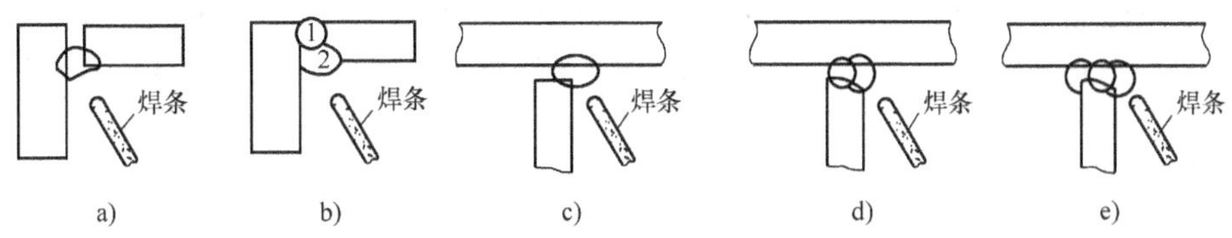

图 1-135　仰角焊分类
a）角接接头不开坡口　b）角接接头开坡口　c）T 形接头不开坡口
d）T 形接头开单边坡口　e）T 形接头开双边坡口

二、仰角焊技术

1. 单层单道焊

在工件的壁厚小于 5mm 时，一般采用单层焊缝，焊接前可根据焊脚尺寸选择直径为 ϕ3.2mm 或 ϕ4.0mm 的焊条，焊条角度如图 1-136 所示。由于焊脚尺寸较小，因此可采用直线形或往复直线形运条法，短弧操作。

2. 双层双道焊

可根据焊脚尺寸决定焊接层数，对于焊脚尺寸为 6～8mm 的焊缝，宜选用双层双道焊。一般第一层采用直线形运条法进行打底层的焊接，第二层采用斜圆圈形运条法，焊条角度如图 1-137 所示。反握焊钳，运条时应使焊条端头偏向接口的横板，使熔滴首先在横板面上熔合形成熔池（电弧停留时间稍长些，可避免出现咬边），然后通过斜圆圈形运条法把熔化的部分液态金属缓缓地拖到立板上（电弧停留时间要短，以防熔池下坠），再将电弧送到横板上，如此反复地运条，使焊缝达到所要求的焊脚尺寸。

3. 多层多道焊

若焊脚尺寸为 8～12mm，则宜用两层四道焊。焊接第一层的操作与多层焊相同。第二层为盖面焊缝，由三条焊道叠成，焊接第二层的第一条焊道时，应紧靠在第一层焊道的下边缘，用小直径的焊条直线运条，焊完后暂不清渣；焊接第二条焊道时，应覆盖第一条焊道的 2/3 左右，焊条与立板面的角度要稍大些，以能压住电弧为好；第三层焊道应填充于第二条焊道和横板面之间，且要薄而细，以保证焊道与横板面圆滑过渡，仍采用直线形运条法，运条速度要均匀，不宜过慢，以免焊道凸起过高，影响焊缝美观。

仰角焊时工件容易产生角变形。为保证工件的垂直度，组装时应在接口两侧对称定位焊；操作时要采用对称焊接，以减少焊后角变形。

当焊脚尺寸较大时，也可以多层焊或多层多道焊施焊。第一层可采用直线形运条法，其后各层均可选用斜三角或斜圆圈形的运条方法，如图 1-138 所示。

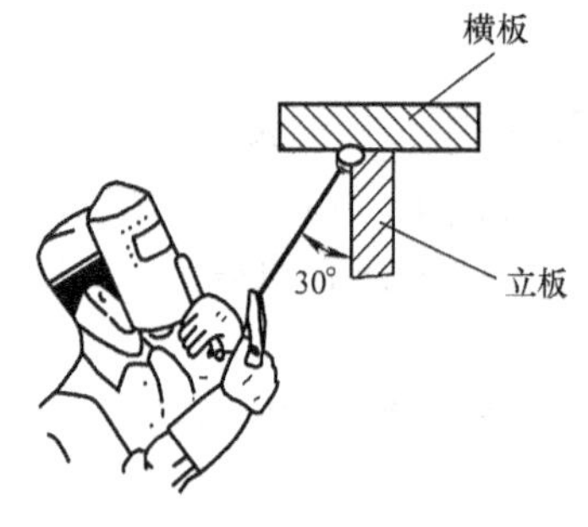

图 1-136　仰角焊单层焊的焊条角度

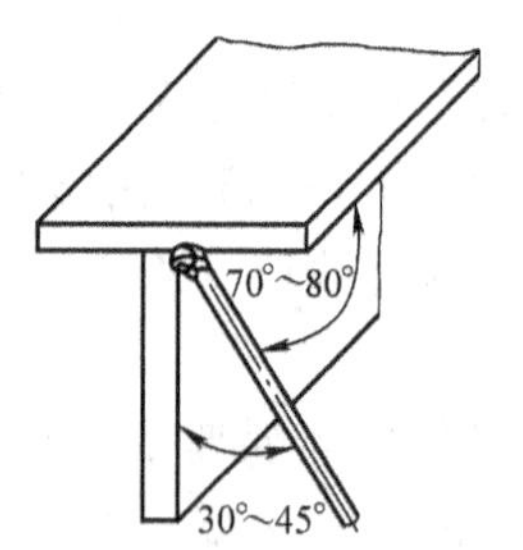

图 1-137　仰角焊双层双道焊的焊条角度

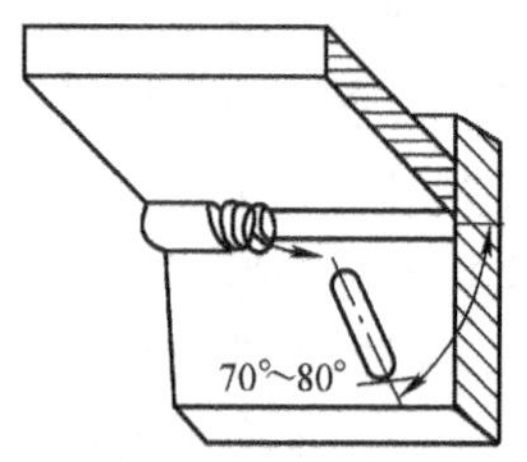

图 1-138　仰角焊多层焊的焊条角度及运条方法

➢【任务实施】

一、焊前准备

1. 准备保护用品和工具

按规定穿戴好焊接劳动保护用品，准备焊接辅助工具，详见项目二中任务 1 的相应内容。

2. 准备工件

工件选用 Q235B，规格为 300mm × 200mm × 16mm 和 300mm × 100mm × 16mm，每组 2 块；用氧乙炔切割下料。

3. 选择焊条和焊机

选用 E4303（J422）型或 E5016（J506）型焊条，直径为 ϕ3. 2mm。E4303 型焊条焊前须经过 100 ~ 150℃烘干 1 ~ 2h，E5016 型焊条焊前须经过 350 ~ 400℃烘干 1 ~ 2h，烘好的焊条放在保温筒内备用。

焊接设备选用 BX3-300 型或 ZXG-300 型焊机。

4. 仰角焊的焊接参数（表 1-50）

表 1-50　V 形坡口仰角焊的焊接参数

焊接层次	运条方法	焊条直径/mm	焊接电流/A
打底层	直线形运条	ϕ3. 2	110 ~ 130
盖面层	斜圆圈形运条	ϕ3. 2	100 ~ 120

5. 清理工件

使用锉刀、砂布、钢丝刷等工具，清除坡口正、反面 20mm 范围内的铁锈、油污、氧化物等，直至呈现金属光泽。用焊接检验尺，测量工件坡口达到图 1-134 所示的要求。

二、装配与焊接

1. 组装与定位焊

按图 1-134 的要求划装配定位线，将规格为 300mm × 200mm × 16mm 与 300mm × 100mm × 16mm 的工件按图样所示组装成 T 形接头，装配并定位焊。定位焊时，使用与正式焊缝相同的焊条，焊接电流比正式焊接时的电流大 15% ~ 20%，以保证定位焊缝的强度和焊透，电弧也更容易引燃。定位焊缝在角焊缝的两端，长 10 ~ 15mm。须保证两板相互垂直，并对装配位置和定位焊缝的质量进行检查。

2. 打底层的焊接

将工件固定在距离地面 800 ~ 900mm 高的工装上，在工件左端引弧进行打底焊，电弧始终对准顶角。压低电弧，采用直线形运条法，焊接过程中保证熔池两侧与工件上、下两熔合良好，焊脚尺寸对称，无咬边、下坠等缺陷。如果要加大底层的焊脚尺寸，则应控制熔池不能太大，否则会因焊道表面下坠而影响焊道成形。

3. 盖面层的焊接

盖面层的焊接采用斜圆圈形运条法，焊接电流要比打底焊时稍小些，操作方法与上述多层焊相似。

三、焊缝外观检测

1. 自检

及时校正操作姿势和运条方法，依据图 1-134 中的技术要求和表 1-51 校正和检测焊完清理好的工件，合格后进行互检和专检。

2. 互检和专检

参照项目二中任务 2 的相关内容进行互检和专检。

➢【任务评价】

仰角焊评分标准见表 1-51。

表 1-51　仰角焊评分标准

序　号	评分项目	评分标准	配　分	得　分
1	焊脚尺寸 K	$13\text{mm} \leqslant K \leqslant 15\text{mm}$，每超差一处扣 5 分	10	
2	工件角变形	≤3°，超差不得分	10	
3	焊缝凸度 h	$0 \leqslant h \leqslant 3\text{mm}$，每超差一处扣 5 分	10	
4	弧坑	弧坑要填满，否则每处扣 2 分	10	
5	焊缝成形	要求焊缝波纹细、均匀、光滑，否则每处扣 2 分	6	
6	运条方法	运条方法要正确，焊条摆动超差每项扣 5 分	10	
7	夹渣	有点状夹渣扣 5 分，有条状夹渣扣 8 分	8	
8	接头成形	接头良好不扣分，脱节或超高一处扣 2 分	10	
9	收弧弧坑	弧坑要饱满，否则每处扣 4 分	8	
10	电弧擦伤	电弧擦伤每处扣 2 分	4	
11	飞溅	清理干净，否则每处扣 2 分	4	
12	工件清理	工件要清洁，否则每处扣 2 分	4	
13	安全文明生产	服从管理，安全文明生产，否则每项扣 3 分	6	
总　分			100	

注：从开始引弧计时，该工件的焊接在 60min 内完成，每超出 1min，从总分中扣 2.5 分。

项目六　管板焊接技能训练

管板焊接也是焊条电弧焊的基本操作之一。本项目主要学习插入式管板垂直固定平角焊和骑座式管板水平固定全位置焊的操作技术。

任务 1　插入式管板垂直固定平角焊技能训练

➢【学习目标】

1）了解插入式管板垂直固定平角焊的特点。

2）掌握插入式管板垂直固定平角焊的技术要求及操作要领。

3）学会制订插入式管板垂直固定平角焊的装配焊接方案，能够正确选择焊接参数。

➢【任务提出】

在工程实践中，插入式管板类接头是锅炉、换热器及接管平焊法兰等产品的主要焊缝接头形式之一。图 1-139 所示为钢管（20 钢）与钢板（Q235B）试件开坡口插入式管板垂直固定平角焊工件图。要求读懂工件图样，制作出合格的插入式管板垂直固定平角焊工件，达到工件图样技术要求。

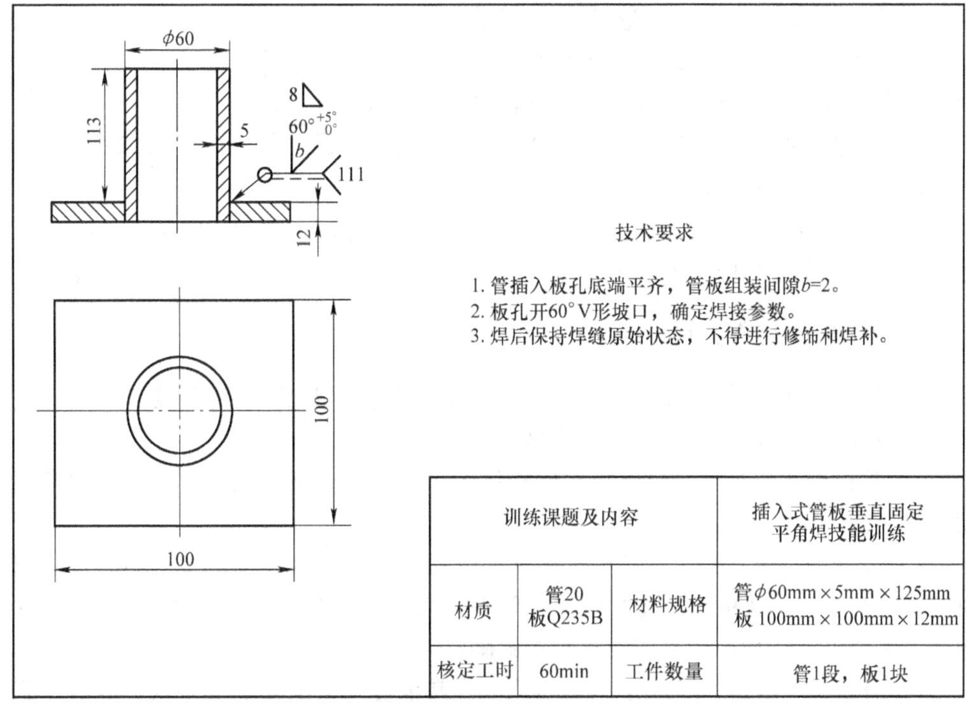

训练课题及内容			插入式管板垂直固定平角焊技能训练
材质	管20 板Q235B	材料规格	管 ϕ60mm×5mm×125mm 板 100mm×100mm×12mm
核定工时	60min	工件数量	管1段，板1块

图 1-139　插入式管板垂直固定平角焊工件图

➢【任务分析】

从图 1-143 中可知，该任务为钢板开 60°V 形坡口，焊脚尺寸为 8mm 的环形焊缝的焊条电弧焊。管板垂直固定平角焊时，由于插入管壁较薄、板壁较厚，如果焊条角度或运条操作不当，焊件受热不均匀，则在管侧易产生咬边和焊缝偏下缺陷，在板侧易产生夹渣、未焊透和未熔合等缺陷。因此，在焊接操作中应采用小直径的焊条、较小的焊接电流、合适的焊条角度及有节奏的断弧焊法进行焊接。

➢【相关知识】

一、管板固定焊分类

根据接头形式的不同，管板类工件焊接分为插入式管板焊接和骑座式管板焊接。根据工件焊接接头焊缝空间位置的不同，每类管板焊又可分为垂直固定平角焊（图 1-140a）、垂直固定仰焊（图 1-140b）和水平固定全位置焊（图 1-140c）。

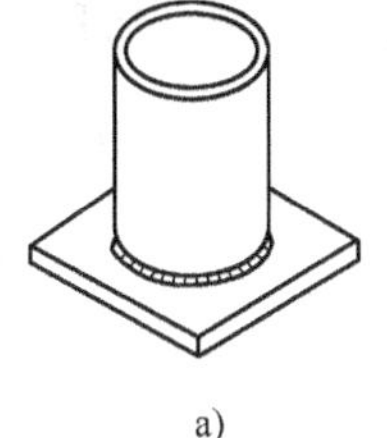

a)

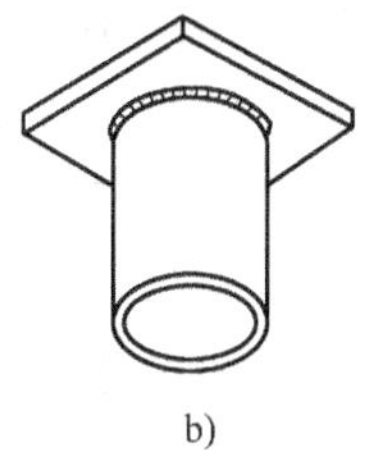

b)

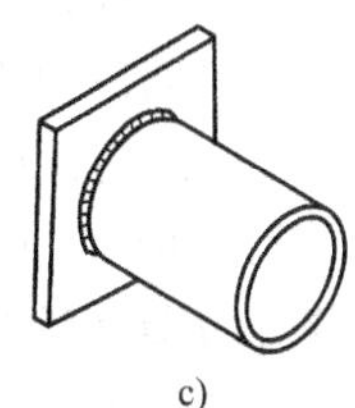

c)

图 1-140　管板的焊接位置

a）垂直固定平角焊　b）垂直固定仰焊　c）水平固定全位置焊

管板类接头实际上是一种T形接头的环形焊缝焊接。在实际生产中，当管的孔径较小时，一般采用骑座式接头形式，如图1-141a所示，进行单面焊双面成形；当管的孔径较大时，则采用插入式接头形式，如图1-141b所示。插入式管板焊接不要求背面成形，操作较简单；骑座式管板焊接除要求根部焊透外，还要求背面成形，故操作难度较大。

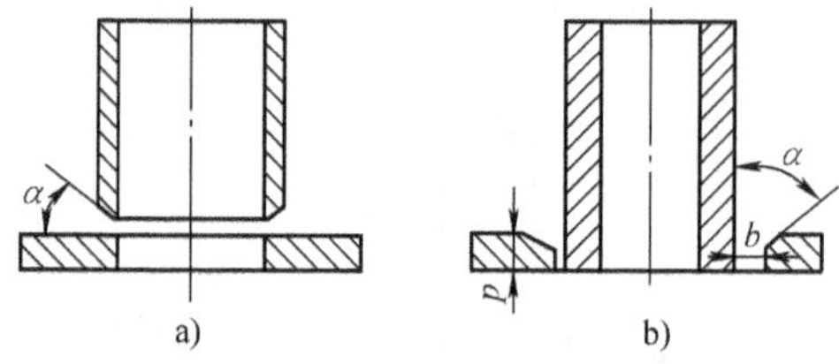

图1-141 管板类工件的接头形式
a）骑座式接头 b）插入式接头

二、管板类工件焊接的特点

管板类工件焊接中的管与板在厚度及形状上差异较大，因此这类焊接与其他工件（如板与板、管与管对接工件）的焊接有以下区别：

1）焊接管板件时，板件的承热能力比管件大，因此在根部焊接操作中，电弧热量的分配应偏向于板的一端。

2）打底焊缝焊接运条时，焊条贴近板端，电弧在板端停留的时间要长些，而在管端停留的时间要短些，将熔化的铁液由板端带向管端。当焊条运至板端的一侧时，其端部一定要到达板端的底边，以防止产生夹渣及未焊透缺陷。

3）焊接管板类工件时，管板的组装间隙都比其他类工件的组装间隙大，这样不但使焊条能到达焊根底部便于运条，而且能更好地控制电弧热量的合理分布。

4）在焊接填充和盖面焊道时，电弧热量也应该稍偏向板件一侧。

三、装配焊接操作过程

1. 组装及定位焊

将管子插入孔板内，调整孔板与管子之间的根部间隙达到图样要求，保证管子轴线与板平面相互垂直。使用正式焊接时用的焊条和参数焊接定位焊缝，如图1-142a所示。定位焊缝有三个，均匀地分布在圆周上，定位焊缝不能太高，每段定位焊缝的长度在10mm左右，如图1-142b所示。

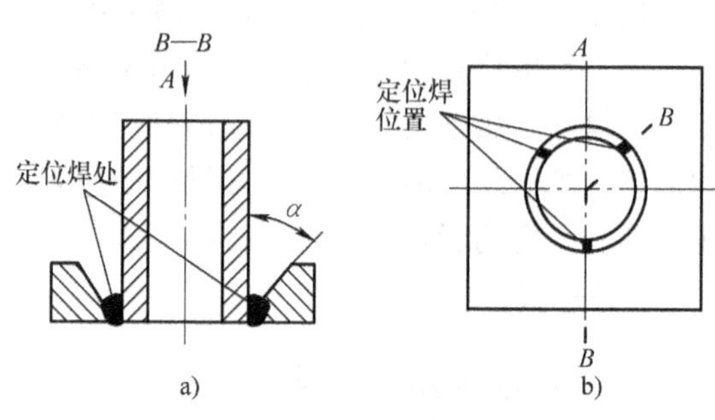

图1-142 组装及定位焊

2. 打底焊

打底焊主要是保证根部焊透，底板与立管坡口熔合良好，背面成形无缺陷。焊接时，首先在左侧的定位焊缝上引弧，稍加预热后开始由左向右移动焊条。当电弧移到定位焊缝的前端时开始压低电弧，向坡口根部的间隙处送焊条，待形成熔孔后，保持短弧并作小幅度的锯齿形摆动；电弧须在坡口两侧稍作停留，并使焊接电弧大部分覆盖在熔池上，小部分保持在熔孔处，保证熔孔大小一致。如果控制不好电弧，容易产生烧穿或熔合不好等缺陷。打底焊时的焊条角度如图1-143所示。

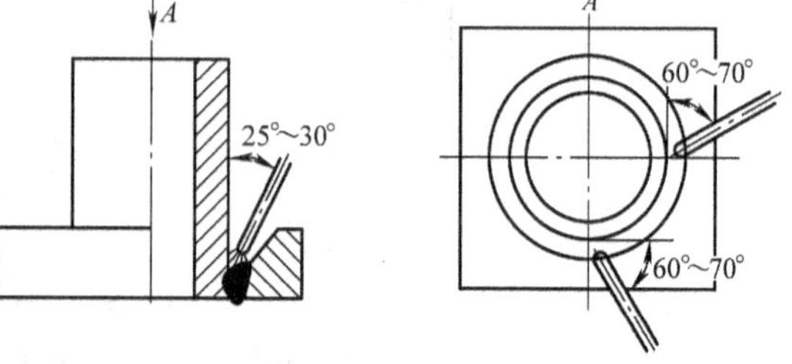

图1-143 插入式管板焊打底焊时的焊条角度

3. 填充焊

填充焊前，要将打底层焊道的熔渣清理干净，处理好有焊接缺陷的地方。焊接时，要保证底板与管的坡口处熔合良好。填充层的焊缝不能太宽或太高，焊缝表面要保持平整。填充层的焊条角度如图 1-144 所示。

4. 盖面焊

盖面焊如果采用两道焊缝，则焊接前同样要将填充层焊道的熔渣清理干净，处理好局部缺陷。焊接板侧的盖面焊道时，电弧要对准填充层焊道的下沿，保证底板熔合良好；焊接管侧的盖面焊道时，电弧要对准填充焊道的上沿，该焊道应覆盖下面焊道的一半以上，保证与立管的熔合良好。盖面焊如果采用多道焊缝，其操作基本与上述相同。盖面焊时的焊条角度如图 1-145所示。

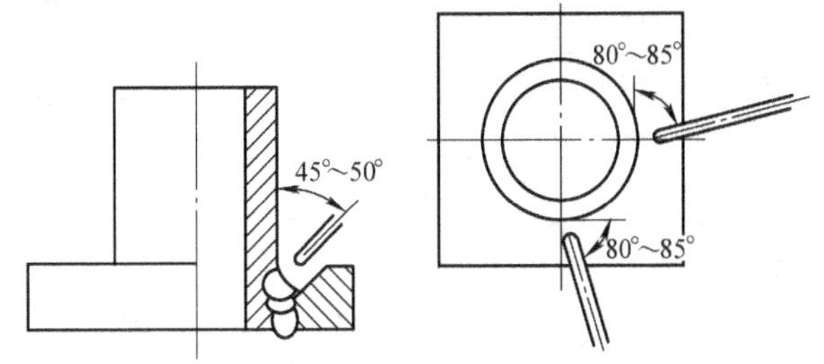

图 1-144　插入式管板焊填充焊时的焊条角度

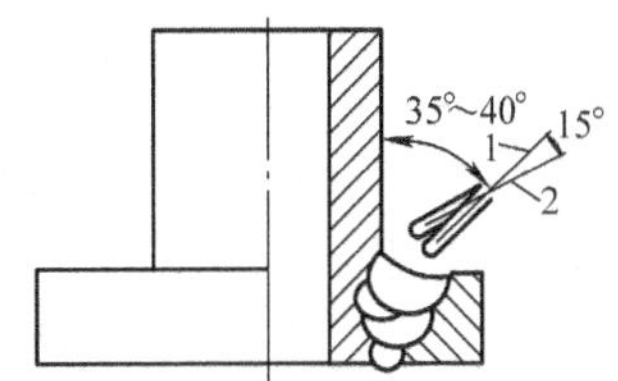

图 1-145　盖面焊时的焊条角度

1—焊条指向盖面焊板侧的焊道的焊条角度

2—焊条指向盖面焊管侧的焊道的焊条角度

➢【任务实施】

一、焊前准备

1. 准备保护用品和工具

按规定穿戴好焊接劳动保护用品，准备焊接辅助工具，详见项目二中任务 1 的相应内容。

2. 准备工件

1）工件孔板材料为 Q235B 钢板，规格为 100mm × 100mm × 12mm，中心加工出比管外径大 5 ~ 6mm 的圆孔，并在中心孔的板的一侧面加工出 60°的环形坡口，如图 1-146 所示。

2）工件 20 钢管的规格为 ϕ60mm × 5mm × 125mm，采用气割下料，如图 1-147 所示。

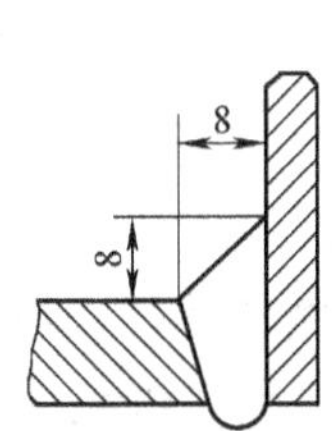

图 1-146　带孔开 V 形坡口钢板

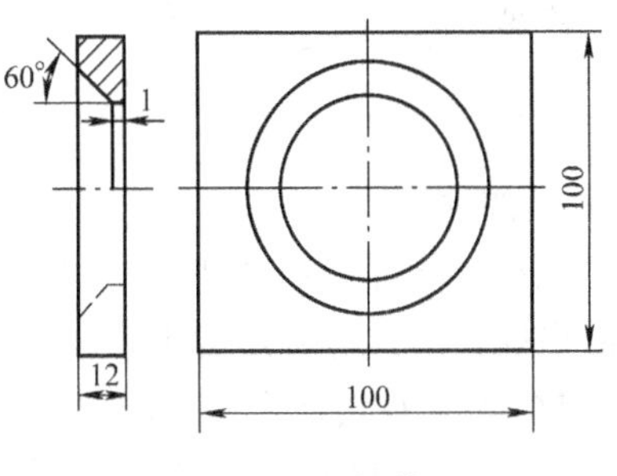

图 1-147　钢管

3. 选择焊条和焊机

选用 E4303 型（J422）或 E5016 型（J506）焊条，直径分别为 ϕ2.5mm、ϕ3.2mm。E4303 型焊条焊前须经过 100～150℃烘干 1～2h，E5016 型焊条焊前须经过 350～400℃烘干 1～2h，放在保温筒内备用。选用 BX3—300 或 ZXG—300 型焊机。

4. 选择焊接参数

熟悉图样，留出根部间隙，采用三点定位焊。根据焊工个人条件，将焊件固定在距离地面适当高度处。插入式管板垂直固定平角焊的焊接参数见表 1-52。

表 1-52　插入式管板垂直固定平角焊的焊接参数

焊接层次		运条方法	焊条角度	焊条直径/mm	焊接电流/A
打底层		断弧焊法	前进方向与板成 50°～60°角 管与板间成 60°角	ϕ2.5	75～80
填充层		直线形运条	前进方向与板成 70°～80°角 管与板间成 55°角	ϕ3.2	120～140
盖面层	第一道	直线形运条	前进方向与板成 75°～85°角 管与板间成 60°	ϕ3.2	115～130
	第二道	直线往复形运条	前进方向与板成 80°～85°角 管与板间成 40°角	ϕ3.2	110～120

5. 清理工件

使用锉刀、砂布、钢丝刷等工具，清除坡口正、反面 20mm 范围内的铁锈、油污、氧化物等，直至呈现金属光泽。用焊接检验尺测量工件坡口，达到图 1-139 的要求。

二、装配与焊接

1. 装配与定位焊

将工件坡口正、反两侧 20mm 范围内清理干净，将所需钝边锉削好，并校正工件。然后将管子插入孔板内，将孔板与管子之间的根部间隙调整为 2～3mm，保证孔板与管子相互垂直。试件装配定位焊所用的焊条应与正式焊接时相同。定位焊焊缝可采取三点对称定位焊，焊缝长度不超过 10mm。装配定位焊后的管子内壁与板孔应保证同心，错边量小于 0.5mm。最后对装配位置和定位焊缝的质量进行检查。工件组装尺寸见表 1-53。

表 1-53　工件组装尺寸

坡口角度	间隙/mm	钝边/mm	错边/mm
60°	2～3	0	≤0.5

2. 打底层的焊接

焊接打底层时的焊条角度如图 1-147 所示。既要保证根部焊透，又要防止烧穿和产生焊瘤。焊接时电弧要短，焊接速度不宜过快，电弧在焊缝根部稍作停留，焊接电弧的 1/3 保持在熔孔处，2/3 覆盖在熔池上，同时要保持熔孔的大小基本一致，避免焊根产生未熔合和未焊透缺陷。在焊接过程中，应根据实际位置不断转动手臂和手腕，使熔池与管子坡口面和孔板上表面连在一起，并保持匀速焊速。待焊条熔化完时，将电弧迅速向后拉至灭弧，使弧坑处呈斜面。

焊缝接头时，在弧坑后面10mm的焊道上引弧，稍拉长电弧焊至接头的弧坑处再压低电弧，当击穿根部并形成熔孔后，即可转入正常焊接。

3. 填充层的焊接

焊接填充层时的焊条角度如图1-144所示。焊接填充层之前，要认真清理打底焊道的熔渣和飞溅物，并将焊道的局部凸起处磨平，然后按与打底焊相同的步骤进行焊接。施焊时应采用短弧焊，可一层填满，需要注意焊道两侧的熔化状况，适时调节电弧的停顿时间，使管子与板受热均衡，并保持熔渣对熔池的覆盖保护。填充层的焊缝要平整，宽度应均匀，以便为盖面层的焊接打好基础。

4. 盖面层的焊接

焊接盖面层时的焊条角度如图1-145所示。盖面层的焊接必须保证管子不咬边和焊脚对称，并保证8mm的焊脚尺寸，如图1-148所示，且应采用两道焊。焊接盖面层前，应清除前层焊道上的熔渣，并将局部凸起处磨平。第一条焊道应紧靠板面与填充层焊道的夹角处，运条时焊条角度要正确，焊接速度要适宜，控制焊道边缘在所要求的焊脚尺寸线上，并且焊道边缘整齐、焊道平整。第二条焊道应与第一条焊道重叠1/2～2/3，运条速度要均匀，焊条应作小幅度的前后摆动，以使焊道细些，避免焊道间凸起或凹陷，并防止管壁咬边。

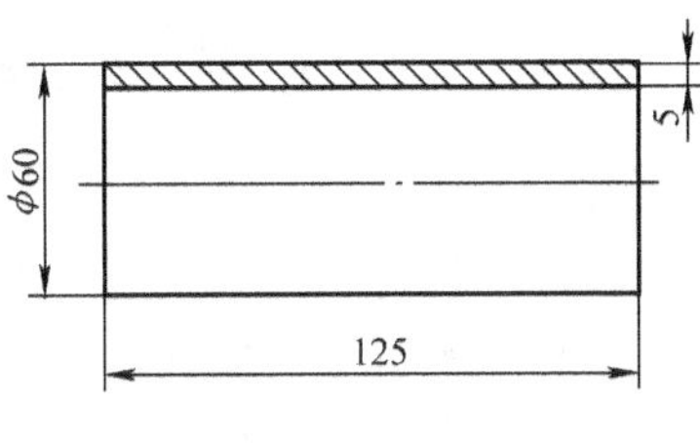

图1-148　焊缝外观尺寸

三、焊缝外观检测

1. 自检

及时校正操作姿势和运条方法，依据图1-139中的技术要求和表1-53校正和检测焊完清理好的工件，合格后进行互检和专检。

2. 互检和专检

参照项目二中任务2的相关内容进行互检和专检。

➢【任务评价】

插入式管板垂直固定平角焊评分标准见表1-54。

表1-54　插入式管板垂直固定平角焊评分标准

序号	评分项目	评分标准	配分	得分
1	焊脚尺寸K	7mm≤K≤9mm，每超差1mm扣5分	10	
2	咬边	咬边深度应不大于0.5mm，每1mm长扣1分；咬边连续长度大于或等于6mm或深度大于0.5mm不得分	10	
3	夹渣	有点状夹渣每处扣2分，有条状夹渣（最大不超过2mm）每处扣5分	10	
4	未熔合	出现一处未熔合不得分	10	
5	未焊透	出现一处未焊透不得分	10	
6	焊道填充	焊道填充不足不得分	8	

（续）

序　号	评分项目	评分标准	配　分	得　分
7	接头成形	接头连接处不脱节、不超高，否则每处扣2分	8	
8	焊瘤	出现焊瘤不得分	8	
9	弧坑	弧坑饱满，否则每处扣3分	6	
10	表面缺陷	出现一处扣4分	8	
11	工件清洁	清理飞溅，否则每处扣2分	4	
12	安全文明生产	服从管理，安全文明生产，否则每项扣4分	8	
总　分			100	

注：从开始引弧时，该工件的焊接在60min内完成，每超出1min，从总分中扣2.5分。

任务2　骑座式管板水平固定全位置焊技能训练

【学习目标】

1）了解骑座式管板水平固定全位置焊的特点。

2）掌握骑座式管板焊的技术要求及操作要领。

3）学会制订骑座式管板焊的装配焊接方案，能够正确选择焊接参数。

【任务提出】

在工程实践中，骑座式管板水平固定类接头是锅炉、换热器及接管对焊法兰等产品的主要焊缝接头形式。图1-149所示为钢管（20钢）与钢板（Q235B）试件开V形坡口骑座式管板水平固定全位置焊工件图。要求读懂工件图样，学习骑座式管板焊的基本操作技能，完成模拟工件的焊接任务，达到工件图样技术要求。

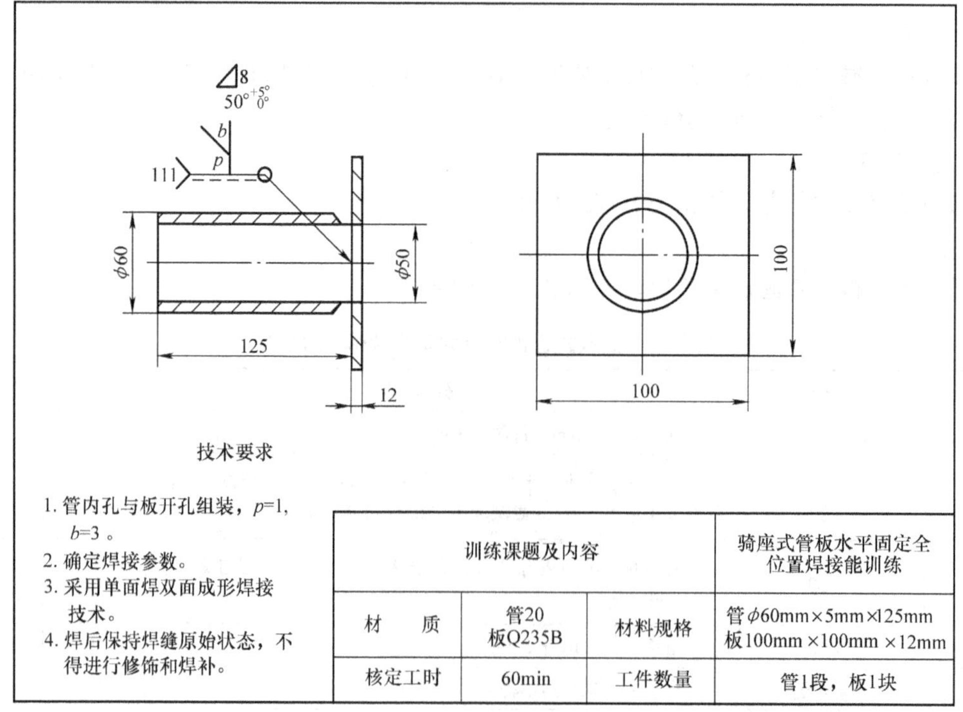

训练课题及内容			骑座式管板水平固定全位置焊接能训练
材　质	管20 板Q235B	材料规格	管φ60mm×5mm×125mm 板100mm×100mm×12mm
核定工时	60min	工件数量	管1段，板1块

图1-149　V形坡口骑座式管板水平固定全位置焊工件图

➢【任务分析】

如图 1-149 所示，该任务为管端开 50°V 形坡口、钝边为 1mm 的骑座式管板水平固定全位置单面焊双面成形，靠近管外侧焊脚尺寸为 8mm 的环形焊缝的焊条电弧焊。

骑座式管板水平固定全位置焊接时，易出现的问题如下：

1）运条时，如果电弧过长、焊条角度不正确或焊接电流偏大，会导致焊缝在管侧出现凸度过大、孔板侧出现咬边等缺陷。

2）在仰焊位焊接时，如果运条速度过快、焊条角度不正确或焊接电流过小，会使熔渣与熔池混淆不清，熔渣来不及浮出，容易产生夹渣和未熔合等缺陷。

3）在立焊位焊接时，如果焊接电流过大或运条速度过慢，也容易产生焊瘤。

➢【相关知识】

一、骑座式管板水平固定全位置焊特点

在实际生产中，骑座式管板水平固定全位置焊大多用于锅炉、换热器等的管板焊接。管板水平固定焊属于全位置焊接，施焊时分前、后两个部分，焊缝由下向上均存在仰、立、平三种不同位置。孔板与管的组装如图 1-150 所示，管件开 50°坡口的一端与板相接，这类焊缝的焊接要求熟练掌控平焊、立焊和仰焊的操作技能。焊接过程中，焊条的角度随着焊接位置的不同而不断发生变化，开坡口尺寸要满足焊接电弧能深入焊缝根部的要求，以保证焊缝背面熔透成形。焊条角度、焊条送进的速度、间断熄引弧的节奏、熔池倾斜的状态等都将随焊接位置的改变而改变。因此，控制好熔池倾斜程度，不断改变焊条角度是管板水平固定全位置焊的关键。

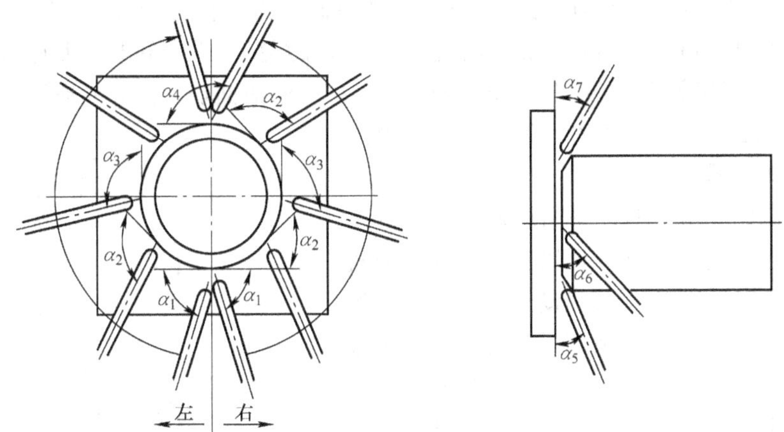

图 1-150　骑座式管板水平固定全位置焊的组装尺寸及焊条角度

二、骑座式管板水平固定全位置焊操作技术

1. 焊条角度

焊接过程中，焊条的角度随着焊接位置的不同而不断发生变化，如图 1-151 所示。

2. 焊接操作工艺

（1）打底层的焊接

1）前半周的焊接。用时钟方式进行标记，如图1-152所示。在4～6点之间引弧，引燃电弧后，将电弧移到6点与7点之间，对工件稍加预热，接着将焊条向右下方倾斜，同时压低电弧，等管板根部充分熔合，形成熔池和熔孔后开始向右焊接。6点与7点处的焊缝应尽量薄些，以利于后半周焊接时连接平整。

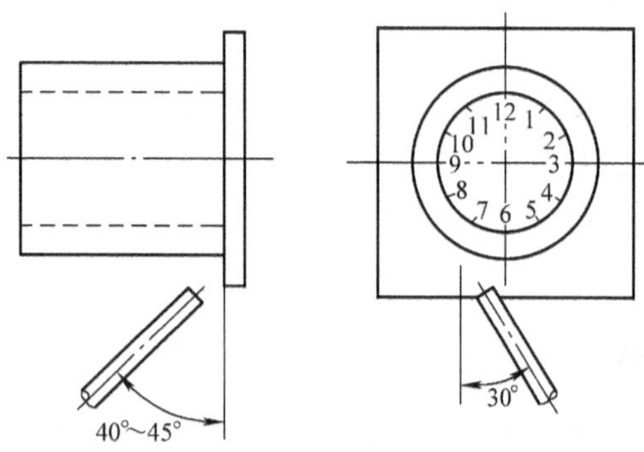

图1-151　管板水平固定全位置焊时的焊条角度

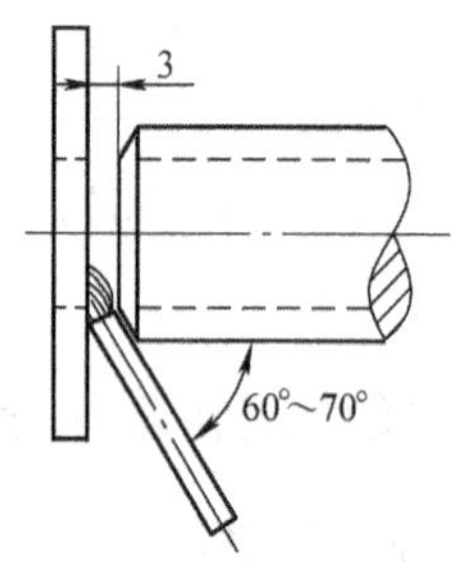

图1-152　前半周的焊条角度及时钟定位法

在6点与5点之间时，为了避免产生焊瘤，操作时可采用斜锯齿形运条法，向斜下方的摆动速度要快，向斜上方的摆动速度相对要慢，在两侧稍加停留，使电弧在管壁一侧的停留时间比在孔板一侧的停留时间长些，以增大管侧的焊脚尺寸；采用短弧焊接。在6点时，焊条摆动的轨迹与水平线的倾角为30°，随着向上焊接，此角度逐渐减小，当焊至5点的位置时，倾角为0°。

在时钟5～2点之间进行焊接时，焊条向工件里面送得要相对浅些，有时为了更好地控制熔池形状和温度，可采用间断灭弧焊或挑弧焊法熄弧焊接。采用间断灭弧焊时，如果熔池出现下坠，可横向摆动焊条且在两侧加以停留，以扩大熔池面积，使焊缝成形平整。

在时钟2～12点位置焊接时，为了防止因熔池金属在管壁一侧的聚集造成焊脚偏低或咬边缺陷，应将焊条端部偏向孔板一侧，采用短弧锯齿形运条法，并使电弧在孔板下的停留时间长些。若采用间断灭弧焊，一般作2～4次运条摆动后熄弧一次。当焊至时钟12点位置时，以间断熄弧或挑弧法填满弧坑后收弧。前半周焊缝的形状如图1-153所示。

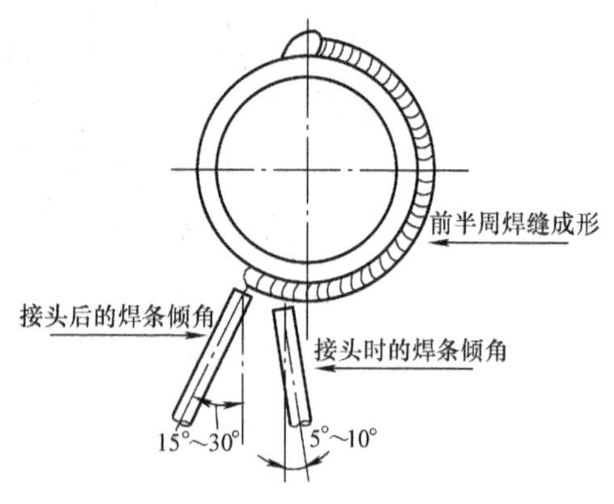

图1-153　前半周焊缝的形状

2）后半周的焊接。焊接前，将前半周焊缝的开始处和末尾处的熔渣清理干净。当时钟6～7点处的焊道过高或有焊瘤、飞溅物时，必须进行清除或返修。焊接开始时，先在时钟8点处引弧，引燃电弧后，快速将电弧移到始焊处（时钟6点处）进行预热，然后压低电弧，以快速斜锯齿形运条，由时钟6点到7点处进行焊接。后半周的焊接除方向不同外，其余与前半周基本相同。当焊至时钟12点处与前半周焊道相连时，采用挑弧焊或间断灭弧焊。弧坑填满后熄弧，停止焊接。

（2）填充层的焊接　填充焊的焊条角度和焊接步骤与打底焊相同，焊条的摆动幅度比

打底焊时略大些，摆动间隙也稍大。填充层的焊道要尽量薄些，管子一侧的坡口要填满，孔板一侧要比管子一侧宽 1.5 ~2mm，使焊道形成斜面，以利于盖面层的焊接。

（3）盖面层的焊接

1）前半周的焊接。在填充焊道上时钟 4 ~6 点的位置引弧，然后迅速将电弧移到时钟 6 点与 7 点之间，预热后压低电弧，采用直线形运条法施焊，焊道要尽量薄，以利于后半周焊道的连接平整。时钟 6 ~5 点处的焊接采用锯齿形运条法，操作方法和焊条角度与填充层的焊接相同。时钟 5 ~2 点处的焊接过程中，可采用间断熄弧焊。时钟 2 ~12 点位置处，由于熔敷金属在重力的作用下易向管壁聚集，处于焊道上方的孔板侧容易产生咬边，若操作不当，将很难达到所要求的焊脚尺寸。因此，操作时可采用间断灭弧焊，当焊到时钟 12 点的位置时，将焊条端部靠在填充焊道的管壁处，以直线形运条至时钟 12 点与 11 点之间收弧，为后半周的焊接接头打好基础。

2）后半周的焊接。焊接前，先将前半周的起焊位置和末端的熔渣清理干净，如果接头处存在过高的焊瘤或焊道，应将其处理平整。一般在时钟 8 点处左右的填充焊缝上引弧，然后将电弧拉至时钟 6 点处的焊缝起始端预热，并压低电弧开始焊接。时钟 6 点与 7 点之间一般采用直线形运条法，同时保证连接处光滑平整。当焊至时钟 12 点位置时，一般做几次挑弧动作，将熔池填满后收弧。后半周其他部位的操作可参照前半周的操作方法进行。

➢【任务实施】

一、焊前准备

1. 准备保护用品和工具

按规定穿戴好焊接劳动保护用品，准备焊接辅助工具，详见项目二中任务 1 的相应内容。

2. 准备工件

1）工件孔板材料为 Q235B，规格为 100mm × 100mm × 12mm，在板中心加工出 ϕ65mm 孔，如图 1-154 所示。

2）工件 20 钢管的规格为 ϕ60mm × 5mm × 125mm，加工一段 50°的坡口，用气割下料，如图 1-155 所示。

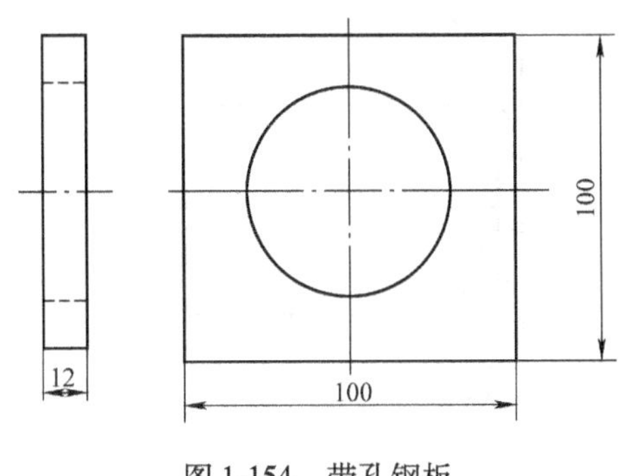

图 1-154　带孔钢板

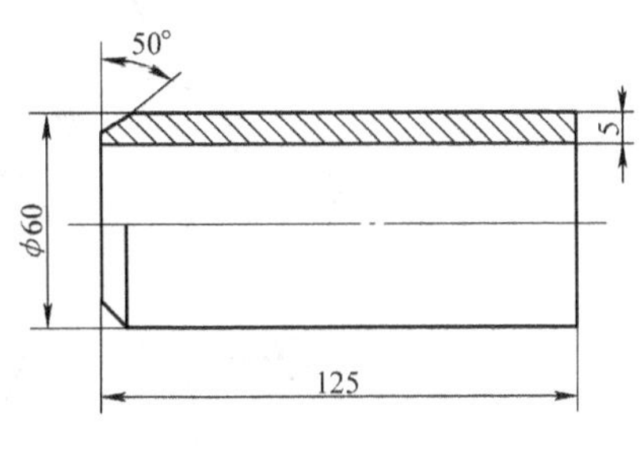

图 1-155　工件钢管尺寸

3. 选择焊条和焊机

选用 E4303（J422）型或 E5016（J506）型焊条，直径分别为 ϕ3.2mm、ϕ4.0mm。

E4303 型焊条焊前须经过 100～150℃烘干 1～2h，E5016 型焊条焊前须经过 350～400℃烘干 1～2h，烘好的焊条放在保温筒内备用。

焊接设备选用 BX3—300 或 ZXG—300 型焊机。

4. 选择焊接参数

骑座式管板水平固定全位置焊的焊接参数见表 1-55。

表 1-55 骑座式管板水平固定全位置焊的焊接参数

焊接层次	运条方法	焊条直径/mm	焊接电流/A	焊接电压/V	焊接速度/（cm/min）
打底层	断弧焊法	$\phi3.2$	70～80	22～24	6～9
填充层	斜锯齿形和正锯齿形运条法	$\phi4.0$	110～120	23～26	12～14
盖面层	斜锯齿形和正锯齿形运条法	$\phi4.0$	100～110	23～26	10～12

5. 清理工件

用锉刀、砂布、钢丝刷等工具，清除坡口正、反面 20mm 范围内的铁锈、油污、氧化物等，直至呈现金属光泽。用焊接检验尺测量工件坡口，达到图 1-149 的要求。

二、装配与焊接

1. 装配与定位焊

按工件图样要求，将管与孔板进行装配，留出 2.5～3mm 的间隙，在时钟 2 点和 10 点处进行定位焊，定位焊所用的焊条与正式焊接时相同，如图 1-156 所示。

工件组装与定位焊时，先将焊件固定在距离地面适当高度的工装上，管的轴线与板孔轴线应保持一致，尽量减小错边量。然后组装管子与板，将孔板与管子之间的根部间隙调整为 2～3mm，保证孔板与管子相互垂直，其定位焊方法与管板垂直固定平角焊时相同，采用三点对称定位焊，定位焊缝的长度不超过 10mm。管板骑座式水平固定全位置焊工件的组装尺寸见表 1-56。

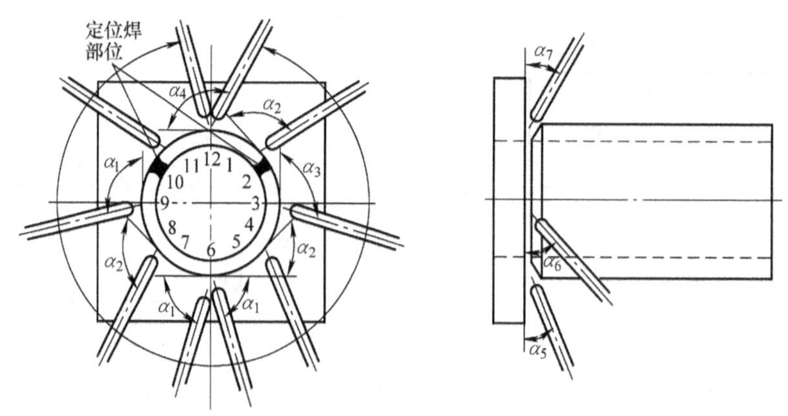

图 1-156 水平固定焊管板的焊接位置及焊条角度

$\alpha_1=80°\sim85°$ $\alpha_2=100°\sim105°$ $\alpha_3=100°\sim110°$ $\alpha_4=120°$ $\alpha_5=30°$ $\alpha_6=45°$ $\alpha_7=30°$

表 1-56　骑座式管板水平固定全位置焊工件的组装尺寸

管坡口角度	根部间隙/mm	钝边/mm	错边量/mm
50°	2 ~ 3	1.0 ~ 1.5	≤0.5

2. 打底层的焊接

焊接打底层时，按时钟定位法确定焊条角度，如图 1-156 所示。采用断弧焊法分前、后两半部进行焊接，前半部的焊接（取右侧）方法为：从时钟 7 点处引弧，长弧预热后，在过管、板垂直中心 5 ~ 10mm 的位置向坡口根部顶送焊条，待坡口根部熔化形成熔孔后熄弧，熔池颜色稍变暗时立即燃弧，由孔板侧移到管子侧，形成熔孔后熄弧，如此反复地燃弧、熄弧，直至焊至管顶部超过时钟 12 点 5 ~ 10mm 处熄弧。

由于管子与孔板的厚度不同，所需热量也不一样，运条时应使电弧的热量偏向孔板，焊条在孔板一侧稍停留一会儿，以保证孔板的边缘熔化良好，防止板件一侧产生未熔合缺陷。同时要适时地调整熔池形状，在时钟 6 ~ 4 点及 2 ~ 12 点区段，要保持熔池液面趋于水平，不使熔池金属下淌，其运条轨迹如图 1-157 所示。

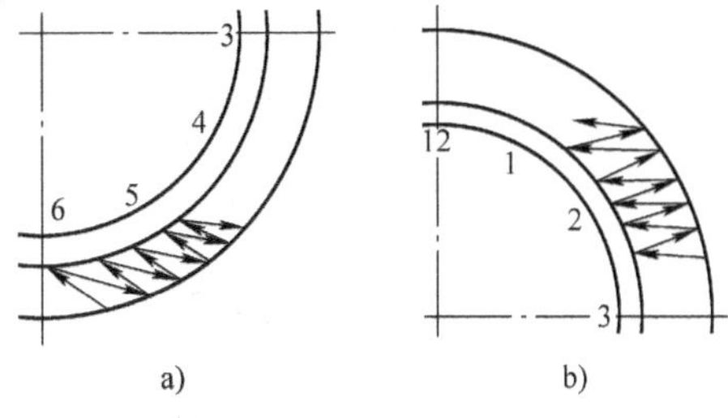

图 1-157　管板工件斜仰位及斜平位的运条轨迹
a）时钟 6 ~ 4 点的运条轨迹
b）时钟 2 ~ 12 点的运条轨迹

在仰焊位置焊接时，焊条应向坡口根部顶送得深些，横向摆动幅度要小些；在形成熔池之后，运条节奏应快些，否则易使背面焊缝产生咬边和下坠缺陷。

在立焊位置焊接时，焊条向坡口根部顶送的量要比仰焊位置焊接时浅些。平焊位置比立焊位置焊接时顶送得还要更浅些，以防止熔化金属在重力作用下造成背面焊缝过高或产生焊瘤。

焊缝接头时，采用热接法，更换焊条要迅速，在熔池前方 10mm 处引燃电弧，焊条稍加摆动，填满弧坑焊至熔孔处，焊条向内压弧并稍加停顿，待听到击穿声形成新熔孔后，继续向上施焊。

后半部的焊接与前半部的焊接操作基本相同，只是要进行仰位及平位焊焊缝接头的焊接。焊接仰位接头时，应首先清理焊缝接头处的熔渣并打磨成斜坡形，在焊缝接头前 10mm 处引弧，电弧引燃后运条至焊缝接头处向下压短电弧片刻，然后转入正常焊接。焊接平位接头前也要修整接头处，其操作方法与焊接定位焊缝时相同。

3. 填充层的焊接

填充层的焊接顺序、焊条角度、运条方法与打底层的焊接基本相同，但锯齿形和斜锯齿形运条的摆动幅度比焊打底层时宽些。因焊道的外侧圆周较长，在保持熔池液面趋于水平的前提下，应加大孔板侧向前移动的间距，并相应增加焊接停留时间。

填充层的焊道要薄些，管子一侧的坡口要填满，孔板一侧要超出管壁面约 2mm，使焊道形成一个斜坡，以保证盖面焊缝焊后焊脚对称。

4. 盖面层的焊接

盖面层的焊接与填充层的焊接相似，运条过程中既要考虑焊脚尺寸的对称性，又要使焊缝波纹均匀、无表面缺陷。为防止出现焊缝的仰位超高、平位偏低及孔板侧咬边等缺陷，盖面层的焊接要采取一定的措施。盖面层的断面形状如图 1-158 所示。

前半部起焊处（时钟 7 ~ 6 点）的焊接，以直线形运条法施焊，焊道应尽可能细且薄，为后半部能获得平整的接头做好准备，如图 1-159 所示。

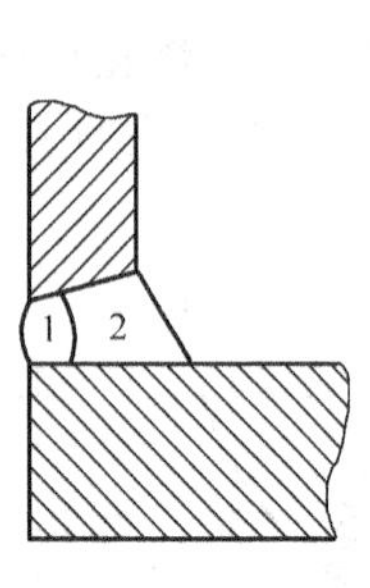

图 1-158　盖面层

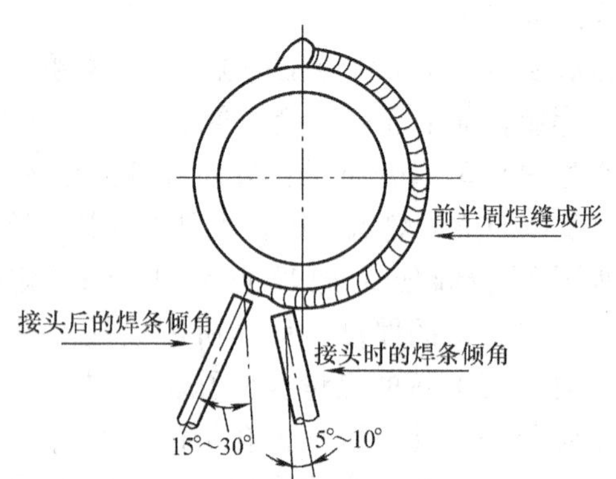

图 1-159　盖面焊道前半周的焊接情况

后半部始焊端仰位接头时，在时钟 8 点处引弧，将电弧拉到接头处（时钟 6 点附近），长弧预热。当出现熔化状态时，将焊条缓缓地送到较细焊道的接头点，借助电弧的喷射，熔滴将均匀地落在始焊端。然后采用直线形运条与前半部留出的接头平整熔合，再转入锯齿形运条的正常盖面焊。

盖面层斜平位至平位处（时钟 2 ~ 12 点）的焊接，熔敷金属易向管壁侧堆聚而使孔板侧形成咬边缺陷。所以，在焊接过程中，由立位采用锯齿形运条过渡到斜平位时钟 2 点处采用斜锯齿形运条，要控制熔池温度，保持熔池呈水平状。在孔板侧停留的时间应稍长些，以短弧控制熔池，必要时可以间断熄弧，使孔板侧焊缝饱满，管子侧不堆积。当焊至时钟 12 点处时，将焊条端部靠在填充焊的管壁夹角处，以直线形运条至时钟 12 点与 11 点之间收弧，为后半部末端接头的焊接打好基础。

进行后半部末端平位接头时，在时钟 10 ~ 12 点之间采用斜锯齿形运条法，施焊到时钟 12 点处以锯齿形运条法与前半部留出的斜坡接头熔合，做几次挑弧动作将熔池填满即可收弧。如果接头处存在过高的焊瘤或焊道，则应将其处理平整。一般采用直线形运条法，其他部位的焊接操作与前半周的操作方法相同。

三、焊缝外观检测

1. 自检

及时校正操作姿势和运条方法，依据图 1-149 中的技术要求和表 1-57 校正和检测焊完清理好的工件，合格后进行互检和专检。

2. 互检和专检

参照项目二中任务 2 的相关内容进行互检和专检。

➢【任务评价】

骑座式管板水平固定全位置焊评分标准见表 1-57。

表 1-57 骑座式管板水平固定全位置焊评分标准

序 号	评分项目	评分标准	配 分	得 分
1	焊脚尺寸 K	7mm≤K≤9mm，每超差 1mm 扣 5 分	10	
2	咬边	咬边深度不大于 0.5mm，每 1mm 长扣 1 分；咬边连续长度大于或等于 6mm 或深度大于 0.5mm 不得分	10	
3	夹渣	有点状夹渣每处扣 2 分，有条状夹渣（最大不超过 2mm）每处扣 5 分	10	
4	未熔合	出现一处未熔合不得分	10	
5	未焊透	出现一处未焊透不得分	10	
6	焊道填充	焊道填充不足不得分	8	
7	接头成形	接头连接处不脱节、不超高，否则每处扣 2 分	8	
8	焊瘤	出现焊瘤不得分	8	
9	弧坑	弧坑饱满，否则每处扣 3 分	6	
10	表面缺陷	出现一处扣 4 分	8	
11	工件清洁	清理飞溅，否则每处扣 2 分	4	
12	安全文明生产	服从管理，安全文明生产，否则每项扣 4 分	8	
总 分			100	

注：从开始引弧计时，该工件的焊接在 60min 内完成，每超出 1min，从总分中扣 2.5 分。

项目七 管焊缝焊接技能训练

管不同位置固定焊条电弧焊是工程机械制造中一种常见的焊接方法。本项目主要学习管垂直固定焊、管水平固定焊和管 45°倾斜固定焊的操作技能。

任务 1 管对接垂直固定单面焊双面成形技能训练

【学习目标】

1）了解管对接垂直固定焊的特点。

2）掌握管对接垂直固定焊的技术要求，学习管对接垂直固定焊单面焊双面成形的操作技术。

3）学会制订管对接垂直固定焊的装配焊接方案，能够正确选择焊接参数。

【任务提出】

在生产实践中，管对接垂直固定单面焊双面成形多用于锅炉、换热器或采暖小口径管道垂直固定环焊缝的焊接生产和维修，这种焊接方式可以在垂直固定的小口径管道外面施焊，而内部也能形成焊缝。

图 1-160 所示为管对接垂直固定单面焊双面成形工件图，材料为 20 钢。要求读懂工件图样，学习管对接垂直固定焊的基本操作技能，完成工件的焊接任务，达到工件图样技术要求。

【任务分析】

图 1-160 所示的工件为两段管端部开 60°V 形坡口对接并垂直固定，要用焊条电弧焊完成单面焊双面成形的环形焊缝。焊接位置为横焊，但与板对接横焊不同，在管对接垂直固定焊缝的焊接过程中，要不断地沿着管子圆周调整焊条角度。焊接时应注意以下问题：

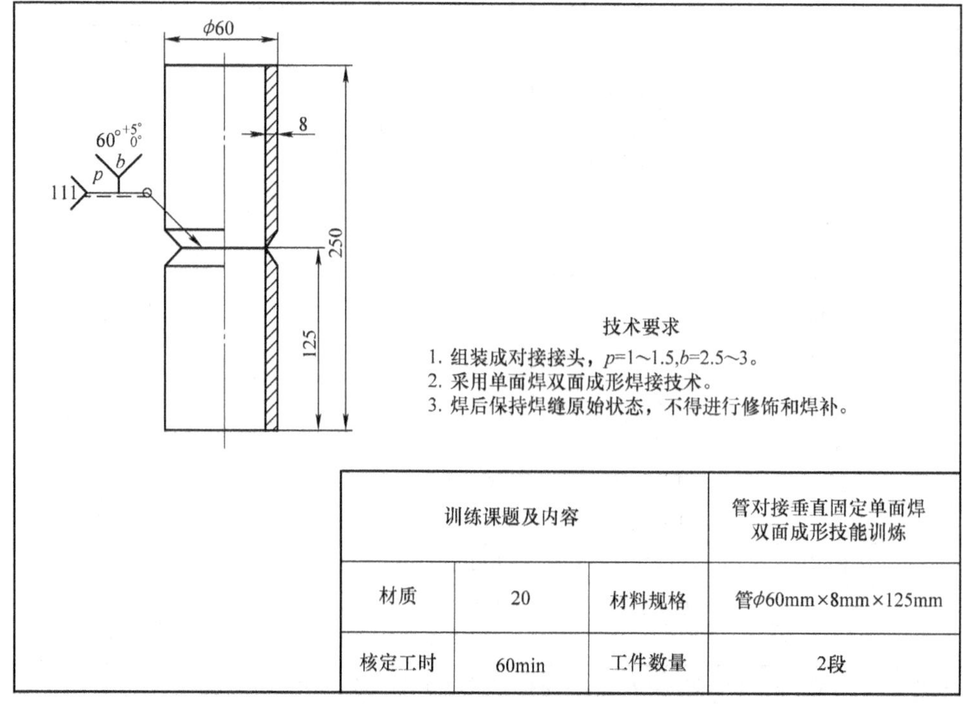

训练课题及内容			管对接垂直固定单面焊双面成形技能训练
材质	20	材料规格	管φ60mm×8mm×125mm
核定工时	60min	工件数量	2段

图 1-160　管对接垂直固定单面焊双面成形工件图

1）管垂直固定焊缝焊接运条时，焊条角度要随管子圆周位置而变，手腕转动得不灵活会使电弧过长，电弧电压过大，在盖面焊缝上边缘容易产生咬边缺陷。

2）当焊接电流过小时，熔渣与熔池混淆不清，熔渣来不及浮出，如果运条速度快慢不均，则在焊缝下边缘处容易产生熔合不良或夹渣缺陷。

3）当焊接电流过大时，若运条速度过慢或动作不协调，则在焊缝下边缘处容易出现下坠的焊瘤。

管垂直固定焊单面焊双面成形时，液态金属受重力影响，容易下淌形成焊瘤或下坡口边缘熔合不良，坡口上侧则易产生咬边等缺陷。因此，焊接过程中应始终保持较短的焊接电弧、较少的送进量和较快的间断熄弧频率，并应有效地控制熔池温度，以防止液态金属下淌。注意，焊条角度应随着环形焊缝的周向变化而变化，以获得令人满意的焊缝成形。

➢【相关知识】

一、管对接垂直固定焊的特点

两段同径等壁厚管的中心线重合，且垂直于水平面叠放在一起固定，这种管类固定位置焊接称为管对接垂直固定焊。管对接垂直固定焊的焊缝是一条处于水平位置的环缝，与平板对接横焊类似，不同的是管对接垂直固定焊的环缝具有一定的弧度，因而焊条在焊接过程中是随弧度运条进行焊接的。管对接垂直固定焊具有如下特点：

1）熔池受重力的影响，有自然下淌而造成上侧咬边、下侧焊瘤的趋势，焊缝表面易出现凹凸不平的缺陷。

2）多道焊的运条方法比较容易掌握，熔池尺寸不大。

3）多层多道焊时，易出现焊缝层间夹渣及层间未熔合的现象。

二、管对接垂直固定焊的操作技术

1. 打底层的焊接

（1）焊条角度　焊条与下管壁的夹角为70°～80°，如图1-161a所示。焊条与焊接方向切线的夹角为75°～80°，如图1-161b所示。

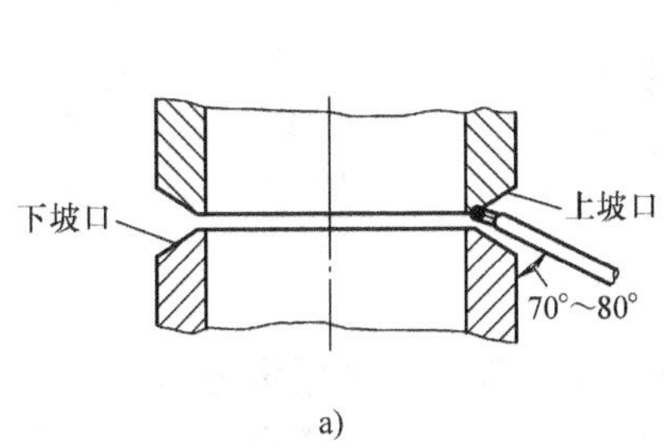

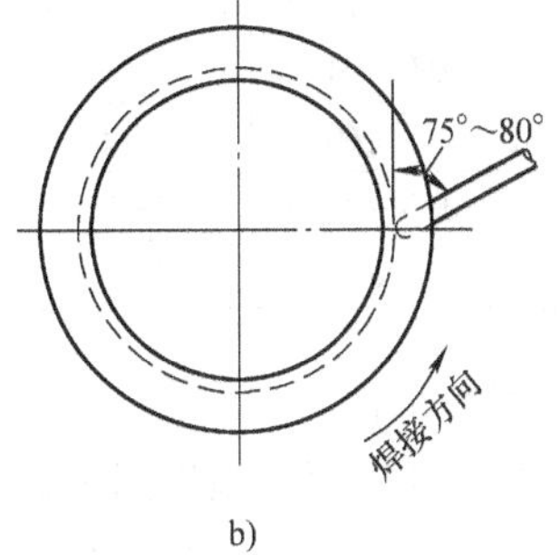

图1-161　管对接垂直固定单面焊双面成形的焊条角度

a）焊条与下管壁的夹角　b）焊条与焊接方向切线的夹角（俯视图）

（2）引弧　引弧位置在坡口的上侧，电弧引燃后，对起弧点处坡口上侧的钝边进行预热。上侧钝边熔化后，再把电弧引至钝边的间隙处，使熔化金属充满根部间隙。然后向坡口根部间隙处下压焊条，同时适当增大焊条与下管壁的夹角，电弧击穿根部间隙后，在钝边每侧熔化0.5～1mm形成第一个熔孔，引弧工作完成。

（3）运条方法

1）连弧焊。焊接方向从左到右，采用斜圆圈形运条法，始终保持短弧焊接。焊接过程中，为防止熔池金属流淌，电弧在上坡口侧停留的时间应略长些，同时要有1/3电弧通过坡口间隙在管内燃烧。电弧在下坡口侧只是稍加停留，有2/3的电弧通过坡口间隙在管内燃烧。打底焊道应在坡口正中偏下，焊缝上部不要有尖角，下部不允许有熔合不良等缺陷。焊接时，先选定始焊处，引燃电弧后，拉长电弧预热坡口，待坡口处接近熔化状态时压低电弧，形成熔池；随后采用直线形或斜锯齿形运条法向前移动，运条角度如图1-162所示。

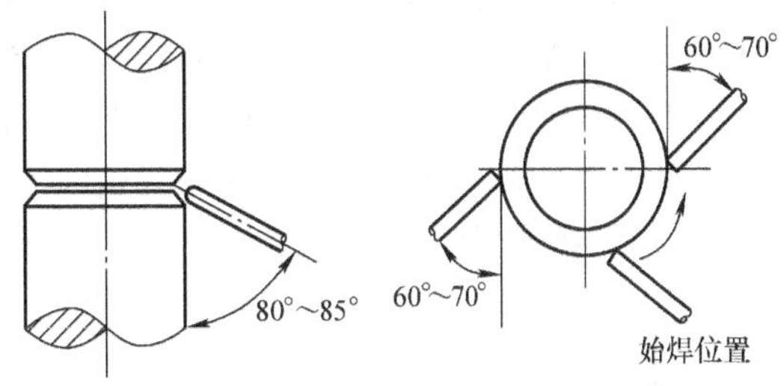

图1-162　管对接垂直固定焊操作位置示意图

2）断弧焊。断弧焊单面焊双面成形有三种焊接手法，即一点法、两点法和三点法。当管壁厚度为2.5～3.5mm，根部间隙小于2.5mm时，采用一点法；当根部间隙为2.5～4mm时，采用两点法；当根部间隙大于4mm时，采用三点法。

焊接方向是从左向右焊，逐点将熔化金属送至坡口根部，然后迅速向侧后方熄弧，熄弧动作要干净利落，不拉长电弧，以防产生咬边缺陷。熄弧与重新引弧的时间间隔要短，电弧引燃和熄灭的频率为70～80次/min。熄弧后，重新引弧的位置要准确，新焊点应与前一个焊点搭接2/3左右。

(4) 收弧　当焊条接近始焊端时，应在焊端收口处稍作停顿预热，然后将焊条向坡口根部间隙处下压，让电弧击穿坡口根部。听到“噗噗”声音后稍作停顿，然后断续向前施焊 10～15mm，填满弧坑即可。

(5) 管对接垂直固定焊打底焊的焊接参数（表 1-58）。

表 1-58　管对接垂直固定焊打底焊的焊接参数

操作方法		管直径/mm	管壁厚度/mm	坡口角度	钝边/mm	间隙/mm	焊条直径/mm	焊接电流/A
断弧焊	两点法	$\phi60\sim\phi130$	8～12	30°	0.5～1.0	4	$\phi3.2$	100～110
	一点法	$<\phi60$	3～5	30°	0.5～1.0	2～2.5	$\phi2.5$	80～85
连弧焊		$\phi60\sim\phi130$	8～12	30°	0.5～1.0	2.0～2.5	$\phi2.5$	70～75
		$<\phi60$	3～5	30°	0.5～1.0	2.5～3.0	$\phi2.5$	65～70

2. 中间层的焊接

中间层焊道可采用斜锯齿形或斜圆圈形运条的单层焊。如采用多道焊，则应略增大焊接电流，直线运条，使焊道充分熔化，焊接速度不宜过快，要使焊道自下而上整齐而紧密地排列。焊条的垂直倾角随焊道的位置而改变，下部倾角要大，上部倾角要小。

3. 盖面层的焊接

(1) 清渣　仔细清理打底层焊缝、管子坡口两侧母材夹角处及焊点与焊点叠加处的熔渣。

(2) 运条方法　采用直线形运条法，不作横向摆动，从左向右，根据管壁厚度确定盖面层焊道数，从最下层焊缝开始焊接，直至最上层盖面焊缝焊完并熔进上侧坡口边缘 1～2mm 为止。每道焊缝与前一道焊缝搭接 1/3 左右，盖面层应有 2～3 道焊缝。

(3) 焊条角度

1) 盖面层为两条焊道时，焊条与管壁的夹角在两条焊道中不相等，如图 1-163a 所示。对于第一条焊道，焊条与下管壁的夹角为 75°～80°；对于第二条焊道，焊条与下管壁的夹角为 80°～90°。

2) 盖面层为三条焊道时，各条焊道的焊条与管壁的夹角各不相同，如图 1-163b 所示。对于第一条焊道，焊条与下管壁的夹角为 75°～80°；对于第二条焊道，焊条与下管壁的夹角为 95°～100°；对于第三条焊道，焊条与下管壁的夹角为 80°～90°。超过三条焊道时，第一条焊道和最后一条焊道参照三条焊道时的相应操作，中间焊道均参照第二条焊道执行。

3) 所有盖面层焊道，焊条与焊点处管切线焊接方向的夹角均为 80°～85°，如图 1-164 所示。

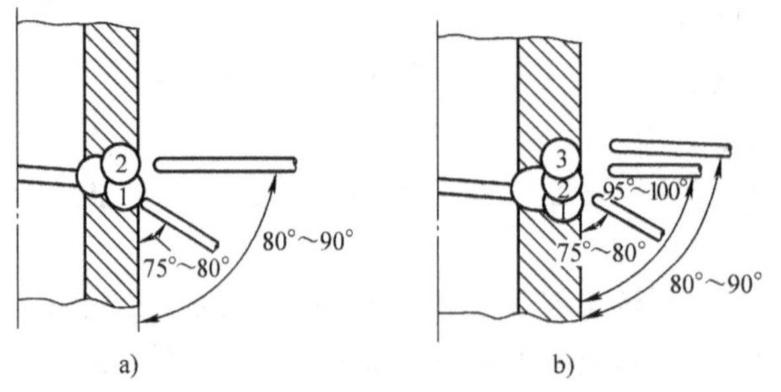

图 1-163　盖面层焊条角度

a) 两条焊道时的焊条角度　b) 三条焊道时的焊条角度

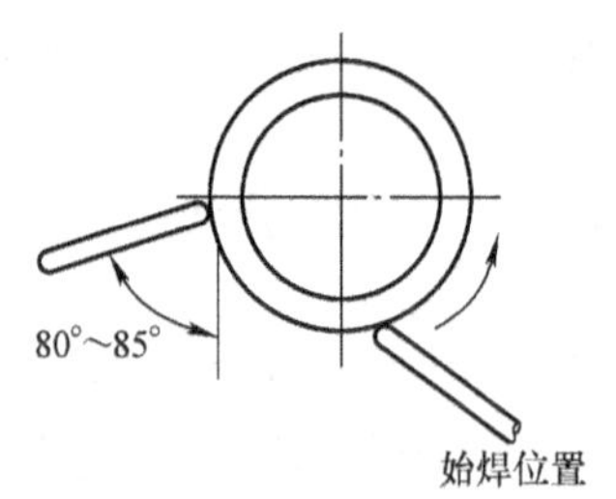

图 1-164　盖面层俯视焊条角度

4）盖面层为三道焊缝时，每条焊道应与上一条焊道搭接1/2左右，与下管件坡口相撞的第一条焊道应熔化坡口边缘1～2mm。第二条焊道要比第一条焊道的焊接速度稍慢些，以使焊缝中部熔池凝固后形成凸起。第三条焊道的焊接速度应比第二条焊道的焊接速度稍快，这样便于形成与上管件坡口边缘相撞的圆滑过渡焊缝，并熔入上管件坡口边缘1～2mm。

➢【任务实施】

一、焊前准备

1. 准备保护用品和工具

按规定穿戴好焊接劳动保护用品，准备焊接辅助工具，详见项目二中任务1的相应内容。

2. 准备工件

工件选用20钢管，规格为ϕ60mm×8mm×125mm，加工成30°单边V形坡口，钝边为1mm，每组两段，用气割下料，如图1-165所示。

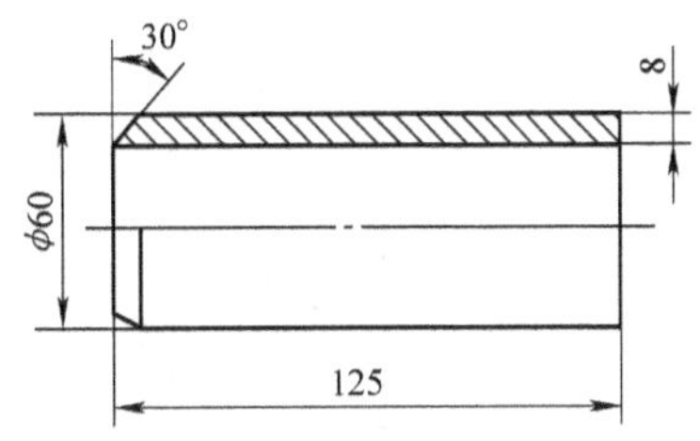

图1-165　管件V形坡口尺寸

3. 选择焊条和焊机

选用E4303型（J422）或E5016型（J506）焊条，直径分别为ϕ3.2mm、ϕ4.0mm。E4303型焊条焊前须经过100～150℃烘干1～2h，E5016型焊条焊前须经过350～400℃烘干1～2h，放在保温筒内备用。焊接设备选用BX3-300型或ZXG-300型焊机。

4. 选择焊接参数

管对接垂直固定单面焊双面成形的焊接参数见表1-59。

表1-59　管对接垂直固定单面焊双面成形的焊接参数

焊接层次	焊道数	运条方法	焊条直径/mm	焊接电流/A
打底层	1	断弧焊法	ϕ3.2	70～80
填充层	2	直线形或斜圆圈形运条法	ϕ4.0	115～135
盖面层	3	直线形或直线往复形运条法	ϕ4.0	105～115

5. 清理工件

用锉刀、砂布、钢丝等工具，清除坡口正、反面20mm范围内的铁锈、油污、氧化皮等，直至呈现金属光泽。用焊接检验尺测量工件坡口，达到图1-164的要求。

二、装配与焊接

1. 组装与定位焊

调整好焊接参数，在由角钢制作的装配胎具上进行装配，保证同轴度。采用与正式焊接时相同的焊条进行定位焊。装配间隙为2.5～3.0mm，定位焊缝长10mm左右，采用两点或三点定位，如图1-166所示；最后对装配位置及定位焊缝的质量进行检查，组装及定位焊要求见表1-60。

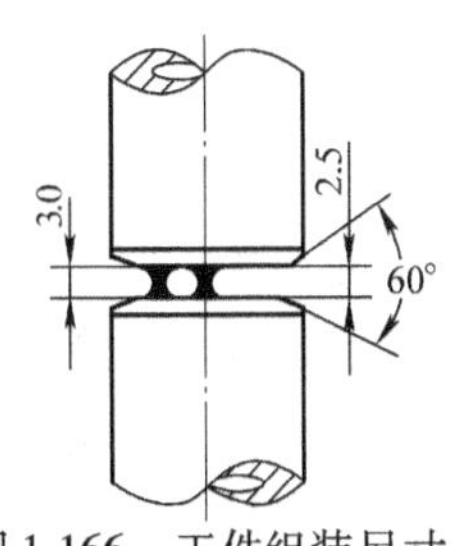

图1-166　工件组装尺寸

表 1-60 组装及定位焊要求

坡口角度	组装间隙/mm	钝 边/mm	错边量/mm
60°	始焊端部位 2.5 始焊端对侧 3.0	1	≤0.5

2. 打底层的焊接

（1）引弧与运条 打底层的焊接与横焊相似，采用灭弧法打底。用敲击法引弧，拉长电弧预热坡口，待坡口处接近熔化状态时压低电弧，稍停顿 1～2s，形成熔池，随后采用直线形或斜锯齿形运条法向前移动。击穿管件背面每边熔化 2mm 左右形成熔孔。焊条下倾角为 75°～85°，如图 1-167 所示；焊条与管的切线方向（焊接方向）的夹角为 60°～70°，如图 1-168所示；焊接方向为从左到右。

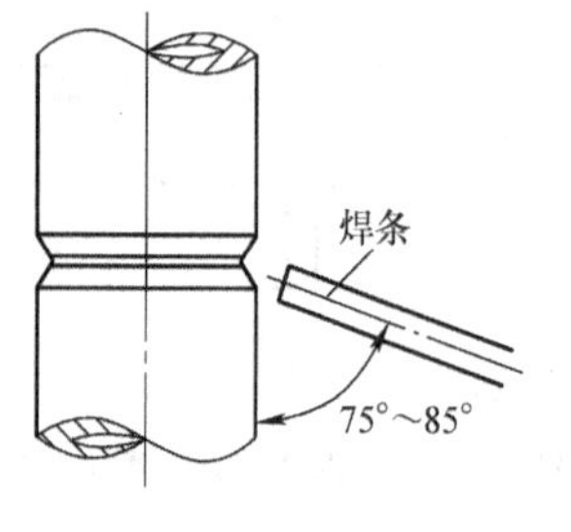

图 1-167 焊条下倾角

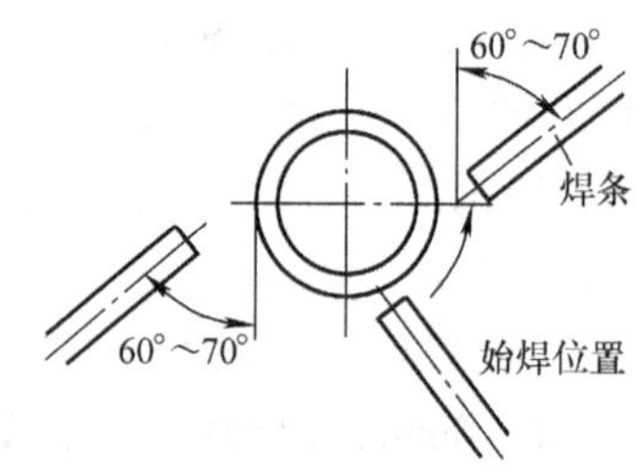

图 1-168 俯视焊条运条角度

（2）收弧 收弧时动作要快，当焊缝尚未冷却时，立即再次引燃电弧，防止产生冷缩孔，以便于焊缝接头。绕管一周焊完回到始焊处封闭接头时，在接头缓坡前沿 3～5mm 处不再用断弧焊，而采用连弧焊焊至接头处。电弧向内压并稍作停顿，焊条略加摆动，焊过缓坡填满弧坑后收弧。

（3）焊缝接头 接头时，在斜坡前 10mm 处引弧后，将电弧带至斜坡处作斜圆圈形运条。电弧到达斜坡前端的上方时，压低电弧击穿根部，再将电弧带至下坡口击穿根部后按上述方法正常运条。焊完一周后将始焊端的焊道磨去 10mm，形成一个斜坡。焊至这个斜坡时，要压低电弧，继续向前作斜圆圈形运条，到斜坡结束后在一侧熄弧。

3. 填充层的焊接

填充层焊道在施焊前，须将打底层焊道上的熔渣及飞溅物等清理干净，有接头超高现象时应打磨平整。填充层焊道分上、下焊道。

（1）下焊道的焊接 在焊接方向上，要使焊条与管子切线成 65°～75°的夹角、与坡口下端成 90°～100°的夹角，并采用直线形运条法。运条过程中，始终保持电弧对准打底层焊道下边缘，并使熔池边缘接近坡口棱边（但不能熔化棱边）。运条时一定要用短电弧，否则易产生气孔。接头时，在熔池前方 10～15mm 处引燃电弧，直接拉向熔池偏上部位，压低电弧向下斜焊，形成新的熔池后恢复正常焊接。焊条的倾角随焊道位置而改变，下部倾角要大，上部倾角要小，以保证接头的质量。

（2）上焊道的焊接 施焊时，焊条应对准下焊道与上坡口面形成的夹角处，运条方法与焊接下焊道时相同。但焊条角度应向下适当调整，与坡口下端成 75°～85°的夹角。运条时要注意夹角处的熔化情况，使焊道覆盖下焊道的 1/3～1/2，避免填充层焊道表面出现凹槽或凸起。填充层焊完后，下坡口应留出约2mm，上坡口应留出约0.5mm，为盖面焊打好基础。

4. 盖面层的焊接

（1）第一道的焊接　焊道从下而上，上、下焊道的焊接速度要快，中间焊道的焊接速度慢些，使焊道呈凸形。焊接时，焊条下倾角为60°～70°，与管子切线方向的夹角和填充层焊道相同。焊接方向为从左到右，直线形运条不作摆动，电弧中心对准下坡口边缘，接头方法与填充层焊道的接头方法相同。

（2）第二道的焊接　焊接速度要慢些，以使盖面层形成凸形。焊条下倾角为70°～80°，与管子切线方向的夹角与第一道焊缝相同；因为第二道焊缝比第一道焊缝高，所以电弧中心线要对准第一道焊缝的上边缘。

（3）第三道的焊接　适当增大焊接速度或减小焊接电流，焊条下倾角为40°～45°，以防止咬边，确保整个焊缝外形宽窄一致、均匀平整。焊接时，电弧中心应对准第二道焊缝的上边缘。

三、焊缝外观检测

1. 自检

及时校正操作姿势和运条方法，依据图1-160中的技术要求和表1-60校正和检测焊完清理好的工件，合格后进行互检和专检。

2. 互检和专检

参照项目二中任务2的相关内容进行互检和专检。

【任务评价】

管对接垂直固定单面焊双面成形评分标准见表1-61。

表1-61　管对接垂直固定单面焊双面成形评分标准

序　号	评分项目	评分标准	配　分	得　分
1	焊缝宽度	不大于6mm得10分，否则不得分	10	
2	焊缝宽度差	宽度允许相差1mm，每超差1mm扣5分	10	
3	焊缝余高	不大于3mm得10分，否则不得分	10	
4	焊缝余高差	允许相差1mm，每超差1mm扣5分	10	
5	焊缝烧穿	每烧穿一处扣4分	8	
6	夹渣	点状夹渣（≤2mm）每处扣2分，条状夹渣每处扣3分	6	
7	错边	错边量不大于0.5mm不扣分，否则不得分	6	
8	焊瘤	出现焊瘤不得分	6	
9	接头成形	接头良好不扣分，脱节或超高一处扣3分	6	
10	咬边	咬边深度不大于0.5mm，每1mm长扣1分；连续长度大于或等于6mm或深度大于0.5mm不得分	8	
11	弧坑	弧坑饱满，出现弧坑每处扣2分	6	
12	焊道填充	焊道填充不足不得分	4	
13	工件清理	工件要清洁，否则每处扣2分	4	

（续）

序　号	评分项目	评分标准	配　分	得　分
14	安全文明生产	服从管理，安全文明生产，否则每项扣 3 分	6	
总　分			100	

注：从开始引弧计时，该工件的焊接在 60min 内完成，每超出 1min，从总分中扣 2.5 分。

任务 2　管对接水平固定单面焊双面成形技能训练

【学习目标】

1）了解管对接水平固定焊的特点。

2）掌握管对接水平固定焊的技术要求，学习管对接水平固定单面焊双面成形的基本操作技能。

3）学会制订管对接水平固定焊的装配焊接方案，能够正确选择焊接参数。

【任务提出】

在生产实践中，管对接水平固定单面焊双面成形多用于小型锅炉、换热器或小口径采暖管道水平固定环焊缝的焊接和维修，这种焊接方式可以在水平固定的小口径管道外面施焊而内部也能形成焊缝。

图 1-169 所示为管对接水平固定单面焊双面成形工件图，材料为 20 钢。要求读懂工件图样，学习管对接水平焊的基本操作技能，完成工件焊接任务，达到工件图样技术要求。

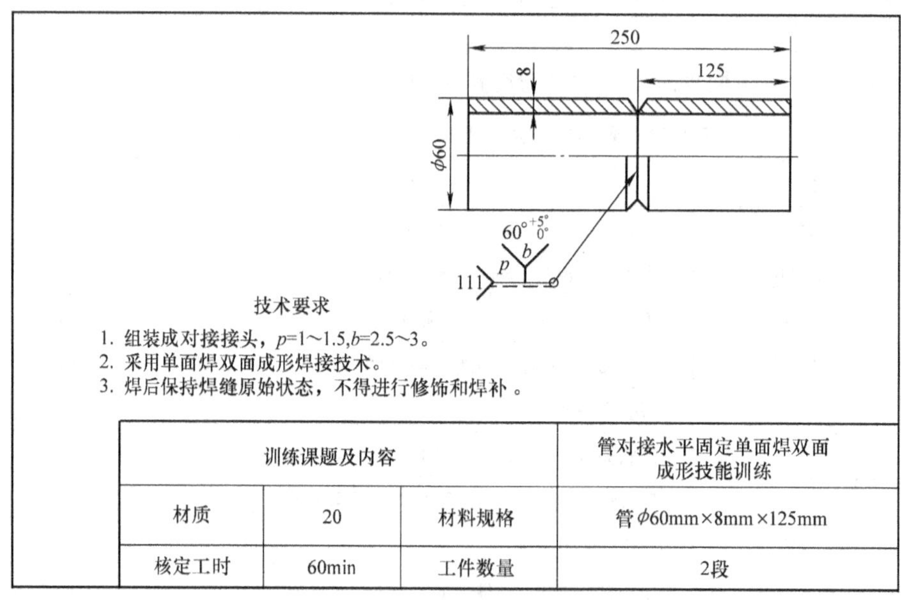

训练课题及内容			管对接水平固定单面焊双面成形技能训练
材质	20	材料规格	管 ϕ60mm×8mm×125mm
核定工时	60min	工件数量	2段

图 1-169　管对接水平固定单面焊双面成形工件图

【任务分析】

由图 1-169 可知，两段管端部开 60°V 形坡口对接水平固定，要用焊条电弧焊完成单面焊双面成形的环形焊缝。在管对接水平固定焊过程中，因工件的空间位置在连续不断地变化，要经过仰焊、立焊和平焊，属于全位置焊接，焊接难度大，如图 1-170 所示。

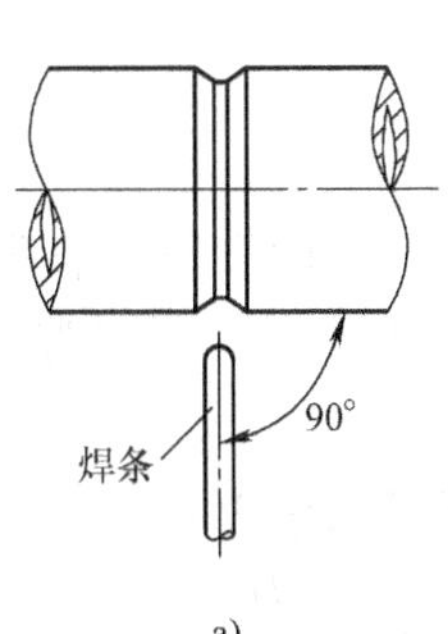

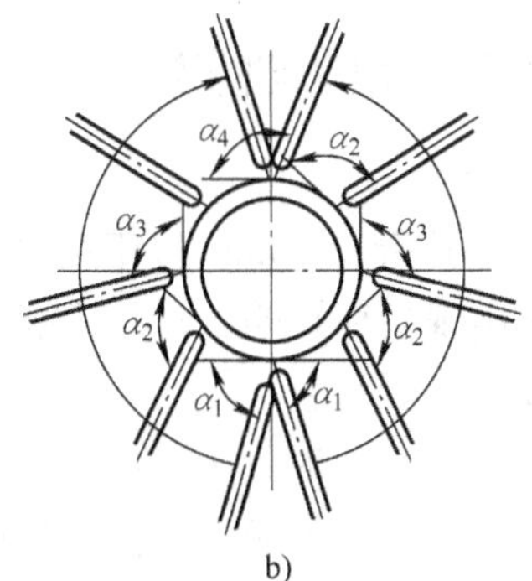

图 1-170　管对接水平固定焊的焊条角度

a）管水平固定主视图　b）管水平固定左视图

➢【相关知识】

一、管对接水平固定焊的特点

管对接水平固定焊按直径不同，可分为大直径管（≥ϕ108mm）的焊接和小直径管（<ϕ108mm）的焊接；按管的厚度不同，可分为厚壁管（≥10mm）的焊接和薄壁管（<10mm）的焊接。管对接水平固定焊具有以下主要特点。

1. 焊接空间位置不断变化

管对接水平固定焊的空间位置沿环形连续不断地变化，而焊工不易随管件空间位置的变化而相应地改变运条角度，从而给焊接操作带来了比较大的困难。

2. 熔池形状不易控制

由于熔池形状不易控制，焊接过程中常出现打底层根部第一层焊不均匀、焊道表面易出现凹凸不平的情况。

3. 易产生焊接缺陷

管对接水平固定开 V 形坡口，焊缝根部经常出现焊接缺陷，其缺陷分布状况如图 1-171 所示。位置 1 与 6 易出现多种焊接缺陷；位置 2 易出现塌腰与气孔；位置 3 和 4 的液态熔池易下淌而形成焊瘤；位置 5 易出现塌腰，形成焊瘤或焊缝成形不均匀。

带垫圈的管对接水平固定焊时，采用钢制垫圈，一般垫圈的壁厚及宽度为 30mm × 20mm，焊后与管子连接在一起，也称残留垫圈，其缺陷分布如图 1-172 所示。位置 1 与 3 易出现夹渣，位置 2 易烧穿垫圈。

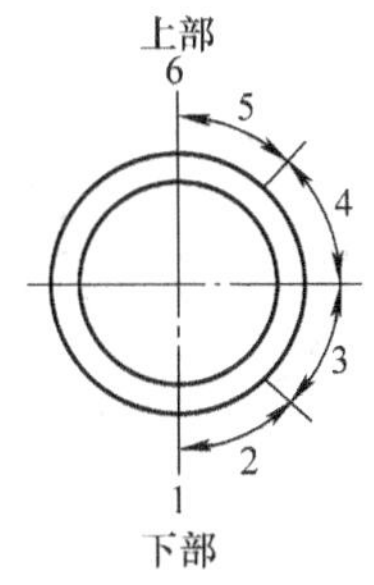

图 1-171　管对接水平固定焊时焊接缺陷的分布状况

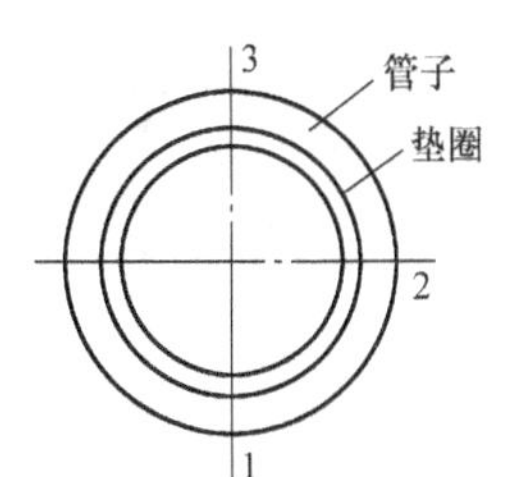

图 1-172　带垫圈的管对接水平固定焊缺陷分布

二、管对接水平固定焊前的准备

1. 坡口的形状和尺寸

（1）管壁厚度小于或等于16mm以下时开V形坡口　因管子的直径较小，只能从管的外侧进行焊接，容易出现根部缺陷，对打底焊道要求特别严格。管壁厚度在16mm以下时可开V形坡口，如图1-173所示。

（2）管壁厚度大于16mm时开U形坡口　对于壁厚大于16mm的钢管，如果开V形坡口，则填充金属较多，焊接残余应力大，可采用U形坡口，如图1-174所示。

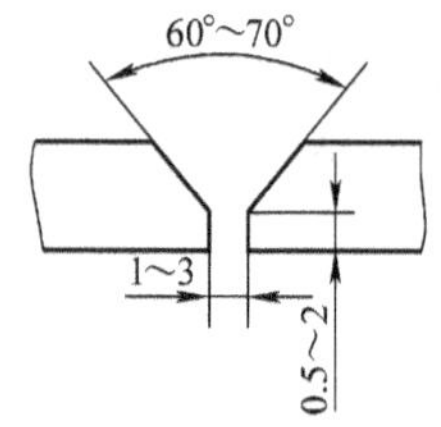

图1-173　开V形坡口的组装尺寸

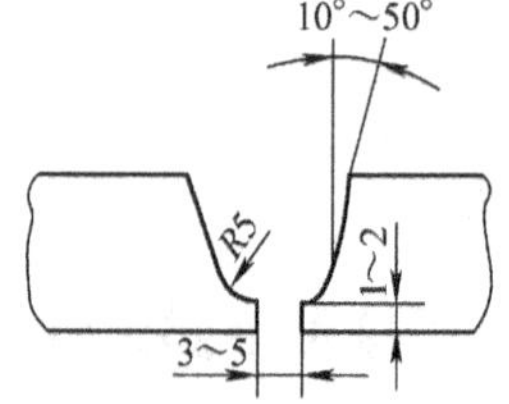

图1-174　开U形坡口的组装尺寸

2. 管对接水平固定焊的组装及定位焊

（1）组装方法　管子组对前，在坡口及其附近20mm左右的区域内，用角向磨光机将管打磨干净，露出金属光泽。必须使两根管子的轴线对正，以免出现中心线偏斜。焊接时，先从底部起焊，考虑到焊缝冷却时收缩不均，对于大直径管子，平焊位置的接口间隙应比仰焊位置的间隙大0.5~1.5mm。选择接口间隙也与焊条有一定关系：使用酸性焊条时，接口上部间隙约等于焊条的直径；如果间隙过大，焊接时易烧穿而产生焊瘤；间隙过小，则不易焊透。

（2）定位焊　管径不同时，定位焊缝的数目及位置也不同。管径小于或等于42mm时，可在一处进行定位焊，如图1-175a所示；当管径为42~76mm时，可在两处进行定位焊，如图1-175b所示；当管径为76~133mm时，可在三处进行定位焊，如图1-175c所示；管径更大时，可适当增加定位焊缝的数目。

定位焊缝的长度一般为10~15mm，厚度为2~3mm。定位焊用直径为ϕ3.2mm的焊条，焊接电流为90~130A。为了保证焊缝质量，对定位焊缝要进行认真检查和修整。如发现有裂纹、未焊透、夹渣、气孔等缺陷，则必须重焊。定位焊时的渣壳、飞溅物等应彻底清除掉，并将定位焊缝修成两头带缓坡的焊点。

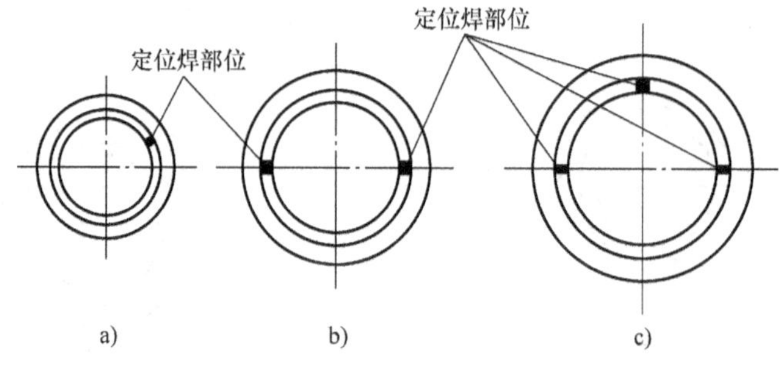

图1-175　管对接水平固定焊的定位焊缝

a）管径小于或等于42mm　b）管径为42~76mm　c）管径为76~133mm

（3）临时定位方法 由于定位焊处容易产生缺陷，对于直径较大的管子，尽可能不在坡口根部进行定位焊。可以利用将肋板焊到管子外壁起定位作用的办法来临时固定管子。

三、管对接水平固定焊的操作技术

管对接水平固定焊中，由于焊缝是环形的，在焊接过程中需要经过仰焊、立焊、平焊等几种位置，即全位置焊接。如果将水平固定管的横截面看作钟表盘，划分成3、6、9、12 等时钟位置，通常定位焊缝在时钟的2 点、10 点位置，定位焊缝的长度为10～15mm，厚度为2～3mm。焊接开始时，在时钟的6 点位置起弧，把环焊缝分为两个半周，即时钟6→3→12 点位置和6→9→12 点位置。焊接过程中，焊条与焊接方向管切线的夹角不断地变化，操作比较困难，应注意每个环节的操作要领。

1. 焊接参数的确定

（1）焊条角度 起焊点在时钟6～7 点的位置，焊条与焊接方向管切线的夹角为80°～85°；时钟7～8 点的位置为仰焊爬坡焊，焊条与焊接方向管切线的夹角为100°～105°；在立焊位置，即时钟9 点位置，焊条与焊接方向管切线的夹角为90°；在平焊位置，即时钟12 点位置焊接时，焊条与焊接方向管切线的夹角为75°～80°。各位置的焊条角度如图1-176 所示。前半周与后半周相对应的焊接位置，其焊条角度相同。

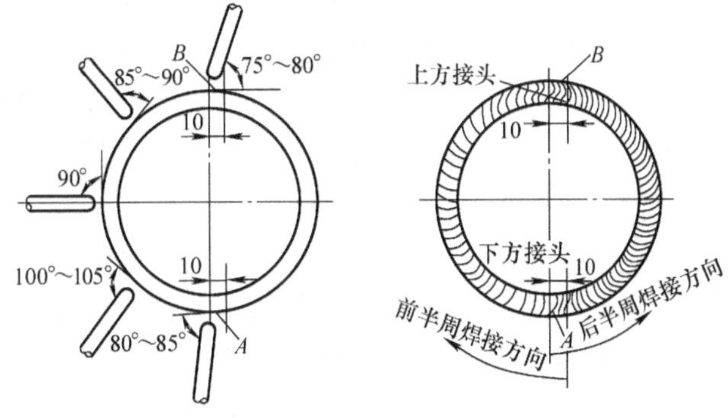

图1-176 管对接水平固定焊打底层各位置的焊条角度

（2）焊接参数 管对接水平固定焊打底焊的焊接参数见表1-62。

表1-62 管对接水平固定焊打底焊的焊接参数

操作方法		管直径/mm	管壁厚度/mm	坡口角度	钝边/mm	间隙/mm	焊条直径/mm	焊接电流/A
断弧焊	两点法	ϕ60～ϕ133	8～12	30°	1.0～2.0	4.0～4.5	ϕ3.2	110～120
	一点法	≤ϕ60	3～5	30°	0.5～1.0	2.0～2.5	ϕ2.5	80～90
连弧焊		ϕ60～ϕ133	8～12	30°	0.5～1.0	2.5～3.0	ϕ2.5	70～75
		≤ϕ60	3～5	30°	0.5～1.0	2.0～2.5	ϕ2.5	65～70

2. 打底层的焊接

（1）引弧

1）连弧焊引弧。用碱性焊条焊接时，在起弧过程中，由于熔渣少、电弧中的保护气体少等原因，使熔池保护效果不好，焊缝极易出现密集气孔。为了防止这类现象出现，碱性焊条的引弧多采用划擦法。

在始焊处时钟6 点位置的前方10mm 处引弧后，把电弧拉至始焊处即时钟6 点位置，进行电弧预热。然后将焊条向坡口间隙内顶送，待听到“噗噗”声后稍停一下，使钝边每侧熔化1～2mm 并形成第一个熔孔，这时引弧工作完成。

2）断弧焊引弧。在时钟5～6 点位置，即仰焊位置引弧，用长弧进行预热。当焊条端部出现熔化状态时，用腕力将焊条端部的第一、第二滴熔滴甩掉。与此同时，将焊条熔滴送入始焊端间隙，稍作一下左右摆动，同时向后上方稍微推一下焊条，然后向斜下方带弧、熄弧，形成熔池，引弧工作结束。

打底层用直径为 ϕ3.2mm 的焊条，先在前半部的仰焊处坡口边上用敲击法引弧，引燃后将电弧移至坡口间隙中，用长弧预热起焊处，经 2 ~ 3s 后，坡口两侧接近熔化状态时，立即压低电弧，坡口内形成熔池后，随即抬起焊条，熔池温度下降且变暗时，再压低电弧往上顶，形成第二个熔池。如此反复，向前移动焊条进行焊接。

（2）运条方法

1）连弧焊运条方法。如图 1-176 所示，电弧在时钟 6 ~ 5 点位置的 *A* 处引燃后，迅速压低电弧至坡口根部间隙，看到有熔滴过渡并出现熔孔时，焊条稍微左右摆动，观察到熔滴金属与钝边金属连成金属小桥后，焊条稍拉开，恢复正常焊接。焊接过程中，必须采用短弧把熔滴送到坡口根部。

爬坡仰焊位置焊接时，电弧以月牙形运条并在两侧钝边处稍作停顿，看到熔化的金属已挂在坡口根部间隙并熔入坡口两侧各 1 ~ 2mm 时再移弧。

时钟 9 ~ 12 点位置和 3 ~ 12 点位置为管立焊爬坡位置，其焊接手法与时钟 6 ~ 9、6 ~ 3 点位置相同。在时钟的 12 点，即管平焊位置焊接时，前半周的焊缝收弧点在 *B* 点，如图 1-176 所示。

2）断弧焊运条方法。断弧焊每次接弧时，焊条要对准熔池前部约 1/3 处，接触位置要准确，使每个熔池覆盖前一个熔池 2/3 左右。熄弧动作要快、不要拉长电弧，熄弧与接弧的时间间隔要适当，其中燃弧时间约 1s/次，断弧时间约 0.8s/次。

（3）收弧　后半周焊缝将要与前半周的收弧处相接时，焊接电弧应在收弧处稍停一下，进行预热，然后将焊条向坡口根部间隙处压弧，让电弧击穿坡口根部，听到“噗噗”声后稍作停顿，再继续沿斜坡向前焊 10 ~ 15mm，填满弧坑。

3. 填充层的焊接

（1）清渣　仔细清理打底层焊缝与坡口两侧母材夹角处的熔渣、焊点与焊点叠加处的熔渣。

（2）焊接　填充层的焊接也是从仰焊部位开始、平位终止，填充层与打底层的连弧引弧和连弧焊接参数一致。始焊处宜焊薄些，避免形成焊瘤。填充层焊缝不要凸出，应掌握好高度，特别是仰焊部位不能超高，要与平、立焊缝的高度和宽度保持一致。

4. 盖面层的焊接

（1）清渣　仔细清理填充层焊缝与坡口两侧母材夹角处的熔渣、焊点与焊点叠加处的熔渣。

（2）焊条角度　由于根部打底层焊缝已焊完，盖面层焊缝与根部是否焊透无关，主要技术问题是盖面层焊缝应成形良好，余高应符合技术规定，焊缝与母材圆滑过渡、无咬边。所以，焊条与管子焊接方向切线的夹角应比焊接打底层时大 5°左右，如图 1-177 所示。

1）仰焊位置，即时钟 6 ~ 7 点位置，焊条与焊接方向管切线的夹角为 85° ~ 90°。

2）仰位爬坡焊位置，即时钟 7 ~ 8 点位置，焊条与焊接方向管切线的夹角为 105° ~ 110°。

3）立焊位置，即时钟 9 点位置，焊条与焊接方向管切线的夹角为 95°。

4）立位爬坡焊位置，即时钟 10 ~ 11 点位置，焊条与焊接方向管切线的夹角为 90° ~ 95°。

5）平焊位置，即时钟12点位置，焊条与焊接方向管切线的夹角为75°~80°。

（3）运条方法 在时钟5~6点位置，即仰焊位置引弧后，长弧预热仰焊位，将熔化的第一、第二滴熔滴甩掉，因为此时的熔滴温度低、流动性不好。然后以短弧的方式向上送熔滴，采用月牙形运条法或横向锯齿形运条法施焊。焊接过程中始终保持短弧，焊条摆至两侧时要稍作停顿，将坡口两侧边缘熔化1~2mm，使焊缝金属与母材圆滑过渡，防止产生咬边缺陷。

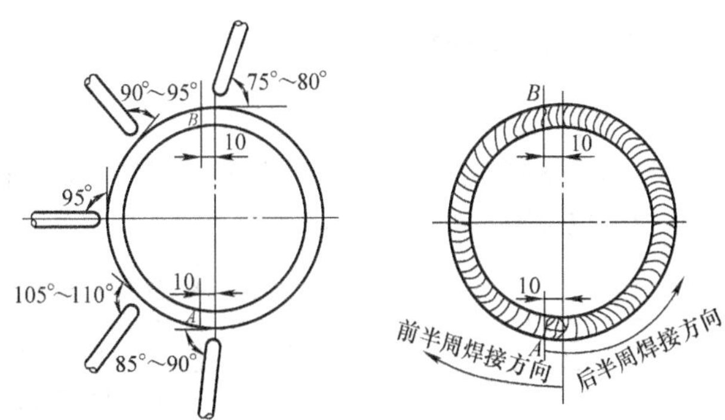

图1-177 管对接水平固定焊盖面层各位置的焊条角度

焊接过程中，熔池始终保持椭圆形状且大小一致，熔池应明亮、清晰。在前半周收弧时，要对弧坑稍填些熔化金属，使弧坑呈斜坡状，为后半周的焊缝收尾创造条件。焊接后半周之前，应把前半周起头焊缝的焊渣敲掉10~15mm，焊缝收尾时应注意填满弧坑。

➢【任务实施】

一、焊前准备

1. 准备保护用品和工具

按规定穿戴好焊接劳动保护用品，准备焊接辅助工具，详见项目二中任务1的相应内容。

2. 准备工件

工件选用20钢管，规格为ϕ60mm×8mm×125mm，加工成单边30°V形坡口，钝边为1mm，每组两段。用气割下料，如图1-178所示。

3. 选择焊条和焊机

选用E4303型（J422）或E5016型（J506）焊条，直径分别为ϕ2.5mm、ϕ3.2mm。E4303型焊条焊前须经过100~150℃烘干1~2h，E5016型焊条焊前须经350~400℃烘干1~2h，放在保温筒内备用。焊接设备选用BX3—300型或ZXG—300型焊机。

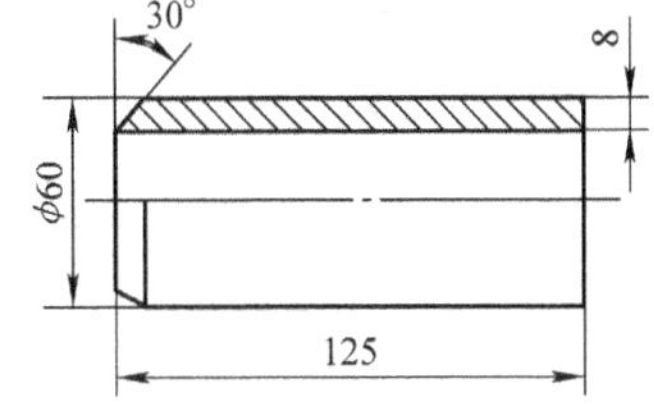

图1-178 V形坡口尺寸

4. 确定焊接参数

管对接水平固定单面焊双面成形焊接参数见表1-63。

表1-63 管对接水平固定单面焊双面成形焊接参数

焊接层次	运条方法	焊条直径/mm	焊接电流/A
打底层	断弧焊法	ϕ2.5	75~80
填充层、盖面层	月牙形运条法	ϕ3.2	95~105

5. 清理工件

用锉刀、砂布、钢丝刷等工具，清除坡口正、反面20mm范围内的铁锈、油污、氧化皮等，直至呈现金属光泽。用焊接检验尺测量工件坡口，达到图1-173的要求。

二、装配与焊接

1. 组装与定位焊

在用角钢制作的工装上进行装配，用与正式焊接时相同的焊条进行定位焊。工件的组装尺寸及定位焊要求见表 1-64。

表 1-64 组装尺寸及定位焊要求

坡口角度	组装间隙/mm	定位焊方式	钝边/mm	错边量/mm
60°	始焊部位 2.5 始焊部位对应侧 3.0	前、后半部的平位和顶端部位各定位焊 1 处	1.0 ~ 1.5	≤0.5

定位焊缝长 10mm，装配间隙为 2.5 ~ 3.0mm，错边量≤0.5mm。分别在工件的 9、12、3 点处进行三点定位，如图 1-179 所示，并对装配位置和定位焊缝的质量进行检查。

2. 打底层的焊接

(1) 引弧与运条　打底层焊道按壁厚选用 $\phi2.5$mm 的焊条，填充及盖面焊道选用 $\phi3.2$mm 的焊条。先在前半部的仰焊处（即时钟的 6 点位置）坡口边上用敲击法引弧，引燃后将电弧移至坡口间隙中，用长弧预热起焊处；2 ~ 3s 后，坡口两侧接近熔化状态时，立即压低电弧，坡口内形成熔池后，随即抬起焊条；熔池温度下降且变暗时，再压低电弧往上顶，形成第二个熔池。如此反复，均匀地给送熔滴，并控制熔池之间的搭接量向前施焊。逐步将钝边熔透，使背面成形均匀，直至将前半部焊完。焊前半部时，起焊和收弧部位都要越过管子垂直中心线 10mm，如图 1-180 所示。

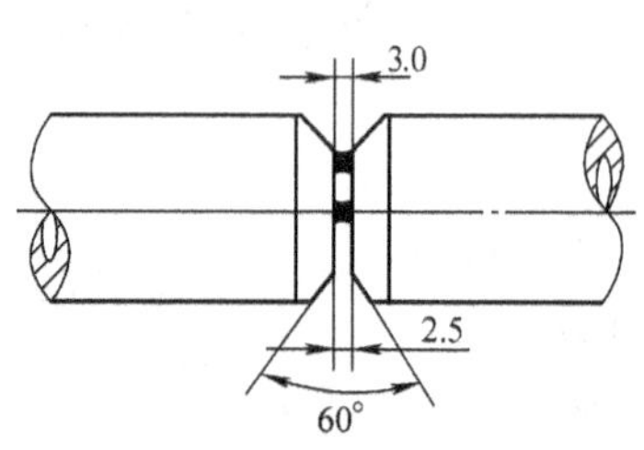

图 1-179　工件的组装尺寸

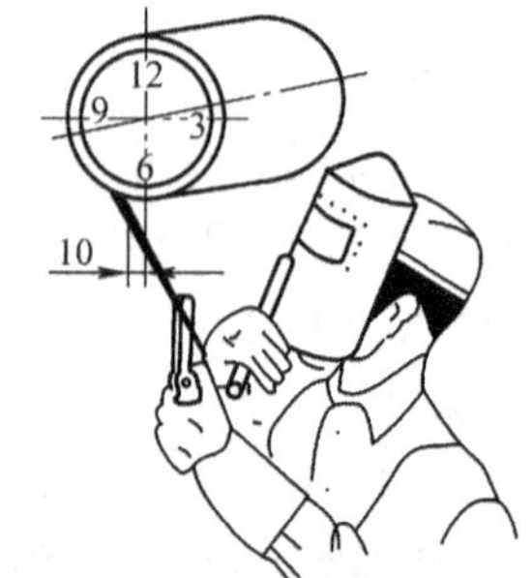

图 1-180　前半部焊接过中心线示意图

焊接时应从正仰焊位置由下向上分左右两半周进行运条。在正仰焊的定位焊处引燃电弧后，电弧稍作停顿，预热 1 ~ 2s，然后缓慢向前运条。当发现熔池温度过高，熔化金属有下淌趋势时，应采取断弧方法，待熔池稍变暗后，再重新引弧，引弧部位应在熔池稍前。按图 1-181 所示的焊接方向，运条幅度要非常小，速度较快，而且电弧要短，焊条与管子切线的上倾角为 80° ~ 85°。到达定位焊端部时，焊条上送，同时稍作摆动，此时焊条端部到达坡口底边，使整个电弧在管内燃烧。当电弧击穿试件背面，形成熔孔时，即实现单面焊双面成形。

仰焊部位时，如果焊条送进深度不够，则背面会出现内凹。为防止仰焊部位出现内凹现象，除合理选择坡口角度和焊接电流外，还应注意引弧要准确、稳定，断弧动作要快，从下向上焊接，保持短弧，电弧在坡口两侧停留的时间不宜过长。在仰爬坡位置，焊条与管切线的上倾角为95°~100°，如图1-181所示。在立焊部位时上倾角变为90°，焊条端部离坡口底边约1mm，大约1/2的电弧在管内燃烧，横向摆动的幅度可稍增大些。

打底焊后半部的操作方法与前半部相似，但是要在仰位和平位两处接头。仰位接头时，应把起焊处的较厚焊道用电弧割成缓坡（有时也可以用角磨砂轮机或扁铲等工具修整出缓坡）。操作时，先用长弧预热接头，如图1-182a所示；当出现熔化状态时立即拉平焊条，如图1-182b所示，顶住熔化金属；通过焊条端头的推力和电弧的吹力，将过厚的熔化金属逐渐去除而形成一缓坡沟槽，如图1-182c所示；形成缓坡后，马上把焊条角度调整为正常焊接角度，如图1-182d所示，进行仰位接头，再转入正常的断弧焊操作。

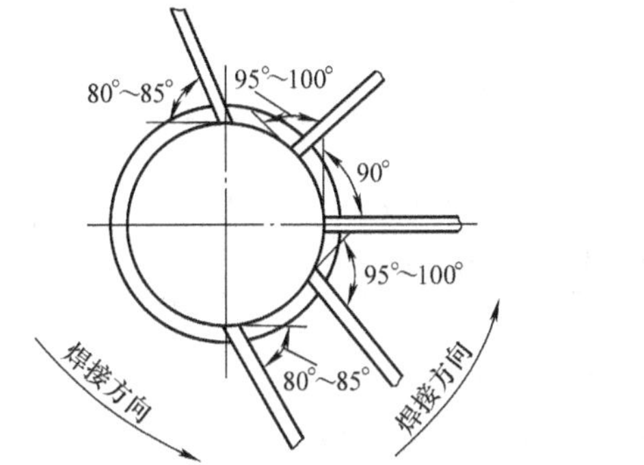

图1-181　焊条倾角示意图（俯视图）

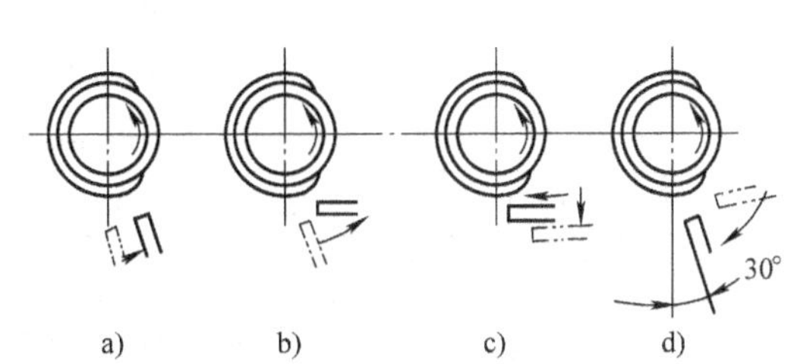

图1-182　后半部长弧预热接头示意图

（2）收弧　收弧时，焊条下压后慢慢向后方一侧带弧10mm左右，使熔池缓冷，防止产生冷缩孔，同时带出一个缓坡形，使收弧处焊缝金属尽量薄，以利于接头。

3. 填充层的焊接

填充层的焊接也是从仰焊位开始、平焊位终止，与打底层的焊接一样，也分前、后两半部进行。焊接时，通常将打底焊前半部作为填充焊的后半部。采用横向锯齿形运条法，两侧稍作停留，中间过渡稍快。为了使坡口两侧熔合良好，避免咬边，焊接时要使焊条在焊缝中间摆动快、两侧稍作停顿。焊条与管切线的前倾角比根部焊道大5°左右。填充层焊缝表面应平整，并要留出坡口轮廓，作为盖面焊时控制焊缝宽度的界线。运条速度要均匀一致，使焊道高低平整，为盖面层的焊接打下良好的基础。填充焊道的高度为：仰焊部位及平焊部位距母材表面0.5mm，立焊部位距母材表面约1mm。

4. 盖面层的焊接

焊接盖面焊道时，为使盖面焊缝中间稍凸起一些，并与母材圆滑过渡，须掌握好高度，仰焊部位不能超高，要与平、立焊缝的高度和宽度保持一致。采用横向锯齿形运条或月牙形运条法，摆动速度适当加快，严格控制弧长，保持焊缝宽窄一致、波纹均匀。摆动时以焊芯到达坡口为止，两边各熔化1~2mm。

三、焊缝外观检测

1. 自检

及时校正操作姿势和运条方法，依据图1-169中的技术要求和表1-65校正和检测焊完清理好的工件，合格后进行互检和专检。

2. 互检和专检

参照项目二中任务 2 的相关内容进行互检和专检。

【任务评价】

管对接水平固定单面焊双面成形评分标准见表 1-65。

表 1-65 管对接水平固定单面焊双面成形评分标准

序号	评分项目	评分标准	配分	得分
1	焊缝宽度	不大于 6mm 得 8 分，否则不得分	8	
2	焊缝宽度差	宽度允许相差 1mm，每超差 1mm 扣 4 分	8	
3	焊缝余高	不大于 3mm 得 8 分，否则不得分	8	
4	焊缝余高差	允许相差 1mm，每超差 1mm 扣 4 分	8	
5	焊缝烧穿	每烧穿一处扣 4 分	8	
6	夹渣	点状夹渣（≤2mm）每处扣 2 分，条状夹渣每处扣 4 分	8	
7	错边	错边量不大于 0.5mm 不扣分，否则不得分	6	
8	焊瘤	出现焊瘤不得分	8	
9	接头成形	接头良好不扣分，脱节或超高一处扣 4 分	8	
10	咬边	咬边深度不大于 0.5mm，每 1mm 长扣 1 分；连续长度大于或等于 6mm 或深度大于 0.5mm 不得分	8	
11	弧坑	弧坑饱满，出现弧坑每处扣 2 分	6	
12	焊道填充	焊道填充不足不得分	6	
13	工件清理	工件要清洁，否则每处扣 2 分	4	
14	安全文明生产	服从管理，安全文明生产，否则每项扣 3 分	6	
总分			100	

注：从开始引弧计时，该工件的焊接在 60min 内完成，每超出 1min，从总分中扣 2.5 分。

任务 3 管 45°倾斜固定单面焊双面成形技能训练

【学习目标】

1）了解管 45°倾斜固定焊接的特点。

2）掌握管 45°倾斜固定焊的技术要求，学习管 45°倾斜固定单面焊双面成形的基本操作技能。

3）学会制订管 45°倾斜固定焊的装配焊接方案，能够正确选择焊接参数。

【任务提出】

在生产实践中，管 45°倾斜固定单面焊双面成形多用于锅炉、换热器或小口径采暖管道 45°倾斜固定环焊缝的焊接生产和维修。这种焊接方式可以在管 45°倾斜固定的小口径管道外面施焊而内部也能形成焊缝。

图 1-183 所示为管 45°倾斜固定单面焊双面成形工件图，材料为 20 钢。要求读懂工件图样，学习管对接 45°倾斜固定焊的基本操作技能，完成工件焊接任务，达到工件图样技术要求。

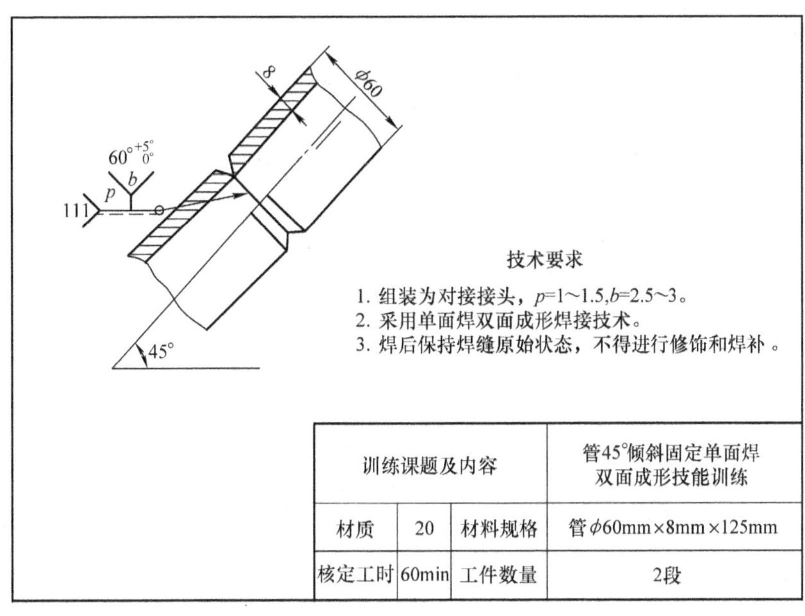

训练课题及内容			管45°倾斜固定单面焊双面成形技能训练
材质	20	材料规格	管ϕ60mm×8mm×125mm
核定工时	60min	工件数量	2段

图 1-183　管 45°倾斜固定单面焊双面成形工件图

➢【任务分析】

图 1-183 所示工件为两管端部开 30°V 形坡口对接，管 45°倾斜固定，焊条电弧焊单面焊双面成形的环形焊缝。管 45°倾斜固定的焊接操作与管对接水平固定和垂直固定焊操作相似，所不同的是形成的焊缝与水平面成 45°倾斜角。焊接操作时应特别注意，无论管子怎么倾斜，都应尽可能保持熔池为水平状态，避免出现坡口上侧咬边。在仰焊位置焊接时，焊条应作斜向摆动，在坡口上侧多作停留，否则会出现填充不足；坡口下侧停留时间要比上侧短些，以防液态金属下淌而形成焊瘤。

➢【相关知识】

一、管 45°倾斜固定焊的特点

管 45°倾斜固定焊是两管开坡口一侧对接，两中心线重合，与水平面成 45°角，管件固定。管子的焊接位置介于水平固定和垂直固定之间，包括斜仰焊、斜立焊和斜平焊三个位置。在焊接过程中，同样将整圈焊缝分成前、后两个半周进行，如图 1-184 所示。引弧点在仰焊位置，收弧点在平焊位置。

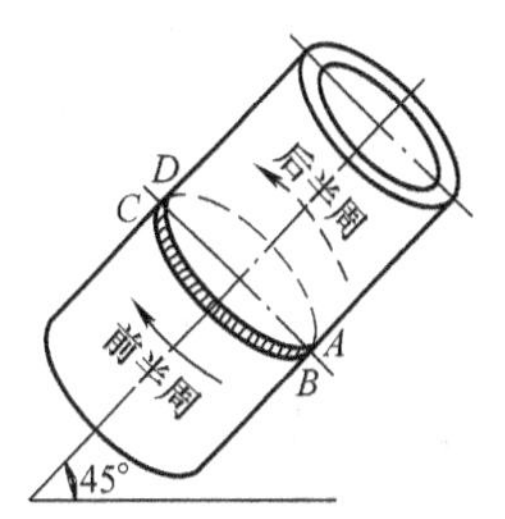

图 1-184　管 45°倾斜固定焊的焊缝位置

整条焊缝由打底层和盖面层组成。为实现单面焊双面成形，打底层的焊接采用击穿焊法，因为管子为倾斜状，要尽可能保持熔池趋于水平状态。盖面层的焊接应采用斜月牙形或斜锯齿形运条法，短弧连续施焊，使焊缝外观成形为斜波纹状。

二、管45°倾斜固定焊的操作技术

1. 打底层的焊接

（1）引弧与运条　在仰焊部位的定位焊缝处引燃电弧并稍作停顿，然后缓慢向前运条，形成熔池后，焊条上送击穿钝边形成熔孔，然后作斜圆圈形连弧运条，运条过程中要始终保持熔池处于水平状态，焊条下倾角为30°～35°，如图1-185所示。

焊条与水平方向的夹角为55°～60°，如图1-186a所示；焊条与管切线方向（焊接方向）的夹角为70°～80°，如图1-186b所示。

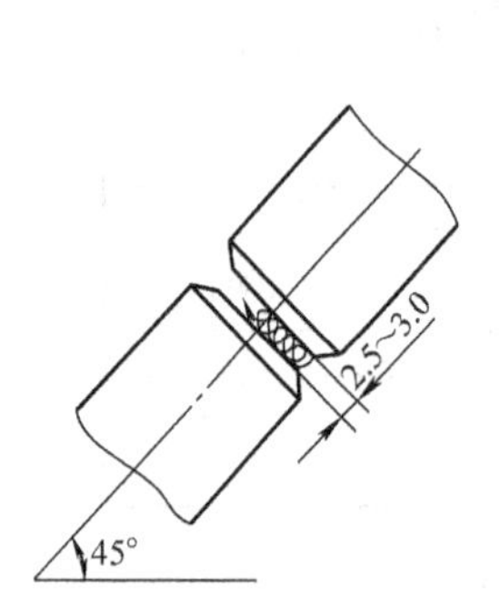

图1-185　打底层焊接运条方法

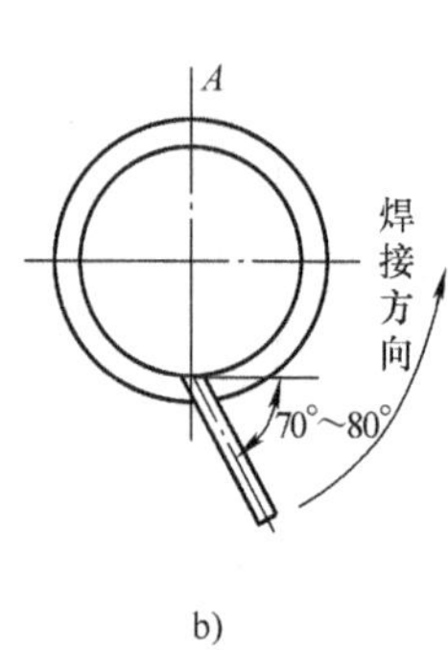

图1-186　焊条倾角

焊条随着焊接向上进行，电弧深度慢慢减小，角度慢慢增大，如图1-187所示。电弧在上坡口的停留时间长（约为2s），在下坡口停留的时间短（约为1s）。

（2）收弧　收弧时焊条下压，熔孔稍增大后，慢慢向后上方带弧10mm后熄弧，使熔池缓慢冷却，以防止背面产生冷缩孔，同时焊出一个缓坡，以利于接头。

2. 填充层的焊接

焊接填充焊道时也采用斜圆圈形运条法，电弧在上坡口处停顿的时间要比在下坡口处稍长，焊条与管子切线方向的夹角比焊接根部焊道时大5°左右。焊接速度要均匀一致，使填充焊道高低平整，以利于盖面层的焊接。仰焊部位开始引弧运条时，从上坡口开始过中心线10～15mm时向右斜拉，以斜圆圈形运条，使起头呈下坡口处高、上坡口处低的上尖角形斜坡状。收尾时，斜圆圈形运条由大到小，也呈尖角形斜坡，后半周焊接时在尖角处开始，用从小到大的斜圆圈形运条，直至平焊上接头，斜圆圈形运条由大到小，与前半周焊缝收尾的尖角形斜坡吻合。

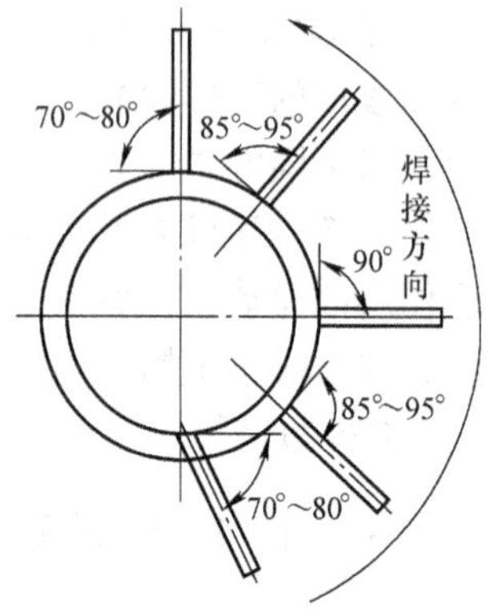

图1-187　焊条角度变化

3. 盖面层的焊接

盖面焊道的焊接仍采用斜圆圈形运条法。焊条摆动到两侧时，要有足够的停留时间，使铁液充分过渡，避免出现咬边现象，熔池大小以熔化上、下坡口各2mm为宜。

➢【任务实施】

一、焊前准备

1. 准备保护用品和工具

按规定穿戴好焊接劳动保护用品，准备焊接辅助工具，详见项目二中任务 1 的相应内容。

2. 准备工件

工件选用 20 钢管，规格为 ϕ60mm × 8mm × 125mm，加工成单边 30°V 形坡口，p = 1mm，每组两段，用气割下料。

3. 选择焊条和焊机

选用 E4303 型（J422）或 E5016 型（J506）焊条，直径分别为 ϕ2.5mm、ϕ3.2mm。E4303 型焊条焊前须经过 100 ~ 150℃ 烘干 1 ~ 2h，E5016 型焊条焊前须经 350 ~ 400℃ 烘干 1 ~ 2h,放在保温筒内备用。

焊机选用 BX3—300 型或 ZXG—300 型。

4. 确定焊接参数

管 45°倾斜固定单面焊双面成形的焊接参数见表 1-66。

表 1-66 管 45°倾斜固定单面焊双面成形焊接参数

焊接层次	焊条直径/mm	运条方法	焊接电流/A	焊接电压/V	焊接速度/（cm/min）
打底层	ϕ2.5	斜圆圈形运条	65 ~ 75	18 ~ 22	8 ~ 10
填充层	ϕ3.2	斜圆圈形运条	100 ~ 110	22 ~ 26	10 ~ 12
盖面层	ϕ3.2	斜圆圈形运条	90 ~ 100	22 ~ 26	10 ~ 12

5. 清理工件

用锉刀、砂布、钢丝刷等工具，清除坡口正、反面 20mm 范围内的铁锈、油污、氧化皮等，直至呈现金属光泽。用焊接检验尺测量工件坡口，达到图 1-183 的要求。

二、装配与焊接

1. 组装与定位焊

在由角钢制作的胎具上进行装配，定位焊使用的焊条与正式焊接时相同。定位焊缝的长度为 10 mm，组装间隙为 2.5 ~ 3.0mm，仰焊部位窄、平焊部位宽作为反变形量，以保证两节钢管的同轴度；错边量小于或等于 0.5mm；采用三点定位，并对装配位置和定位焊缝的质量进行检查，如图 1-188 所示。

工件的组装尺寸及定位焊要求见表 1-67。

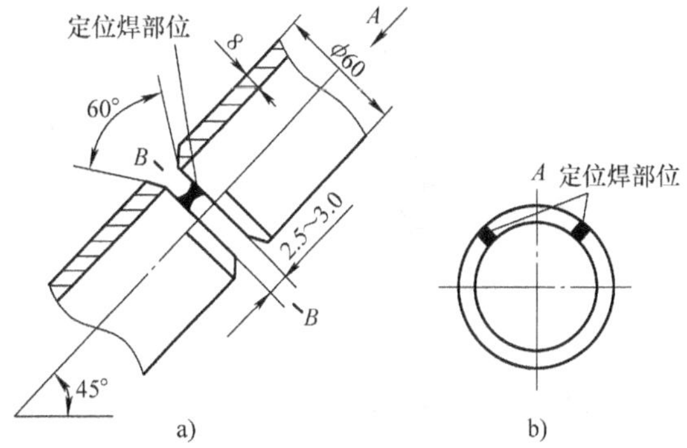

图 1-188 工件组装尺寸及定位焊部位
a）工件组装尺寸及定位焊部位主视图
b）工件定位焊部位 A 向视图

表 1-67　组装及定位焊要求

坡口角度	组装间隙/mm	定位焊方式	钝边/mm	错边量/mm
60°	始焊部位 2.5 始焊部位对应侧 3.0	前、后半部的斜平位置各定位焊 1 处	1.0	≤0.5

2. 打底层的焊接

（1）右半周的焊接　打底焊时，在仰焊部位引弧（电弧向上顶送），熔孔和熔池形成后，采用连续焊法以斜圆圈形运条，横向摆动，采用短弧，向上连续施焊。电弧在上坡口根部停留的时间比在下坡口根部稍长，上坡口根部熔化 1.0～1.5mm，下坡口根部熔化 0.5～1.0mm，熔孔呈椭球形。

（2）左半周的焊接　先将右半周焊缝引弧处打磨成缓坡，在距缓坡 5～10mm 处引弧，焊到缓坡底部再压送电弧，形成熔孔，然后按右半周焊接操作的方法向上施焊。注意斜平焊位置最后封闭点接头处的操作，一定要焊透且保证表面美观。

3. 填充焊道的焊接

1）清除打底层的熔渣、飞溅，并将焊缝接头处的过高部分打磨平整。

2）焊接填充层时，焊条与管子切线方向的夹角比焊接根部焊道时大 5°左右；采用斜圆圈形运条法，连续施焊。电弧在上坡口处停顿的时间要比在下坡口处稍长。收弧时，斜圆圈形运条由大到小，呈尖角形斜坡，下半周焊接时从尖角处开始，采用从小到大的斜圆圈形运条法。焊后的填充层焊道比坡口表面低 1～1.5mm，且不能破坏坡口棱边。

4. 盖面层的焊接

（1）盖面斜仰位置的焊接　在右半周焊道的上坡口处开始焊接，向右带至下坡口；斜圆圈形运条，起头处呈尖角斜坡形状。左半周焊缝从尖角下部开始焊接，由短到长斜圆圈形运条向上施焊。如图 1-189 所示，按序号 1→2→3 的顺序建立三个熔池，使熔池处于水平状态，并且一个比一个大，最后达到焊缝宽度，即到序号 4 时开始正常施焊，进入盖面焊。

焊接盖面层运条时，在坡口上部边缘稍作停留，再将电弧斜拉到下坡口边缘，然后返回上坡口边缘，保持每个熔池覆盖上、下坡口棱边各 1～2mm，如此反复一直到焊完，如图 1-190所示。

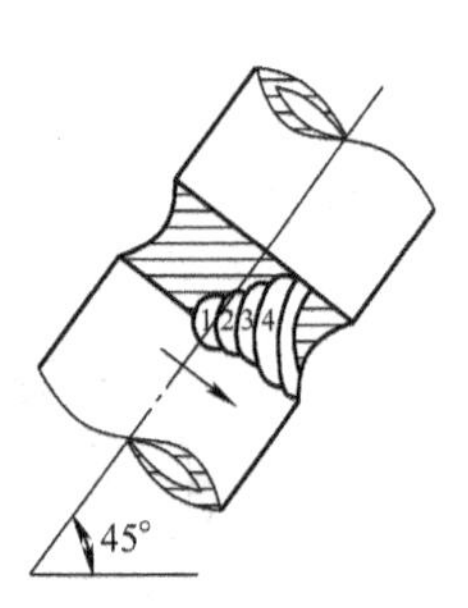

图 1-189　盖面焊的起头方法

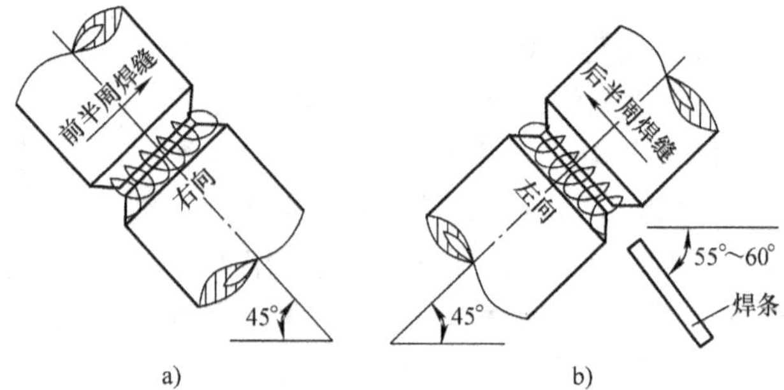

图 1-190　盖面焊的焊条角度及运条方法
a）前半周的焊接　b）后半周的焊接

（2）盖面斜平位置的焊接　焊到上部时，要使焊缝呈斜三角形，并焊过前焊缝 10～15mm；左半周焊缝与右半周焊缝收弧处应呈尖角形、斜坡状吻合，如图 1-191 所示。焊至后半周收尾时，焊条运条至三角收口区，使熔池逐个缩小，直至填满三角区后再收弧，如图 1-192所示。

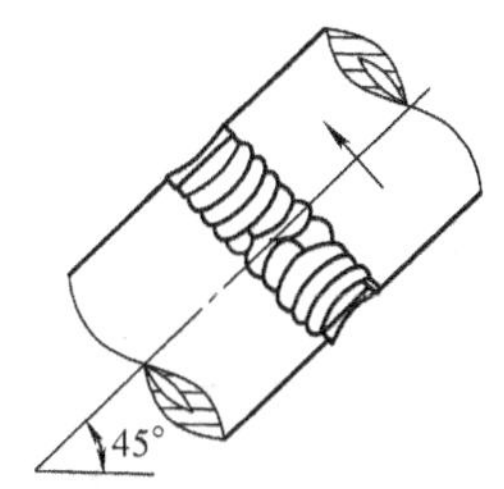

图 1-191　盖面层焊接的接头方法

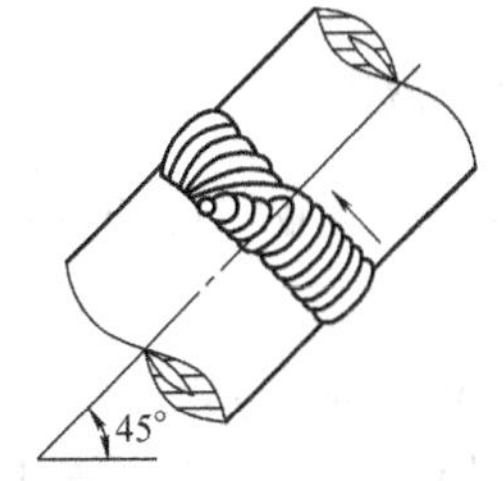

图 1-192　盖面层焊接的收尾方法

三、焊缝外观检测

1. 自检

及时校正操作姿势和运条方法，依据图 1-183 中的技术要求和表 1-67 校正和检测焊完清理好的工件，合格后进行互检和专检。

2. 互检和专检

参照项目二中任务 2 的相关内容进行互检和专检。

➢【任务评价】

管 45°倾斜固定单面焊双面成形评分标准见表 1-67。

表 1-67　管 45°倾斜固定单面焊双面成形评分标准

序　号	评 分 项 目	评 分 标 准	配　分	得　分
1	焊缝宽度	不大于 6mm 得 8 分，否则不得分	8	
2	焊缝宽度差	宽度允许相差 1mm，每超差 1mm 扣 4 分	8	
3	焊缝余高	不大于 3mm 得 8 分，否则不得分	8	
4	焊缝余高差	允许相差 1mm，每超差 1mm 扣 4 分	8	
5	焊缝烧穿	每烧穿一处扣 4 分	8	
6	夹渣	点状夹渣（≤2mm）每处扣 2 分，条状夹渣每处扣 4 分	8	
7	错边	错边量不大于 0. 5mm 不扣分，否则不得分	6	
8	焊瘤	出现焊瘤不得分	8	
9	接头成形	接头良好不扣分，脱节或超高一处扣 4 分	8	
10	咬边	咬边深度不大于 0. 5mm，每 1mm 长扣 1 分；连续长度大于或等于 6mm 或深度大于 0. 5mm 不得分	8	
11	弧坑	弧坑饱满，出现弧坑每处扣 2 分	6	
12	焊道填充	焊道填充不足不得分	6	
13	工件清理	工件要清洁，否则每处扣 2 分	4	
14	安全文明生产	服从管理，安全文明生产，否则每项扣 3 分	6	
总　分			100	

注：从开始引弧计时，该工件的焊接在 60min 内完成，每超出 1min，从总分中扣 2. 5 分。

思考与练习

一、选择题

1. 焊条电弧焊电源的外特性曲线越陡降，其短路电流（　　）。

A. 稳定　　B. 不变　　C. 越大　　D. 越小

2. 12CrMoV 钢和 20 钢焊条电弧焊时，应该选用（　　）焊条。

A. E5015　　B. E4313　　C. E5003　　D. E5027

3. 在焊接电弧中，阴极发射的电子向（　　）区移动。

A. 阴极　　B. 阳极　　C. 焊件　　D. 焊条端头

4. 电弧焊在焊接方法中之所以占主要地位，是因为电弧能有效而简单地把电能转换成熔化焊接过程所需要的（　　）。

A. 光能　　B. 化学能　　C. 热能和机械能　　D. 光能和机械能

5. 焊条电弧焊正常施焊时，电弧的（　　）曲线在 U 形曲线的水平段。

A. 静特性　　B. 外特性　　C. 动特性　　D. 内特性

6. 焊条电弧焊中，与电流在焊条上产生的电阻热有关的因素是（　　）。

A. 焊件厚度　　B. 药皮类型　　C. 焊接种类　　D. 电流密度

7. 用碱性焊条电弧焊时，药皮中的（　　）和氢在高温下会产生氟化氢，氟化氢是一种具有刺激气味的无色气体。

A. 碳酸钙　　B. 水分　　C. 氧化锰　　D. 萤石

8. 焊条电弧焊立焊操作时，若发现椭圆形熔池下部边缘由比较平直的轮廓变成鼓肚变圆，则表示熔池温度已稍高或过高，应立即灭弧，降低熔池温度，以避免产生（　　）。

A. 烧穿　　B. 咬边　　C. 焊瘤　　D. 气孔

9. 奥氏体不锈钢的焊接电流（A），一般取焊条直径（mm）的（　　）倍。

A. 15 ~ 20　　B. 25 ~ 30　　C. 35 ~ 40　　D. 45 ~ 50

10. 以下（　　）不是防止未熔合的措施。

A. 焊条角度和运条方式要合适　　B. 认真清理坡口和焊缝上的脏物

C. 采用稍大的焊接电流，焊接速度不可过快

D. 按规定参数严格烘干焊条

11. 下列说法不正确的是（　　）。

A. 电焊钳不得放置于焊件或电源上，以防止启动电源时发生短路

B. 焊工临时离开焊接现场时，不必切断电源

C. 焊接场地有腐蚀性气体或湿度较大时，必须做好隔离防护

D. 焊接电源安装、检修应由电工专门负责

12. 焊接弧光的（　　）辐射会对眼睛造成损害，有可能引起白内障。

A. 可见光　　B. 红外线　　C. 紫外线　　D. 高频

13. 在焊接过程中，焊条药皮熔化分解生成气体和熔渣，在（　　）下，有效排除了周围空气的有害影响。

A. 气、渣的联合保护　　B. 渣的保护

C. 气体保护　　D. 二氧化碳气体保护

14. 焊条电弧焊阳极温度比阴极温度高一些，这是由于（　　）要消耗一部分能量。

A. 阴极发射电子　　B. 阳离子撞击阴极斑点

C. 阴极发射离子　　D. 负离子撞击阴极斑点

15. 下列方法中能克服磁偏吹的是（　　）。

A. 选用同心度比较好的焊条　　B. 尽可能使用交流电焊机

C. 在焊接间隙较大的焊缝时，可以在焊缝下面加垫板

D. 在焊接管子时，必须将管子口堵住

16. 根据国家标准的规定，直径不大于 ϕ2.5mm 的焊条，其偏心度不应大于（　　）。

A. 4%　　B. 5%　　C. 7%　　D. 9%

17. V 形坡口对接仰焊时，焊接第二层以后的焊缝时宜采用（　　）运条法。

A. 直线形　　B. 锯齿形　　C. 斜圆圈形　　D. 三角形

18. 水平固定小直径管对接盖面焊时，应采用（　　）运条方法连续施焊。

A. 锯齿形　　B. 直线形　　C. 正三角形　　D. 斜三角形

19. 焊条电弧焊收弧方法中适用于薄板收弧的是（　　）。

A. 划圈收弧法　　B. 反复断弧收弧法

C. 回焊收弧法　　D. 以上三种均可

20. 焊条电弧焊焊接对接焊缝时，产生咬边的原因是焊接电流过大，（　　）。

A. 运条速度不当　　B. 电源极性　　C. 焊接电压过小　　D. 焊缝间隙过大

二、判断题

1. 焊条药皮在焊接过程中高温分解时会放出气体和形成熔渣，构成气-渣联合保护。（　　）

2. 焊条烘干的目的是去掉药皮中的水分，减少氢的来源，以防止热裂纹的产生。（　　）

3. 酸性焊条的特性中包括了良好的抗裂性。（　　）

4. 酸性焊条与碱性焊条相比，具有高的冲击韧性。（　　）

5. E4303 中的第三位数“0”表示全位置焊接。（　　）

6. E5015 焊条型号中最后两位数“15”表示适用电源种类和药皮类型。（　　）

7. 焊接不锈钢时，选择焊条的原则是按抗拉强度选择。（　　）

8. 如果焊件几何形状复杂、厚度大，应选用抗裂性好的碱性低氢型焊条进行焊接。（　　）

9. 当焊机没有接负载时，焊接电流为零，此时输出端的电压称为空载电压。（　　）

10. BX1—330 型和 BX3—300 型弧焊变压器，调节电流时，应在中断焊接的情况下进行。（　　）

11. BX1—330 型焊机型号中，字母“X”表示电源外特性是上升特性。（　　）

12. 直流正接法是焊条接焊机正极，工件接焊机负极。（　　）

13. 多道焊时，后道焊缝对前道焊缝的热影响效果相当于淬火处理。（　　）

14. 焊接前对焊件进行预热，会使母材的组织和性能发生变化。 ( )

15. 预热的目的是降低焊后冷却速度，减少淬硬倾向，防止冷裂纹的产生。 ( )

16. 焊缝接头热接法是在熔池处于红热状态下迅速进行的。 ( )

17. 手工电弧焊时，电弧长度与电压之间成反比关系。 ( )

18. 焊接过程中，减少电弧偏吹现象的措施是保持电弧长度不变。 ( )

19. 磁偏吹是由电弧周围的气流引起的。 ( )

20. 手工电弧焊的主要工艺参数有焊条直径、焊接电流、焊接层次等。 ( )

21. 无论是采用直流电源还是交流电源，焊件接焊接电源输出端的正极，焊条接输出端的负极，这种接线方法称为正接法。 ( )

22. 碱性低氢型药皮焊条只能选用直流弧焊电源。 ( )

23. 碱性焊条抗气孔的能力比酸性焊条差。 ( )

24. E4303、E5015 焊条均属于碱性焊条。 ( )

25. 凡是可以用于交流电源的焊条，都属于交、直流两用焊条。 ( )

26. 当选用直流电源进行焊条电弧焊时，为减少焊缝含氢量，应该采用反接法施焊。 ( )

27. 手工电弧焊焊工出汗或在潮湿地点焊接而发生触电的主要原因是焊机的空载电压过高。 ( )

28. 酸性焊条由于脱硫、脱磷较彻底，所以焊缝具有良好的抗裂性能。 ( )

29. 电弧的磁偏吹主要是由焊条偏心引起的。 ( )

30. 电弧偏离焊条轴线的现象叫电弧的磁偏吹。 ( )

31. 压力容器制造厂新进的焊条只需进行外观检验和药皮强度检验，若合格，即可入库发各车间使用。 ( )

32. 为去除氢对焊缝的不利影响，碱性焊条的烘干温度越高越好。 ( )

33. 焊条电弧焊其他条件一定时，电弧电压由弧长决定，电弧越长，电弧电压越高。 ( )

34. 凡是碱性低氢型焊条必须采用直流电流电源并且一定要反接。 ( )

35. E5015 是低氢钠型药皮的焊条，它具有良好的塑性、韧性和抗裂性能，可进行全位置焊接，交直流两用。 ( )

36. 在其他条件一定时，凹形角焊缝比凸形角焊缝的应力集中小得多。 ( )

37. 气孔、夹渣、偏析等焊接缺陷大多是在焊缝金属的二次结晶时产生的。 ( )

38. 15CrMo 钢手工电弧焊时，应选用型号为 E5515—B2（热 307）的焊条。 ( )

三、简答题

1. 简述焊条电弧焊焊接过程，它有哪些优缺点？
2. 焊条电弧焊时，焊接电源极性应如何选用？
3. 简述预防电弧偏吹的措施。
4. 简述焊芯的作用。
5. 简述药皮的作用。
6. 试述焊条 E4303 和 E5015 的含义。

7. 试述酸性焊条及碱性焊条的特点和用途。

8. 为什么焊条电弧焊时要采用具有陡降外特性的电源?

9. 焊条电弧焊焊接参数主要包括哪些?

10. 什么叫开坡口? 开坡口的目的是什么?

第二单元 CO_2气体保护焊技能训练

CO_2气体保护焊是将CO_2作为保护气体，依靠焊丝与焊件之间产生的电弧来熔化金属的气体保护焊方法，简称CO_2焊。

1. CO_2气体保护焊的优点

（1）生产率高

1）焊丝通过导电嘴送出并自动送给，且焊丝伸出长度较小，电阻较小，所以焊接电流密度大，通常为100～300A/mm²。

2）采用焊条电弧焊和埋弧焊时，有相当一部分热能用于熔化焊条药皮和焊剂，损失在辐射、金属烧损、飞溅等方面的热能很大。而采用CO_2气体保护焊时，电弧热能作用集中，焊丝的熔化效率高，母材的熔深大，焊接速度快。

3）焊后没有焊渣，特别是多层焊时，减少了清渣时间，因此提高了生产率（是焊条电弧焊的2～4倍）。

（2）焊接成本低　CO_2气体价格便宜，电能和焊接材料消耗少，对焊前准备要求低，焊后清渣和校正所需的工时也少。一般情况下，CO_2气体保护焊的成本是焊条电弧焊的37%～42%，约为氩弧焊的40%。

（3）焊接变形小　由于电弧热能集中和CO_2气体的冷却作用，焊件受热面积小，因此焊后变形小，在焊接薄板时较为突出。

（4）耐蚀能力强　由于CO_2气体保护焊过程中CO_2气体的分解，造成焊接区氧化性强，降低了焊缝对油、锈的敏感性，所以，焊前对工件表面的除锈要求低，可节省生产中的准备时间。

（5）焊接质量高，抗裂性能好　CO_2气体高温分解出的氧，与氢的结合能力强，提高了焊接接头抗冷裂纹的能力。

2. CO_2气体保护焊的缺点

与焊条电弧焊、埋弧焊相比，CO_2气体保护焊具有以下缺点：

1）CO_2气体在高温条件下的氧化性较强，合金元素烧损严重。

2）飞溅多，且飞溅物经常粘在导电嘴上，阻碍焊丝送给和保护气体喷出，从而影响焊接过程和保护效果。

3）焊缝表面成形较差。

4）焊接设备较为复杂。

项目一 平敷焊技能训练

➢【学习目标】

1）了解气体保护焊的原理，掌握保护气体的种类及用途。

2）能够在不同的场合选择不同的保护气体。

3）熟练掌握气体保护焊的焊机连线及操作（开机、关机、调节电流及送丝速度、送气机构等）。

➢【任务提出】

本任务通过平敷焊操作练习，学习 CO_2 气体保护焊常用的工具、辅具的使用方法，初步掌握引弧、运弧、收弧和连接接头等 CO_2 气体保护平敷焊的基本操作技术。

平敷焊工件如图 2-1 所示，板件材料为 Q235B，规格为 300mm × 150mm × 8mm。

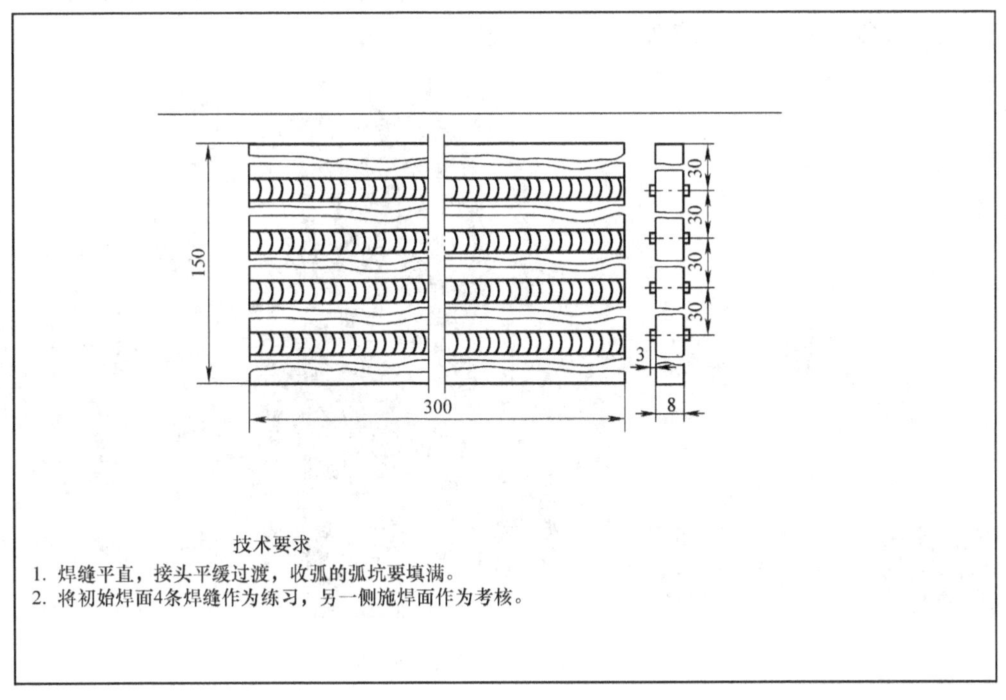

图 2-1 平敷焊工件图

➢【任务分析】

如图 2-1 所示，平敷焊在操作时易出现以下问题：初学者在施焊时容易将焊丝粘在工件上造成短路；运弧过程中，将焊丝向熔池送进时，易出现电弧长短不均现象，造成电弧燃烧不稳定，进而导致焊缝宽窄不均、高低不平；收弧时如果收弧方法不正确，则易出现弧坑；焊缝连接时，引弧与上次收弧时，若操作方法不当，会造成连接处成形不良等。因此，初学者应加强基本操作姿势和操作手法的稳定性训练，在钢板上进行双面平敷焊，同时要熟悉安全操作规程。

➢【相关知识】

一、CO_2气体保护焊的分类

CO_2气体保护焊按所用焊丝直径不同，可分为细丝 CO_2气体保护焊（焊丝直径为 $\phi0.5\sim\phi1.2$mm）和粗丝 CO_2气体保护焊（焊丝直径为 $\phi1.6\sim\phi5.0$mm）。

按操作方式不同，CO_2气体保护焊又可分为半自动 CO_2焊和自动 CO_2焊。两者的主要区别在于：半自动 CO_2焊是由手工操作焊枪控制焊缝成形，而送丝、送气等功能同自动 CO_2焊一样，由相应的机械装置自动完成。半自动 CO_2焊的适用性较强，可以焊接较短的或不规则的曲线焊缝，还可以进行定位焊操作，所以在生产中被广泛采用。而自动 CO_2焊主要用于较长的直线焊缝和环缝的焊接。

二、半自动 CO_2焊设备

生产中常用的半自动 CO_2焊设备如图 2-2 所示，它主要由焊接电源、焊枪、送丝机构、供气系统（气瓶、减压流量调节器）、控制系统等部分组成。

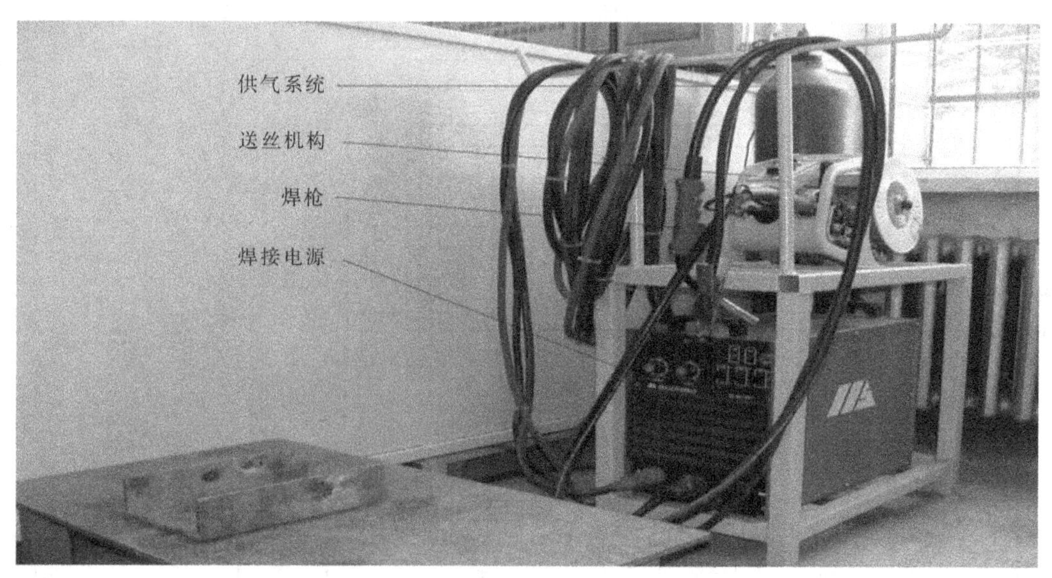

图 2-2 半自动 CO_2焊设备示意图

1. 焊接电源

CO_2焊采用交流电源焊接时，电弧不稳定，飞溅较大，所以必须使用直流电源。

细丝 CO_2气体保护焊通常选用平特性或缓降特性的电源，一般采用短路过渡进行焊接，电源短路电流的上升速率应能调节，以适应不同直径及成分的焊丝。

粗丝 CO_2气体保护焊一般采用均匀送丝机构配合下降特性的电源，采用弧压反馈调节来保持弧长的稳定。粗丝 CO_2气体保护焊时一般是细滴过渡，采用直流反接，这种熔滴过渡对电源动特性无特殊要求。

2. 控制系统

控制系统的作用是对 CO_2气体保护焊的供气、送丝和供电系统进行控制。自动焊时，控制系统还要控制焊接小车行走和焊件运转等动作。目前，我国生产使用较广的 NBC 系列半自动 CO_2焊机有 NBC—160 型、NBC—350 型及 NB—350 型（图 2-3a）等。

3. 供气系统

供气系统的作用是使气瓶内的液态 CO_2变成符合质量要求、具有一定流量的 CO_2气体，并均匀地从焊枪喷嘴中喷出，有效地保护焊接区。

CO_2供气系统由气瓶、预热器、干燥器、减压器、流量计和气阀等组成。瓶装的液态 CO_2汽化时要吸热，吸热反应会使气阀及减压器冻结，所以在减压器之前须经预热器加热，并在输送至焊枪之前，应经过干燥器吸收 CO_2气体中的水分，使保护气体符合焊接要求。减压器是将瓶内高压的 CO_2气体调节为符合工作要求的低压气体。流量计控制和测量 CO_2气体的流量，以形成良好的保护气体。电磁气阀控制 CO_2气体的接通与关闭。现在生产的减压流量调节器将预热器、减压器、流量计合为一体，使用起来很方便，如图 2-3b 所示。

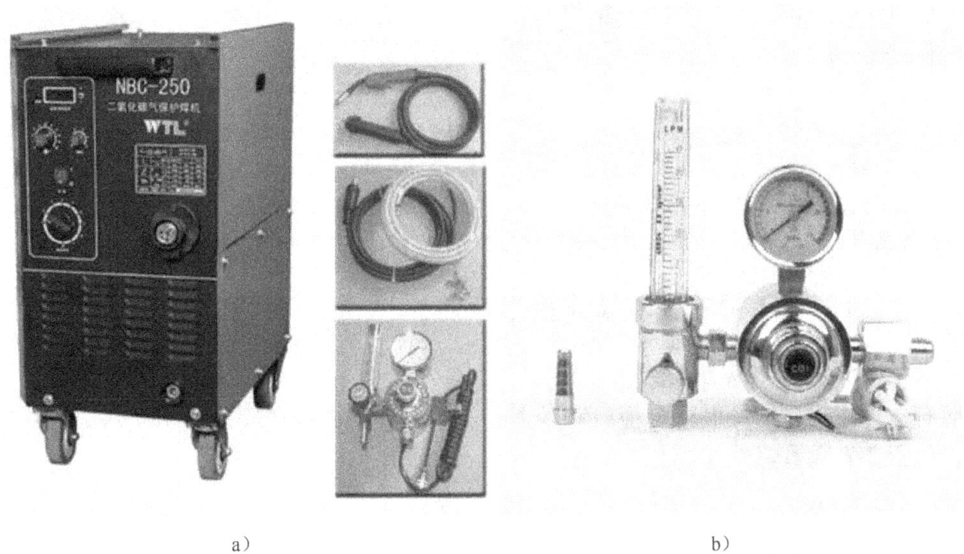

a）　　b）

图 2-3　焊机及减压流量调节器

a）NB—350 型 CO_2焊机　b）CO_2减压流量调节器

4. 焊枪

焊枪的作用是导电、导丝和导气。按送丝方式，焊枪可分为推丝式焊枪和拉丝式焊枪；按结构可分为鹅颈式焊枪（图 2-4）和手枪式焊枪；按冷却方式可分为空气冷却焊枪和内循环水冷却焊枪。其中，鹅颈式焊枪应用最为广泛。

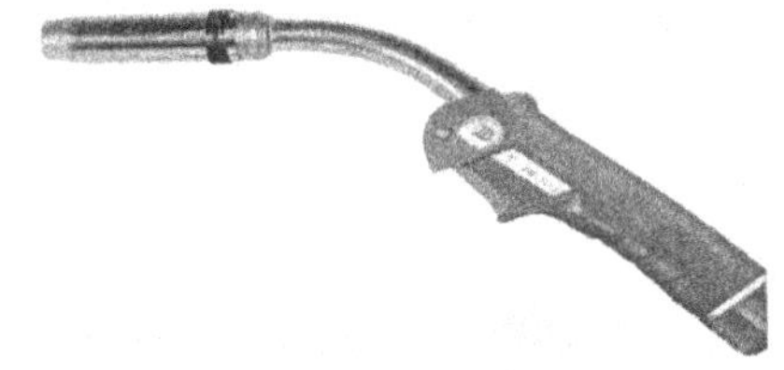

图 2-4　鹅颈式焊枪

5. 送丝系统

在焊接过程中，送丝系统的作用是自动、均匀和连续地送进焊丝。送丝系统由电动机、减速器、校直轮、送丝滚轮、送丝软管、焊丝盘等组成。半自动 CO_2焊的焊丝送进方式为等速送丝，其送丝方式主要有拉丝式、推丝式和推拉丝式三种，如图 2-5 所示。

CO_2焊的焊接过程如图 2-6 所示。焊接电源的两输出端分别接在焊枪与焊件上。盘状焊丝由送丝机构带动，经软管与导电嘴不断向电弧区域送进，同时，CO_2气体以一定的压力和流量进入焊枪，通过喷嘴后形成一股保护气流，使熔池和电弧与空气隔绝。随着焊枪的移动，熔池金属冷却凝固形成焊缝。

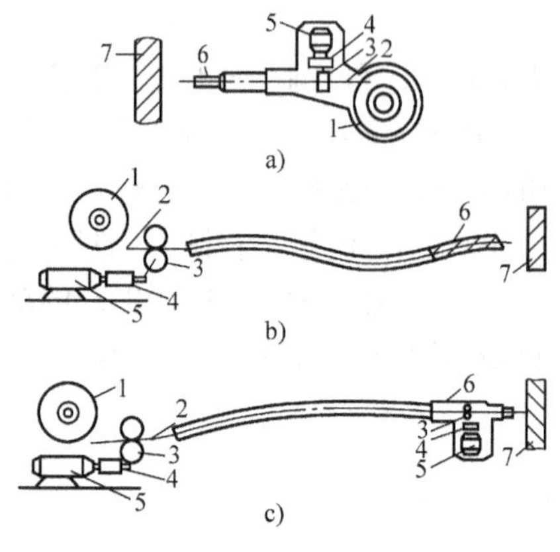

图 2-5 送丝方式

a）拉丝式 b）推丝式 c）推拉丝式

1—焊丝盘 2—焊丝 3—送丝滚轮

4—减速器 5—电动机 6—焊枪 7—焊件

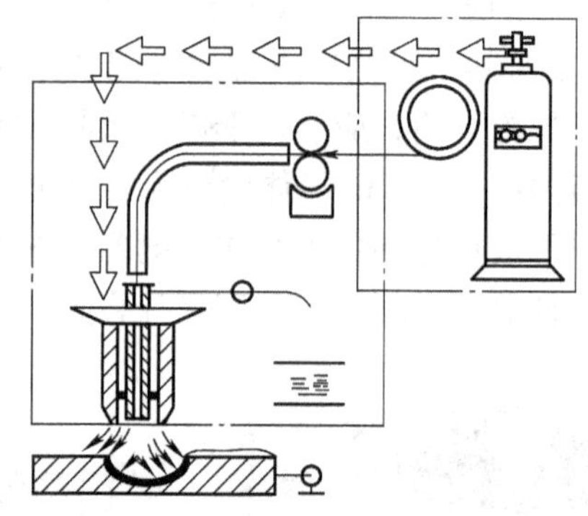

图 2-6 CO_2气体保护焊焊接过程示意图

三、半自动 CO_2焊的基本操作技术

1. 持焊枪的姿势和焊接姿势

应右手持焊枪，肘部靠在身体右侧腰部，左手拿面罩。焊接姿势有站立式、坐式和蹲式三种，如图 2-7 所示。

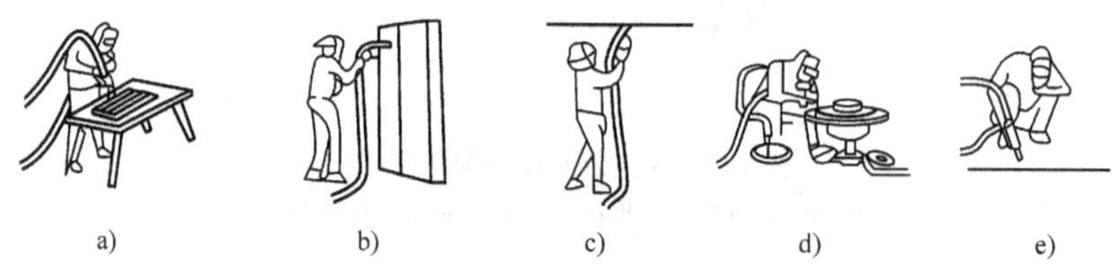

图 2-7 焊接姿势

a）、b）、c）站立式 d）坐式 e）蹲式

2. 引弧

CO_2气体保护半自动焊通常采用短路接触法引弧，一般只需一次引弧即可。引弧前先点动焊枪开关送出一段焊丝，焊丝伸出长度应小于喷嘴与焊件间应保持的距离，且端部不应有球滴，否则应剪去端部球滴。将焊枪保持 10°～15°的倾角，焊丝端部与焊件的距离为 2～3mm，喷嘴与焊件相距 10～18mm。起动焊枪开关，随后自动送气、送电、送丝，直至焊丝与焊件相碰短路后自动引燃电弧。短路后，焊枪有自动顶起的倾向，故要稍用力下压焊枪，然后缓慢引向待焊处，当焊缝金属熔合后，再以正常的速度施焊。

3. 焊接

（1）左向焊法及右向焊法 焊接过程中，可以采用左向焊法，也可以采用右向焊法。

如图 2-8 所示，焊枪自右向左移动称为左向焊法，自左向右移动称为右向焊法。采用左向焊法时，喷嘴不会挡住视线，焊工能清楚地观察接缝和坡口，不易焊偏；熔池受电弧的冲刷作用小，能得到较大的熔宽，焊缝成形美观，使用较为普遍。采用右向焊法时，熔池可见度及气体保护效果好，但因焊丝直指熔池，电弧对熔池有冲刷作用，会使焊波增高；另外，由于焊丝、焊枪遮挡了未焊的焊缝，所以容易焊偏。CO_2 气体保护焊一般采用左向焊法，焊丝前倾角为 10°～15°。

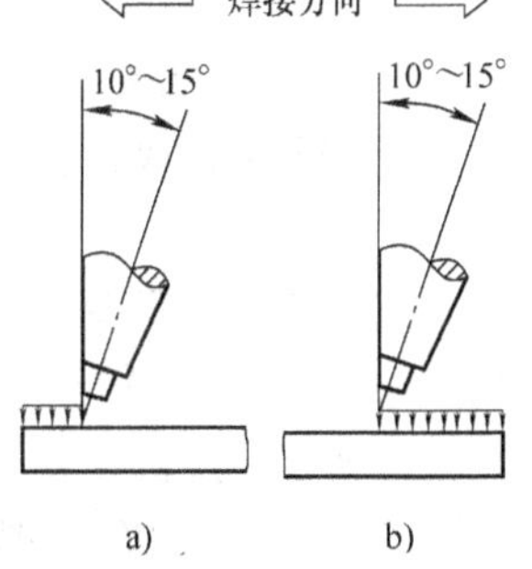

图 2-8　焊接方向
a）左向焊法　b）右向焊法

焊接过程中，要保持焊枪有合适的倾角和喷嘴高度，且沿焊接方向均匀地移动，必要时，焊枪还要作横向摆动。

（2）摆动技术　细丝焊接时，适当地摆动焊枪可以改善熔透性和焊缝成形。摆动不仅要有一定的速度及停留时间，还要有一定的形状，摆动方式与焊条电弧焊时相同。常用的摆动方式有锯齿形、月牙形、正三角形、斜圆圈形等，如图 2-9 所示。

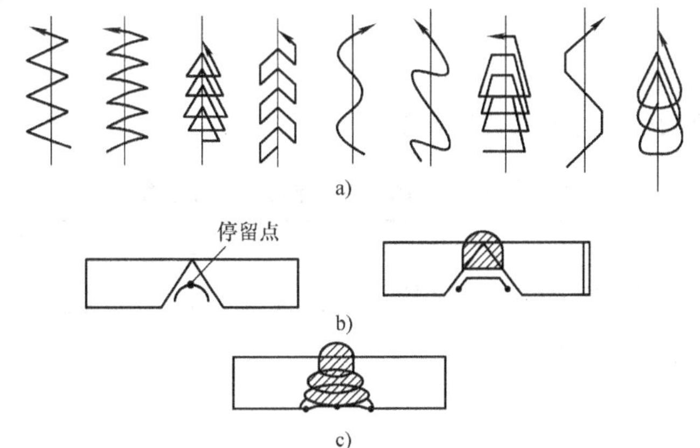

图 2-9　焊枪摆动方式和焊枪停顿点示意图
a）打底层停留点　b）中间层停留点　c）盖面层停留点

4. 收尾

细丝 CO_2 焊焊接时，收尾过快易在弧坑处产生裂纹及气孔，如焊接电流与送丝同时停止，会造成粘丝。故在收尾时应在弧坑处稍作停留，然后慢慢抬起焊枪，使熔敷金属填满弧坑后再熄弧。焊机有弧坑控制电路时，焊枪应在收弧处停止前进，同时接通此电路，焊接电流与电弧电压自动变小，待熔池填满时断电。

5. 接头的处理

将待焊接头处打磨成斜面，在斜面顶部引弧，引燃电弧后，将电弧移至斜面底部，转一圈返回引弧处后再继续左向或右向焊接。

【任务实施】

为完成图 2-1 所示平敷焊工件的焊接，应掌握引弧、连接接头、收尾的正确操作方法，能熟练、正确地选用各种操作技术，并掌握焊接时的正确操作姿势。焊接任务的实施应按以下步骤进行。

一、焊前准备

1. 焊件的准备

1）板料 1 块，材料为 Q235B 钢，板件的尺寸为 300mm × 150mm × 8mm，如图 2-10 所示。

2）校平并清理板件上的油污、铁锈及其他污物，直至露出金属光泽。

2. 焊接材料

选择 H08Mn2SiA 焊丝，焊丝直径为 ϕ1.0mm，注意使用前对焊丝表面进行清理。CO_2 气体的纯度要求达到 99.5%。

3. 焊接设备

选择 NB—350 型 CO_2 气体保护焊半自动焊机。

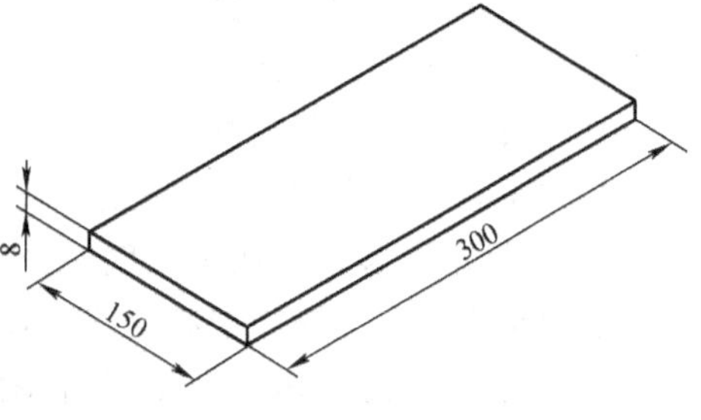

图 2-10　板件备料图

二、焊接

1. 焊接参数的选择

CO_2 气体保护平敷焊的焊接参数见表 2-1。

表 2-1　CO_2 气体保护平敷焊的焊接参数

焊丝直径/mm	焊接电流/A	电弧电压/V	焊接速度/（m/h）	CO_2 气体流量/（L/min）
ϕ1.0	130 ~ 140	22 ~ 24	18 ~ 30	10 ~ 12

2. 焊接操作

（1）引弧

1）采用直接短路法引弧，引弧前保持焊丝与焊件之间有 2 ~ 3mm 的距离（不要接触过紧），喷嘴与焊件间有 10 ~ 15mm 的距离。

2）按动焊枪开关，引燃电弧。此时焊枪有抬起趋势，必须用均衡的力来控制好焊枪，将焊枪向下压，尽量减少焊枪回弹，保持喷嘴与焊件间的距离。

（2）直线焊接　直接焊接形成的宽度稍窄，焊缝偏高，熔深要浅些。在操作过程中，整条焊缝的形成，往往在始焊端、焊缝的连接、终焊端等处最容易产生缺陷，所以在这些位置要采取特殊处理措施。

1）始焊端。始焊端的焊件处于较低的温度，应在引弧之后，先将电弧稍微拉长一些，对焊缝端部进行适当预热，然后压低电弧进行起始端的焊接，如图 2-11a、b 所示，这样可以获得具有一定熔深和成形比较整齐的焊缝。图 2-11c 所示为采用过短的电弧起焊而造成的焊缝成形不整齐。

若是重要焊件的焊接，可在焊件端加引弧板，将引弧时容易出现的缺陷留在引弧板上。

2）焊缝的连接。焊缝接头连接时接头的好坏直接影响焊缝质量，其接头的处理如图 2-12所示。

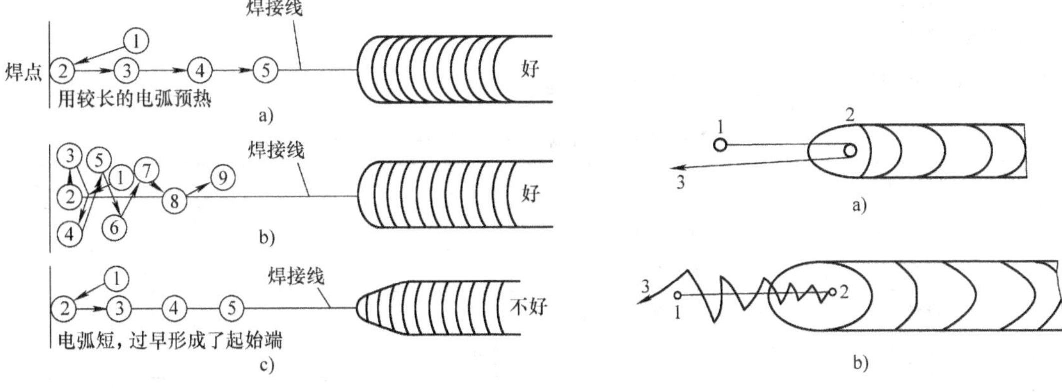

图 2-11 始焊端运丝法对焊缝成形的影响
a）长弧预热起焊的直线焊接
b）长弧预热起焊的摆焊接
c）短弧起焊的直线焊接

图 2-12 焊缝接头的连接方法
a）直线焊缝连接 b）摆动焊缝连接

直线焊缝连接的方法是：在原熔池前方 10～20mm 处引弧，然后迅速将电弧引向原熔池中心，待熔化金属与原熔池边缘吻合后，再将电弧引向前方，使焊丝保持一定的高度和角度，并以稳定的速度向前移动，如图 2-12a 所示。

摆动焊缝连接的方法是：在原熔池前方 10～20mm 处引弧，然后以直线方式将电弧引向接头处，在接头中心开始摆动，并在向前移动的同时，逐渐加大摆幅（保持形成的焊缝与原焊缝宽度相同），最后转入正常焊接，如图 2-12b 所示。

3）终焊端。焊缝终端若出现过深的弧坑，会使焊缝收尾处产生裂纹和缩孔等缺陷。采用细丝 CO_2气体保护短路过渡焊接时，其电弧长度短，弧坑较小，不需要进行专门处理；若采用直径大于 ϕ1.6mm 的粗丝、大电流焊接并使用长弧喷射过渡，则弧坑较大且凹坑较深。所以在收弧时，如果焊机没有电流衰减装置，应采用多次断续引弧方式填充弧坑，直至将弧坑填平。

（3）焊丝摆动 摆动焊接时，横向摆动时的运丝角度和起始端的运丝要领与直线焊接相同。在横向摆动运丝时，要注意对以下要领的掌握：左右摆动的幅度要一致，摆动到焊缝中心时速度应稍快，到两侧时则要稍作停顿；摆动的幅度不能过大，否则熔池温度高的部分将不能得到良好的保护。一般摆动幅度限制在喷嘴内径的 1.5 倍范围内。

三、焊缝外观检测

1. 自检

依据表 2-2，对焊完清理好的工件进行校正和检测，检测工件时，要正确运用焊接检验尺，检测的操作内容在评分标准范围内为合格。

2. 互检

参照相关评分标准，与同组同学对各自焊完清理好的工件进行互相检测，并指出不足，相互讨论，然后将结果汇报给相应教师，由教师作出准确结论。

3. 专检

教师对学生焊接操作过程中不准确的动作、焊丝摆动方式及各参数的选定等进行巡回检查，有问题应及时纠正。

➢【任务评价】

CO_2气体保护平敷焊的评分标准见表 2-2。

表 2-2　CO_2气体保护平敷焊的评分标准

序号	评 分 项 目	评 分 标 准	配分	得分
1	焊缝长度	280～300mm，每短 5mm 扣 2 分	10	
2	焊缝宽度	14～18mm，每超 1mm 扣 2 分	10	
3	焊缝高度	1～3mm，每超 1mm 扣 2 分	10	
4	焊缝成形	要求波纹细、均匀、光滑，不符合要求每处扣 2 分	8	
5	平直度	要求基本平直、整齐，不符合要求每处扣 2 分	8	
6	起焊熔合	要求起焊饱满、熔合好，不符合要求每处扣 2 分	10	
7	弧坑	出现弧坑每处扣 2 分	10	
8	接头	要求不脱节、不凸高，每处接头不良扣 2 分	10	
9	夹渣、气孔	缺陷尺寸≤1mm，每个扣 1 分；缺陷尺寸≤2mm，每个扣 2 分；缺陷尺寸≤3mm，每个扣 3 分；缺陷尺寸＞3mm，每个扣 5 分	14	
10	工件清理	工件要清洁，否则每处扣 2 分	4	
11	安全文明生产	服从管理，安全文明生产，否则每项扣 3 分	6	
总分			100	

注：从开始引弧计时，该工件的焊接在 60 min 内完成，每超出 1min，从总分中扣 2. 5 分。

项目二　板对接平焊技能训练

➢【学习目标】

1）了解 CO_2气体保护板对接平焊的焊接特点及适用范围。

2）掌握 CO_2气体保护板对接平焊的技术要求及操作要领。

3）学会制订 CO_2气体保护板对接平焊的装配焊接方案，能够正确选择板对接平焊的焊接参数。

➢【任务提出】

按图 2-13 的要求，学习 CO_2气体保护板对接平焊的基本操作技能，完成工件的焊接任务，达到工件图样技术要求。

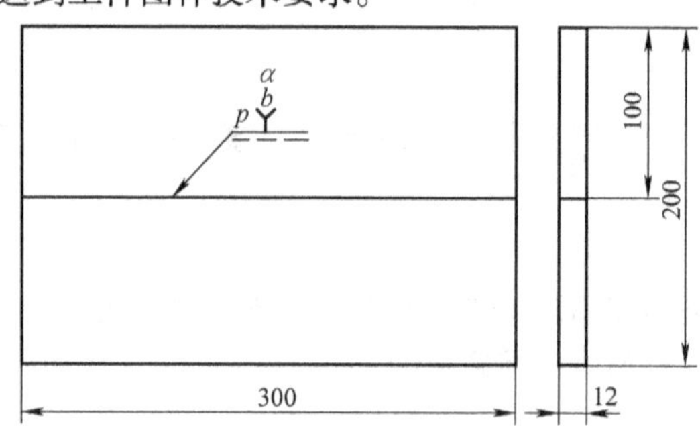

技术要求
1.焊接方法采用半自动CO_2焊。
2.试件材质为Q235。
3.接头形式为板对接接头，焊接位置为平焊。
4.根部间隙b=2.5～3.0,α=60°, p=0.5～1。

图 2-13　CO_2气体保护板对接平焊工件图

➢【任务分析】

板对接平焊单面焊双面成形是其他位置焊接操作的基础。由于钢板下部悬空，造成熔池悬空，液体金属在重力和电弧吹力的作用下，极易下坠。若焊接参数选择不合适或操作不当，则打底焊时容易在根部产生焊瘤、烧穿、未焊透等缺陷。因此，焊接过程中要根据装配间隙和熔池的温度变化情况，及时调整焊枪的角度、摆动幅度和焊接速度，控制熔池和熔孔的尺寸，保证正、反两面焊缝成形良好。

➢【相关知识】

一、CO_2焊的熔滴过渡

CO_2焊属于熔化极电弧焊，熔滴过渡的形式与选择的焊接参数和相关工艺因素有关。应根据焊接构件的实际情况，确定粗、细丝 CO_2焊的焊接方式，选择合适的焊接参数，以获得所希望的熔滴过渡形式，从而保证焊接过程的稳定性，减少飞溅，得到理想的焊缝。

CO_2焊的熔滴过渡主要有短路过渡和滴状过渡两种形式。

1. 短路过渡

CO_2焊在采用细焊丝、小电流和低电压焊接时，熔滴呈短路过渡。短路过渡时，弧长很短，焊丝端部熔化形成的熔滴与熔池表面接触而短路，电弧熄灭，形成焊丝与熔池之间的液体金属过桥。此时，熔滴在重力、表面张力和电磁收缩力等力的作用下很快脱离焊丝端部而过渡到熔池，随后电弧又重新引燃。如此周期性地短路→燃弧交替进行，如图 2-14a 所示。短路过渡时，电弧的燃烧、熄灭和熔滴过渡过程均很稳定，飞溅也小，焊缝成形好，所以适用于薄板及全位置焊接。

2. 滴状过渡

滴状过渡有两种形式。一是大颗粒过渡，这时的焊接电流、电弧电压比短路过渡时稍高，熔滴较大且不规则，易形成偏离焊丝轴线方向的非轴向过渡，如图 2-14b 所示。这种大颗粒非轴向过渡的电弧不稳定，飞溅很大，焊缝成形差，在实际生产中不宜采用。二是细滴过渡，这时的焊接电流、电弧电压进一步增大，由于电磁收缩力的加强，熔滴细化，过渡的速度也随之加快。虽然仍为非轴向过渡，但飞溅相对减少，电弧较稳定，焊缝成形较好，故在生产中应用较广泛。粗丝 CO_2焊滴状过渡时，由于焊接电流较大，电弧穿透力强，母材的焊缝厚度较大，故多用于中、厚板的焊接。

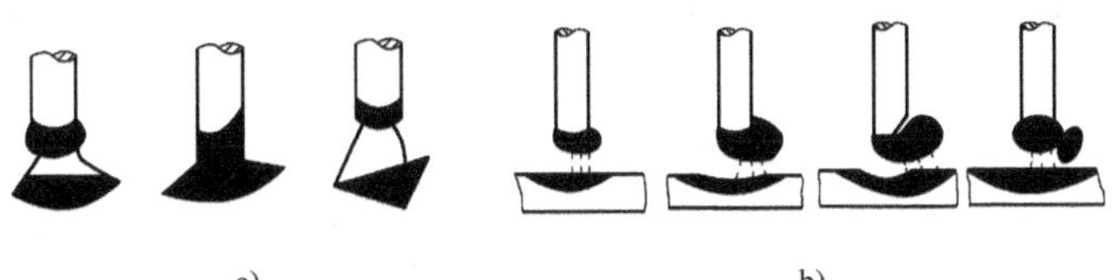

a)　　　　b)

图 2-14　熔滴过渡形式

a）短路过渡　b）滴状过渡

二、半自动 CO_2焊设备的使用和保养

CO_2焊是我国重点推广使用且在生产中被广泛应用的一种焊接技术，正确使用和合理保

养其焊接设备，对提高生产率和保证设备的完好率起着重要的作用。

1. 设备的正确使用

1）严格按设备接线图进行接线，接地线要可靠。

2）将 CO_2 预热器电源线与焊机相应的接头连接好，打开气瓶阀，调节气体流量。

3）接通电源及气源，旋开控制电源开关，指示灯亮。

4）打开送丝机构上的压丝手柄，将焊丝通过导丝孔送入送丝滚轮的 V 形槽内，然后进入软管。

5）合上压丝手柄，按下焊枪上的开关，使焊丝到达焊枪的出口处。

6）调整好焊接参数，再按压下焊枪上的开关，即可进行焊接。

7）焊接结束时，松开焊枪上的开关，焊接主电路和送丝电路立即切断，CO_2 气体滞后自行关闭。

8）关闭预热器开关，控制好电源开关及气源，打开送丝机构的压丝手柄。

9）使用中，应按相应的负载持续率使用焊机。

10）连续使用时，注意随时清除喷嘴内的飞溅物，在喷嘴内外应经常擦涂硅油。

2. 设备的日常维护和焊接材料的正确使用

1）经常观察导电嘴的磨损情况，磨损严重时应及时更换。

2）经常观察送丝机构各零件的使用情况，以便及时清理和更换。

3）不能压踩送丝软管和焊枪。

4）焊机长期不用时，应将焊丝从软管中抽出，避免锈蚀。

5）使用中，应增强安全意识，经常检查电缆的绝缘情况，避免短路和发生触电事故。

6）定期检查电源、控制部分各触点及保护元件的工作情况，如有接触不良或损坏，应及时修复或更换。

7）使用 CO_2 气体时，应注意以下事项：

①初次使用气瓶时，应稍微打开气瓶上的气阀，吹去阀口处的杂物，并马上关闭阀门。

②禁止用电磁起重装置、钢丝绳起吊气瓶。

③减压器应采取防冻措施，若不慎冻结，不可用明火加热解冻。

④CO_2 气瓶应倒置 1 ~ 2h 后，间隔 0.5h 放水 2 ~ 3 次进行提纯；使用前正置 1 ~ 2h，放杂气 2min 后再使用。

⑤气体流量的大小应按焊接工艺的要求确定。

⑥更换气瓶时，一般需留不小于 0.1MPa 的表压，防止再次灌气时空气混入瓶内，使气体不纯。CO_2 气瓶呈铝白色，上面写有黑色的“二氧化碳”字样，常温下满瓶时的气压可达到 5 ~ 7MPa。

⑦工作完毕，应及时将气瓶上的截止阀关闭，戴好瓶上的护帽。

8）焊丝直径的选用要根据焊接时的熔滴过渡形式、单层可焊接的板厚和施焊位置综合考虑。可参考表 2-3 选用焊丝的直径。

表 2-3　焊丝直径的选择

焊丝直径/mm	熔滴过渡形式	可焊板厚/mm	施 焊 位 置
φ0.5～φ0.8	短路过渡	0.4～3	各种位置
	滴状过渡	2～4	平焊、横焊
φ1～φ1.2	短路过渡	2～8	各种位置
	滴状过渡	2～12	平焊、横焊
φ1.6	短路过渡	3～12	平焊、横角焊
	滴状过渡	>8	平焊、横角焊
φ2～φ2.5	滴状过渡	>10	平焊、横角焊

➢【任务实施】

一、焊前准备

1. 焊件的准备

1）板料 2 块，材料为 Q235 钢，板件的尺寸为 300mm × 100mm × 12mm，坡口尺寸如图 2-15所示。

2）校平并清理工件坡口及坡口两侧 20mm 范围内的油污、铁锈及其他污物，直至露出金属光泽。

2. 焊件装配技术要求

要求装配间隙为 2～2.5mm，反变形角度为 3°，错边量≤1.2mm，如图 2-16 所示。

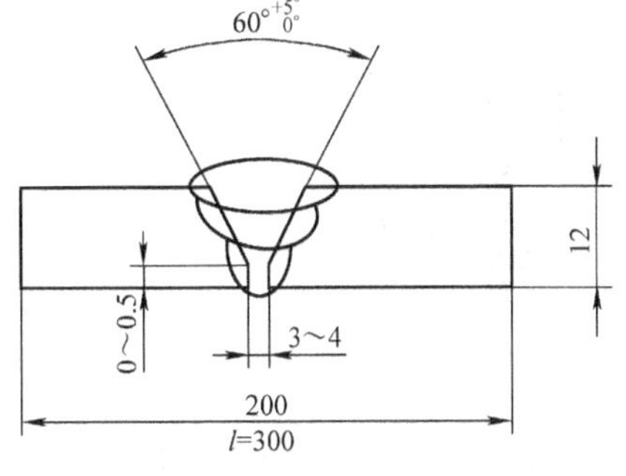

图 2-15　板件备料图

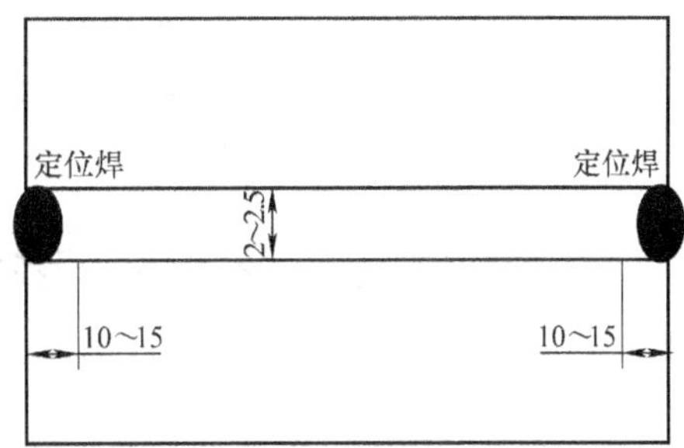

图 2-16　板对接平焊装配图

3. 焊接材料

选择 H08Mn2SiA 焊丝，焊丝直径为 φ1.0mm，注意使用前对焊丝表面进行清理。CO_2气体的纯度要求达到 99.5%。

4. 焊接设备

选择 NB—350 型 CO_2气体保护焊半自动焊机。

二、装配与焊接

1. 定位焊

采用 H08Mn2SiA 焊丝进行定位焊，并点焊于试件坡口内侧，焊点长度为 15～50mm，如

图 2-17 所示，并对定位焊位置和定位焊缝的质量进行检查。

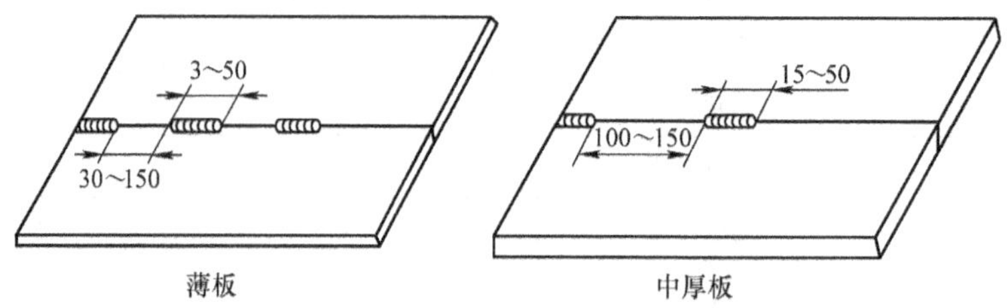

图 2-17　组装中定位焊的焊缝长度

2. CO_2 气体保护板对接平焊的焊接参数的选择见表 2-4。

表 2-4　CO_2 气体保护板对接平焊的焊接参数

焊层	焊丝直径/mm	焊丝伸出长度/mm	焊接电流/A	电弧电压/V	CO_2气体流量/（L/min）
定位层	ϕ1.0	7~13	80~90	19~21	10~15
封底层			80~90	19~21	10~15
填充层			150~160	21~23	15
盖面层			150~160	21~23	15

3. 焊接操作要点

采用左向焊法，焊接层次为三层三道，焊枪角度如图 2-18 所示。

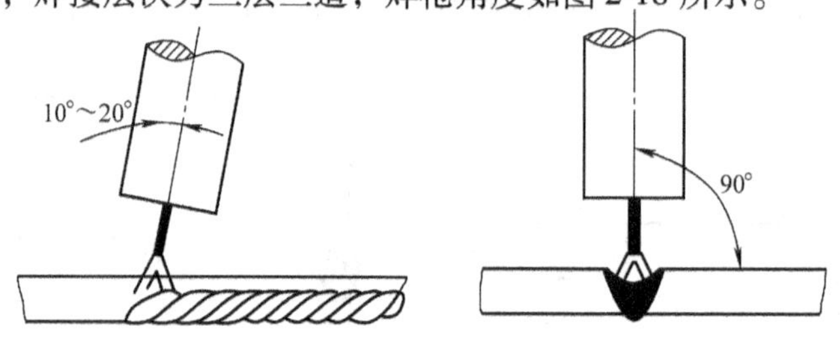

图 2-18　焊枪角度

（1）打底层的焊接　将试件间隙小的一端放于右侧，在离试件右端定位焊焊缝约 20mm 坡口的一侧引弧，然后开始向左焊接打底焊道，焊枪沿坡口两侧作小幅度横向摆动，当坡口底部熔孔直径达 ϕ2~ϕ3mm 时，转入正常焊接。

打底焊时的注意事项如下：

1）电弧始终在坡口内作小幅度横向摆动，并在坡口两侧稍微停留，如图 2-19 所示，使熔孔直径比间隙大 0.5~1mm。焊接时，应根据间隙和熔孔直径的变化调整横向摆动幅度和焊接速度，尽可能维持熔孔直径不变，以获得宽窄和高低均匀的反面焊缝。

2）依靠电弧在坡口两侧的停留时间，保证坡口两侧熔合良好，使打底焊道两侧与坡口结合处稍下凹，焊道表面平整，如图 2-20 所示。

3）打底焊时，要严格控制喷嘴的高度，电弧必须在离坡口底部 2~3mm 处燃烧，保证打底层厚度不超过 4mm。

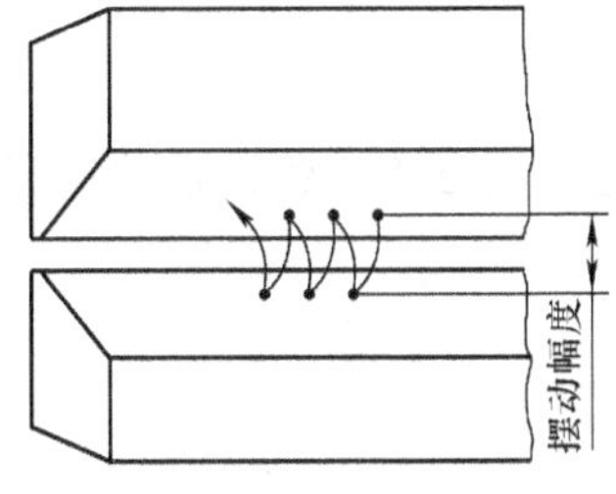

图 2-19　无垫板对接焊缝根部焊道的运条图
（焊丝横摆到圆点“·”处稍停留）

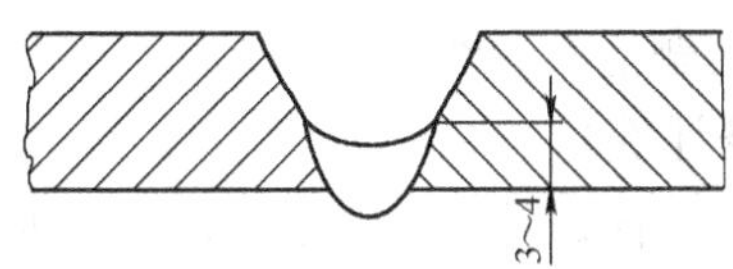

图 2-20　打底焊道

（2）填充层的焊接　调整填充层焊接参数，在试板右端开始焊填充层。焊枪的横向摆动幅度稍大于打底层。注意熔池两侧的熔合情况，保证焊道表面平整并稍下凹，并使填充层的高度略低于母材表面 1.5 ~2mm，焊接时不允许烧化坡口棱边。

（3）盖面层的焊接　调整好盖面层的焊接参数后，从右端开始焊接，需要注意下列事项：

1）保持喷嘴高度，焊接熔池边缘应超过坡口棱边 0.5 ~1.5mm，并防止咬边。

2）焊枪横向摆动幅度应比填充焊时稍大，尽量保持焊接速度均匀，使焊缝外形美观。

3）收弧时一定要填满弧坑，并且收弧弧长要短，以免产生弧坑裂纹。

4）终止焊接时，填满弧坑的处理方法如图 2-21 所示。

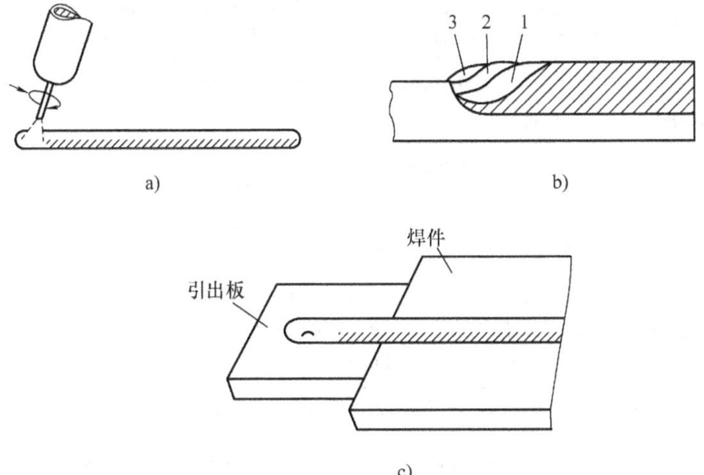

图 2-21　填满弧坑的处理方法
a）回转法　b）断续回焊法　c）使用引出板

三、焊缝外观检测

1. 自检

及时校正操作姿势和运丝方法，依据图 2-13 中的技术要求和表 2-5 校正和检测焊完清理好的工件，合格后进行互检和专检。

2. 互检

参照相关评分标准，与同组同学对各自焊完清理好的工件进行互相检测，并指出不足，相互讨论，然后将结果汇报给相应教师，由教师作出准确结论。

3. 专检

教师对学生焊接操作过程中不准确的动作、焊丝摆动方式及各参数的选定等进行巡回检查，有问题应及时纠正。

➢【任务评价】

CO_2 气体保护板对接平焊评分标准见表 2-5。

表 2-5　CO_2气体保护板对接平焊评分标准

序号	评分项目	评分标准	配分	得分
1	焊缝宽度	焊缝每侧宽 0.5～2mm，每超 1mm 扣 1 分	3	
2	焊缝宽度差	≤3mm，每超 1mm 扣 1 分	3	
3	焊缝余高	1～3mm，每超 1mm 扣 1 分	5	
4	咬边	深度＞0.5mm，扣 5 分；深度≤0.5mm，每 3mm 长扣 2 分	5	
5	焊缝成形	要求波纹细、均匀、光滑，不符合要求每处扣 1 分	3	
6	未焊透	深度＞1.5mm，扣 5 分；深度≤1.5mm，每 3mm 长扣 2 分	5	
7	起焊熔合	起焊饱满、熔合好，不符合要求每处扣 1 分	3	
8	弧坑	出现弧坑每处扣 2 分	5	
9	接头	不脱节、不凸高，每处接头不良扣 2 分	5	
10	夹渣、气孔	缺陷尺寸≤1mm，每个扣 1 分；缺陷尺寸≤2mm，每个扣 2 分；缺陷尺寸≤3mm，每个扣 3 分；缺陷尺寸＞3mm，每个扣 5 分	5	
11	背面凹坑	深度＞2mm，扣 3 分；深度≤2mm，每 5mm 长扣 1 分	3	
12	背面焊缝余高	1～3mm，每超 1mm 扣 1 分	5	
13	错边	≤1.2mm，否则全扣	5	
14	角变形	≤3°，否则全扣	5	
15	裂纹、焊瘤、烧穿	出现任意一项，扣 20 分	—	
16	焊缝内部质量检查	按 GB/T 3323—2005《金属熔化焊焊接接头射线照相》标准。Ⅰ级片无缺陷不扣分，Ⅰ级片有缺陷扣 5 分，Ⅱ级片扣 10 分，Ⅲ级片扣 20 分，Ⅳ级片扣 40 分	40	

注：从开始引弧计时，该工件的焊接在 60 min 内完成，每超出 1min，从总分中扣 2.5 分。

项目三　T 形接头平角焊技能训练

➢【学习目标】

1）进一步了解 T 形接头平角焊的特点，学习 CO_2 气体保护 T 形接头平角焊的基本操作技能。

2）掌握 CO_2 气体保护 T 形接头平角焊的技术要求，以及多层焊和多层多道焊的操作技术。

3）学会制订 CO_2 气体保护 T 形接头平角焊的装配焊接方案，能够正确选择焊接参数。

➢【任务提出】

图 2-22 所示为 T 形接头平角焊工件图，板件材料为 Q235A。要求读懂工件图样，学习

T 形接头平角焊的基本操作技能，完成工件的焊接任务，达到工件图样技术要求。

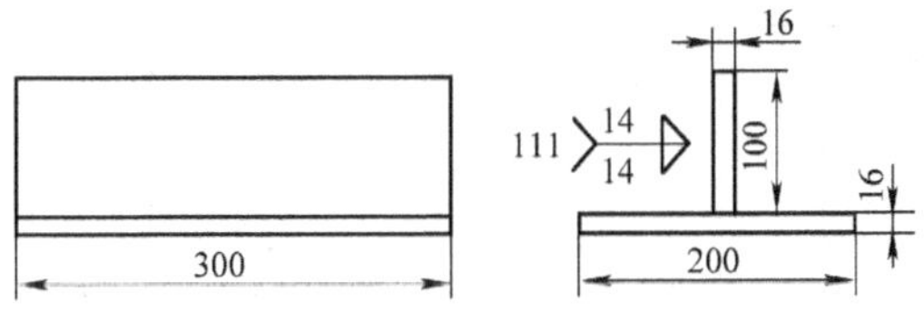

技术要求

1.将两块板装配成T形接头。

2.工件两端20内进行定位焊，采用CO_2焊进行多层多道双面对称焊接。

3.焊缝表面接头平滑过渡，弧坑填满;焊后保持焊缝原始状态，不得修饰、补焊或打磨。

图 2-22　平角焊工件图

【任务分析】

进行 T 形角焊缝焊接时，由于重力的作用，极易产生咬边、未焊透、焊缝下垂等缺陷。为了防止这些缺陷产生，在操作时，除了要正确地选择焊接参数外，还要根据板厚和焊脚尺寸来控制焊丝的角度。

【任务实施】

一、焊前准备

1. 焊件的准备

1）板料 2 块，材料为 Q235A 钢。规格分别为：底板的长 × 宽 × 厚为 300mm × 200mm × 16mm，立板的长 × 宽 × 厚为 300mm × 100mm × 16mm。

2）校平并清理板件正、反两侧各 20mm 范围内的油污、铁锈、水及其他污物，直至露出金属光泽。

2. 焊接材料

选择 H08Mn2SiA 焊丝，焊丝直径为 1.0mm，注意使用前对焊丝表面进行清理。CO_2气体的纯度要求达到 99.5%。

3. 焊接设备

选择 NB—350 型 CO_2气体保护焊半自动焊机。

二、装配与焊接

1. 定位焊

按图 2-22 中的技术要求划装配定位线，将焊件装配成 90°T 形接头，不留间隙。采用正式焊接所用的焊丝进行定位焊，焊接电流比正常焊接大 15% ~20%，以保证定位焊缝的强度和焊透。定位焊的位置应该在角焊缝的背面两端，长度为 10 ~ 15mm。装配完毕，应校正焊件，保证立板与平板间的垂直度，并对装配位置和定位焊质量进行检查。T 形接头平角焊的定位焊如图 2-23 所示。

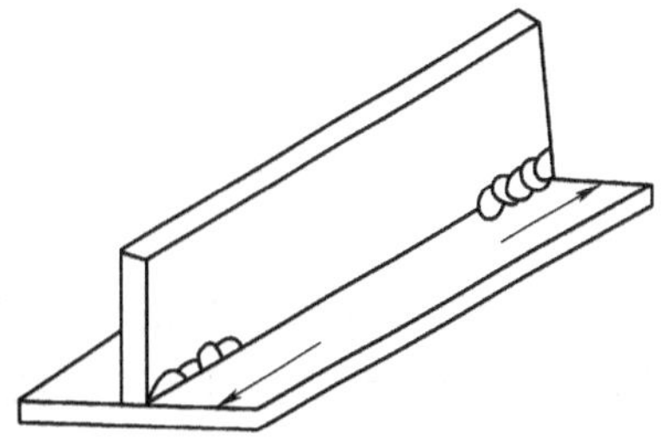

图 2-23　T 形接头平角焊的定位焊

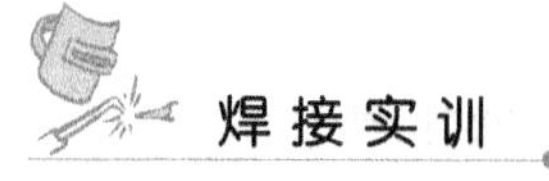

2. 焊接参数的选择（表2-6）

表2-6　T形接头平角焊的焊接参数

焊接层	焊接电流/A	电弧电压/V	焊接速度/（cm/s）	气体流量/（L/min）	焊脚尺寸/mm	焊丝直径/mm
第一层	180～200	22～24	0.5～0.8	10～15	6～6.5	ϕ1.2
其他各层	160～180	22～24	0.4～0.6	10～15	6～6.5	

3. 焊接过程

（1）焊丝倾角　对于厚度不相等的焊件，焊丝的倾角应使电弧偏向厚板，以使两板受热均匀；对于等厚度焊件，一般焊丝与水平板的夹角为40°～50°，如图2-24所示。

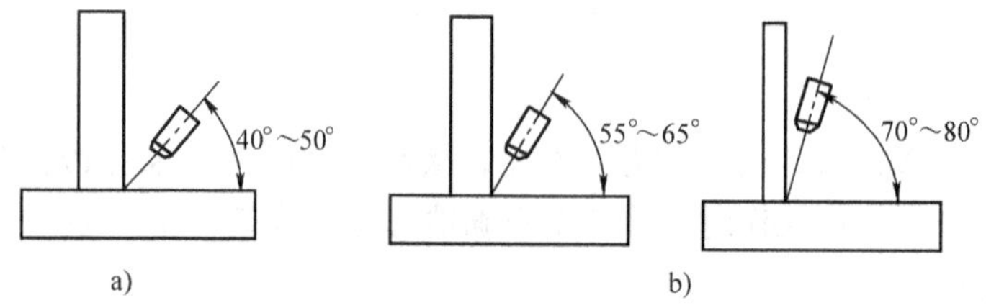

图2-24　T形接头平角焊时焊丝角度

a）两板等厚　b）两板不等厚

（2）焊丝位置　当焊脚尺寸在5mm以下时，可按图2-25中*A*所示将焊丝指向夹角处；当焊脚尺寸在5mm以上时，可使焊丝距分角线1～2mm处进行焊接，这样可获得等角角焊缝，如图2-25中的*B*所示，否则易使立板产生咬边和平板的焊缝下垂。

（3）焊丝前倾角　焊丝的前倾角为10°～25°，如图2-26所示。

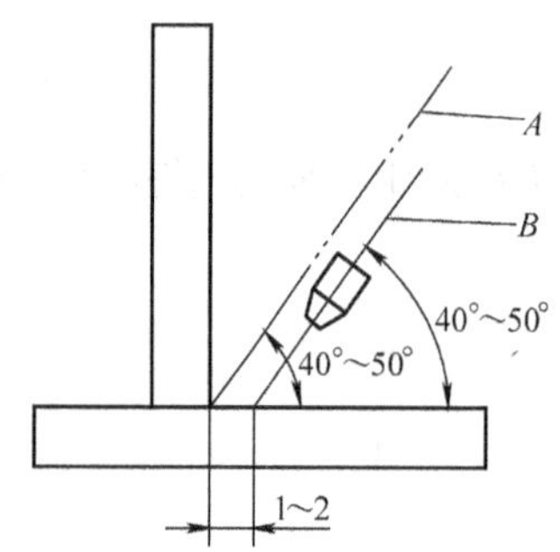

图2-25　T形接头平角焊时的焊丝位置

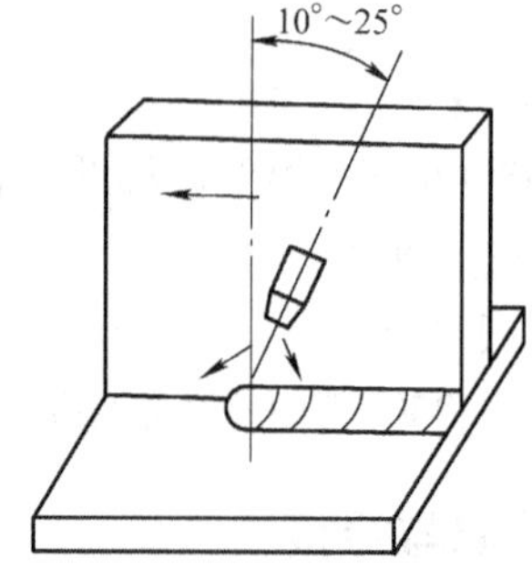

图2-26　焊丝的前倾角

当焊脚尺寸小于8mm时，可采用单层焊；当焊脚尺寸小于5mm时，可采用直线移动法焊接；在焊脚尺寸为5～8mm时，可采用斜圆圈形运丝法，并以左焊法进行焊接，如图2-27所示。

当焊脚尺寸大于8mm时，可采用多层多道焊（图2-28）。多层焊第一层的操作与单层焊类似，焊丝距焊件分角线1～2mm，采用左焊法得到6mm的焊脚。第二层焊缝的第一条焊道，焊丝指向第一层焊道与水平板的焊脚处，进行直线焊接或小幅度摆动焊接，直至达到所需的焊脚尺寸，并保证焊道平直。

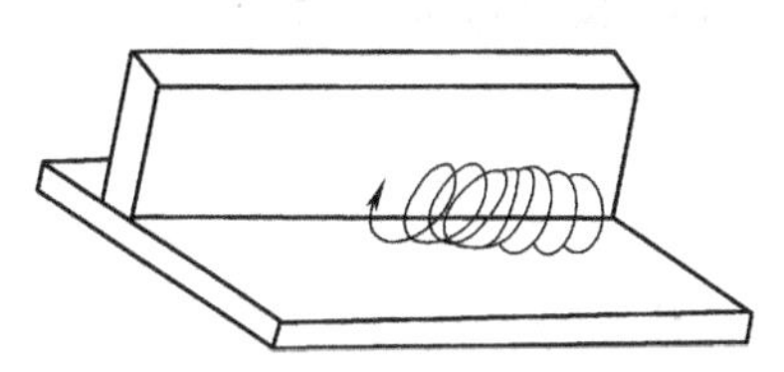

图 2-27　T 形接头平角焊时的斜圆圈形运丝法

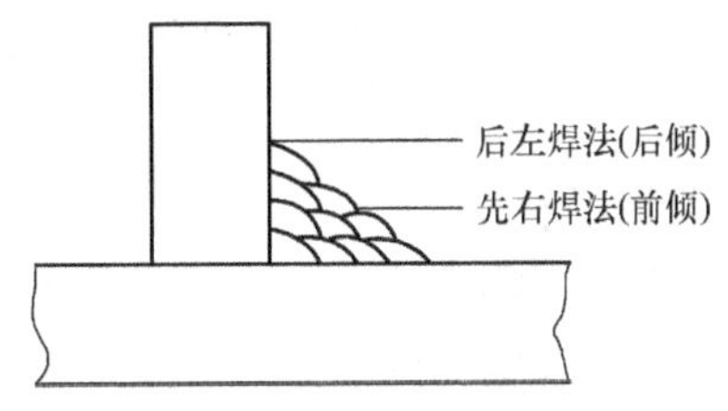

图 2-28　多层多道焊

无论是多层多道焊还是单层单道焊，在操作时，每层的焊脚尺寸均不宜过大，以防止焊脚过大引起的熔敷金属下垂，在立板上咬边，导致水平板上产生焊瘤等缺陷。同时要保持焊脚尺寸从头至尾一致、均匀美观。其始焊端和终焊端的操作要领与水平位置焊相同。

三、焊缝外观检测

1. 自检

依据图 2-21 中的技术要求及表 2-7，校正和检测焊完清理好的工件。检测工件时，要正确使用焊接检验尺，检测的操作内容在评分标准范围内为合格。

2. 互检

参照相关评分标准，与同组同学对各自焊完清理好的 T 形工件进行互相检测，指出不足，并相互讨论，然后将结果汇报给相应教师，由教师作出准确结论。

3. 专检

教师对学生焊接操作过程中不准确的动作、焊接摆动动作、方法及各参数的选择等进行巡回检查，有问题应及时纠正。

➢【任务评价】

CO_2 气体保护 T 形接头平角焊评分标准见表 2-7。

表 2-7　CO_2 气体保护 T 形接头平角焊评分标准

序号	评 分 项 目	评 分 标 准	配分	得分
1	焊脚尺寸 K	5mm≤K≤7mm，否则全扣	5	
2	焊脚尺寸差	≤2mm，否则全扣	5	
3	咬边	深度 >0.5mm，扣 10 分；深度 < 0.5mm，每 3mm 长扣 4 分	10	
4	焊缝成形	波纹细、均匀、光滑，不符合要求每处扣 2 分	10	
5	起焊熔合	起焊饱满、熔合好，不符合要求每处扣 2 分	10	
6	接头	不脱节、不凸高，每处接头不良扣 2 分	10	
7	夹渣、气孔	缺陷尺寸≤1mm，每个扣 2 分；缺陷尺寸≤2mm，每个扣 3 分；缺陷尺寸≤3mm，每个扣 4 分；缺陷尺寸 >3mm，每个扣 5 分	10	
8	裂纹、焊瘤、烧穿	出现任意一项，扣 20 分	—	
9	焊缝内部质量检查	按 GB/T 3323—2005 标准。Ⅰ级片无缺陷不扣分，Ⅰ级片有缺陷扣 5 分，Ⅱ级片扣 10 分，Ⅲ级片扣 20 分，Ⅳ级片扣 40 分	40	
总分			100	

注：从开始引弧计时，该工件的焊接在 60 min 内完成，每超出 1min，从总分中扣 2.5 分。

项目四　板对接立焊技能训练

➢【学习目标】

1）了解 CO_2气体保护立焊的特点和适用范围

2）掌握 CO_2气体保护板对接立焊的技术要求及操作要领。

3）学会制订 CO_2 气体保护板对接立焊的装配焊接方案，能够正确选择焊接参数。

➢【任务提出】

图 2-29 所示为开 V 形坡口板对接立焊工件图，钢板材料为 Q235，要求读懂工件图样，完成工件焊接任务，达到工件图样技术要求。

➢【任务分析】

V 形坡口板对接立焊时，主要难点在于熔化的液态金属受重力作用容易下淌而产生焊瘤，焊接时须采用较小的焊接参数。在板对接立焊单面焊双面成形时，熔池下部焊道对熔池起到承托作用，采用细焊丝短路过渡形式，有利于实现单面焊双面成形。但焊接电流不宜过大，否则会使液态金属下淌，导致焊缝正面和背面出现焊瘤。焊枪的摆动频率应稍快，焊后焊缝要薄而均匀。

立焊有向上立焊和向下立焊两种焊接方法。一般厚度在 6mm 以下的薄板采用向下立焊法，厚板则采用向上立焊法。向下立焊时焊缝外观好，但易出现未焊透缺陷，应尽量避免摆动。向上立焊的熔深大，虽然单道焊时成形不好，焊缝窄而高，采用横向摆动时，却可以获得良好的焊缝成形。

➢【任务实施】

一、焊前准备

1. 焊件准备

1）板料 2 块，材料为 Q235，工件的尺寸如图 2-29所示。

2）校平并清理坡口及板件正、反两侧各 20mm 范围内的油污、铁锈、水及其他污物，直至露出金属光泽，并清除毛刺。

2. 焊接材料

选择 H08Mn2SiA 焊丝，焊丝直径为 ϕ1. 0mm，注意使用前对焊丝表面进行清理。CO_2气体的纯度要求达到 99. 5% 。

3. 焊接设备

选择 NB—350 型 CO_2气体保护焊半自动焊机。

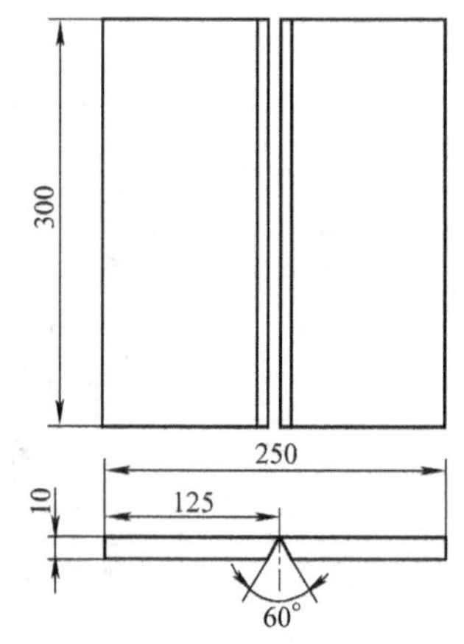

图 2-29　开 V 形坡口板对接立焊工件图

二、装配与焊接

1. 装配与定位焊

(1) 装配要求　要求工件起始端间隙为 2mm，末端间隙为 2. 5mm；预留反变形量为

2°～3°；错边量≤1.2mm。

（2）定位焊　在坡口内进行定位焊，定位焊缝的长度为10～15mm，如图2-30所示。

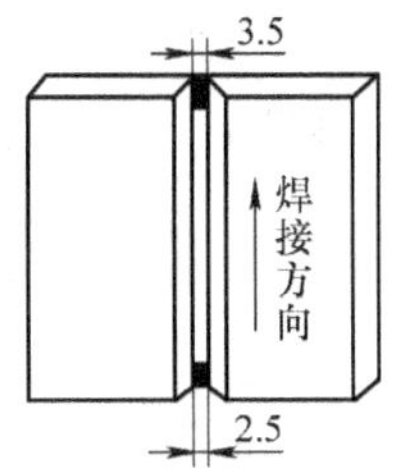

图2-30　板对接立焊装配示意图

2. 焊接

（1）选择焊接参数　CO_2 气体保护板对接立焊的焊接参数见表2-8。

表2-8　CO_2 气体保护板对接立焊的焊接参数

名　　称	运丝方式	焊接电流/A	电弧电压/V	CO_2 气体流量/（L/min）
定位焊	直线形运动	80～90	21～23	10～15
打底焊	直线形运动	80～90	19～21	12～15
填充焊	小月牙形摆动	120～130	21～22	12～15
盖面焊	月牙形摆动	110～120	21～22	13～16

（2）焊接操作

1）打底焊。采用直线形移动向下立焊的方式进行。操作时，焊丝在运行中的角度与位置如图2-31所示。引弧前将焊件间隙小的一端朝上，并立放稳定。然后在离焊件上端边缘10～15mm的坡口面上引弧，引弧后将电弧迅速转移至焊缝中心线的上端处，控制电弧在离坡口底边2～3mm处燃烧。当坡口底部出现熔孔时，即转入正常向下立焊。

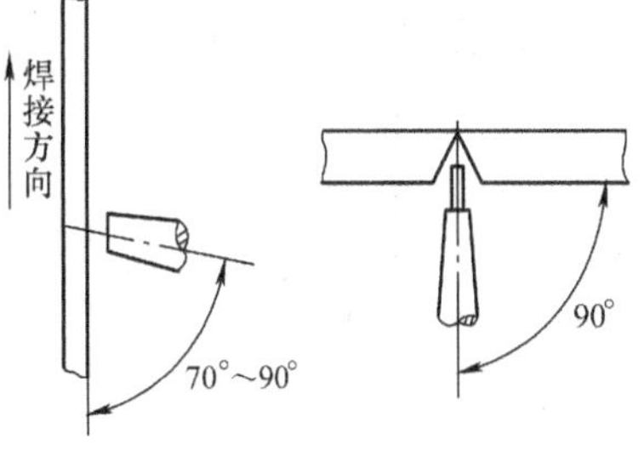

图2-31　向下立焊时的焊丝角度

在直线移动向下立焊的过程中，一定要严格控制焊丝的操作角度保持不变，并控制熔孔直径比间隙大0.5mm左右。打底焊时，要根据间隙和熔孔直径的变化调整向下立焊的移动速度，注意保持熔孔直径不变，保证焊缝背面焊透和成形均匀；其次要严格控制喷嘴的高度和焊丝的操作角度，使 CO_2 气流及电弧的吹力始终托住熔池，保证打底层的厚度不大于4mm。

注意：如果焊接电流过大、电弧电压过高或焊接速度过慢，则可能发生如图2-32a所示的缺陷。合适的焊接参数和焊丝位置应如图2-32b所示。

2）填充焊。采用小月牙形摆动方式（图2-33）向上立焊，焊丝角度如图2-34所示，焊丝对着前进方向，保持90°±10°的角度。在对接立焊焊缝坡口内引弧，焊枪沿坡口两侧作小月牙形摆动，进行填充层的向上立焊。在向上立焊的过程中，应注意观察熔池两侧坡口的熔合情况，保证焊道表面平整，并使填充层的高度低于焊件表面1～2mm，保持坡口棱边不被熔化。

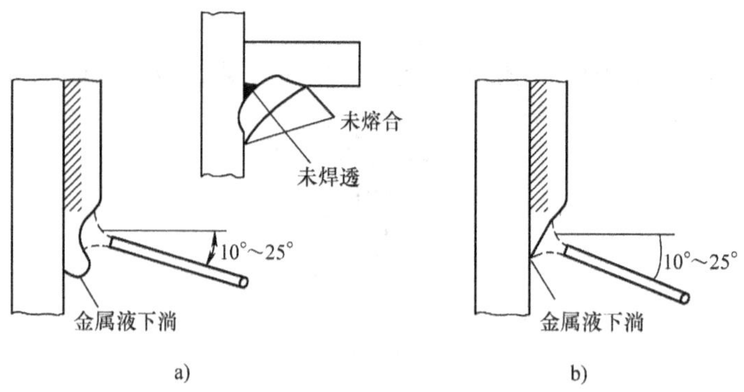

图 2-32　向下立焊操作要点

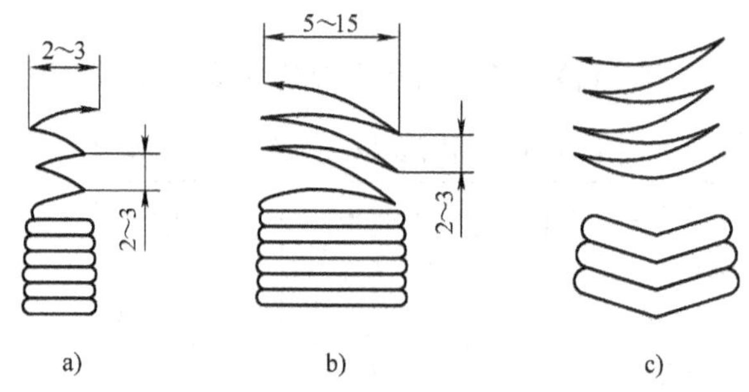

图 2-33　向上立焊时的横向摆动运丝法

a）小幅度摆动　b）月牙形摆动　c）不推荐的月牙形摆动

3）盖面焊。采用月牙形摆动的方式向上立焊，如图 2-33b 所示；焊丝角度如图 2-34 所示。

注意：向上立焊开坡口的对接焊缝时，根部焊道的操作如图 2-35 所示，摆动速度要比平焊位置时快 2～2.5 倍。

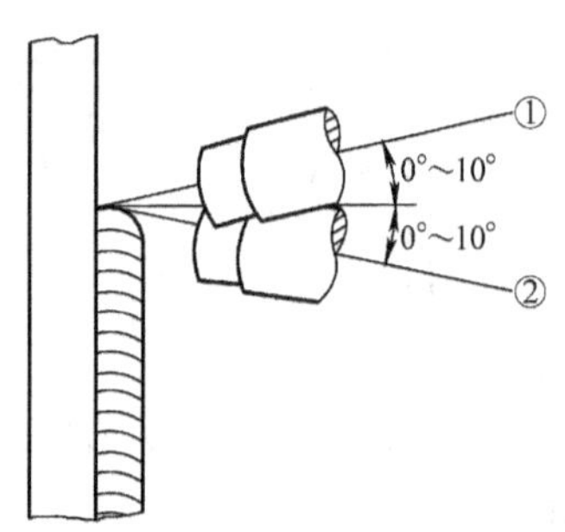

图 2-34　向上立焊时的焊丝角度

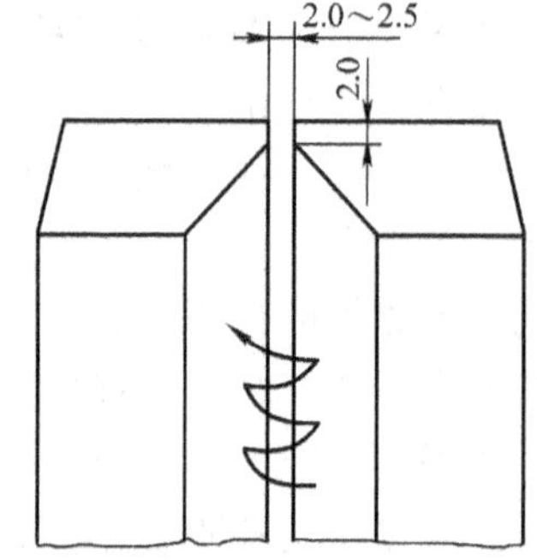

图 2-35　无垫板对接向上立焊根部焊道的操作

为防止咬边，焊枪沿焊缝两边的摆动应保证熔池熔化范围超出棱边 1～2mm，并保持摆动速度均匀。收弧时，应注意填满弧坑。

三、焊缝外观检测

1. 自检

依据图 2-29 中的技术要求及表 2-9，校正和检测焊完清理好的工件。检测工件时，要正确使用焊接检验尺，检测的操作内容在评分标准范围内为合格。

2. 互检

参照相关评分标准，与同组同学对各自焊完清理好的工件进行互相检测，指出不足，并相互讨论，然后将结果汇报给相应教师，由教师作出准确结论。

3. 专检

教师对学生焊接操作过程中不准确的动作、焊丝摆动方式及各参数的选择等进行巡回检查，有问题应及时纠正。

➢【任务评价】

CO_2气体保护板对接立焊的评分标准见表 2-9。

表 2-9　CO_2气体保护板对接立焊的评分标准

序号	评分项目	评分标准	配分	得分
1	焊缝宽度	≤20mm，否则全扣	4	
2	焊缝宽度差	≤3mm，否则全扣	4	
3	焊缝余高	0～3mm，否则全扣	3	
4	焊缝余高差	≤3mm，否则全扣	3	
5	错边量	≤1.2mm，否则全扣	3	
6	背面凹坑	深度>2mm，扣 3 分；深度≤2mm，每 5mm 扣 1 分	3	
7	背面焊缝余高	1.5～3mm，否则全扣	4	
8	咬边	深度>0.5mm，扣 8 分；深度≤0.5mm，每 3mm 长扣 2 分	8	
9	焊缝成形	波纹细、均匀、光滑，不符合要求每处扣 2 分	4	
10	起焊熔合	起焊饱满、熔合好，不符合要求每处扣 2 分	4	
11	接头	不脱节、不凸高，每处接头不良扣 2 分	6	
12	夹渣、气孔	缺陷尺寸≤1mm，每个扣 1 分；缺陷尺寸≤2mm，每个扣 2 分；缺陷尺寸≤3mm，每个扣 3 分；缺陷尺寸>3mm，每个扣 4 分	9	
13	角变形	≤3°，否则全扣	5	
14	裂纹、烧穿	出现任意一项，扣 20 分	—	
15	焊缝内部质量检查	按 GB/T 3323—2005 标准。Ⅰ级片无缺陷不扣分，Ⅰ级片有缺陷扣 5 分，Ⅱ级片扣 10 分，Ⅲ级片扣 20 分，Ⅳ级片扣 40 分	40	
总分			100	

注：从开始引弧计时，该工件的焊接在 60 min 内完成，每超出 1min，从总分中扣 2.5 分。

项目五　板对接横焊技能训练

➢【学习目标】

1）了解 CO_2 气体保护板对接横焊的特点。

2）掌握 CO_2 气体保护板对接横焊的技术要求及操作要领。

3）学会制订 CO_2 气体保护板对接横焊的装配焊接方案，能够正确选择焊接参数。

➢【任务提出】

图 2-36 所示为开 V 形坡口板对接横焊工件图样，钢板材料为 Q235，要求读懂工件图样，完成工件焊接任务，达到工件图样技术要求。

➢【任务分析】

V 形坡口板对接单面横焊双面成形时，熔滴和熔池中熔化的金属受重力的作用容易下

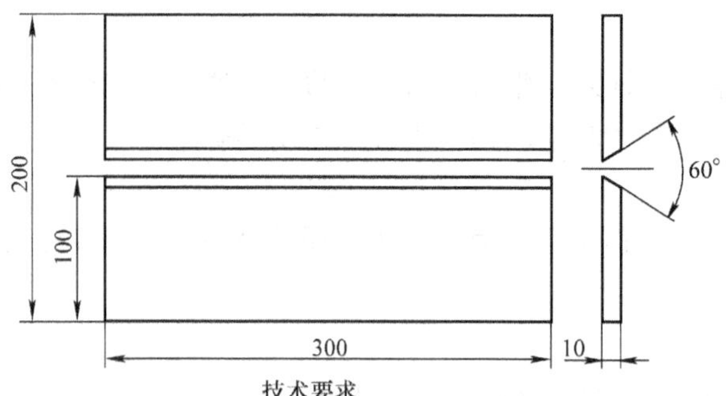

技术要求

1. 焊接方法采用半自动CO_2焊。
2. 试件材料为Q235。
3. 接头形式为板对接接头，焊接位置为横焊。
4. 根部间隙b=3.2～4.0，α=60°，p=0.5～1。

图 2-36　V 形坡口板对接横焊工件图

淌，焊缝成形较困难。如果焊接参数选择不当或焊丝角度不合适，则容易产生焊缝上侧咬边、焊缝下侧金属下坠、焊瘤、未焊透等缺陷。为避免上述缺陷的产生，应采用短弧、多层多道焊接，并根据焊道的不同位置调整合适的焊丝角度。焊接打底层时应保持较小的熔池和熔孔尺寸，适当提高焊接速度，采用较小的焊接电流和短弧焊接。板对接横焊也要注意采用反变形法防止焊接角变形。

➢【任务实施】

一、焊前准备

1. 焊件准备

1）板料 2 块，材料为 Q235，工件的尺寸如图 2-36 所示。

2）校平并清理坡口两侧 20mm 范围内的油污、铁锈、水及其他污物，直至露出金属光泽，并清除毛刺。

2. 焊接材料

选择 H08Mn2SiA 焊丝，焊丝直径为 ϕ1. 0mm，使用前应对焊丝表面进行清理。CO_2气体的纯度要求达到 99. 5%。

3. 焊接设备

选择 NB—350 型 CO_2气体保护焊半自动焊机。

二、装配与焊接

1. 装配与定位焊

（1）装配要求　工件间隙：始端为 3mm，终端为 3. 3mm；钝边为 0 ~ 0. 5mm；预置反变形量为 5° ~ 6°；错边量不大于 1. 2mm。

（2）定位焊　采用与正式焊接相同牌号的焊丝进行定位焊，并在坡口内两端进行定位焊接，焊点长度为 10 ~ 15mm，如图 2-37 所示。

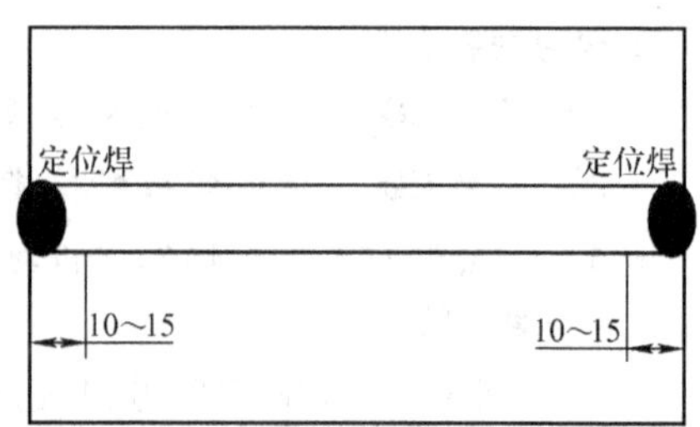

图 2-37　板对接横焊装配图

2. 焊接

（1）选择焊接参数　CO_2 气体保护板对接横焊的焊接参数见表 2-10。

表 2-10 CO_2 气体保护板对接横焊的焊接参数

焊接层次	焊丝直径/mm	焊丝伸出长度/mm	焊接电流/A	电弧电压/V	CO_2气流量/（L/min）
打底层	ϕ1.0	10～15	90～100	18～20	10
填充层			110～120	20～22	
盖面层			110～120	20～22	

（2）焊接操作　横焊时，熔池虽有下面托着较易操作，但焊道表面不易对称，所以焊接时必须使熔池尺寸小。另外，应采用多道焊的方法来调整焊道外表面形状，以获得较为对称的焊缝外表面。

横焊时的焊件角变形较大，这除了与焊接参数有关外，还与焊缝层数、每层焊道数目及焊道间的间歇时间有关。通常熔池大、焊道间间歇时间短、层间温度高时角变形大，反之则小。

横焊时采用左向焊法，三层六道，按 1～6 的顺序焊接，焊道分布如图 2-38 所示。将板垂直固定于焊接夹具上，焊缝处于水平位置，间隙小的一端置于右侧。

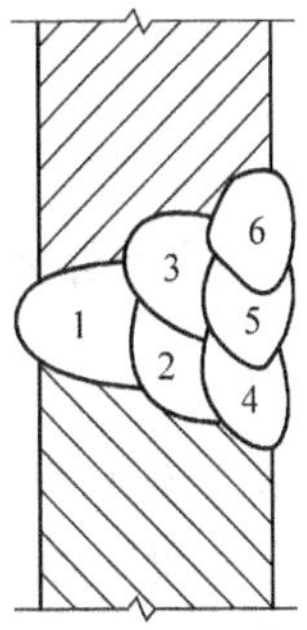

图 2-38　横焊焊道分布

1）打底焊。调整好焊接参数，按图 2-39a 所示的焊枪角度在焊件的定位焊缝上引弧，以小幅度锯齿形摆动，自右向左焊接，当预焊点左侧形成熔孔后，保持熔孔边缘超过坡口上、下棱边 0.5～1mm。尽可能地维持熔孔直径不变，焊至左端收弧。

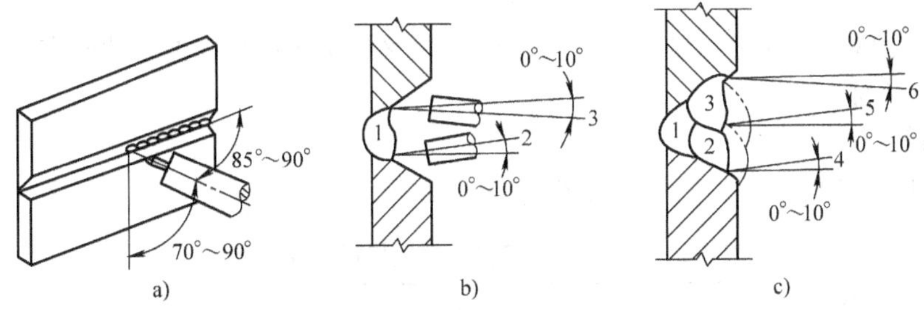

图 2-39　横焊时的焊枪角度及对中位置

a）打底焊　b）填充焊　c）盖面焊

焊完打底焊道后，先清除飞溅及焊道表面焊渣，然后用角向磨光机将局部凸起的焊道磨平。

2）填充焊。调整好填充焊焊接参数，按图 2-39b 所示的焊枪角度及对中位置进行填充焊道 2 与 3 的焊接。整个填充层的厚度应低于母材 1.5～2mm，且不得熔化坡口棱边。另外，还应注意以下问题：

①焊填充焊道 2 时，焊枪成 0°～10°俯角，电弧以打底焊道的下缘为中心作横向摆动，保证下坡口熔合好。

②焊填充焊道 3 时，焊枪成 0°～10°仰角，电弧以打底焊道的下缘为中心在焊道 2 和上坡口面间摆动，保证熔合良好。

③清除填充焊道的表面焊渣及飞溅，并用角向磨光机打磨局部凸起处。

3）盖面焊。调整好盖面焊焊接参数，按图 2-39c 所示的焊枪角度及对中位置进行盖面层的焊接，操作要领同填充焊。

4）注意事项。横焊时，焊丝位置如图 2-40 所示，应避免出现图 2-40a 所示的情况，因图中所指处不易焊透。

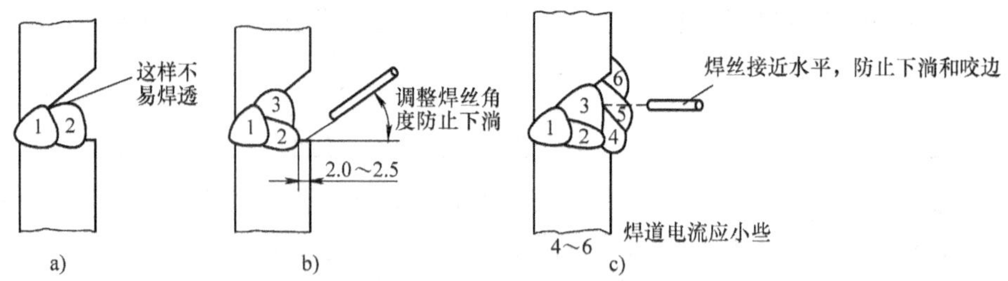

图 2-40　多层横焊时的焊丝位置

三、焊缝外观检测

1. 自检

依据图 2-36 中的技术要求及表 2-11，对焊完清理好的工件进行校正和检测。检测工件时，要正确使用焊接检验尺，检测的操作内容在评分标准范围内为合格。

2. 互检

参照相关评分标准，与同组同学对各自焊完清理好的工件进行互相检测，指出不足，并相互讨论，然后将结果汇报给相应教师，由教师作出准确结论。

3. 专检

教师对学生焊接操作过程中不准确的动作、焊丝摆动方式及各参数的选定等进行巡回检查，有问题应及时纠正。

➢【任务评价】

CO_2气体保护板对接横焊的评分标准见表 2-11。

表 2-11　CO_2气体保护板对接横焊的评分标准

序号	评分项目	评分标准	配分	得分
1	焊缝宽度	≤20mm，否则全扣	4	
2	焊缝宽度差	≤3mm，否则全扣	4	
3	焊缝余高	0～3mm，否则全扣	4	
4	焊缝余高差	≤3mm，否则全扣	3	
5	错边	≤1.2mm，否则全扣	3	
6	背面凹坑	深度>2mm，扣3分；深度≤2mm，每5mm扣1分	3	
7	背面焊缝余高	-1.5～3mm，否则全扣	4	
8	咬边	深度>0.5mm，扣8分；深度<0.5mm，每3mm长扣2分	8	
9	焊缝成形	波纹细、均匀、光滑，不符合要求每处扣2分	4	
10	起焊熔合	起焊饱满、熔合好，不符合要求每处扣2分	4	
11	接头	不脱节、不凸高，每处接头不良扣2分	6	
12	夹渣、气孔	缺陷尺寸≤1mm，每个扣1分；缺陷尺寸≤2mm，每个扣2分；缺陷尺寸≤3mm，每个扣3分；缺陷尺寸>3mm，每个扣4分	9	
13	角变形	≤3°，否则全扣	4	

（续）

序号	评分项目	评分标准	配分	得分
14	裂纹、烧穿	出现任意一项，扣20分	—	
15	焊缝内部质量检查	按GB/T 3323—2005标准。Ⅰ级片无缺陷不扣分，Ⅰ级片有缺陷扣5分，Ⅱ级片扣10分，Ⅲ级片扣20分，Ⅳ级片扣40分	40	
总分			100	

注：从开始引弧计时，该工件的焊接在60min内完成，每超出1min，从总分中扣2.5分。

项目六 骑座式管板垂直俯位焊技能训练

【学习目标】

1）了解 CO_2 气体保护骑座式管板垂直俯位焊的特点。

2）掌握 CO_2 气体保护骑座式管板焊的技术要求及操作要领。

3）学会制订 CO_2 气体保护骑座式管板焊的装配焊接方案，能够正确选择焊接参数。

【任务提出】

在工程实践中，骑座式管板水平固定类接头是锅炉、换热器及接管对焊法兰等产品的主要焊缝接头形式。图2-41所示为钢管（20钢）与钢板（Q235A）开V形坡口骑座式管板垂直俯位焊工件图，要求读懂工件图样，学习 CO_2 气体保护骑座式管板焊的基本操作技能，完成工件的焊接，达到工件图样技术要求。

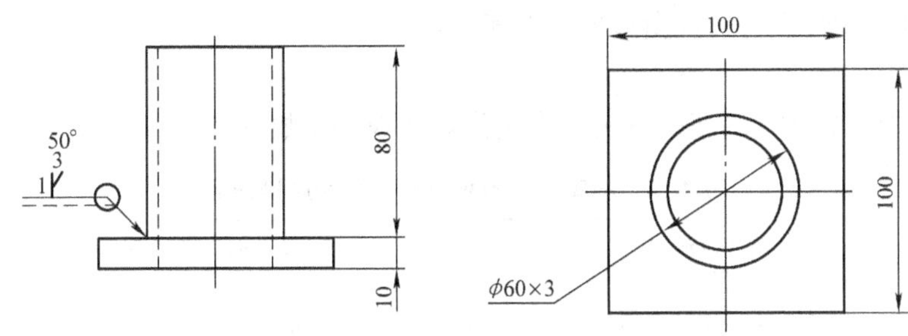

图2-41 V形坡口骑座式管板垂直俯位焊工件图

【任务分析】

如图2-41所示，此任务为管端开50°V形坡口，钝边为1mm，骑座式管板垂直俯位单面焊双面成形，靠近管外侧的焊脚尺寸为8mm的环形焊缝的 CO_2 气体保护焊。

骑座式管板垂直俯位焊的操作有一定的难度，一是焊枪的角度、电弧对中位置需要随着管板角接头弧度的变化而变化；二是管子与孔板的厚度有差异，造成散热状况不同，熔化情况不同。焊接时，除了要保证焊透和双面成形外，还需保证焊脚尺寸。因此在焊接打底层和盖面层时，电弧热量应偏向孔板，即电弧应指向孔板，避免出现咬边和焊偏，造成焊缝成形不良。

➢【任务实施】

一、焊前准备

1. 准备保护用品和工具

按规定穿戴好焊接劳动保护用品，准备焊接辅助工具。

2. 准备工件

工件孔板材料为Q235，规格为长×宽×高为100mm×100mm×10mm；工件20钢管的规格为ϕ60mm×3mm×80mm，加工一段50°坡口，用气割下料，如图2-41所示。

3. 焊接材料

选择H08Mn2SiA焊丝，焊丝直径为ϕ1.2mm，使用前应对焊丝表面进行清理。CO_2气体的纯度要求达到99.5%。

4. 焊接设备

选择NB—350型CO_2气体保护焊半自动焊机。

二、装配与焊接

1. 装配与定位焊

1）定位焊试件组对时，一定要保证管板相互垂直，采用一点定位。

2）采用与正式焊接牌号相同的焊丝进行定位焊，焊缝长度为10～15mm，要求焊透，且焊脚不应过高。

3）焊点两端应预先打磨成斜坡形，以便于接头。

2. 焊接

（1）选择焊接参数　骑座式管板垂直俯位焊的焊接参数见表2-12.

表2-12　骑座式管板垂直俯位焊的焊接参数

焊接层次	焊丝直径/mm	焊接电流/A	电弧电压/V	气体流量/（L/min）	焊丝伸出长度/mm	电源极性
打底层	ϕ1.2	70～90	17～19	12～15	10～15	直流反接
盖面层1		90～110	19～21			
盖面层2		110～130	20～22			

（2）打底焊　采用左向焊法，焊枪的角度如图2-42所示。

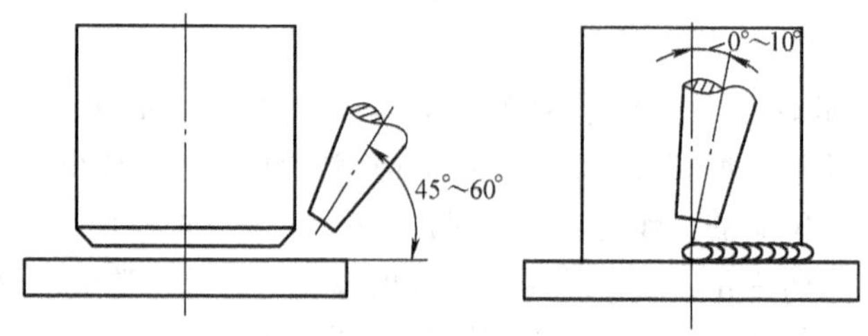

图2-42　打底焊的焊枪角度

（3）盖面焊　焊第一层时使用较小的电流，焊枪与垂直管的夹角减小，并指向根部2～3mm处，这时得到不等焊脚焊道；焊第二层时应以大电流施焊，焊枪指向第一层焊道的凹

陷处，采用左向焊法可得到表面平滑的焊道。焊枪的角度如图 2-43 所示。

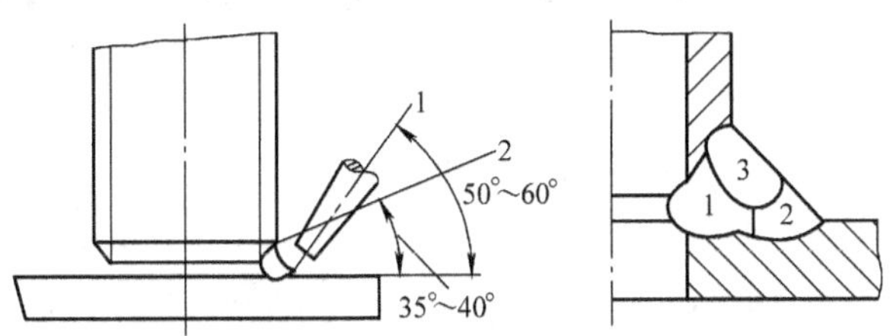

图 2-43　盖面焊时的焊枪角度

三、焊缝外观检测

1. 自检

依据图 2-41 中的技术要求及表 2-13，对焊完清理好的工件进行校正和检测。检测工件时，要正确使用焊接检验尺，检测的操作内容在评分标准范围内为合格。

2. 互检

参照相关评分标准，与同组同学对各自焊完清理好的工件进行互相检测，指出不足，并相互讨论，然后将结果汇报给相应教师，由教师作出准确结论。

3. 专检

教师对学生焊接操作过程中不准确的动作、焊丝摆动方式及各参数的选择等进行巡回检查，有问题应及时纠正。

➢【任务评价】

CO_2 气体保护管板垂直俯位焊评分标准见表 2-13。

表 2-13　CO_2 气体保护管板垂直俯位焊评分标准

序号	评分项目	评分标准	配分	得分
1	焊脚尺寸 K	4mm≤K≤6mm，每超差 1mm 扣 5 分	10	
2	咬边	咬边深度≤0.5mm，每 1mm 长扣 1 分；咬边连续长度≥6mm 或深度＞0.5mm 不得分	10	
3	未熔合	出现一处未熔合不得分	20	
4	未焊透	出现一处未焊透不得分	20	
5	焊道填充	焊道填充不足不得分	8	
6	接头成形	接头连接处不脱节、不超高，否则每处扣 2 分	8	
7	焊瘤	出现焊瘤不得分	8	
8	弧坑	弧坑饱满，否则每处扣 3 分	6	
9	表面缺陷	出现一处扣 2 分	6	
10	工件清洁	清理飞溅，否则每处扣 2 分	4	
总分			100	

注：从开始引弧计时，该工件的焊接在 60min 内完成，每超出 1min，从总分中扣 2.5 分。

项目七　管对接水平固定焊技能训练

➢【学习目标】

1）了解 CO_2 气体保护管对接水平固定焊的特点。

2）掌握 CO_2 气体保护管对接水平固定焊的技术要求及操作要领。

3）学会制订 CO_2 气体保护管对接水平固定焊的装配焊接方案，能够正确选择焊接参数。

➢【任务提出】

在生产实践中，CO_2 气体保护管对接水平固定焊单面焊双面成形多用于船舶、锅炉、化工设备等的制造及维修。图 2-44 所示为管对接水平固定 V 形坡口单面焊双面成形工件图，材料为 20 钢管。要求读懂工件图样，学习管对接水平固定焊的基本操作技能，完成焊件的焊接任务，达到工件图样技术要求。

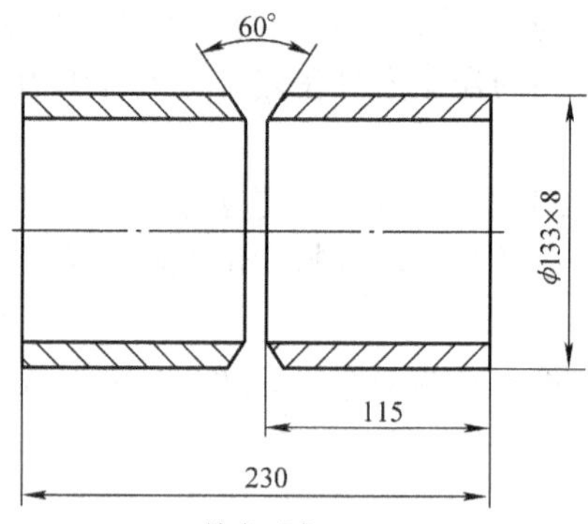

图 2-44　管对接水平固定焊工件图

➢【任务分析】

从图 2-44 可知，两段钢管端部开 30°V 形坡口对接水平固定，要用半自动 CO_2 焊完成单面焊双面成形的环形焊缝。在管对接水平固定焊的过程中，因焊件的空间位置在连续不断地变化，要经过仰焊、立焊和平焊，属于全位置焊接，焊接难度大。这就要求在焊接时不断改变焊枪的角度和摆幅度来控制熔孔的尺寸，实现单面焊双面成形。管子对接主要是保证根部焊透且不烧穿，外观成形良好，致密性符合要求。

➢【任务实施】

一、焊前准备

1. 准备保护用品和工具

按规定穿戴好焊接劳动保护用品，准备焊接辅助工具。

2. 准备工件

工件为 20 钢管，规格为 $\phi133mm \times 8mm \times 115mm$，加工成 30°V 形单边坡口，钝边为 1mm，每组两段。

3. 焊接材料

选择 H08Mn2SiA 焊丝，焊丝直径为 ϕ1.2mm，使用前应对焊丝表面进行清理。CO_2气体的纯度要求达到 99.5%。

4. 焊接设备

选择 NB—350 型 CO_2气体保护焊半自动焊机。

二、装配与焊接

1. 装配

（1）装配要求　装配间隙为 2.2 ~ 3.2mm，管子的轴线应对直，两轴线偏差（同轴度）小于或等于 0.5mm，钝边为 0 ~ 1mm，试件错边量不大于 1.2mm，如图 2-45 所示。

（2）定位焊　通常采用两点定位焊，第一个焊点位于时钟的 2 点位置附近，第二个焊点位于 10 点位置附近。定位焊缝长 10mm 左右，要求焊透，反面成形良好，且要保证无缺陷。定位焊后，应将定位焊两端面处打磨成斜面。

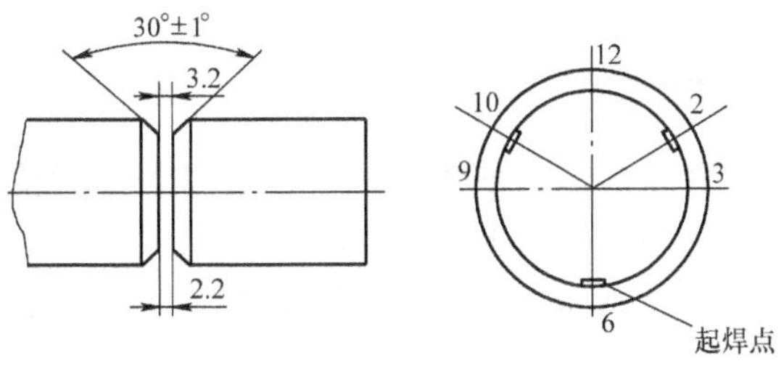

图 2-45　定位焊位置及焊接方向

2. 焊接

（1）焊接参数的选择　CO_2气体保护管对接水平固定焊的焊接参数见表 2-14。

表 2-14　CO_2气体保护管对接水平固定焊的焊接参数

焊接层次	焊接电流/A	电弧电压/V	CO_2气体流量/（L/min）	焊丝直径/mm	焊丝伸出长度/mm
打底层	105 ~ 115	19 ~ 21	12 ~ 15	ϕ1.2	14 ~ 16
填充层	115 ~ 125	21 ~ 23	12 ~ 15	ϕ1.2	14 ~ 16
盖面层	120 ~ 130	21 ~ 27	12 ~ 15	ϕ1.2	14 ~ 16

（2）打底层的焊接　先焊右半周，在管子圆周 6 点位置处引弧开始焊接，焊枪作小幅度锯齿形摆动，焊枪角度如图 2-46 所示。摆动幅度不宜过大，只要看到坡口两侧母材金属熔化即可，焊丝摆动到两侧时稍作停留。为了避免焊丝穿出熔池或未焊透，焊丝不能离开熔池，宜在熔池前半区域约 1/3 处作横向摆动，逐渐上升。焊枪前进的速度要视焊接位置而变，立焊时，要使熔池有较长的冷却时间，以避免产生焊瘤。既要控制熔孔尺寸均匀，又要避免熔池脱节现象。焊至 12 点处收弧，相当于平焊收弧。

焊左半周前，先将 6 点和 12 点位置处的焊缝末端磨成斜坡状，长度为 10 ~ 20mm。在打磨区域中过 6 点处引弧，引弧后拉回打磨区端部开始焊接。按照打磨区域的形状摆动焊枪，焊接到打磨区极限位置时听到“噗噗”的击穿声后，即背面成形良好。接着像焊接右半周一样焊接左半周，直到焊至距 12 点位置 10mm 时，焊丝改用直线形或极小幅度的锯齿形摆动，焊过打磨区域后收弧。

（3）填充层的焊接　在焊填充层前，应将打底层焊缝表面的飞溅物清理干净，并用角向磨光机将接头凸起处打磨平整，清理好喷嘴，调整好焊接参数后，即可进行焊接。

焊填充层的焊枪与打底层相同，焊丝宜在熔池中央 1/2 处左右摆动。采用锯齿形或月牙形摆动，如图 2-47 所示。焊丝应在两侧稍作停留，在中央部位速度略快，摆动的幅度要参照打底层焊缝的宽度。

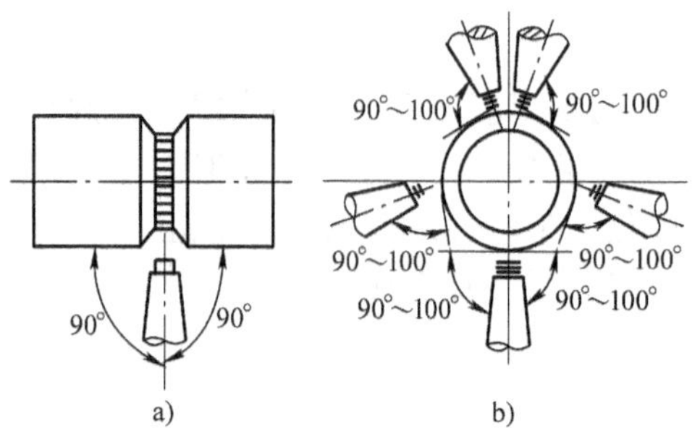

图 2-46　打底焊的焊枪角度

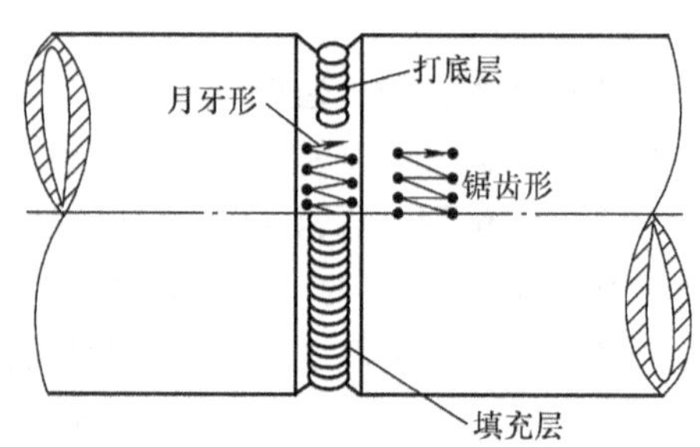

图 2-47　焊填充层时焊丝的摆动

焊填充层后半周前，必须将前半周焊缝的始、末端打磨成斜坡形，尤其是在 6 点处更应注意。焊后半周的方法基本上与前半周相同，主要是要求始、末端成形良好。焊填充层后，焊缝厚度应达到距管子表面 1 ~ 2mm，且不能将管子坡口面边缘熔化。如发现局部高低不平，则应填平或磨齐。

（4）盖面层的焊接　焊前将填充层焊缝表面清理干净。焊接盖面层的操作方法与填充层相同，但焊枪的横向摆动幅度应大于填充层。保证熔池深入坡口每侧边缘棱角 0.5 ~ 1.5mm，电弧在坡口边缘停留的时间稍短，电弧回摆速度要缓慢。

在接头时，引弧点要在焊缝的中心上方，引弧后稍作稳定，然后将电弧拉向熔池中心进行焊接。焊接盖面层时，焊接速度要均匀，熔池深入坡口两侧的尺寸要一致，以保证焊缝成形美观。

三、焊缝外观检测

1. 自检

依据图 2-44 中的技术要求及表 2-15，对焊完清理好的工件进行校正和检测。检测工件时，要正确使用焊接检验尺，检测的操作内容在评分标准范围内为合格。

2. 互检

参照相关评分标准，与同组同学对各自焊完清理好的工件进行互相检测，指出不足，并相互讨论，然后将结果汇报给相应教师，由教师作出准确结论。

3. 专检

教师对学生在焊接操作过程中不准确的动作、焊丝摆动方式及各参数的选择等进行巡回检查，有问题应及时纠正。

➢【任务评价】

CO_2 气体保护管对接水平固定焊的评分标准见表 2-15。

表 2-15　CO_2气体保护管对接水平固定焊的评分标准

序号	评分项目	评分标准	配分	得分
1	焊缝宽度	≤14mm，否则全扣	5	
2	焊缝宽度差	≤2mm，否则全扣	5	
3	焊缝余高	0～4mm，否则全扣	5	
4	焊缝余高差	≤3mm，否则全扣	4	
5	错边	≤1mm，否则全扣	4	
6	背面凹坑	深度≤2mm，否则全扣	3	
7	背面焊缝余高	≤4mm，否则全扣	3	
8	咬边	深度>0.5mm，扣8分；深度≤0.5mm，每3mm长扣2分	8	
9	焊缝成形	波纹细、均匀、光滑，不符合要求酌情扣分	5	
10	接头	不脱节、不凸高，每处接头不良扣2分	5	
11	夹渣、气孔	缺陷尺寸≤1mm，每个扣1分；缺陷尺寸≤2mm，每个扣2分；缺陷尺寸≤3mm，每个扣3分；缺陷尺寸>3mm，每个扣4分	9	
12	角变形	≤3°，否则全扣	4	
13	冷弯试验	按照“锅炉压力容器焊工考试规则”考核。每个试样合格得5分，不合格扣10分	10	
14	焊缝内部质量检查	按GB/T 3323—2005标准。Ⅰ级片无缺陷不扣分，Ⅰ级片有缺陷扣5分，Ⅱ级片扣10分，Ⅲ级片扣20分，Ⅳ级片扣30分	30	
总分			100	

注：从开始引弧计时，该工件的焊接在60min内完成，每超出1min，从总分中扣2.5分。

思考与练习

一、选择题

1. 在采用CO_2气体保护焊焊接薄板和全位置焊时，熔滴过渡的形式为（　　）。

A. 射流过渡　　B. 细颗粒过渡　　C. 短路过渡　　D. 粗颗粒过渡

2. 在不采取任何措施的情况下，CO_2气体保护焊施焊场所的风速应小于（　　）m/s。

A. 1.0　　B. 2.0　　C. 3.0　　D. 5.0

3. 以下不属于CO_2气体保护焊缺点的是（　　）。

A. 室外作业遇风要有挡风装置　　B. 弧光较强

C. 焊接成本高　　D. 不能焊非铁金属

4. 下列（　　）原因会使CO_2气体保护焊时的飞溅增多。

A. 气体流量太大　　B. 周围空气对流太强

C. 气体纯度不够　　D. 焊丝含碳量太高

5. 细丝CO_2气体保护焊使用的焊丝直径是（　　）。

A. >1.8mm 且<4 mm　　B. =1.6 mm

C. <1.6mm　　D. >1.7mm

6. 母材（或焊丝）中含硫量越高，越易产生（　　）。

A. 冷裂纹　　B. 热裂纹　　C. 再热裂纹　　D. 气孔

7. 常用焊丝牌号H08Mn2SiA中的“08”表示（　　）。

A. 碳的质量分数为0.08%　　B. 碳的质量分数为0.8%

C. 碳的质量分数为8%　　D. 锰的质量分数为0.08%

8. 半自动CO_2保护焊等速送丝靠（　　）稳定电弧燃烧。

A. 弧长变化引起电流变化　　B. 电流变化调节弧长

C. 焊工手工调节弧长　　D. 短路过渡调节弧长

9. CO_2气体保护焊熄弧时（　　）。

A. 先熄弧再关闭气流　　B. 先关闭气流再熄弧

C. 同时进行　　D. 怎样都行

10. CO_2气体保护焊时，在焊丝直径、焊接电流、电弧电压不变的条件下，焊接速度增大时，（　　）。

A. 熔深和熔宽都增加　　B. 熔深和熔宽都减少

C. 熔深增加，熔宽减少　　D. 熔深减少，熔宽增加

11. CO_2气体保护焊时，若选用的焊丝直径小于或等于1.2mm，则气体流量一般为（　　）L/min。

A. 2～5　　B. 6～15　　C. 15～25　　D. 25～30

12. CO_2气体保护焊时，如果气体保护层被破坏，则易产生（　　）气孔。

A. 一氧化碳　　B. 氢气　　C. 氮气　　D. 二氧化碳

13. CO_2气体保护焊时，如果电流过小，层间清渣不干净容易引起的缺陷是（　　）。

A. 烧穿　　B. 未熔合　　C. 裂纹　　D. 焊瘤

14. CO_2气体保护焊时，当焊丝伸出长度太大或喷嘴高度太大时，容易引起的焊接缺陷是（　　）。

A. 气孔　　B. 夹渣　　C. 咬边　　D. 未焊透

15. CO_2气体保护焊时，（　　）是短路过渡时的关键参数。

A. 电弧电压　　B. 焊接电流　　C. 焊接速度　　D. 焊丝伸出长度

16. CO_2气体保护焊时，（　　）不会导致送丝不稳定。

A. 导电嘴过长　　B. 焊丝熔化粘附在导电嘴上

C. 导电嘴过短　　D. 送丝导管内有污物

17. CO_2气体保护焊时，以下（　　）做法会导致气孔的产生。

A. 增大焊接电压　　B. 用合格的焊接用保护气体

C. 用清洁、烘干的焊丝　　D. 去除工件表面的杂质

18. CO_2气体保护焊时，以下（　　）操作不会产生焊瘤。

A. 电流太小　　B. 在平角焊时，焊丝位置不正确

C. 焊接速度过慢　　D. 焊丝伸出长度太长

19. CO_2气体保护焊焊接回路中串联电感的作用是防止产生（　　）。

A. 电弧燃烧不稳定，飞溅大　　B. 气孔

C. 夹渣　　D. 凹坑

20. CO_2气体保护焊，对于直径为$\phi1.6$mm的焊丝，当焊接电流超过400A时，熔滴过渡

的形式是（　　）。

A. 短路过渡　　B. 半短路过渡　　C. 小颗粒过渡　　D. 喷射过渡

21. CO_2气体保护焊供气系统中预热器的作用是（　　）。

A. 使 CO_2 气体变成高温气体　　B. 防止气体中的水分在气瓶出口处结冰

C. 吸收气体中的水分　　D. 控制气体流量

22. CO_2气体保护焊产生气孔的主要原因是（　　）。

A. FeO 与焊缝金属中的碳发生反应　　B. CO_2高温分解时产生的 CO

C. 焊接时氢的入侵　　D. O_2与焊缝中的碳发生反应

23. CO_2气体保护焊，当焊枪导电嘴间隙过大时，焊机可能出现焊接（　　）的问题。

A. 电流大　　B. 电流小　　C. 电流不变　　D. 电流增加

24. CO_2气体保护焊的焊丝伸出长度通常取决于（　　）。

A. 焊丝直径　　B. 焊接电流　　C. 电弧电压　　D. 焊接速度

25. 当焊缝区未清理干净，有油、锈、水时，易产生（　　）。

A. H_2 气孔　　B. N_2 气孔　　C. CO 气孔　　D. CO_2气孔

26. 对于长焊缝的焊接，采用分段退焊的目的是（　　）。

A. 提高生产率　　B. 减少变形　　C. 减小应力　　D. 减少焊缝内部缺陷

二、填空题

1. CO_2气体保护焊的焊丝伸出长度一般为焊丝直径的（　　）倍为宜。

2. CO_2气体保护焊时，随着焊接电流的增大，熔深显著地（　　），熔宽略有（　　）。

3. CO_2气体保护焊时，为了减少焊缝中的气孔，必须彻底清除焊丝及焊件表面的水分、油污和铁锈，并对 CO_2气体进行（　　）。

4. 在 CO_2气体保护焊时，若焊缝较窄或两边熔合不太好，可适当（　　）电压；若焊缝太宽或咬边，则可适当（　　）电压。

5. CO_2气体保护焊的立向焊接，有立向上焊和立向下焊两种方式。立向上焊的熔深（　　），多用于中厚板的焊接；立向下焊的熔深（　　），多用于薄板的焊接。

6. 在使用 CO_2气体保护焊时，通常使用直流（　　）法，即工件接（　　）极。焊枪接（　　）极。

7. CO_2液化气瓶必须（　　）放置，以防（　　）流出。

8. 半自动 CO_2气体保护焊设备由（　　　　　　　　）四部分组成。

9. CO_2气体保护焊供气系统的控制要求为：引弧时（　　）送气，焊接时（　　）送气，焊接结束时（　　）停止送气。

10. CO_2气体保护焊时，为保证焊缝具有足够的力学性能及不产生气孔，焊丝中必须含有足够的（　　）等脱氧元素。

三、判断题

1. CO_2气体保护焊时，气体流量应根据电流的大小和作业环境进行调整。（　　）

2. CO_2气体保护焊，当电弧电压增大后，一般电弧长度并不发生变化。（　　）

3. CO_2气体保护焊结束后，必须切断电源和气源，检查现场，确保无火种后方能离开。(　　)

4. CO_2气体保护焊生产率高的原因是可以采用较粗的焊丝，因而相应使用了较大的电流。(　　)

5. CO_2气体保护焊只能采用直流反接法。(　　)

6. CO_2气体保护焊时，电弧电压就是指电源输出端电压。(　　)

7. CO_2气体保护焊时，细丝多用于薄板，粗丝多用于厚板。(　　)

8. CO_2气瓶在使用中不应该放在阳光下暴晒，以免气压增大而导致爆炸。(　　)

9. CO_2气体保护焊半自动焊，左焊法熔深减小，右焊法熔深增大。(　　)

10. CO_2气体保护焊薄板对接平焊时，宜采用左焊法。(　　)

11. CO_2气体保护焊焊接过程中会产生较多的一氧化碳，且CO会阻碍空气流通，有引起窒息的危险，故应注意通风和换气。(　　)

12. CO_2气体保护焊时，CO_2气体的流量越大，保护效果越好。(　　)

13. CO_2气体保护焊时，若采用的焊丝直径小于或等于1.2mm，则称为细丝CO_2气体保护焊。(　　)

14. CO_2气体保护焊时，焊接速度对焊缝成形没有什么影响。(　　)

15. CO_2气体中的杂质是水分和氮气，其中以水的危害为大。(　　)

16. NB—350型焊机是CO_2气体保护焊机。(　　)

17. 不论焊丝的直径多大，CO_2气体保护焊时，熔滴均采用短路过渡的形式，这样才能获得良好的焊缝成形。(　　)

18. 采用药芯焊丝进行气体保护焊时，不用清理熔渣。(　　)

19. 常用焊丝牌号H08Mn2SiA中的“A”表示硫、磷的质量分数不大于0.03%。(　　)

20. 由于CO_2气体保护焊抗锈能力强，所以焊接前不需要对坡口区域进行清理。(　　)

21. 为了防止产生气孔，应选择合适的焊接电流和焊接速度，认真清理坡口边缘的水分、油污和锈迹。(　　)

22. 氢不但会产生气孔，也会促使形成延迟裂纹。(　　)

四、简答题

1. CO_2气体保护焊焊前主要应做哪些准备工作？

2. 简述CO_2气体保护焊焊接电流对焊接质量的影响。

3. 焊缝外表面缺陷有哪些？产生缺陷的原因是什么？

4. 防止产生夹渣的主要措施有哪些？

第三单元 钨极氩弧焊技能训练

钨极氩弧焊几乎可用于所有金属和合金的焊接，但由于其成本较高，因此主要用于不锈钢、高合金钢、高强钢，以及铝、镁、铜、钛等非铁金属及其合金的焊接。由于其电弧密度高，热量集中，内应力小，焊缝的塑性和韧性好，不易产生过热组织、未焊透、气孔、夹渣、裂纹等缺陷，因此钨极氩弧焊被广泛应用于航空航天、化工、锅炉压力容器、医疗器械及炊具等工业部门。

项目一　低碳钢 V 形坡口板对接平焊技能训练

【学习目标】

1）了解氩弧焊的特点及适用范围，初步掌握氩弧焊板对接平焊的基本操作要领和技能。

2）理解钨极直径、焊接电流、焊丝直径、氩气流量等焊接参数的选用原则，能根据焊接材料、焊接位置选择相应的焊接参数。

3）理解常见缺陷的产生原因及防止措施，学会对焊件质量进行初步评判。

【任务提出】

在生产实践中，钨极氩弧焊多用于压力容器或输油、气管道的环焊缝的打底焊，这种焊接方式可以在容器外面施焊而内部也能形成焊缝。图 3-1 所示为 V 形坡口对接单面平焊双面成形工件图。

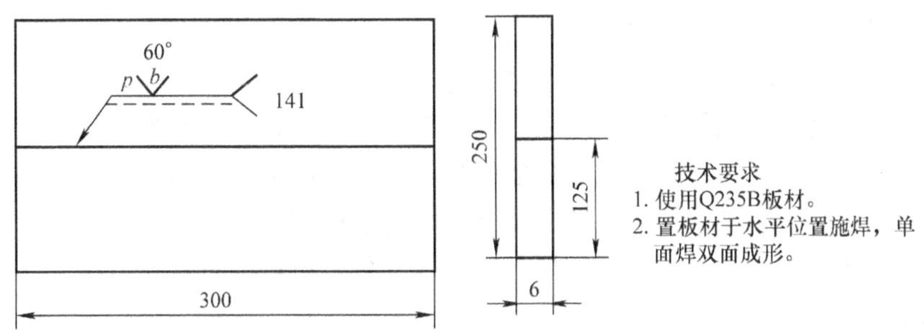

图 3-1　V 形坡口对接单面平焊双面成形工件图

【任务分析】

Q235B 的焊接性能良好，手工钨极氩弧焊 V 形坡口对接平焊时，焊缝置于水平悬空位置。采用左向焊法时，可以清晰地观察到坡口根部的熔化状态，操作方便。但液态金属受重力影响，坡口根部易烧穿，焊缝背面余高易过大，严重时会产生下坠，甚至产生焊瘤。因此，必须严格控制熔池温度，电弧熔化坡口根部的速度应和焊丝的填充速度配合良好。

➢【相关知识】

一、钨极氩弧焊的特点与分类

1. 特点

1）保护作用好，焊缝金属纯净，含氢量少，几乎可以焊接所有金属和合金。

2）焊接过程稳定，不产生飞溅，焊缝成形好，热影响区小。

3）交流钨极氩弧焊在负极性半周时，具有强烈的清除氧化膜的作用，为铝、镁及其合金的焊接提供了非常有利的条件。

4）需要采取高压引弧措施。由于氩气的电离电压较高，所以 TIG 焊的引弧较困难。

5）对工件清理要求严格。TIG 焊无冶金的脱氧或去氢措施，因此焊前对工件的除油、去锈及清除尘垢等准备工作要求严格，否则会影响焊接质量。

6）焊接效率较低。由于钨极的载流能力较差，故熔敷速度小，效率低。

7）紫外线强烈、臭氧浓度高，抗风能力差。

2. 分类

（1）按操作方式　分为手工钨极氩弧焊和自动钨极氩弧焊。

（2）按电流种类　可分为直流钨极氩弧焊、交流钨极氩弧焊和脉冲钨极氩弧焊。

二、手工钨极氩弧焊技术

1. 引弧方式

（1）接触引弧法　将钨极在引弧板上轻轻接触或轻轻划擦，将电弧引燃，燃烧平稳后移至焊缝上。这种方法容易使钨极端部烧损，电弧不稳，如果在焊缝上直接引弧，则容易引起焊缝夹钨，因此不推荐采用接触引弧法。只有在线路较长或高频功率太小，电弧不易引燃，使用电流较大，钨极端部引燃后能很快恢复稳定燃烧（交流氩弧焊）时才可以采用。

（2）非接触引弧法　利用氩弧焊机的高频或脉冲引弧装置来引燃电弧，是理想的引弧法。但引弧须在焊口内起焊点前方 1.0mm 左右处进行，引燃后移至起焊处，不可在焊缝处引弧，以免造成弧坑斑点，引起腐蚀或裂纹。

2. 焊炬（喷嘴与电极）、焊丝与焊件之间的角度

焊炬角度小，会降低氩气的保护效果；焊炬角度过大，则操作和加焊丝比较困难。对于某些易氧化的金属，如铝、钛等，应尽可能使焊炬与工件的夹角为 90°。

一般原则是在不影响操作和视线的情况下，尽量使焊炬和工件平面垂直。管道焊口的焊接，应注意随管作圆周运动时，焊炬和焊丝的角度变化要协调一致。

3. 运弧形式

手工钨极氩弧焊一般采用左焊法，焊炬作直线移动。为了保证氩气的保护作用，焊炬移动速度不能太快。当要求焊道较宽，焊炬必须横向移动时，焊炬要保持高度不变，横向移动要平稳。常用的焊炬运动方式有以下两种。

（1）沿焊缝纵向的移动

1）直线匀速移动。焊炬沿焊缝作平稳的直线匀速移动，适用于不锈钢、耐热钢等合金钢的薄件和厚度较大工件的打底焊接。优点是电弧稳定，避免焊缝重复加热，氩气保护效果好，焊接质量稳定。

2）直线断续移动。主要用于中等厚度材料的焊接，以及铝及其合金的焊接。在焊接过程中，焊炬按一定的时间间隔停留和前移。一般是在停留时间送入焊丝，然后焊炬向前移动。

（2）沿焊缝横向的摆动　根据焊缝的宽度和接头形式不同，有时焊炬必须作一定幅度的横向摆动。为了保证氩气的保护效果，摆动幅度要尽可能小。

1）正圆弧形摆动。焊炬横向摆动过程是划半圆，两侧略停顿后平稳前进。这种方法适用于T形角焊及等厚度材料的对接焊，以及要求得到较宽焊缝的焊接。

2）斜圆弧形摆动。焊炬横向摆动过程中不仅划圆弧，而且呈斜形平稳前移。适用于不等厚度的角接和对接焊。

4. 焊丝加入熔池的方式

手工钨极氩弧焊焊丝加入熔池的方式对焊接质量极为重要，根据不同的材质、焊接位置、焊丝送入的时机，以及送入熔池的位置、角度、深度，焊丝加入熔池的方式可分为两种。

（1）断续送丝法　焊接时，将焊丝末端在氩气保护层内往复断续地送入熔池的1/4～1/3处。焊丝移出熔池时不可脱离气体保护区，送入时不可接触钨极。这种方法使用的电流较小，焊接速度较慢。

（2）连续送丝法　在焊接时，将焊丝插入熔池一定位置，随着焊丝的送进，电弧同时向前移动，熔池逐渐形成。这种方法使用的电流较大，焊接速度快，质量较好，成形美观。

5. 接头

接头必须在起焊处前方的5～10mm处引弧，稳定之后将电弧移到起焊处起焊，重叠处要少加焊丝，以保证接头处的厚度和宽度一致。

6. 收弧

收尾不当，易引起弧坑裂纹、烧穿、缩孔等缺陷，从而影响焊缝质量。常用的收弧方法有：利用衰减装置，逐渐减小电流收弧；无衰减装置时，可采用多次熄弧法或减小焊炬与工件夹角，从而拉长电弧的方法收弧。

➢【任务实施】

一、焊前准备

1. 劳动保护

焊前，焊工必须穿戴好劳动防护用品，工作服要宽松，裤脚盖住鞋盖（护脚盖），上衣盖住下衣，不要扎在腰带里；绝缘工作手套不要有油污，不可破漏；佩戴平光防护眼镜，选用合适的护目玻璃色号。牢记焊工操作时应遵循的安全操作规程，并在作业中贯彻始终。

2. 母材

选用Q235B钢板，尺寸为300mm×125mm×6mm，检查钢板平直度，并修复平整。为保证焊接质量，必须在坡口两侧正、反面25mm范围内除锈、除油并打磨干净，露出金属光泽，避免产生气孔、裂纹等缺陷，还要修磨钝边。

3. 焊材

（1）焊丝　根据母材型号，按照等强度原则选用型号为 ER50-6（TIG-J50）、直径为 ϕ3mm 的焊丝。使用前除去锈蚀等污物。

（2）钨极　选用直径为 ϕ2.5mm 的铈钨极，将钨极端部修磨成 30°的圆锥角，并修磨出直径为 ϕ0.5mm 的小平台，如图 3-2 所示。尽量使磨削纹路与素线平行，以延长钨极的使用寿命。

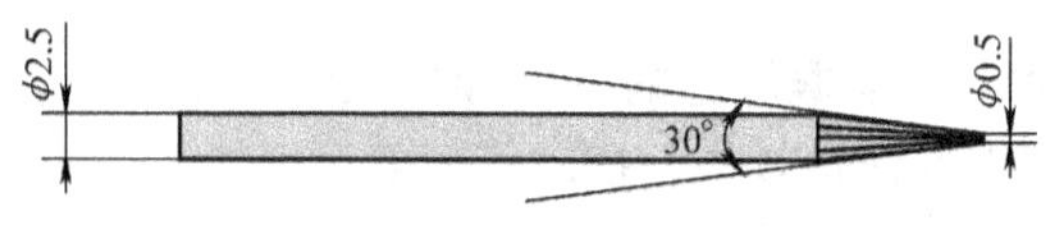

图 3-2　磨削钨极的端部形状

（3）保护气体　选择纯度为 99.95% 的氩气作为保护气体，检查并调整气体流量。

4. 焊机准备

选用 WS—300 型直流钨极氩弧焊焊机或 WSM—300 型直流脉冲钨极氩弧焊焊机，采用直流正接方式。检查设备状态、电缆线接头是否接触良好、焊钳电缆是否松动，避免因接触不良造成电阻增大而发热，甚至烧毁焊接设备；检查安全接地线是否断开，避免因设备漏电而造成人身安全隐患；检查设备气路、电路是否接通；清理喷嘴内壁的飞溅物，使其干净、光滑，以免保护气体通过时受阻。

5. 辅助工具和量具

焊工操作作业区附近应备好錾子、清渣锤、锤子、锉刀、钢丝刷、砂纸、钢直尺、钢角尺、水平尺、活动扳手、直磨机、角磨机、钢丝钳、钢锯条、焊缝万能量规、钢丝刷等辅助工具和量具。

6. 确定焊接参数

低碳钢 V 形坡口板对接平焊（TIG 焊）的焊接参数见表 3-1。

表 3-1　低碳钢 V 形坡口板对接平焊（TIG 焊）的焊接参数

焊接层次	钨极直径/mm	喷嘴直径/mm	钨极伸出长度/mm	氩气流量/（L/min）	焊丝直径/mm	焊接电流/A
打底层	ϕ2.5	ϕ10～14	5～6	8～10	ϕ3	90～100
填充层	ϕ2.5	ϕ10～14	5～6	8～10	ϕ3	90～100
盖面层	ϕ2.5	ϕ10～14	5～6	8～10	ϕ3	100～110

二、装配与焊接

1. 装配与定位焊

为保证焊接质量，装配定位焊很重要。为了保证焊透而不烧穿，必须留有合适的对接间隙和合理的钝边。根据试件板厚和焊丝直径大小，确定钝边 $p=0\sim0.5$mm，间隙 $b=2.5\sim3$mm（始端 2.5mm，终端 3mm），反变形量为 2°，错边量不大于 0.5mm。定位焊时，在试件两端坡口内侧点固，焊点长度为 10～15mm，高度为 5～6mm，以保证固定点的强度，抵抗焊接变形时的收缩，如图 3-3 所示。

定位焊前，在焊机面板上选择 4 步操作法，调整焊接电流、收弧电流、上坡时间和下坡时间。戴好头盔、面罩，左手握焊丝，右手握焊枪，喷嘴接触试件端部坡口处，按动引弧按

钮引燃电弧。不松手，利用电弧光亮找到定位焊位置，即距试件端部10mm处的坡口内侧；松开引弧按钮，电流开始上升，调整喷嘴高度，电弧长度为2～3mm，加热坡口一侧。待形成熔池后填加焊丝，移动电弧到坡口另一侧，待形成熔池后再填加焊丝，两侧搭桥后锯齿形摆动电弧，将坡口钝边熔化，焊丝一滴一滴地填加到熔池。达到固定点长度后，右手按动收弧按钮，电流开始衰减，等熔池完全冷却后再移开焊枪。调整间隙，再焊另一端。调整反变形角度后，将试件装夹到变位器上，注意大间隙端在左，小间隙端在右。

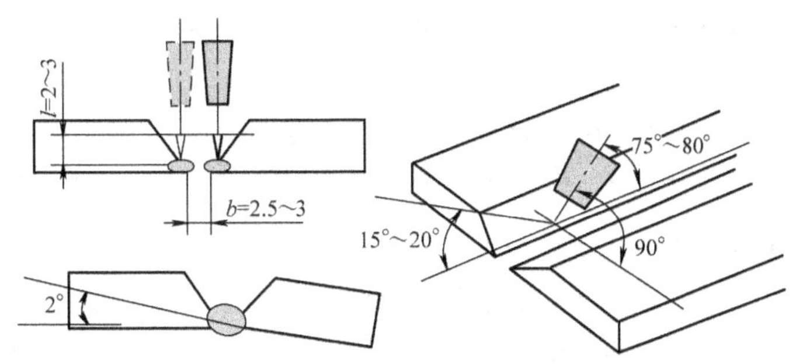

图3-3　组装方法

2. 打底焊

采用左向焊法，在试件右端固定点处引弧，焊枪与焊缝横向垂直，与焊缝方向成75°～80°角，如图3-4所示。电弧的长度为2～3mm，焊丝端部进入氩气保护范围，待固定点熔化后小锯齿形摆动焊枪向右移动，至固定点底端电弧稍作停顿，击穿根部打开熔孔，使坡口两侧各熔化0.5～1mm。此时迅速将焊丝填入熔池，熔入一滴铁液后将焊丝退出，焊丝端部不得离开氩气保护范围，利用电弧外围预热焊丝，焊枪作小锯齿形向右摆动，电弧将熔池铁液带到坡口两侧稍作停顿，使其熔合良好，避免因焊缝中间温度过高熔池下坠，而造成背面焊缝余高过大，焊缝正面中间凸起而两侧形成沟槽。

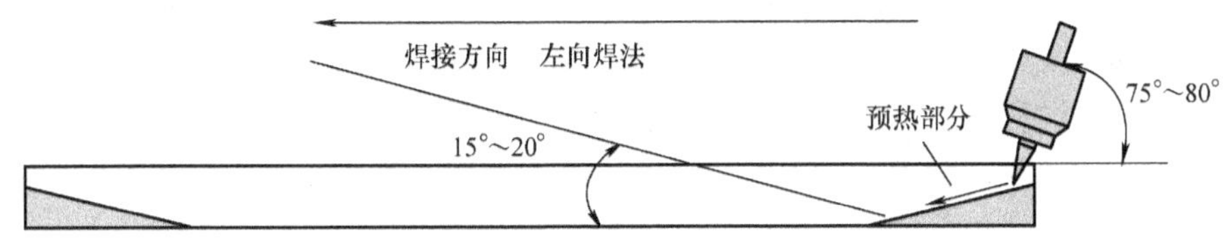

图3-4　焊枪、焊丝角度

正常焊接时，电弧每摆动一次交替填加焊丝一滴，焊丝只作填入和退出，不作横向摆动；电弧只作横向摆动和向前移动，不允许上下跳动，即要保证电弧长度不变。摆动幅度、前移尺寸的大小要均匀，电弧的2/3在正面熔池，电弧的1/3通过间隙在坡口背面，用来击穿熔孔，保护背面熔池，图3-5所示。

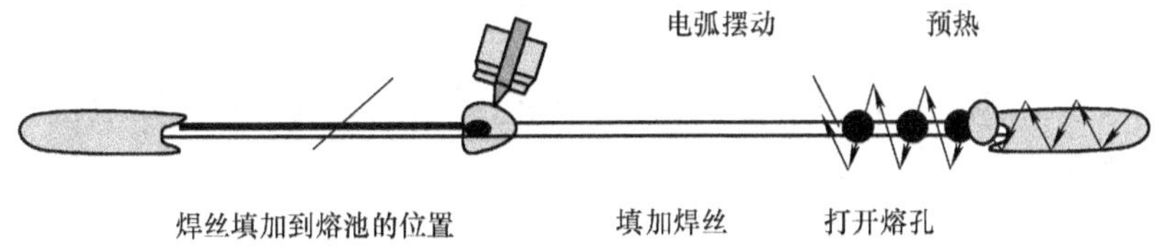

图3-5　打底焊

焊接过程中，应注意观察并控制熔孔大小保持在0.5～1mm。正常形状为半圆形，当发现熔池颜色变白亮，其形状变为桃形或心形时，说明熔池中部温度过高，铁液开始下坠，背面余高增大，甚至会产生焊瘤。此时应加大电弧前移步伐，加快焊丝填入频率和延长熔入焊丝时间，以降低熔池温度。若熔池呈椭圆形，则表明热输入不足，根部没有熔合，此时应减小电弧前移步伐，放慢填加焊丝频率，如图3-6所示。

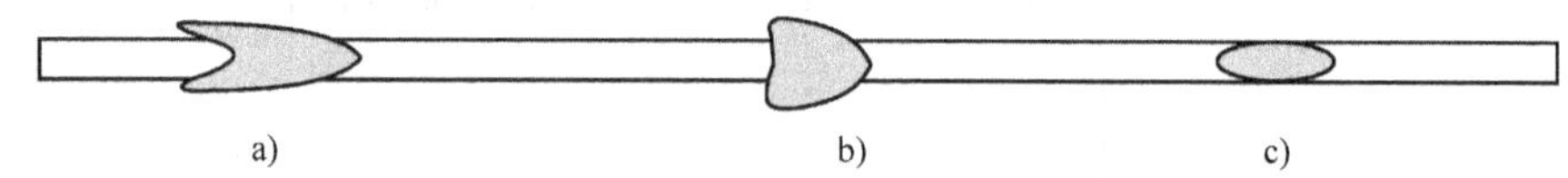

图3-6　温度与熔池形状及焊缝成形的关系

a）熔池温度过高，背面产生焊瘤　b）熔池温度适当，背面焊缝平滑　c）熔池温度过低，焊缝未焊透、未熔合

氩弧焊的接头比较容易，方法与起焊时相同。但收弧时，一定要等熔池完全冷却后再移开焊枪，让熔池在氩气的保护下冷却，否则易出现气孔，而气孔一旦出现，就必须打磨掉再焊。

收尾时，如果采用4步操作法，则使用衰减电流可完成焊接收尾。如果采用2步操作法，可回焊收尾，逐渐提高电弧长度，熔池将逐渐缩小，如图3-7所示。

图3-7　打底焊的收尾

3. 填充层的焊接

用钢丝刷清理打底层焊缝氧化皮；修磨钨极端部，清理喷嘴上的污物。在试件右端引燃电弧，调整电弧长度并稍作停顿，预热试件端部，待形成熔池后，锯齿形摆动电弧，焊丝交替摆动填入熔池（即焊丝紧跟电弧，在坡口两侧熔池填入焊丝）。焊接填充层时，焊枪角度、焊丝角度与打底层基本相同，电弧比打底层摆动幅度大，摆动速度稍慢，坡口两边稍作停顿。电弧前移步伐的大小，以焊缝厚度为准，以熔池大小的1/2～2/3为宜。观察熔池长大情况，决定电弧前移速度、焊丝填加频率和熔入时间，以不破坏坡口棱边为好，为盖面层留作参考基准，如图3-8所示。

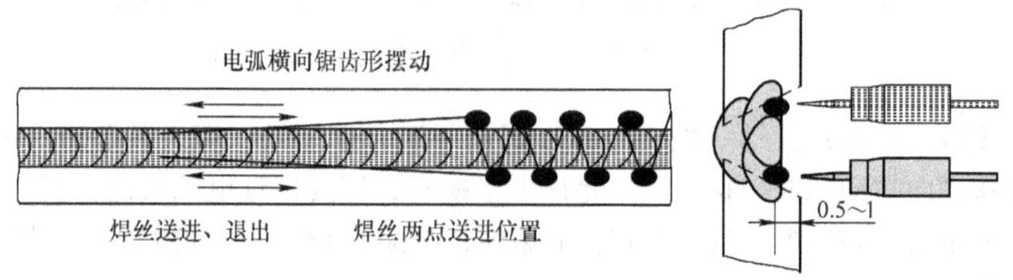

图3-8　填充焊操作方法

接头时，在弧坑前方5mm处引燃电弧，回移电弧预热弧坑，当重新熔化弧坑并形成熔池时，填加焊丝并转入正常焊接。

4. 盖面层的焊接

盖面层的焊接与填充层相同，电弧在坡口两边停顿的时间稍长，电弧熔入棱边

1～1.5mm，填充焊丝要饱满，以避免咬边缺陷，焊缝余高约为2mm，如图3-9所示。

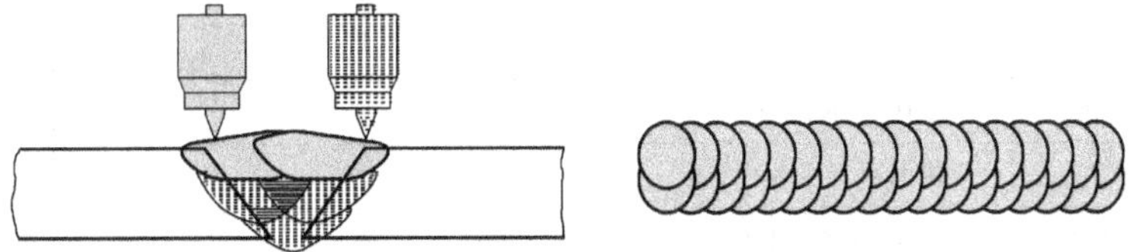

图3-9 盖面焊的电弧摆动幅度及焊缝形貌

三、焊缝外观检测

1. 自检

1）试件焊接完成后，用敲渣锤、锉刀等清理熔渣、飞溅，用钢丝刷清理焊缝。

2）检查试件焊后角变形，变形量一般不大于3°。

3）检查焊缝是否有裂纹、表面气孔、夹渣、咬边等缺陷。

4）检查焊缝整体的直线度，以及焊缝宽度是否一致。

5）检查焊缝整体余高是否一致。

6）检查焊缝是否有接头不良、超高或脱节的现象。

7）检查焊缝背面是否有未焊透、未熔合、凹坑或焊瘤。

8）根据评分标准进行扣分。

2. 互检和专检

参照相关评分标准，与同组同学对各自焊完清理好的工件进行相互检测，指出不足并相互讨论，然后将结果汇报给相关教师。教师在学生的焊接操作过程中，对其操作进行专检。

➢【任务评价】

低碳钢V形坡口板对接平焊（TIG焊）的评分标准见表3-2。

表3-2 低碳钢V形坡口板对接平焊（TIG焊）的评分标准

序号	评分项目	评分标准	配分	得分
1	焊缝余高	0～1mm，每多1mm扣2分	5	
2	焊缝高度差	≤1mm，每多1mm扣2分	5	
3	焊缝宽度	≤12mm，每多1mm扣2分	5	
4	焊缝宽度差	≤1mm，每多0.5mm扣2分	5	
5	咬边	深度≤0.5mm且长度≤10mm，扣3分；深度≤0.5mm且长度≤20mm，扣5分；深度>0.5mm或长度>20mm，不得分	10	
6	气孔	气孔≤0.5mm，数目1个，扣4分；气孔≤0.5mm，数目>2个，扣8分；气孔>0.5mm，数目>2个，不得分	10	
7	错边量	≤0.5mm，扣2分；>0.5mm且≤1mm，扣4分；>1mm，不得分	5	
8	角变形	0°～1°。>1°且≤3°，扣2分；>3°且≤5°，扣4分；>5°，不得分	5	
9	焊缝外表成形	不符合要求酌情扣分	5	

（续）

序号	评分项目	评分标准	配分	得分
10	反面焊缝高度	>3mm 不得分	5	
11	反面咬边	有咬边不得分	5	
12	反面气孔	有气孔不得分	5	
13	反面未焊透	有未焊透不得分	10	
14	反面凹陷	深度≤0.5mm，每2mm长扣0.5分（最多扣10分）；深度>0.5mm，不得分	20	
总分			100	

注：从开始引弧计时，该工件的焊接在60min内完成，每超出1min，从总分中扣2.5分。

项目二　管对接水平固定焊技能训练

【学习目标】

1）了解管对接水平固定TIG焊的应用领域。

2）掌握管对接水平固定TIG焊单面焊双面成形的操作要领及焊接参数的选择。

3）掌握管对接水平固定TIG焊的装配方法及定位焊要求。

【任务提出】

在石油化工、电站锅炉、输油管线等结构的生产过程中，需要大量的管道对接，并要求单面焊双面成形。在生产中，V形坡口管对接水平固定焊最为常见，如图3-10所示。

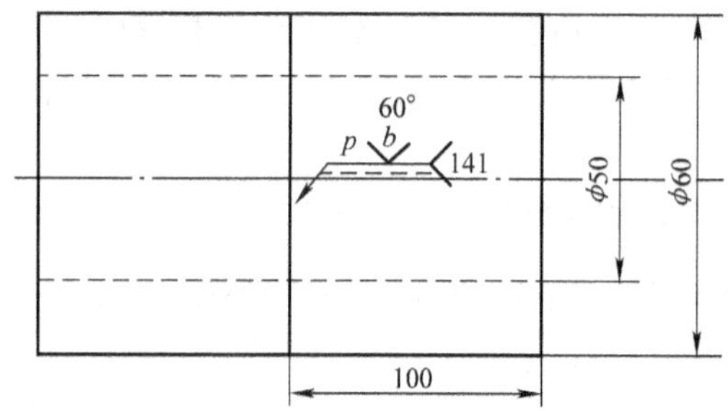

图3-10　V形坡口管对接水平固定TIG焊试件图

【任务分析】

根据图样可知，本试件为开V形坡口管对接水平固定钨极氩弧焊，要求单面焊双面成形。用钨极氩弧焊将两件长度为100mm，坡口面角度为30°的ϕ60mm×5mm的管对接焊成。其中坡口角度为60°，间隙和钝边自定。

由于试件处于水平位置，固定焊接时，经历仰焊、仰爬坡焊、立焊、爬坡焊和平焊五种位置的焊接，使焊接难度增大。ϕ60mm×5mm管对接由于管径较小，管壁较薄，特别是作为焊接起始部位的仰焊位置，若选择的焊接电流较小，则熔池温度上升较慢，熔滴不易过渡，会造成背面焊缝凹陷、正面焊缝下坠，甚至产生焊瘤。而处于平位时，背面又容易产生下坠，导致余高过大、正面焊缝凹陷、熔合不良等缺陷。当选择的焊接电流较大时，若双手配合不好，手忙脚乱，易形成烧穿或焊瘤等缺陷。所以，应使用合适的电流，并根据焊缝位

置的不断变化来改变焊枪角度，调节焊接速度，进行合理的操作。既要保证焊透，又不致使熔池温度升高而产生焊瘤。

➢【相关知识】

手工钨极氩弧焊焊机通常由焊接电源、焊接控制系统（现在的 TIG 焊机已把电源与控制系统组装成一体）、供气系统及水冷系统等部分组成。

1. 焊接电源

钨极氩弧焊电源可分为直流电源、交流电源、交直流电源、脉冲电源等，电弧的静特性曲线是水平的，且要求外特性曲线陡一些，这样在电弧长度受到干扰而变化时，焊接电流的变化较小。

在氩弧焊中，由于氩气的电离能较高，因此给引弧造成了很大的困难。一般都在焊接电源上加入引弧装置，通常在交流电源中接入高频振荡器，在直流电源中接入脉冲引弧器。

2. 焊接控制系统

氩弧焊的控制系统主要用来控制和调节气、水、电的各个工艺参数，以及控制起动和停止焊接。

为了使焊接区得到可靠的保护，引弧时须提前 2～5s 送气，然后接通焊接电源，施加高频或高压脉冲引弧。电弧一旦引燃，应立即切除高频或高压脉冲。焊接结束时，当电弧熄灭后，还应延迟 5～15s 后再停止送气，以便使焊缝尾部和钨极端部在冷却过程中仍能得到充分的保护。

3. 供气系统

供气系统的作用是通过电子线路，控制电磁阀的通断、气体指示灯、提前和滞后供气时间，以及进行气体检查、焊接状态的转换控制，以保证纯度合格的保护气体在焊接时，以适宜的流量平稳地从焊枪喷嘴喷出。

供气系统主要由氩气气瓶、减压器、气体流量计、电磁气阀、电磁气阀的控制电路及气路组成，如图 3-11 所示。

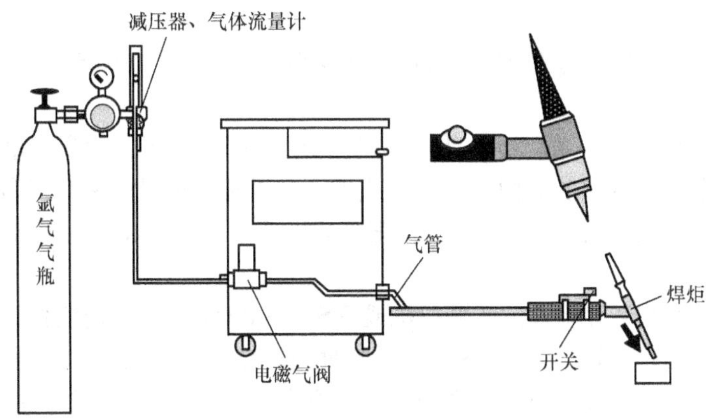

图 3-11　供气系统示意图

4. 水冷系统

当焊接电流小于 150A 时，一般采用风冷焊枪；当焊接电流超过 150A 时，应采用水冷焊枪。

5. 焊枪

TIG 焊要求焊枪重量轻、体积小、绝缘性能好，并具有一定的机械强度等。TIG 焊枪一般由喷嘴、电极夹套、焊炬本体、钨极、开口夹套、电极帽、手柄及开关等组成，如图 3-12 所示。

焊枪的作用是夹持电极、传导焊接电流、向焊接部位输送保护气体、通过微动开关向焊机发出控制命令等。小型焊枪依靠保护气流带走焊枪中的热量，大型焊枪还要采用循环水冷却焊枪。

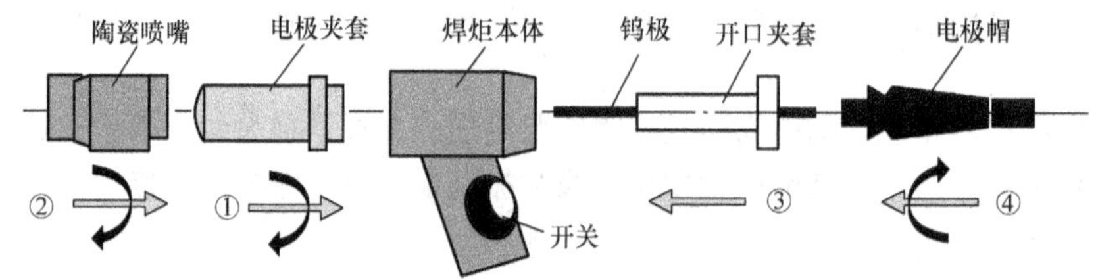

图 3-12　焊枪结构解体及装夹步骤

➢【任务实施】

一、焊前准备

1. 劳动保护

穿好棉质或皮质工作服、绝缘鞋，戴好工作帽、绝缘手套、卫生口罩、平光镜、头盔式遮光面罩等。

2. 母材的选用

母材为 20 钢钢管，尺寸为 ϕ60mm × 5mm × 100mm。检查钢管的圆度，并进行修整。为保证焊接质量，必须在坡口两侧正、反面 25mm 范围内除锈、除油并打磨干净，露出金属光泽，避免产生气孔、裂纹等缺陷；还要修磨钝边。

3. 焊材

（1）焊丝　根据管子母材型号，选择型号为 ER50-6（TIG-J50）、直径为 ϕ3mm 或 ϕ2.5mm 的焊丝。

（2）钨极　选用直径为 ϕ2.5mm 的铈钨极，修磨钨极端部成 30°圆锥角，并修磨出直径为 ϕ0.5mm 的小平台。尽量使磨削纹路与素线平行，以延长钨极的使用寿命。

（3）保护气体　选择纯度为 99.99% 的氩气作为保护气体，检查并调整气体流量。

4. 焊机

选用 WSE—315 型交直流钨极氩弧焊机或 WSM—300 型直流钨极氩弧焊机，采用直流正接电源。选择操作方式（4 步），调整上、下坡时间；检查设备气路、电路是否接通，钨极端部形状是否合适；清理喷嘴内壁飞溅物，使其干净、光滑，以免保护气体通过时受阻。

检查设备状态、电缆线接头是否接触良好、焊钳电缆是否松动，避免因接触不良造成电阻增大而发热，甚至烧毁焊接设备。检查安全接地线是否断开，避免因设备漏电造成人身安全隐患。

5. 辅助工具

准备钢锯条，扁铲、锤子、角磨砂轮、钢丝刷、钢直尺等工具。

6. 确定焊接参数

管对接水平固定 TIG 焊的焊接参数见表 3-3。

表 3-3　管对接水平固定 TIG 焊的焊接参数

焊接层次	钨极直径/mm	喷嘴直径/mm	伸出长度/mm	氩气流量/L/min	焊丝直径/mm	焊接电流/A
打底层	ϕ2.5	ϕ10 ~ 14	5 ~ 6	8 ~ 10	ϕ2.5	90 ~ 100
盖面层	ϕ2.5	ϕ10 ~ 14	5 ~ 6	8 ~ 10	ϕ2.5	90 ~ 95

二、装配与焊接

1. 组装与定位焊

为了保证焊接质量，装配定位很重要。为了既保证焊透又不烧穿，必须留有合适的对接间隙和合理的钝边。根据试件板厚和焊丝直径大小，确定钝边 $p=0\sim0.5$mm，间隙 $b=2.5\sim3$mm（始端为 2.5mm 终端为 3mm），反变形量约为 2°，错边量不大于 0.5mm。

由于管径较小，因此固定一点即可。定位焊时，用对口钳或小槽钢对口，如图 3-13 所示，在试件两端坡口内侧点固，焊点长度在 10mm 左右，高度为 2 ~ 3mm。

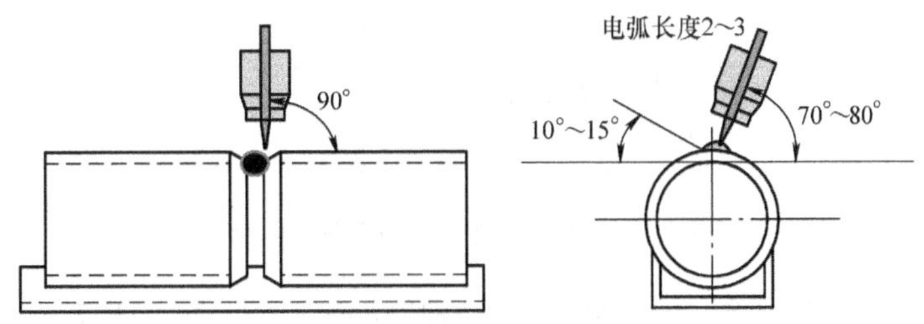

图 3-13　试件组装

定位焊前，在焊机面板上选择 4 步操作法，调整焊接电流、收弧电流、上坡时间和下坡时间。戴好头盔、面罩，左手握焊丝，右手握焊枪，喷嘴接触试件端部坡口处，按动引弧按钮引燃电弧。不松手，利用电弧光亮找到定位焊位置，松开引弧按钮，电流开始上升；调整喷嘴高度，电弧长度为 2 ~ 3mm，加热坡口一侧，待形成熔池后填加一滴焊丝，移动电弧到坡口另一侧，待形成熔池后再填加一滴焊丝。两侧搭桥后锯齿形摆动电弧，将坡口钝边熔化，焊丝一滴一滴地填加到熔池，达到固定点长度后，右手按动引弧按钮，电流开始衰减，等熔池完全冷却后再移开焊枪。将试件固定在焊接变位器上，高度根据个人习惯而定，固定点置于时钟 10 点位置，6 点和 12 点位置不允许有固定点。

2. 打底焊

管对接水平固定焊，要求焊工能够双手开弓，焊接分左、右半圆先后完成。先焊接右半圆，从时钟 6 点半位置开始焊接，12 点半位置收弧。焊枪和焊丝的角度如图 3-14 所示。

戴好头盔、面罩，左手握焊丝，右手握焊枪，两腿分开弯腰低头，喷嘴接触试件 6 点半位置坡口处，按动引弧按钮引燃电弧。不松手，利用电弧光亮找到点焊位置，松开引弧按钮，电流开始上升，调整喷嘴高度，此时，焊枪工作角为 90°角，前进角为 80° ~ 90°，电弧长度为 2 ~ 3mm。加热坡口一侧，待坡口棱边熔化并形成熔池后，填加一滴焊丝，移动电弧到坡口另一侧，待棱边熔化并形成熔池后再填加一滴焊丝；两侧搭桥后锯齿形向上摆动电弧，将坡口棱边熔化 0.5 ~ 1mm，焊丝与电弧交替一滴一滴地填加到熔池，电弧在坡口两侧适当停顿，使熔滴与坡口良好熔合。注意填加焊丝时一定要准确填入根部熔池，否则会出现背面凹陷，甚至产生未熔合缺陷；焊丝进退要利落，退出时不离开氩气保护范围，利用电弧外围的热量预热焊丝，避免焊丝与钨极接触而出现夹钨缺陷。随着焊缝位置的变化逐渐伸直腰，并相应调整焊枪、焊丝角度。超过 12 点位置时，焊枪角度应与焊接方向成 75° ~ 85°角，即改变电弧指向，以控制铁液下流。到达 12 点半位置后开始收弧，右手按动引弧按钮，电流开始衰减，等熔池完全冷却后再移开焊枪。如果采用 2 步操作法，则应回拉电弧，并逐渐提高喷嘴高度，缩小熔池。

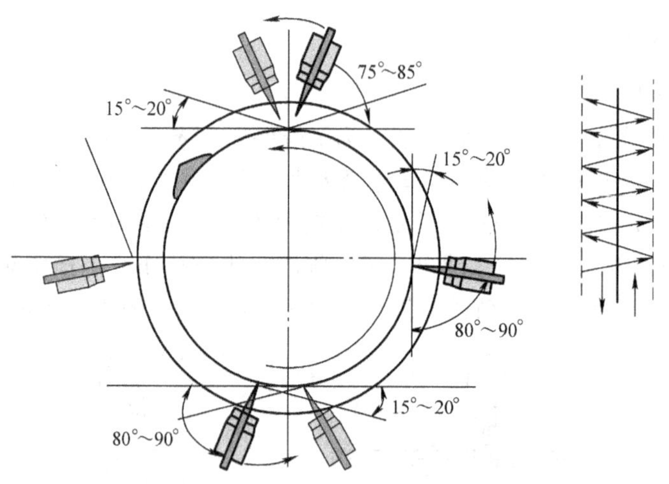

图 3-14　打底焊时焊枪和焊丝的角度

焊接左半圈时，管子位置不变，用钢丝刷清理仰位起头处，右手持焊丝，左手握焊枪，在 6 点位置处引燃电弧，焊丝进入氩气保护范围。缓慢移动电弧到坡口根部，熔化坡口棱边 0.5 ~ 1mm，并在根部形成熔池，将焊丝送进根部熔池，电弧作小锯齿摆动向 7 点位置移动，与右半圈相同。当焊接到距离固定点 1 ~ 2mm（一个熔孔长度）时，电弧大步向前移动一个来回，对固定点进行预热，如图 3-15 所示，然后回到正常焊接的部位。此时不需要填加焊丝，待形成新的熔池后再填送焊丝，与固定点熔合后填加少量焊丝；到达固定点高端时电弧可加快步伐，不加焊丝，至固定点低端熔化根部后再填加焊丝，正常焊接。封口时的方法与之相同，超过接头 5 ~ 10mm 开始收弧。同时，应注意逐渐调整焊枪和焊丝角度，缓慢直起身体。

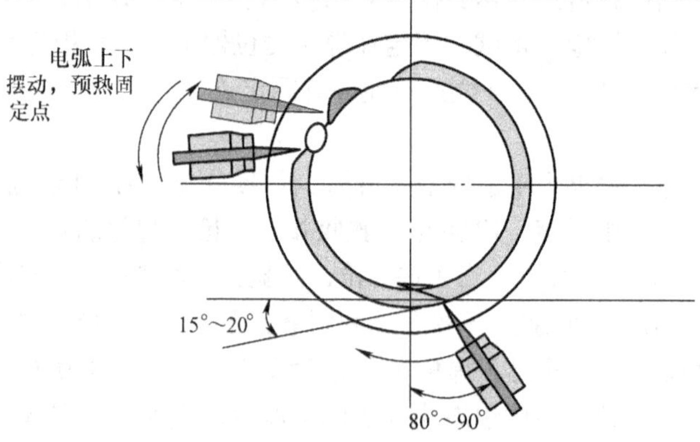

图 3-15　仰位接头时起焊位置及固定点处的运弧方法

注意：整个焊接过程应保证钨极的端部形状，随时修磨钨极。

3. 盖面焊

盖面焊前，用钢丝刷清理打底层的氧化皮，其焊接方法与打底层基本相同。需要注意的是，焊接起头与底层接头应稍微错开5~10mm，电弧横向摆动幅度稍大，以熔掉棱边0.5~1mm为宜，前移步伐不宜太大；填丝方法为两点式，填丝频率稍快，以使焊缝饱满，避免咬边；电弧在坡口两侧应适当停顿，以保证良好熔合。盖面焊的起点位置，电弧摆动幅度及送丝方法如图3-16所示。

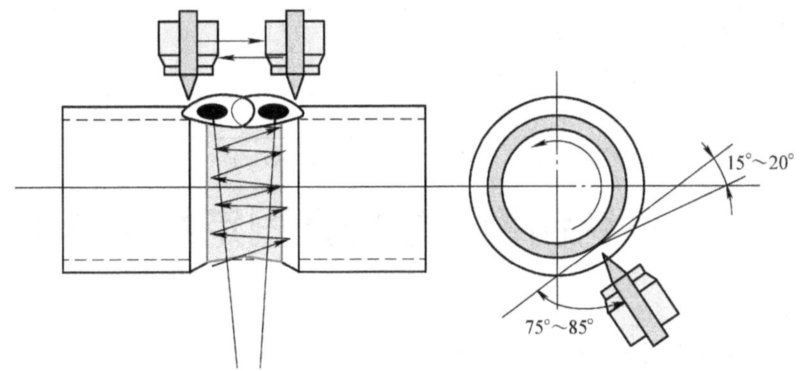

图3-16　盖面焊的起点位置，电弧摆动幅度及送丝方法

三、焊缝外观检测

1. 自检

参照本单元项目一的相关内容。

2. 互检和专检

参照本单元项目一的相关内容。

【任务评价】

管对接水平固定TIG焊评分标准见表3-4。

表3-4　管对接水平固定TIG焊的评分标准

序号	评分项目	评分标准	配分	得分
1	焊缝余高	0~1mm，每多1mm扣2分	5	
2	焊缝高度差	≤1mm，每多1mm扣2分	5	
3	焊缝宽度	≤12mm，每多1mm扣2分	5	
4	焊缝宽度差	≤1mm，每多0.5mm扣2分	5	
5	咬边	深度≤0.5mm且长度≤10mm，扣3分；深度≤0.5mm且长度≤20mm，扣5分；深度>0.5mm或长度>20mm，不得分	10	
6	气孔	气孔≤0.5mm，数目1个，扣4分；气孔≤0.5mm，数目2个，扣8分；气孔>0.5mm，数目>2个，不得分	10	
7	焊缝外表成形	不符合要求酌情扣分	10	
8	反面焊缝高度	>2mm或<0，不得分	5	

（续）

序号	评分项目	评分标准	配分	得分
9	反面咬边	有咬边不得分	5	
10	反面气孔	有气孔不得分	5	
11	反面未焊透	有未焊透不得分	10	
12	反面凹陷	深度≤0.5mm，每4mm长扣1分（最多扣10分）；深度>0.5mm，不得分	10	
13	反面焊瘤	有焊瘤不得分	10	
14	反面焊缝外表成形	不符合要求酌情扣分	5	
15	气密性检测	气密性检测不合格倒扣20分	—	
总分			100	

注：从开始引弧计时，该工件的焊接在60min内完成，每超出1min，从总分中扣2.5分。

项目三　不锈钢管对接垂直固定焊技能训练

【学习目标】

1）了解管对接垂直固定TIG焊的应用领域。

2）掌握不锈钢管对接垂直固定TIG焊焊接参数的选择原则。

3）掌握不锈钢管对接垂直固定TIG焊的操作技能。

【任务提出】

在石油化工、医药卫生、食品加工等领域，多采用不锈钢管道。在生产实际中，经常遇到不锈钢管V形坡口垂直固定对接接头，并要求单面焊双面成形，如图3-17所示。

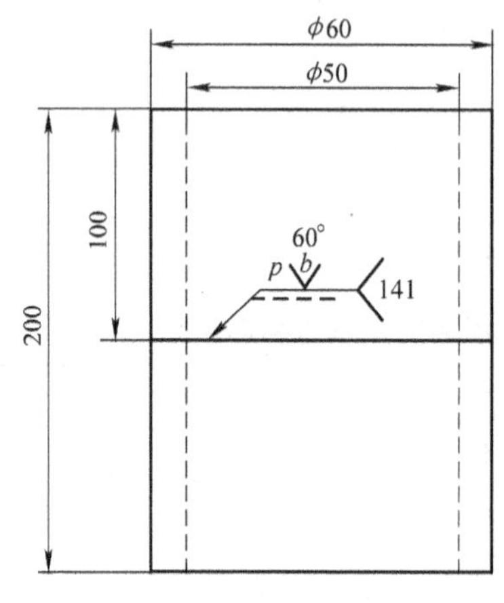

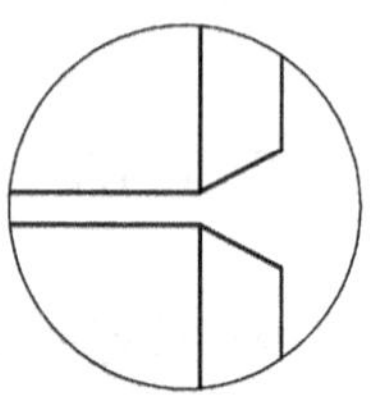

技术要求

1. 材质为12Cr18Ni9。
2. 单面焊双面成形，要求背面充氩气保护。

图3-17　不锈钢管对接垂直固定TIG焊工件

【任务分析】

由题目和图样可知，本试件采用奥氏体不锈钢管对接垂直固定氩弧焊，单面焊双面成形。试件由两件长度为100mm，坡口面角度为30°的ϕ60mm×5mm的不锈钢管对接焊成，其中坡口角度为60°，间隙和钝边自定。为了保证焊接质量，必须采取背面保护措施，否则背面将出现严重的氧化现象，而降低焊缝质量，失去不锈钢的特性，甚至造成工件报废。

管对接垂直固定焊在焊接过程中，焊枪角度和焊丝角度应随焊接方向的改变而不断改变；熔池处于空间横向位置，液态熔池在重力的作用下，会产生截面不对称的焊缝，即焊缝中线上侧凹陷、下侧下坠。为此，上坡口填加的焊丝量应比下坡口稍多，以降低熔池温度，增大熔池张力，减小下坠趋势。

➢【相关知识】

钨极氩弧焊的工艺参数有焊接电流、电弧电压、焊接速度、喷嘴直径、氩气流量、钨极直径及填丝直径等。

1. 焊接电流

通常根据工件材料的性质、板厚和结构特点，选择焊接电流的种类和大小。焊接电流的选择，应保证单位时间内给焊缝适宜的热量。

如果钨极直径大而焊接电流小，则钨极端部温度不够，电弧会在钨极端部不规则地漂移，造成电弧不稳；如果焊接电流超过钨极的许用电流，则钨极端部的温度会超过钨极熔点而使钨极熔化，造成夹钨缺陷。只有在钨极直径与焊接电流相匹配时，电弧才能稳定燃烧。

2. 电弧电压

电弧电压随着电弧长度的增长而增大，焊缝宽度会加宽，而背面焊透的高度减小。电弧长度是指钨极末端到熔池表面的距离。当电弧长度太长时，容易引起焊不透缺陷，氩气保护不好而发生氧化现象。所以，在保证电极不短路，不影响送丝操作的情况下，应尽量采用短弧焊接。

3. 焊接速度

焊接速度增大时，焊缝的余高及焊缝宽度都相应减小，同时会影响氩气对熔池的保护。当焊接速度太快时，气体保护会受到破坏，焊缝容易产生未焊透和气孔缺陷；如果焊接速度太慢，则会产生凹陷、烧穿等缺陷。

在焊接电流一定的情况下，焊接速度应根据熔池的大小、形状和焊件熔合情况随时调节，以保证单位时间内给焊缝适宜的热量。

4. 喷嘴直径及氩气流量

喷嘴直径与氩气流量在一定条件下有一个最佳配合范围，在这个配合范围下，有效保护区最大，气体保护效果最佳。若保护气体流量过小，排除周围空气的能力差，则保护效果不好；若流量过大，则易卷入空气，保护效果也差。同样，当保护气体的流量一定时，喷嘴直径过小或过大，保护效果均不好。喷嘴直径（D）与钨极直径（d）的关系遵循以下经验公式

$$D = 2d + E$$

式中　E——参数，$E = 2 \sim 5\text{mm}$。

喷嘴直径与氩气流量的配合范围见表3-5。

表3-5　喷嘴直径与氩气流量的配合范围

焊接电流/A	直流正接		交　流	
	喷嘴直径/mm	流量/（L/min）	喷嘴直径/mm	流量/（L/min）
10 ~ 100	ϕ4 ~ ϕ9.5	4 ~ 5	ϕ8 ~ ϕ9.5	6 ~ 8
101 ~ 150	ϕ4 ~ ϕ9.5	4 ~ 7	ϕ9.5 ~ ϕ11	7 ~ 10

（续）

焊接电流/A	直流正接		交流	
	喷嘴直径/mm	流量/（L/min）	喷嘴直径/mm	流量/（L/min）
151～200	ϕ6～ϕ13	6～8	ϕ11～ϕ13	7～10
201～300	ϕ8～ϕ13	8～9	ϕ13～ϕ16	8～15
301～500	ϕ13～ϕ16	9～12	ϕ16～ϕ19	8～15

5. 钨极直径及端部形状

TIG 焊使用的电极，其直径的选择与焊接电流的种类及大小有关。

焊接不同材料时，钨极端部的形状也不同，如图 3-18 所示。例如，端部为球形适合焊接铝、镁及其合金；端部为圆台形适合焊接低碳钢、低合金钢等；端部为圆锥形适合焊接不锈钢。

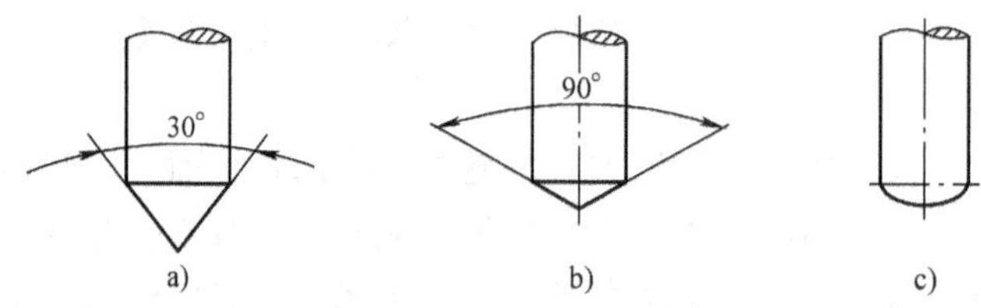

图 3-18　常用的电极端部形状

a）直流小电流　b）直流大电流　c）交流

【任务实施】

一、焊前准备

1. 劳动保护

穿好棉质或皮质工作服、绝缘鞋，戴好工作帽、绝缘手套、卫生口罩、平光镜、头盔式遮光面罩等。

2. 母材的选用

选用 12Cr18Ni9 不锈钢管，尺寸为 ϕ60mm×100mm×5mm，检查钢管圆度并进行修整。为保证焊接质量，必须在坡口两侧正、反面 25mm 的范围内除锈、除油并打磨干净，露出金属光泽，避免产生气孔、裂纹等缺陷。另外，还须修磨钝边。

3. 设备的选用

选用 WSE—315 型交直流钨极氩弧焊焊机或 WSM—300 型直流钨极氩弧焊焊机，采用直流正接电源。检查设备状态、电缆线接头是否接触良好、焊钳电缆是否松动，避免因接触不良造成电阻增大而发热，甚至烧毁焊接设备。检查安全接地线是否断开，避免因设备漏电而造成人身安全隐患。选择操作方式（4 步），调整上、下坡时间。检查设备气路、电路是否接通，钨极端部形状是否合适。清理喷嘴内壁飞溅物，使其干净、光滑，以免保护气体通过时受阻。

4. 辅助工具

准备钢锯条、扁铲、锤子、角磨砂轮、钢丝刷、钢直尺等工具。

5. 焊材

（1）焊丝　根据母材型号，选择06Cr19Ni10不锈钢专用焊丝，直径为ϕ2.5mm。

（2）钨极　选用直径为ϕ2.5mm的铈钨极，修磨钨极端部成30°圆锥角；为使电弧更集中，不留小平台；尽量使磨削纹路与素线平行，以延长钨极的使用寿命，如图3-19所示。

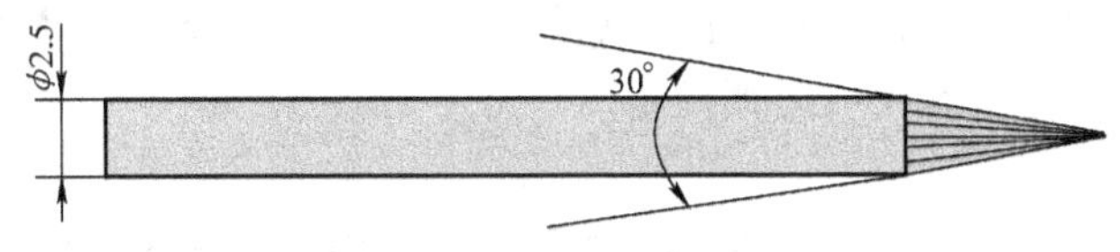

图3-19　钨极端部修磨形状

（3）保护气体　选择两瓶纯度为99.99%的氩气作为保护气体，一瓶用于正面保护，另一瓶用于背面保护。检查并调整气体流量，背面保护的流量较正面稍小。

6. 确定焊接参数

不锈钢管对接垂直固定TIG焊的焊接参数见表3-6。

表3-6　不锈钢管对接垂直固定TIG焊的焊接参数

焊接层次	钨极直径/mm	喷嘴直径/mm	伸出长度/mm	氩气流量/（L/min）	焊丝直径/mm	焊接电流/A
打底层	ϕ2.5	ϕ10	5～6	8～10	ϕ2.5	80～90
盖面层	ϕ2.5	ϕ10	5～6	8～10	ϕ2.5	80～90

二、装配与焊接

1. 组装与定位焊

为保证焊接质量，装配定位很重要。为了保证既焊透又不烧穿，必须留有合适的对接间隙和合理的钝边。根据试件板厚和焊丝直径的大小，确定钝边$p=0\sim0.5$mm，间隙$b=2\sim2.5$mm（始端为2mm，终端为2.5mm），错边量不大于0.5mm。尽管管径较小，但由于不锈钢的膨胀系数大，因此，需要固定两点。定位焊时，用对口钳或小槽钢对口，在试件两端坡口内侧点固，焊点长度在10mm左右，高度为2～3mm，如图3-20所示。

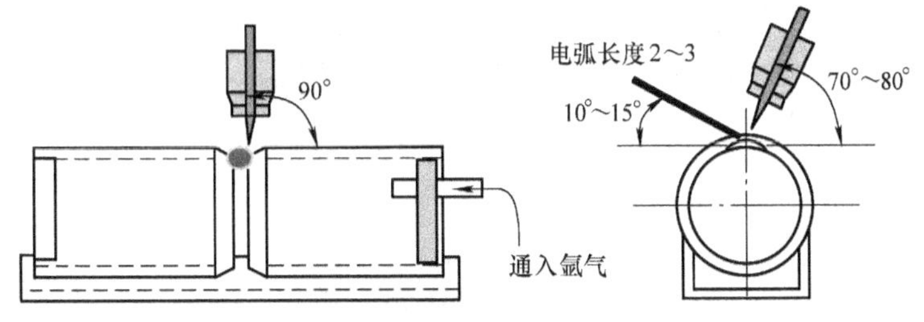

图3-20　不锈钢管对接组装

定位焊前，在焊机面板上选择操作方法（4步法），调整焊接电流、收弧电流、上坡时间和下坡时间。再将两节管子无坡口的一侧堵住，并在一节管子的堵头处插入送气管，开启气体阀门，将管内空气排出，然后点焊。戴好头盔、面罩，左手握焊丝，右手握焊枪，喷嘴接触试件端部坡口处，按动引弧按钮引燃电弧；不松手，利用电弧光亮找到点焊位置，松开引弧按钮，电流开始上升。调整喷嘴高度，电弧长度为2 ~3mm，加热坡口一侧，待形成熔池后填加一滴焊丝，移动电弧到坡口另一侧，待形成熔池后再填加一滴焊丝，两侧搭桥后锯齿形摆动电弧，将坡口钝边熔化，焊丝一滴一滴地填加到熔池。达到固定点长度后，右手按动引弧按钮，电流逐渐衰减，并将电弧向坡口后左侧缓慢移动，使收弧弧坑变小，落在坡口面上，等熔池完全冷却后再移开焊枪。固定点作为焊缝的一部分，要保证其质量。将试件固定在焊接变位器上，高度根据个人习惯而定。

2. 打底焊

打底焊时，焊工操作位置正对试件，考虑尽量减少接头，身体应尽量向右倾斜，随着焊缝的转动而转动身体。在间隙较小的位置处于上坡口引弧，焊枪与焊接方向的夹角为70° ~ 80°，与试件下侧的夹角也为70° ~ 80°，如图3-21所示。电弧稳定后，以斜锯齿形摆动电弧，对坡口上、下两侧进行预热。当根部熔化形成熔孔后，推送焊丝给上、下坡口根部各一滴熔滴，摆动电弧使两熔滴形成搭接，得到第一个完整熔池，以后电弧每摆动一次，焊丝交替送入根部一滴熔滴。焊接过程中要注意控制电弧长度，电弧太短，容易使钨极与焊丝、熔池接触，造成钨极烧损，焊缝夹钨；电弧太长，则易产生未焊透缺陷，使保护效果变差而产生气孔。送丝频率与电弧摆动频率须协调一致，电弧前移步伐应大小相等，一半电弧加热熔池，一半电弧熔化根部形成熔孔，送丝要均匀利落，并保证送入根部。正常情况下，上坡口熔化1mm，下坡口熔化0. 5mm。

焊到距固定点3 ~5mm时，要大步前移往复摆动电弧，对其进行预热，如图3-21b所示。接头时多填加几滴熔滴，使背面饱满；接头后根据固定点高度，可不加焊丝或稍加焊丝，至固定点尾部稍停电弧熔化根部，然后正常焊接。封口后，继续覆盖5 ~10mm再收弧。打底层结束后，关闭背面保护气体。

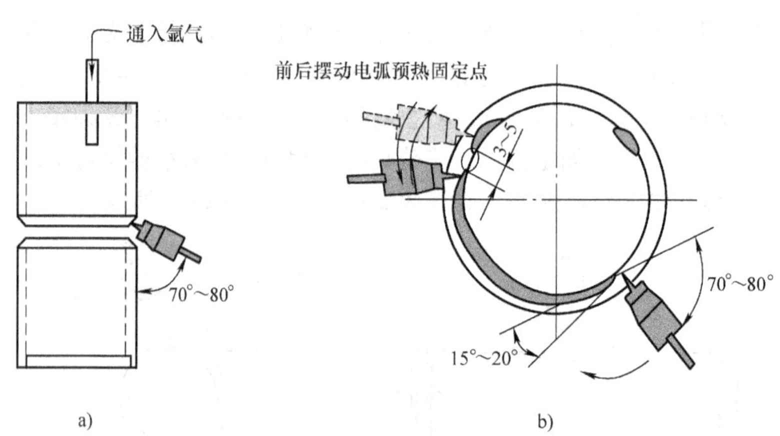

图3-21 打底焊操作方法

3. 盖面层

焊接不锈钢管时应避免横向摆动焊丝，且焊缝处于横焊位置，故采用上、下两道盖面。用不锈钢钢丝刷彻底清理打底层焊道，注意将层间温度控制在60°左右，采用直线运枪。先焊下坡口侧，再焊上坡口侧。焊下侧时，电弧与坡口棱边对齐，焊枪与垂直方向成85° ~ 95°角，与焊接方向成75° ~85°角，如图3-22a所示。焊接过程中应注意观察下棱边的熔化情况，熔化棱边0.5mm为宜。控制电弧的前进速度，使焊缝饱满没有焊瘤，并随时调整焊枪角度，以获得良好的焊缝成形。

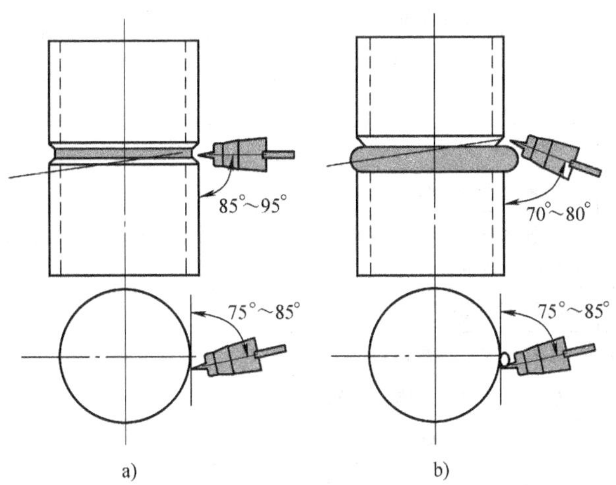

图3-22　盖面焊操作方法

焊接上侧时，起焊位置与第一道接头处错开，电弧中心对准第一道焊趾，电弧指向上坡口，焊条与垂直方向成70°～80°角，与焊接方向成75°～85°角，如图3-22b所示。焊接过程中应注意观察上棱边的熔化情况，控制电弧前进速度，调整焊条角度，熔化上棱边0.5mm时，加快填充焊丝速度，否则会产生咬边缺陷，熔池覆盖下焊道最高点即可。接头时，覆盖起头5～10mm后开始用衰减电流收弧。

三、焊缝外观检测

1. 自检

参照本单元项目一相关内容。

2. 互检和专检

参照本单元项目一相关内容。

【任务评价】

不锈钢管对接垂直固定TIG焊的评分标准见表3-7。

表3-7　不锈钢管对接垂直固定TIG焊的评分标准

序号	评分项目	评分标准	配分	得分
1	焊缝余高	0～1mm，每多1mm扣2分	5	
2	焊缝高度差	≤1mm，每多1mm扣2分	5	
3	焊缝宽度	≤12mm，每多1mm扣2分	5	
4	焊缝宽度差	≤1mm，每多0.5mm扣2分	5	
5	咬边	深度≤0.5mm且长度≤10mm，扣3分；深度≤0.5mm且长度≤20mm，扣5分；深度>0.5mm或长度>20mm，不得分	10	
6	气孔	气孔≤0.5mm，数目1个，扣4分；气孔≤0.5mm，数目2个，扣8分；气孔>0.5mm，数目>2个，不得分	10	

（续）

序号	评分项目	评分标准	配分	得分
7	焊缝外表成形	不符合要求酌情扣分	10	
8	反面焊缝高度	>2mm 或 <0，不得分	5	
9	反面咬边	有咬边不得分	5	
10	反面气孔	有气孔不得分	5	
11	反面未焊透	有未焊透不得分	10	
12	反面凹陷	深度≤0.5mm，每4mm长扣1分（最多扣10分）；深度>0.5mm，不得分	10	
13	反面焊瘤	有焊瘤不得分	10	
14	反面焊缝外表成形	不符合要求酌情扣分	5	
15	气密性检测	气密性检测不合格倒扣20分	—	
总分			100	

注：从开始引弧计时，该工件的焊接60min内完成，每超出1min，从总分中扣2.5分。

项目四　不锈钢角接焊技能训练

【学习目标】

1）了解不锈钢角接TIG焊的特点和应用领域。

2）学会不锈钢角接TIG焊焊接参数的选择原则。

3）掌握不锈钢角接TIG焊的操作技能。

【任务提出】

生产中，箱形结构，支架、脚座等板的T形接头较为常见，如图3-23所示。

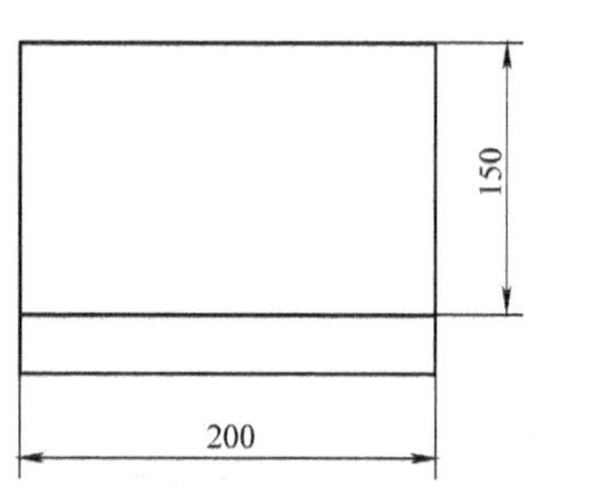

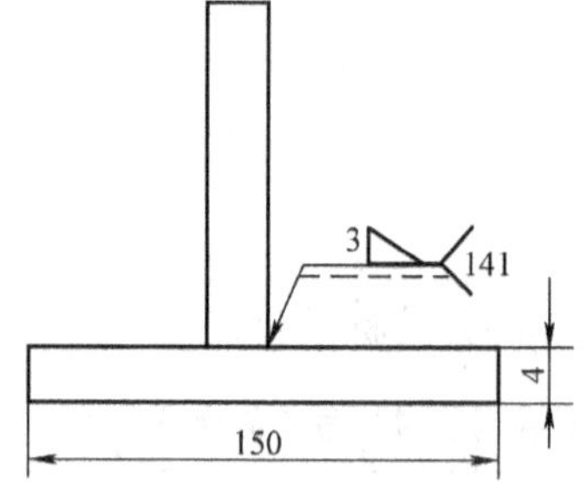

技术要求

1. 材质为07Cr19Ni11Ti。
2. 控制焊缝及热影响区温度，焊后焊缝颜色不得变黑。

图3-23　不锈钢角接TIG焊工件图

【任务分析】

实际上，任何焊接方法的平角焊操作都有一定的难度，特别是在焊脚尺寸较大时，根部不易焊透，立板易咬边，平板焊脚易偏大，表面成形难以控制。钨极氩弧焊明弧焊接给操作带来了方便，熔池易于观察和控制，但操作不当也会造成根部未焊透缺陷。不锈钢液态熔池的表面张力大，润湿能力差，且高温停留时间不宜过长，否则会因产生晶间腐蚀而降低接头性能。应选择较大的焊接电流、较快的焊接速度，尽量避免横向摆动。

➢【相关知识】

钨极氩弧焊的常见缺陷及防止措施如下。

1. 气孔产生的原因及防止措施

（1）产生气孔的原因

1）工件、焊丝表面有油污、氧化皮、铁锈。

2）在潮湿的空气中焊接。

3）氩气的纯度较低，含杂质较多。

4）氩气保护不良，熔池高温氧化等。

（2）防止产生气孔的措施

1）工件及焊丝应清洁并干燥。

2）氩气纯度应符合要求。

3）熔池应缓慢冷却。

4）遇风时，加挡风板施焊。

2. 裂纹产生的原因及防止措施

（1）产生裂纹的原因

1）焊丝选择不当。

2）焊接顺序不正确。

3）焊接时高温停留时间过长。

4）母材含杂质较多，淬硬倾向大。

（2）防止产生裂纹的措施

1）选择合适的焊丝和焊接参数，减小晶粒长大的倾向。

2）选择合理的焊接顺序，使工件自由伸缩，尽量减小焊接应力。

3）采用正确的收弧方法，填满弧坑，减少弧坑裂纹。

4）对易产生冷裂纹的材料，可采用焊前预热、焊后缓冷的措施。

3. 夹杂及夹钨产生的原因及防止措施

（1）产生夹杂及夹钨的原因

1）工件和焊丝表面不清洁或焊丝熔化端严重氧化，当氧化物进入熔池时便产生夹杂。

2）当钨极与工件或焊丝短路，或电流过大使钨极端头熔化落入熔池中时，会产生夹钨。

3）接触引弧时容易引起夹钨。

（2）防止产生夹杂及夹钨的措施

1）焊前对工件、焊丝进行仔细清理，清除表面氧化膜。

2）加强氩气保护，焊丝端头应始终处于氩气保护范围内。

3）采用高频振荡或高压脉冲引弧。

4）选择合适的钨极直径和焊接参数。

5）正确修磨钨极端部尖角。

6）减小钨极伸出长度。

4. 咬边产生的原因及防止措施

（1）产生咬边原因

1）电流过大。

2）焊枪角度不正确。

3）焊丝送进太慢或送进位置不正确。

4）当焊接速度过慢或过快时，熔池金属不能填满坡口两侧边缘。

5）钨极修磨角度不当，造成电弧偏移。

（2）防止产生咬边的措施

1）正确掌握熔池温度。

2）熔池应饱满。

3）焊接速度要适当。

4）正确选择焊接参数。

5）正确选用钨极的修磨角度。

6）合理填加焊丝。

5. 未熔合与未焊透产生的原因及防止措施

（1）产生未熔合及未焊透的原因

1）焊接电流过小，焊接速度太快。

2）对接间隙小，坡口钝边厚，坡口角度小。

3）电弧过长，焊枪偏向一边。

4）焊前清理不彻底，尤其是铝合金的氧化膜未清除掉。

（2）防止未熔合及未焊透的措施

1）正确选择焊接参数。

2）选择适当的对接间隙和坡口尺寸。

3）正确掌握熔池温度和调整焊枪、焊丝的角度，操作时焊枪移动要平稳、均匀。

➢【任务实施】

一、焊前准备

1. 劳动保护

穿好棉质或皮质工作服、绝缘鞋，戴好工作帽、绝缘手套、卫生口罩、平光镜、头戴式遮光面罩等。

2. 母材的选用

材质为07Cr19Ni11Ti钢板，尺寸为150mm×150mm×4mm，检查钢板的平直度并进行修整。钨极氩弧焊对铁锈、油污等非常敏感，因为氩气没有脱氧和去氢的能力，当坡口周围存在污物时，极易产生气孔等缺陷。为保证焊接质量，须用不锈钢钢丝刷打磨坡口两侧正、反面25mm范围内，除锈、除油、去污，直至露出金属光泽。

3. 焊机

选用WSE—315型交直流钨极氩弧焊焊机或WSM—300型直流钨极氩弧焊焊机，直流正接电源；选择操作方式（4步法），调整上、下坡时间。检查设备气路、电路是否接通，钨极端部形状是否合适；清理喷嘴内壁飞溅物，使其干净、光滑，以免保护气体通过时受阻。

检查设备状态、电缆线接头是否接触良好、焊钳电缆是否松动，避免因接触不良造成电阻增大而发热，甚至烧毁焊接设备。检查安全接地线是否断开，避免因设备漏电而造成人身安全隐患。

4. 辅助工具

准备钢锯条、扁铲、锤子、角磨砂轮、不锈钢钢丝刷、钢直尺等工具。

5. 焊材

（1）焊丝　根据母材型号，选择H08Cr19Ni10Ti焊丝，直径为ϕ2.5mm。

（2）钨极　选用直径为ϕ2.5mm的铈钨极，修磨钨极端部成30°圆锥角，为使电弧更集中，不留小平台；尽量使磨削纹路与素线平行，以延长钨极的使用寿命。

（3）保护气体　选择纯度为99.99%的氩气作为保护气体，检查并调整气体流量。

6. 确定焊接参数

不锈钢角接TIG焊的焊接参数见表3-8。

表3-8　不锈钢角接TIG焊的焊接参数

焊接层次	钨极直径/mm	喷嘴直径/mm	伸出长度/mm	氩气流量/（L/min）	焊丝直径/mm	焊接电流/A
定位焊	ϕ2.5	ϕ10~14	5~6	10~12	ϕ2.5	120~150
打底层	ϕ2.5	ϕ10~14	5~6	10~12	ϕ2.5	120~130

二、装配与焊接定位

1. 装配与定位焊

I形坡口角接，装配间隙为0，否则热量散失大，容易造成根部未焊透缺陷。试件两端点固，反变形量约为3°。压紧试件，钨极伸出长度为5~6mm，喷嘴接触平、立两板，钨极对准试件左侧根部，按动引弧按钮引燃电弧，对根部进行加热，待根部熔化形成熔池后填加焊丝，向右移动电弧。焊点长度为10~15mm，然后调整间隙（击打试件右侧，使立板与平板紧密接触），再点固右侧，如图3-24所示。

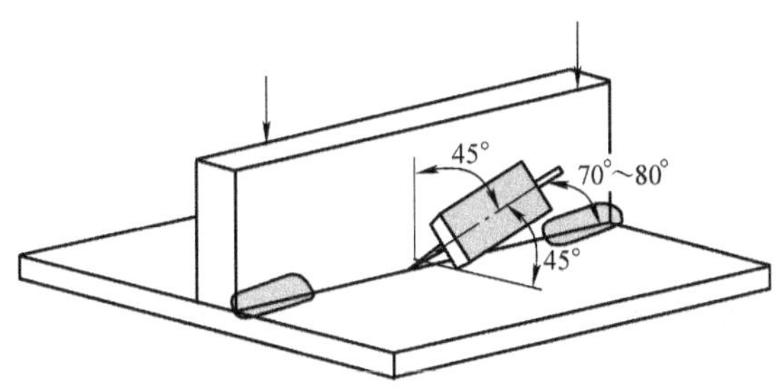

图3-24　不锈钢角接TIG焊工件的装配

2. 焊接

焊脚高度为3mm，不需采用多层焊，在点固焊点的背面采用单层单道焊。为获得较好的焊缝成形，宜采用左向摇摆焊法。调节焊接电流和收弧电流，戴好头盔、面罩，左手握焊丝，右手握焊枪，距右端15~20mm处使喷嘴接触试件平、立两板，按动引弧按钮引燃电弧。电流开始上升时，调整喷嘴高度，电弧长度为2 ~3mm，调整焊丝角度为10°~15°，缓慢回拉电弧到右端端部稍作停顿，此时，钨极对准根部尖端，工作角为45°，前进角为70°~80°；待根部熔化并形成熔池后填加一滴焊丝，向前摇摆电弧，待形成新熔池后再填加一滴焊丝，如图 3-25 所示。根据焊脚高度的需要，调整焊丝送给量，使焊角高度达到 3mm 为好；焊道余高不宜太大。

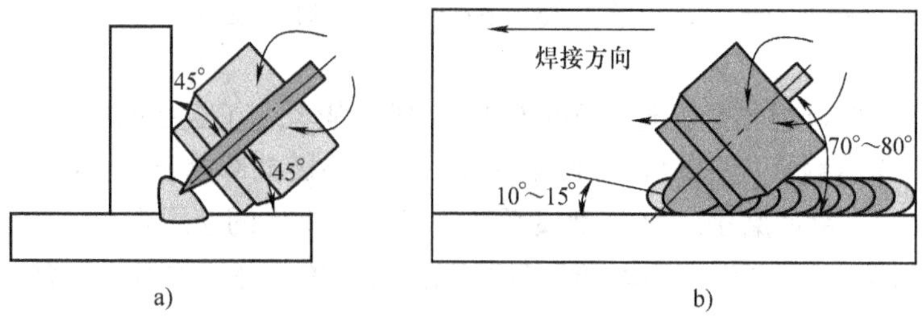

a)　　b)

图 3-25　不锈钢 T 形接头 TIG 焊的焊枪角度及摇摆运弧方法
a）焊枪工作角度　b）焊枪前进角度

焊接过程中，也可以两板为支点交替摆动喷嘴，向前移动电弧，但尽量不要使钨极摆动太大，以减小电弧横向摆动的幅度。

理想的焊缝颜色应该是银白色或金黄色，如果焊缝颜色为黑色或深蓝色，则为不合格焊缝。所以焊接过程中，在保证熔合良好的情况下，应尽量加快焊接速度，以降低熔池高温停留时间。焊缝截面外形以平、凹为合格，如图 3-26 所示。

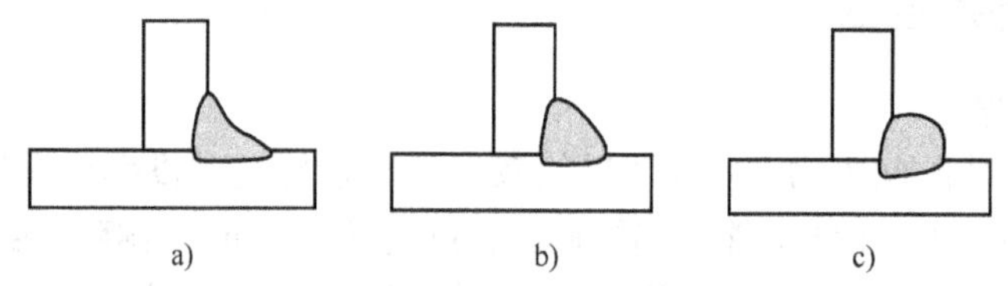
a)　　b)　　c)

图 3-26　角焊缝外观形状
a）凹面焊道，无余高，合格　b）平面焊道，余高小，合格　c）凸面焊道，余高过大，不合格

三、焊缝外观检测

1. 自检

参照本单元项目一的相关内容。

2. 互检和专检

参照本单元项目一的相关内容。

➢**【任务评价】**

不锈钢角接 TIG 焊的评价标准见表 3-9。

表 3-9　不锈钢角接 TIG 焊的评分标准

序号	评 分 项 目	评 分 标 准	配分	得分
1	焊脚尺寸 K	3mm < K ≤3. 5mm，扣 2 分；3. 5mm < K ≤4mm，扣 4 分；K < 2. 5mm 或 K >4mm，不得分	10	
2	焊缝凸度	>0. 5mm 且≤1mm，扣 2 分；>1mm 且≤1. 5mm，扣 4 分；>1. 5 mm，不得分	10	
3	垂直度	≤1mm。≤2mm，扣 2 分；≤3mm，扣 3 分；>3mm，不得分	5	
4	表面气孔	有气孔不得分	5	

（续）

序号	评分项目	评分标准	配分	得分
5	焊道层数	多于1道不得分	5	
6	咬边	深度≤0.5mm且长度≤15mm。深度≤0.5mm，长度>15mm且≤30mm，扣10分；深度>0.5mm或长度>30mm，不得分	15	
7	根部熔深	≥1mm。≥0.5mm，扣5分；≥0mm，扣10分；<0mm，不得分	20	
8	条状缺陷	无条状缺陷。条状缺陷≤2mm，扣5分；≤3mm，扣9分；>3mm，不得分	15	
9	点状缺陷	无点状缺陷。点状缺陷直径≤ϕ1mm且数目小于3个，扣5分；≤ϕ1mm且数目为3~5个，扣9分；>ϕ1mm或数目大于5个，不得分	15	
总分			100	

思考与练习

一、选择题

1. 氩弧焊是使用______作为保护气体的保护焊。

A. 活性气体　　B. 混合气体　　C. 氩气

2. 熔化极氩弧焊也称金属极氩弧焊，通常用______来表示。

A. MAG　　B. TIG　　C. MIG

3. 不熔化极氩弧焊采用高熔点钨棒作为电极，在氩气层流的保护下，依靠钨棒与工件间产生的______来熔化焊丝和基体金属。

A. 电阻热　　B. 摩擦热　　C. 电弧热

4. 不熔化极氩弧焊也称钨极氩弧焊，通常以______表示。

A. MAG　　B. MIG　　C. TIG

5. 用脉冲电流进行氩弧焊时，称为脉冲氩弧焊，通常用来焊接______的工件。

A. 较厚　　B. 较薄　　C. 一般厚度

6. 通常脉冲装置形成脉冲电流，电流波形有多种形式，最常用的是______。

A. 方形波　　B. 正弦波

7. 脉冲氩弧焊时，基值电流起______的作用。

A. 熔化金属形成熔池　　B. 预热母材　　C. 维持电弧燃烧和预热母材

8. 钨极脉冲氩弧焊的焊接参数选定后，______基本上不受焊件厚度的影响，这是区别于普通氩弧焊的一个重要特点。

A. 熔池体积和熔深　　B. 焊接接头的体积　　C. 焊缝长度的熔深

9. 当采用脉冲TIG焊的方法焊接，电极通过______时，焊件在电弧热的作用下形成一个熔池，焊丝熔化滴入熔池。

A. 脉冲峰值电流　　B. 基值电流　　C. 短路电流　　D. 电弧电压

10. 氩气是惰性气体，与焊缝金属______化学反应，______于液态金属，保护效果最佳。

A. 不发生　　B. 发生　　C. 分解　　D. 不溶解

E 化合　　F. 溶解

11. 氩气是单分子气体，其在高温下无二次吸、放热分解反应，导电能力______，且氩气流会产生的______效应，使电弧热量集中、温度高。

A. 扩散　　B. 分解　　C. 压缩　　D. 强

E. 差　　F. 一般

12. 与手工电弧焊相比，由于氩弧焊热量集中，从喷嘴喷出的氩气有______，因此热影响区窄，焊件变形小。

A. 加热作用　　B. 冷却作用　　C. 保护作用

13. 手工钨极氩弧焊用氩气保护，______，提高了工作效率，且焊缝成形美观、质量好。

A. 无夹渣　　B. 无气孔　　C. 几乎无熔渣

14. 钨极氩弧焊不但可以焊接碳钢、合金钢和不锈钢，而且可以焊接______。

A. 玻璃　　B. 非铁金属　　C. 瓷砖

15. 焊接全位置受压管时，为了获得单面焊双面成形的焊缝，最好选择______。

A. 脉冲钨极氩弧焊　　B. 手工电弧焊　　C. 埋弧焊　　D. CO_2 气体保护焊

16. 钨极氩弧焊的主要缺点是______。

A. 技术不易掌握　　B. 不易实现机械化

C. 成本高　　D. 如防护不妥，会对焊工有一定危害

17. 为了保证焊缝质量，对 TIG 焊用焊丝要求是很高的，因为焊接时，氩气仅起保护作用，主要靠焊丝______。

A. 来完成合金化　　B. 来传导电流　　C. 形成电弧

18. TIG 焊用焊丝的作用是______。

A. 传导电流与填充金属　　B. 传导电流、引弧和维持电弧燃烧

C. 作为填充金属，与熔化的母材混合形成焊缝

19. TIG 焊用焊丝的主要合金成分应比母材稍高，是为了______。

A. 使焊缝比母材力学性能高　　B. 补偿电弧过程化学成分的损失

C. 使熔池液态金属的流动性更好

20. 牌号 H08Mn2Si 中的“H”表示焊丝，紧跟着的两位数字表示碳的质量分数，单位是______。“08”表示该焊丝中碳的平均质量分数在______左右。

A. 0.8%　　B. 万分之几　　C．千分之几　　D. 8%

E. 百分之几　　F. 0.08%

21. CO_2 气体保护焊焊接低碳钢薄板结构时，一般采用______极性；堆焊或补焊铸钢时，采用______极性。

A. 直流反接　　B. 直流正接　　C. 正、反接均可

22. TIG 焊接 12Cr18Ni9 不锈钢时，最好选用含钛元素的焊丝来控制______和提高焊缝抗晶间腐蚀能力。

A. 夹渣　　B. 气孔　　C. 裂纹　　D. 焊瘤　　E. 未熔合

23. 异种母材焊接，当一侧为奥氏体不锈钢时，可选用______的不锈钢焊丝。

A. 含铬量较高　　B. 含铬量较低　　C. 含铬镍量较高　　D. 含碳量较高

E. 含镍量较低

24. 铈钨极与钍钨极相比，优点如下：引弧电压比钍钨极低______，电弧燃烧稳定；烧损比钍钨极低______，使用寿命长；放射性极低。

A. 5% ~50%　　B. 15%　　C. 10% ~100%　　D. 50% ~150%

E. 50%　　F. 80%

25. 牌号 WTH-15 表示钍钨极，其氧化钍的质量分数为______。

A. 0.15%　　B. 1.5%　　C. 15%

26. 使用交流 TIG 焊时，钨极端部应磨成______。

A. 30°锥角　　B. 90°锥角　　C. 半球形

27. 在使用小电流的直流电时，TIG 焊的钨极端部呈______易于高频引燃电弧，并且电弧比较稳定。

A. 30°截头锥形　　B. 90°截头锥形　　C. 半球形

28. 钨极端部的锥度会影响焊缝的成形，减小锥角可以______。

A. 减小焊道的宽度和焊缝的熔深　　B. 增加焊道的宽度和焊缝的熔深

C. 减小焊道的宽度，增加焊缝的熔深

29. 氩气对维持氩弧燃烧的电压要求较低，一般达到______V 即可。

A. 20　　B. 80　　C. 10

30. 瓶装氩气的最高充气压力为______MPa，气瓶为灰色，用______标明“氩气”两字。

A. 黑漆　　B. 绿漆　　C. 蓝漆　　D. 5

E. 10　　F. 15

31. 因为氦气比空气轻，所以 TIG 焊选择氦气进行保护时，氦气的流量必须达到氩气流量的______倍。

A. 1 ~1.5　　B. 2 ~3　　C. 2.5 ~10

32. 氩弧 TIG 焊与氦弧 TIG 焊的弧长和焊接电流相同时，氦弧的功率比氩弧高，故选用氦弧来焊接______的材料。

A. 薄板、导热率低或低熔点　　B. 厚板、导热率高或熔点高

C. 薄板、导热率高或熔点低

33. TIG 焊的焊接电流在 50 ~150A 的范围内时，选用______焊接薄板较好。

A. 氩弧　　B. 氦弧　　C. 氩-氦混合弧

34. 在正常焊接参数条件下，焊丝金属的平均熔化速度与焊接电流______。

A. 成正比　　B. 成反比　　C. 成不规则的比例　　D. 平方成反比

35. 按我国现行规定，直流 TIG 焊机当额定焊接电流为 400A 时，焊接电流的调节范围应是______A。

A. 40 ~400　　B. 50 ~400　　C. 75 ~630

36. 任何具有______外特性曲线的弧焊电源都可以用作 TIG 焊接电源。

A. 上升　　B. 陡降　　C. 平

37. 以下能焊接铝及铝合金、碳钢、不锈钢、耐热钢等材质的 TIG 焊机型号为______。

A. WSJ—400　　B. WSM—400　　C. WSE5—315

38. 以下型号为______的 TIG 焊机适用于铝及铝合金的焊接。

A. WS—400　　B. WSJ—400　　C. WSM—400

39. 采用直流手工 TIG 焊时，工件接______称为直流正接，通常用于______焊接。

A. 电源的正极　　B. 电源的负极　　C. 小直径管及薄板　　D. 大直径管及厚板

40. TIG 焊不采取接触短路引弧的原因是______。

A. 钨极严重烧损且易在焊缝中引起夹钨缺陷　　B. 有高频磁场和放射性物质

C. 短路电流过大易引起焊机烧毁

41. 高频高压引弧法，需要 TIG 焊机的高频振荡器输出______的高频高压电，当钨极和焊件距离 2mm 时，就能使电弧引燃。

A. 2000 ~ 3000V，150 ~ 260kHz　　B. 220 ~ 380V，15 ~ 26kHz

C. 65 ~ 90V，1500 ~ 2600kHz

42. TIG 焊熄弧时，采用电流衰减方法，其目的是防止产生______。

A. 弧坑裂纹　　B. 未焊透　　C. 凹陷

43. CO_2 气体保护焊时，焊缝中最容易产生的是______气孔，因为该气体来源于空气，所以必须加强 CO_2 气流的保护效果，以防止空气侵入焊接区。

A. 氮　　B. 氧　　C. 氢　　D. 一氧化碳

44. WS—400 型手工 TIG 焊机具有______条电弧静特性曲线。

A. 二　　B. 六　　C. 八　　D. 无数

45. WSM—250 型手工 TIG 焊机中的“250”表示______。

A. 最大焊接电流为 250A　　B. 最小焊接电流为 250A

C. 额定焊接电流为 250A

46. 氩弧焊的特点是______。

A. 完成的焊缝性能较差　　B. 可焊的材料不多

C. 焊后焊件应力大　　D. 易于实现机械化

47. 同等条件下，氦弧焊的焊接速度几乎是氩弧焊的______倍。

A. 2　　B. 3　　C. 4　　D. 5

48. 与其他电弧焊相比，以下______不是手工钨极氩弧焊的优点。

A. 保护效果好，焊缝质量高　　B. 易控制熔池尺寸

C. 可焊接的材料范围广　　D. 生产率高

49. 氩气瓶的工作压力为______ MPa。

A. 12　　B. 15　　C. 18　　D. 20

50. 以下______不是钨极氩弧焊选择钨极直径的主要依据。

A. 焊件厚度　　B. 接头形式

C. 焊接电流大小　　D. 电源种类与极性

51. 钨极氩弧焊采用直流反接时，不会______。

A. 提高电弧稳定性　　B. 产生阴极破碎作用

C. 使焊缝夹钨　　D. 使钨极熔化

二、判断题

1. 熔化极氩弧焊也称金属极氩弧焊，通常用 MAG 表示。(　　)

2. 不熔化极氩弧焊采用高熔点钨棒作为电极，在氩气层流的保护下，依靠钨棒与工件间产生的电弧热来熔化焊丝和基体金属。(　　)

3. 不熔化极氩弧焊也称钨极氩弧焊，通常以 TIG 表示。(　　)

4. 用脉冲电流进行氩弧焊时，称为脉冲氩弧焊，通常用来焊接较厚的工件。(　　)

5. 脉冲氩弧焊时，使用的焊接电流是正弦交流电。(　　)

6. 脉冲氩弧焊时，基值电流只起维持电弧燃烧和预热母材的作用。(　　)

7. 钨极脉冲氩弧焊焊接参数选定后，熔池体积和熔深基本上不受焊件厚度的影响，这是其区别于普通氩弧焊的一个重要特点。(　　)

8. 熔化极脉冲氩弧焊的焊接电流分成基值电流和脉冲电流两部分。(　　)

9. 氩气是惰性气体，其在高温下不分解，所以能在焊缝中形成氩气孔。(　　)

10. 氩气是单原子气体，其在高温下无二次吸、放热分解反应，导电能力强，且氩气流可产生的压缩效应和冷却作用，使电弧热量集中、温度高。(　　)

11. 与手工电弧焊相比，氩弧焊热量集中，从喷嘴中喷出的氩气有冷却作用，因此热影响区窄，焊件变形小。(　　)

12. 由于手工钨极氩弧焊由氩气保护，无熔渣，故焊缝不会产生夹渣缺陷。(　　)

13. 钨极氩弧焊可以焊接碳钢、合金钢和不锈钢，但不能焊接铝、铜等非铁金属。(　　)

14. 当焊接全位置受压管时，为了获得单面焊双面成形的焊缝，最好选择脉冲钨极氩弧焊，而不是一般的钨极氩弧焊。(　　)

15. 与手工电弧焊相比，手工钨极氩弧焊产生的紫外线弱 5 ~ 10 倍，故对焊工危害不大。(　　)

16. 为了保证焊缝质量，对钨极氩弧焊用焊丝的要求是很高的，因为焊接时，氩气仅起保护作用，主要靠焊丝来完成合金化。(　　)

17. 手工钨极氩弧焊时，焊丝的作用是填充金属形成焊缝。(　　)

18. 手工钨极氩弧焊所采用焊丝的主要合金成分应比所焊母材稍低。(　　)

19. H08Mn2SiA 的含义是：碳的平均质量分数为 0.08%，锰的平均质量分数为 2%，硅的质量分数小于 1.5% 的特级优质焊丝。(　　)

20. 不锈钢焊丝中碳的质量分数不大于 0.03% 时，“00”表示超低碳不锈钢焊丝。(　　)

21. TIG 焊接 12Cr18Ni9 不锈钢时，选用焊丝应考虑用钛元素来控制气孔和提高焊缝抗晶间腐蚀能力。(　　)

22. 奥氏体不锈钢与非奥氏体钢焊接时所选用的焊丝，应考虑焊接接头的抗裂性和碳扩散等因素。(　)

23. 氩弧焊时，钨极作为电极起传导电流、引燃电弧和维持电弧正常燃烧和熔化后形成焊缝的作用。(　　)

24. 用钍钨极代替铈钨极，是因为它有以下的优点：易建立电弧，电弧燃烧稳定，弧束

较长，热量集中，使用寿命长，放射性极低。(　　)

25. TIG焊电极牌号为Wce-20，其含义是钨极、氧化铈的质量分数为20%。(　　)

26. 钨极端部形状对焊接电弧燃烧的稳定性及焊缝的成形影响不大。(　　)

27. 采用TIG焊，使用交流电时，钨极端部磨成锥台形；使用直流电时，钨极端应磨成半球形。(　　)

28. 钨极端部的锥度对焊缝成形有影响，减小锥角可减小焊道有效宽度，增加焊缝的熔深。(　　)

29. 氩气的重量是空气的10倍，是氦气的1.4倍，因为氩气比空气重，因此氩能在熔池上方形成较好的覆盖层。(　　)

30. TIG焊使用的氩气纯度应达到99.99%。(　　)

31. 如果TIG焊的氩气纯度超标、杂质含量偏高，则在焊接过程中不但影响其对熔池的保护，而且极易产生气孔、夹渣等缺陷，钨极的烧损量也会增加。(　　)

32. 氩气瓶是一种钢质圆柱形高压容器，其外表涂成灰色并注有黑色“氩”字标志字样。(　　)

33. 如果TIG焊采用氦气作为保护气体，由于氦弧能量较高，对于热传导率高的材料焊接和高速焊接是十分有利的，故焊接厚板时应采用氦气。(　　)

34. 对于TIG焊来说，当采用氩-氢混合气体时，应用范围很广，不但能焊不锈钢、镍-铜合金等，而且可以焊接合金钢。(　　)

35. 对于TIG焊来说，当焊接导热性高的厚材料时（如铝和铜），要求选用有较高热穿透能力的氦气。(　　)

36. 手工钨极氩弧焊焊机型号为WSM-250，其中“250”的含义是最大焊接电流为250A。(　　)

37. WSM-250型手工钨极脉冲氩弧焊焊机，采用$\phi1 \sim \phi3$mm的铈钨极可以焊接碳钢、不锈钢、铝和镁合金等金属的薄板和中厚板。(　　)

38. 因手工钨极氩弧焊电弧的静特性与手工电弧焊相似，故任何具有陡降外特性曲线的弧焊电源都可以作为氩弧焊电源。(　　)

39. 直流手工钨极氩弧焊电源的空载电压范围为65~80V。(　　)

40. 额定电流为400A的直流TIG焊电源，焊接电流的调节范围是40~400A。(　　)

41. TIG焊机引弧装置的高频振荡器可输出2000~3000V，150~260KHz的高频高压电。当接通电源后，钨极和焊件相距2mm左右就能使电弧引燃。(　　)

42. 只有在直流TIG焊电源上加稳弧装置，方可保证电弧稳定燃烧。(　　)

43. 当直流TIG焊机的高频引弧器接通后，电极和工件之间产生高频火花引燃电弧，高频引弧器将继续工作至熄弧、停止工作为止。(　　)

44. 当TIG焊机的起动开关断开时，焊接电流衰减，同时氩气断路。(　　)

45. 一台型号为WSM－400r的TIG焊机应有无数条外特性曲线。(　　)

46. 一台型号为WSM－250的TIG焊机仅有一条静特性曲线。(　　)

47. 当采用直流TIG焊时，工件接电源的正极称为直流正接，通常用来焊接小直径管及薄板。(　　)

48. 当采用直流TIG焊，工件接电源的正极时，电弧中的热平衡状态是：在工件端为

70%；在钨极端为30%。(　　)

49. QS－85°/250的含义是：手工钨极氩弧焊水冷式焊枪；焊枪出气角度为85°；额定焊接电流为250A。(　　)

50. 氩气流量调节器仅能调节氩气流量，不能起到降压和稳压的作用。(　　)

51. 由TIG焊设备引起的焊接电流不稳是常见的故障，引起此故障的原因是：水、气路堵塞或泄漏；钨极不洁；焊枪钨极夹头未旋紧等。(　　)

52. 手工TIG焊时，相同直径的钨极允许使用的电流范围不同。直流正接时，允许使用的电流范围最大；直流反接时，允许使用的电流范围最小；交流焊接时，许用电流介于二者之间。(　　)

53. 采用TIG的方法焊接小直径管，当其他焊接参数不变时，若焊接电流增大，则焊缝宽度和余高稍有增加，但熔深减少。(　　)

54. TIG焊的其他焊接参数一定时，电弧电压主要由弧长决定：弧长增加，焊缝宽度增加，熔深稍有减小。(　　)

55. 采用交流TIG焊时，有阴极破碎作用，因为受到正离子的轰击，工件表面的氧化膜破裂，通常用来焊接不锈钢。(　　)

56. TIG焊喷嘴直径的大小与氩气的流量无关。(　　)

57. 钨极端头至喷嘴端面的距离称为钨极伸出长度，其值为2.5～5mm较好。(　　)

58. 在TIG焊的焊接过程中，焊丝与焊枪由右端向左端移动，焊接电弧指向未焊部分，焊丝位于电弧的运动前方，称为左焊法。(　　)

59. 手工钨极氩弧焊的右焊法操作简单、容易掌握，有利于小直径管和薄板的焊接，因此这种方法使用得较普遍。(　　)

60. 手工钨极氩弧焊的右焊法无法在管道上（特别是小直径管）施焊。(　　)

61. 为了保证手工TIG焊的质量，应注意焊后钨极颜色的变化，钨极端部出现发黑颜色则说明保护效果好。(　　)

62. 当采用手工TIG焊方法焊接产品时，如果正式焊缝要求预热、缓冷，则定位焊缝不需要预热和焊后缓冷。(　　)

63. 如果TIG焊的定位焊缝上有裂纹、气孔等缺陷，允许用重熔的办法进行修补。(　　)

64. 当采用TIG焊将要收弧撤回焊丝时，不允许让焊丝端头急速撤出氩气保护区，以免焊丝端头被氧化，再次焊接时易产生夹渣、气孔等缺陷。(　　)

65. TIG焊停弧后，氩气应延时10s左右再关闭，这是为了防止金属在高温下被氧化。(　　)

66. 手工钨极氩弧焊与手工电弧焊焊后外观检验的不同处是：氩弧焊打底的焊件不允许有未焊透缺陷。(　　)

67. 手工TIG焊接时，填充焊丝以15°～20°的倾角送到熔池中心。(　　)

68. 手工TIG焊直流反接时，钨极是阴极，焊件是阳极，此方法钨极温度高、消耗快、寿命短，所以很少采用。(　　)

69. 手工钨极氩弧焊最适合焊接薄件和厚件的封底焊道。(　　)

70. 钨极氩弧焊常用的喷嘴直径为$\phi8$～$\phi12$mm。(　　)

71. 钨极氩弧焊时，当喷嘴直径为 $\phi8\sim\phi12$mm，合适的氩气流量为 5 ~ 10L/min。（　　）

72. 氩弧焊实质上是利用氩气作为保护介质的一种电弧焊方法。（　　）

73. 氩气是惰性气体，其在高温下分解并与焊缝金属起化学反应。（　　）

74. 由于氩原子可溶于熔化金属中，所以焊缝易产生氩气孔。（　　）

75. 氩气也能帮助电弧燃烧。（　　）

76. 熔化极氩弧焊时，焊丝的主要作用是作为填充金属形成焊缝。（　　）

77. 当 CO_2 气体保护焊采用直流正接时，电弧稳定、飞溅小、成形较好、熔深大，且焊缝金属中扩散氢的含量少。（　　）

78. 用混合气体进行保护时，焊缝金属的冲击韧性比用纯 CO_2 气体保护焊高，含氧量则较 CO_2 气体保护焊低。（　　）

79. 预热器串联在气路中，主要作用是降低 CO_2 气体中水分的含量，防止焊接时产生气孔。（　　）

80. 氩弧焊时，焊接电弧的引燃及维持电弧的连续燃烧与电极发射电子能力的强弱和气体电离的难易程度有关。（　　）

81. 在焊接弧柱中，气体电离的形式主要是光电离，而热电离和撞击电离一般很弱。（　　）

82. 氩气的热容量和导热系数小，所以对电弧的冷却作用小，电弧在氩气中燃烧的稳定性好。（　　）

83. 常用的手工电弧焊焊机均可直接用于钨极氩弧焊。（　　）

84. WS（旧型号 NSA）表示手工操作用氩弧焊焊机。（　　）

85. 脉冲氩弧焊焊机是向焊接电弧供以脉冲电流进行氩弧焊的一种焊接设备。（　　）

86. 在电弧长度一定的条件下，钨极氩弧焊的电弧静特性和手工电弧焊的电弧静特性完全相同。（　　）

87. 手工钨极氩弧焊时，电源外特性越陡，同样弧长变化所引起的电流变化越大。（　　）

88. 接触引弧法是手工钨极氩弧焊最好的引弧方法。（　　）

89. 高频引弧是在钨极与焊件之间瞬时加一高频高压以产生火花放电引燃电弧。（　　）

90. 钨棒端部形状对电弧燃烧和焊缝成形没有什么影响，故可随意磨制。（　　）

91. 钨极伸出长度过小时，会防碍视线，导致操作不便。（　　）

92. 焊接奥氏体不锈钢与珠光体耐热钢时，过渡层中应含有较多的 V、Nb、Ti 等强碳化物形成元素。（　　）

93. 氩弧焊时由于有氩气的可靠保护，电弧不受管内空气流动和焊接场所空气流动的影响。（　　）

94. 氩气流量越大，对熔池的保护作用越好。（　　）

95. 为使流出喷嘴的氩气呈层流以便对焊接熔池起良好的保护作用，应采用扩张型喷嘴。（　　）

96. 钨棒的直径主要根据许用电流、焊接电源和极性种类等进行选择。（　　）

97. 采用钨极氩弧焊打底时，由于氩气流的冷却作用，工件的预热温度应比手工电弧焊

时的预热温度高，这样才能有效避免焊接接头产生淬硬组织，加速氢的扩散逸出，减小焊接应力，防止冷裂纹。(　　)

98. 由于氩弧焊打底层焊缝比手工电弧焊薄，因此若工艺不当，易产生裂纹缺陷。(　　)

99. 当采用钨极氩弧焊打底时，预热温度可比规定的下限温度低50℃。(　　)

100. 管内充氩气保护的目的是防止在焊接高温的作用下，焊缝背面产生氧化、过烧等缺陷。(　　)

三、简答题

1. 简述手工钨极氩弧焊焊机安装后的检查与调试方法。
2. TIG 焊的钨极有几种？怎样磨削钨极的端部形状？
3. 试述钨极脉冲氩弧焊的特点。

第四单元 埋弧焊技能训练

埋弧焊是利用焊丝与焊件之间在焊剂层下燃烧的电弧所产生的热量，熔化焊丝、焊剂和母材金属而形成焊缝，以达到连接被焊工件的目的。在埋弧焊中，颗粒状焊剂对电弧和焊接区起保护和合金化作用，而焊丝则作为填充金属。

项目一 平敷焊技能训练

【学习目标】

1）了解埋弧焊的特点，熟悉埋弧焊焊机的操作方法。

2）学会埋弧焊焊接参数的调节方法。

3）掌握平敷埋弧焊的操作技能。

【任务提出】

本任务通过平敷埋弧焊操作练习，学习埋弧焊常用工具、辅具的使用方法，初步掌握埋弧焊的基本操作技术。

平敷埋弧焊工件如图 4-1 所示，板件材料为 Q235B，规格为 300mm×200mm×14mm。

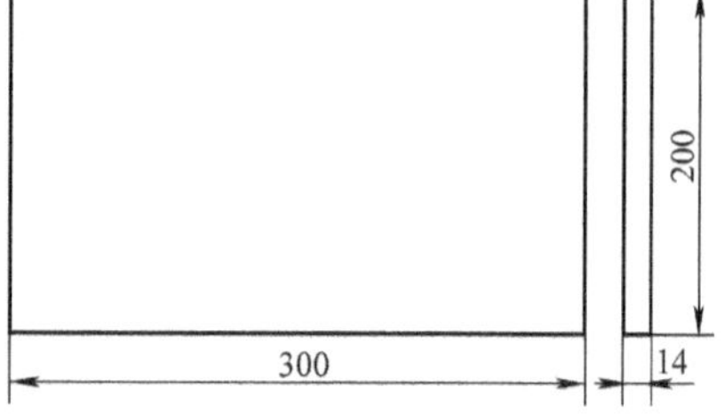

图 4-1 平敷埋弧焊工件图

【任务分析】

平敷埋弧焊是工件处于水平位置时，在工件上堆敷焊道的一种埋弧焊操作方法。初学者通过焊接参数的调节，来控制焊缝形状，完成焊接过程，从而熟悉埋弧焊焊机的基本操作方法，同时要熟悉安全操作规程。

【相关知识】

一、埋弧焊的特点

埋弧焊是目前广泛使用的一种生产率较高的机械化焊接方法。与焊条电弧焊相比，埋弧焊虽然灵活性差一些，但其焊接质量好、效率高、成本低、劳动条件好。埋弧焊可分为自动埋弧焊和半自动埋弧焊两种。

埋弧焊和其他电弧焊方法相比有以下特点。

1．焊接生产率高

埋弧焊所用的焊接电流大，加上焊剂和熔渣的隔热作用，故热效率高、熔深大。

2．焊接质量好

焊剂和熔渣的存在不仅可防止空气中的氮、氧侵入熔池，而且使熔池较慢凝固，使液态金属与熔化的焊剂之间有较多的时间发生冶金反应，从而减少了焊缝中产生气孔、裂纹等缺陷的可能性。焊剂还可以向焊缝渗合金，以提高焊缝金属的力学性能。另外，埋弧焊的焊缝成形美观。

3．劳动条件好

焊接过程的机械化使操作显得更为便利，而且烟尘少，没有弧光辐射，劳动条件得到了改善。

4．难以在空间位置施焊

因为采用颗粒状焊剂，一般仅适用于平焊位置。

5．对焊件装配质量要求高

操作人员不能直接观察电弧与坡口的相对位置，当焊件装配质量不好时，易焊偏而影响焊接质量。

6．不适合焊接薄板和短焊缝

主要适用于低碳钢及合金钢中厚板的焊接，是大型焊接结构生产中常用的一种焊接技术。

二、埋弧焊的基本原理和焊缝的形成

1．埋弧焊的基本原理

埋弧焊的焊接过程如图 4-2 所示。焊接开始时，焊接电弧在焊丝与工件之间燃烧，送丝机构将焊丝经过导电嘴送至电弧区，并保持焊丝的下送速度与熔化速度相等；同时，焊剂自漏斗流出后均匀地堆敷在电弧区周围，堆积成 40～60mm 的焊剂带，焊接电弧在焊剂层下燃烧。完成焊接后，形成焊缝和坚硬的渣壳，未熔化的焊剂可回收使用。焊接时，焊机的起动、引弧、送丝和机头（或焊件）的移动等全过程由焊机进行机械化控制，焊工只需要按动相应的按钮即可完成焊接工作。

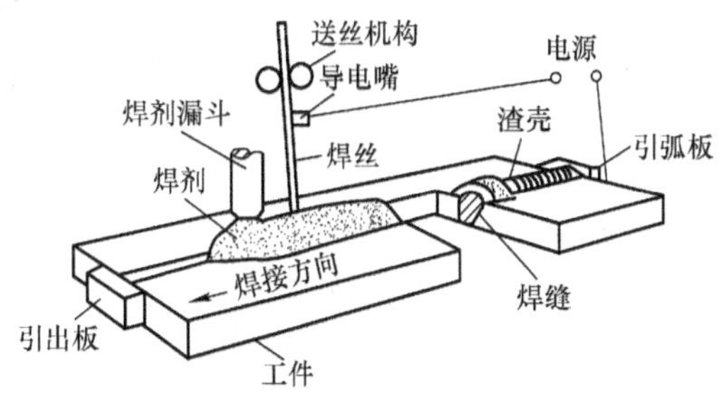

图 4-2　埋弧焊的焊接过程示意图

2．埋弧焊焊缝的形成

埋弧焊焊缝的形成过程如图 4-3 所示。焊丝末端和焊件之间产生电弧后，电弧的热辐射使焊丝末端周围的焊剂熔化，部分焊剂被蒸发，焊剂蒸气将电弧周围的熔化焊剂——熔渣排开，形成一个封闭空间，使电弧与外界空气隔绝。电弧在此空间内继续燃烧，焊

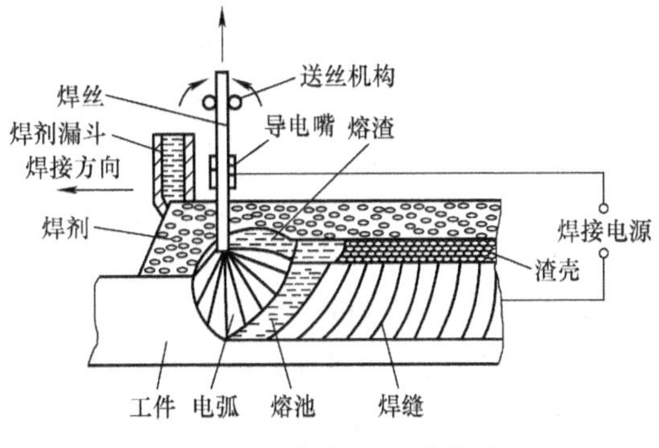

图 4-3　埋弧焊焊缝的形成过程

丝便不断熔化，并以滴状落下，与焊件被熔化的液态金属混合形成焊接熔池。随着焊接过程的进行，电弧向前移动，焊接熔池也随之冷却而凝固，最终形成焊缝。密度较小的熔渣浮在熔池的表面，冷却后成为渣壳。

埋弧焊与焊条电弧焊的主要区别在于，它的引弧、维持电弧稳定燃烧、送进焊丝、电弧的移动以及焊接结束时填满弧坑等动作全部都是利用机械自动进行的。

➢【任务实施】

一、焊前准备

1. 焊件的准备

1）板件材料为 Q235B，规格为 300mm×200mm×14mm，如图 4-1 所示。

2）校平并清理板件正、反两侧的油污、铁锈、水分及其他污物，直至露出金属光泽。

3）沿 300mm 长度方向每隔 50mm 划一道粉线作为平敷埋弧道准线。

2. 焊接材料

焊剂选用 HJ431，焊前进行烘干；焊丝为 H08A，直径为 ϕ4mm。

3. 焊接设备

选用 MZ-1000 型埋弧焊焊机。

二、焊接过程

1. 焊接参数的选择

平敷埋弧焊的焊接参数见表 4-1。

表 4-1 平敷埋弧焊的焊接参数

焊丝直径/mm	焊接电流/A	电弧电压/V	焊接速度/（m/h）
ϕ4	640～680	34～36	36～40

2. 焊接操作

（1）引弧前的操作步骤

1）检查焊机外部接线（图 4-4）是否正确。

2）调整轨道位置，将焊接小车放在轨道上。

3）将焊丝盘固定好，然后把焊剂装入焊剂漏斗。

4）接通焊接电源和控制箱电源。

5）调整焊丝位置，并按动控制盘上按钮 37 中的“向上”或“向下”按钮，使焊丝向上或向下对准待焊处中心并与焊件表面轻轻接触。调整导电嘴，使焊丝伸出长度为5～8mm。

6）将开关 33 转到焊接位置上。

7）按焊接方向将自动焊车的换向开关 6 转到向前或向后的位置。

8）调节焊接参数。选择 H08A 焊丝，直径为 ϕ4mm；焊接电流为 640～680A；电弧电压为 34～36V；焊接速度为 36～40 m/h，可分别调节旋钮 32、31、30 来获得。

9）将离合器 35 的手柄向上扳，使主动轮与焊接小车减速器相连接。

10）开启焊剂漏斗阀门 14，使焊剂堆敷在始焊部位。

（2）引弧　按下起动按钮 2，焊丝会自动向上提起（同接触状态），随即焊丝与焊件之间产生电弧，当达到电弧电压给定值时，焊丝便向下送进。当焊丝的送给速度与焊丝的熔化速度同步后，焊接过程达到稳定。此时，焊接小车开始沿轨道行走，焊机进入正常焊接。

如果按起动按钮后，焊丝不能上抽引燃电弧，而是把机头顶起，则表明焊丝与焊件接触得太紧或接触不良。此时，需要适当剪断焊丝或清理接触表面，然后重新引弧。

（3）焊接过程　焊接过程中，应随时观察控制盘上的电流表和电压表的指针、导电嘴的高低、焊接方向指示针 19 的位置和焊缝成形情况。

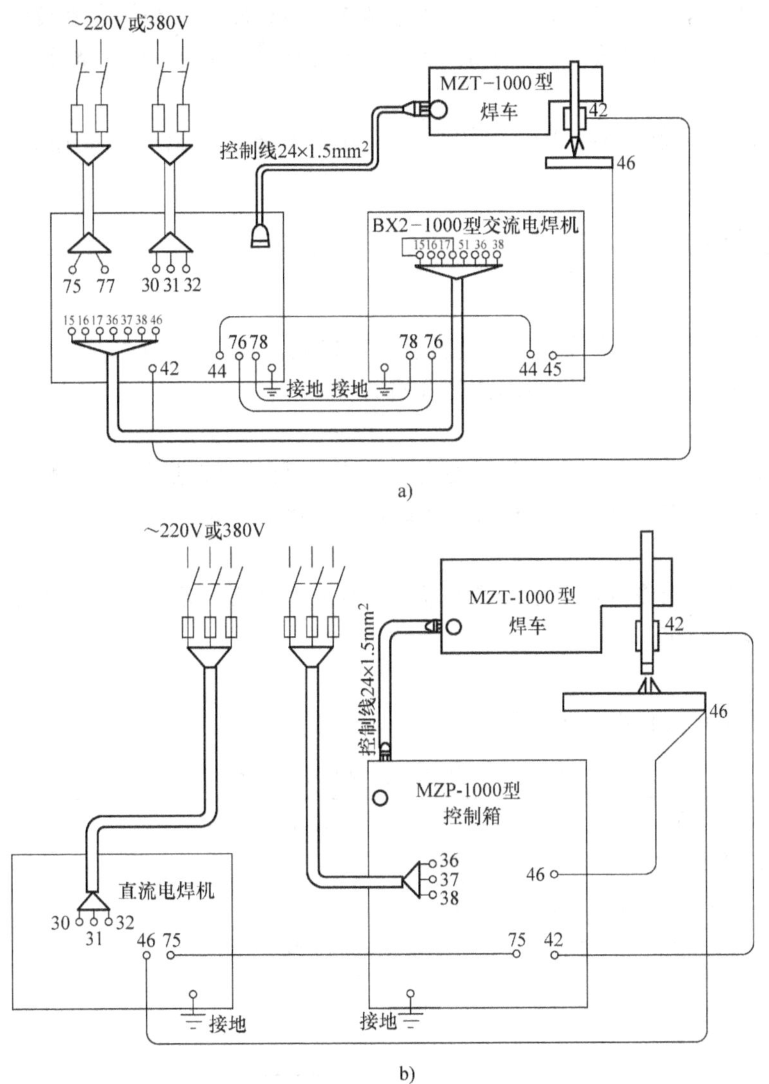

图 4-4　MZ—1000 型埋弧焊焊机的外部接线图

a）采用交流弧焊电源　b）采用直流弧焊电源

如果电流表和电压表的指针摆动很小，则表明焊接过程稳定；如果发现指针摆动幅度增大、焊缝成形不良，可随时调节“电弧电压”旋钮、“焊接电源遥控”按钮和“焊接速度”旋钮。可用机头上的手轮调节导电嘴的高低，用小车前侧的手轮调节焊丝相对准线的位置。调节时，操作者所站位置要与准线对正，以避免焊缝偏斜。

观察焊缝成形时，要等焊缝凝固并冷却后再除去渣壳，否则会影响焊缝的性能。观察焊件背面的红热程度，可了解焊件的熔透状况。若背面出现红亮颜色，则表明熔透良好；若背面颜色较暗，则应适当减小焊接速度或适当增大焊接电流；若背面颜色白亮，母材加热面积前端呈尖状，则说明已接近焊穿，应立即减小焊接电流或适当提高电弧电压。

（4）收弧　按停止按钮时应分两步：开始先轻轻往里按，使焊丝停止输送；然后按到底，切断电源。如果将按钮一次按到底，则焊丝送给与焊接电源将同时切断，会因送丝电动机的惯性继续向下送一段焊丝而使焊丝插入熔池中与焊件粘接。当导电嘴较低或电弧电压过高时，采用这种不当的收弧方式，电弧会返烧到导电嘴，甚至会将焊丝与导电嘴熔合在一起。

焊接结束后，要及时回收未熔化的焊剂，清除焊缝表面渣壳，检查焊缝成形和表面质量。

三、焊缝外观检测

1. 自检

依据表4-2，对焊完清理好的工件进行校正和检测。检测工件时，要正确使用焊接检验尺，检测的操作内容在评分标准范围内为合格。

2. 互检

参照相关评分标准，与同组同学对各自焊完清理好的工件进行互相检测，指出不足，并相互讨论，然后将结果汇报给相应教师，由教师作出准确结论。

3. 专检

教师对学生焊接操作过程中不准确的动作、焊丝摆动方式及各参数的选择等进行巡回检查，有问题应及时纠正。

➢【任务评价】

平敷埋弧焊的评分标准见表4-2。

表4-2　平敷埋弧焊的评分标准

序　号	评分项目	评分标准	配　分	得　分
1	焊缝宽度差	≤2mm，否则全扣	30	
2	焊缝平直程度	≤2mm，否则全扣	30	
3	夹渣、气孔	缺陷尺寸≤1mm，每个扣5分；缺陷尺寸≤2mm，每个扣8分；缺陷尺寸≤3mm，每个扣10分；缺陷尺寸≥3mm，每个扣15分	40	
总　分			100	

注：从开始引弧计时，该工件的焊接在60min内完成，每超出1min，从总分中扣2.5分。

项目二　I形坡口板对接焊技能训练

➢【学习目标】

1）了解I坡口板对接埋弧焊的特点。

2）掌握I形坡口板对接水平双面埋弧焊的技术要求及操作要领。

3）学会制订 I 形坡口板对接水平双面埋弧焊的装配焊接方案，能够正确选择焊接参数。

【任务提出】

按图 4-5 的要求，学习 I 形坡口板对接水平双面埋弧焊的基本操作技能，完成工件的焊接任务，达到工件图样技术要求。

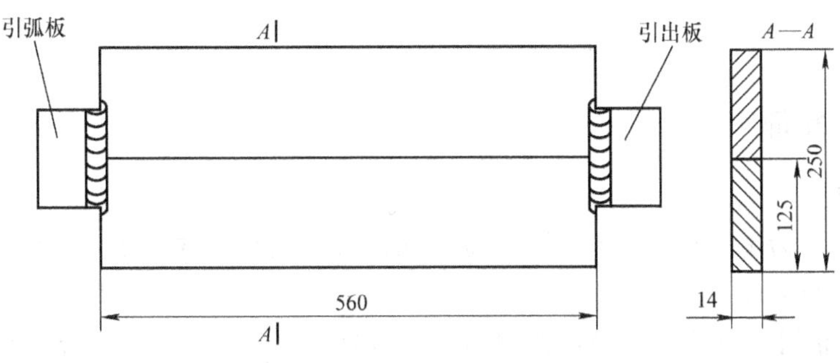

技术要求

1.对接双面焊缝要焊透。
2.根部间隙不大于0.8，错边量不大于1.2。
3.正、背面焊缝的焊缝宽度 c=20±2，焊缝余高 h=2±1。
4.引弧板、引出板的尺寸均为100×60×14，焊前用焊条电弧焊进行定位焊。

图 4-5　板对接水平双面埋弧焊工件图

【任务分析】

双面焊是埋弧焊对接接头最主要的焊接技术，适用于中厚板的焊接。在焊接双面焊的第一面时，既要保证一定的熔深，又要防止熔化金属的流溢或烧穿焊件，焊接时必须采取一定的工艺措施，以保证焊接过程的顺利进行。

【相关知识】

板对接双面埋弧焊可分为以下几种方式。

1. 不留间隙双面焊

这种焊接方法就是在焊第一面时，焊件背面不加任何衬垫或辅助装置，因此也称悬空焊接法。为防止液体金属从间隙中流失或引起焊件烧穿，要求焊件在装配时不留间隙或只留很小的间隙（一般不超过 1mm）。

2. 预留间隙双面焊

这种焊接方法是在装配时根据焊件的厚度预留一定的装配间隙，为防止液体金属流溢，焊缝背面应衬以焊剂衬垫，如图 4-6 所示，并须采取措施使其沿焊缝长度方向与焊件贴合，且压力要均匀。

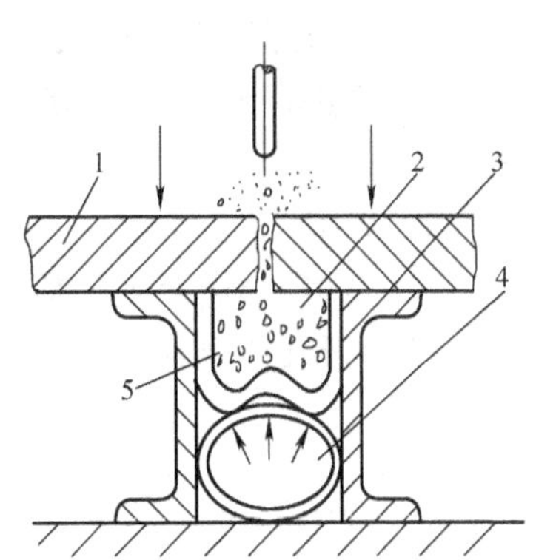

图 4-6　焊剂衬垫的结构
1—焊件　2—焊剂　3—帆布
4—充气软管　5—焊剂垫

3. 开坡口双面焊

对于不宜采用较大热输入的钢材或厚度较大的焊件，可采用开坡口双面焊。对于开坡口的焊件，在焊接第一面时，可采用焊剂衬垫。当无法使用焊剂衬垫时，可采用悬空焊，此时坡口应加工平整，同时保证坡口间隙不大于 1mm，并有一定的钝边，以防止熔化金属流溢或焊件烧穿。

4. 焊条电弧焊封底，埋弧焊盖面

当焊件不能翻身进行双面焊，又不便采用其他单面焊工艺时，经常采用先用焊条电弧焊仰焊封底，再用埋弧焊焊正面焊缝的方法。这种方法主要用于船体建造总段合拢时甲板焊缝和双层底焊缝的焊接。此外，对于重要的构件，也经常采用先用 TIG 焊打底，再用埋弧焊盖面的焊接方法。

➢【任务实施】

一、焊前准备

1. 焊件准备

1）焊件材料为 Q235A 钢板 2 块，尺寸如图 4-5 所示，装引弧板及引出板，尺寸为 100mm × 60mm × 14mm。

2）校平并清理板件正、反面焊缝 20mm 范围内的油污、铁锈、水分及其他污物，直至露出金属光泽。

2. 焊接材料

选择 H08A 焊丝，焊丝直径为 ϕ4mm；焊剂选用 HJ431，使用前在 250℃下烘干 2h；定位焊用焊条 E4315，直径为 ϕ4mm。焊接材料应按规定要求去除表面的油、锈等污物。

3. 焊接设备

选用 MZ—1000 型埋弧焊焊机。

二、装配与焊接

1. 装配

1）要求焊件装配平整，装配间隙为 2 ~ 3mm，预置反变形量为 3°，错边量不大于 1.2mm。

2）先进行定位焊，然后在试板两端焊引弧板和引出板，焊后对装配位置和定位焊质量进行检查。

2. 焊接

（1）选择焊接参数及焊接顺序

1）I 形坡口板对接埋弧焊的焊接参数见表 4-3。

表 4-3　I 形坡口板对接埋弧焊的焊接参数

焊件厚度/mm	装配间隙/mm	焊　缝	焊丝直径/mm	焊接电流/A	电弧电压/V	焊接速度/（m/h）
14	2 ~ 3	背面焊	ϕ4	700 ~ 750	32 ~ 34	30
		正面焊		800 ~ 850		

2）焊接顺序。先将焊件放在处于水平位置的焊剂衬垫上进行平焊，并采用两层两道双面焊，焊完正面焊缝后清渣，再焊接反面焊缝。

（2）正面焊　调试好焊接参数，在间隙小（2mm）的一端引弧板上引弧，操作步骤如下：

1）装焊剂衬垫。焊剂衬垫的焊剂牌号与工艺要求的焊剂相同，要求与焊件贴合且压力均匀，防止出现漏渣和液态金属下淌而造成焊穿。焊件装在焊剂衬垫上，如图 4-6 所示。

2）焊丝对中。调节焊接小车轨道中线与试件中线相平行，往返拉动焊接小车，使焊丝始终处于整条焊缝的间隙中心线上。

3）引弧。将小车推至引弧板端，锁紧小车的行走离合器，按动送丝按钮，使焊丝与引弧板可靠接触。打开焊剂漏斗阀门给送焊剂，直至焊剂覆盖住焊丝伸出部分。此时，按起动按钮开始焊接，观察焊接电流表与电压表的读数是否与参数相符，并随时进行调整。焊剂在焊接过程中必须覆盖均匀，不应过厚，也不应过薄而漏出弧光。小车的行走速度应均匀，防止电缆的缠绕阻碍小车的行走。

4）收弧。当熔池全部达到引出板后开始收弧，先关闭焊剂漏斗，再按下一半“停止”按钮，使焊丝停止给送，小车停止前进，但电弧仍在燃烧，以使焊丝继续熔化来填满弧坑；估计弧坑将要填满时，全部按下“停止”按钮，电弧完全熄灭，结束焊接。

5）清渣。焊完每一层焊道后，都必须清除渣壳，回收焊剂，检查焊道质量。背面焊缝熔深要求达到焊件厚度的40%～50%，如果熔深不够，则应加大间隙，增大焊接电流或减小焊接速度。

（3）背面焊　将焊件翻转180°，进行背面焊缝的焊接，焊接步骤和要求与正面焊相同，但须注意以下两点：

1）防止出现未焊透或夹渣缺陷，要求正面焊缝的熔深达到60%～70%，通常用加大电流的方式实现。

2）在焊接背面焊缝时不再垫焊剂衬垫，而是直接进行焊接。此时，可以凭经验观察熔池背面焊接过程中的颜色来估计熔深。背面焊时焊件的装配如图4-7所示。

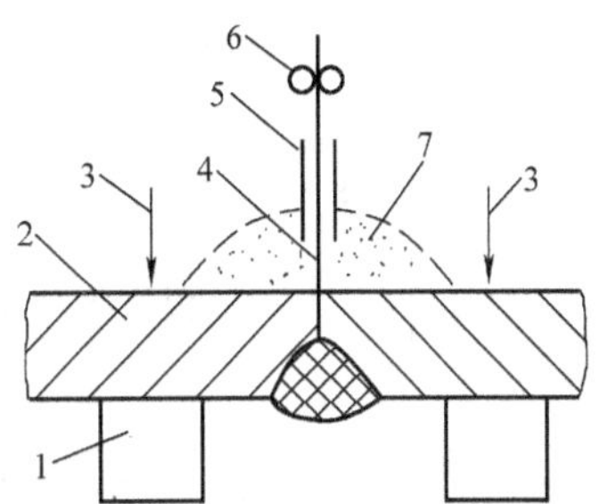

图4-7　背面焊装配示意图
1—支承垫　2—焊件　3—压紧力　4—焊丝管　5—导电嘴　6—送丝滚轮　7—预放焊剂

三、焊缝外观检测

1. 自检

依据图4-5中的技术要求和表4-4，对焊完清理好的工件进行校正和检测，合格后进行互检和专检。

2. 互检

参照相关评分标准，与同组同学对各自焊完清理好的工件进行互相检测，指出不足，并相互讨论，然后将结果汇报给相应教师，由教师作出准确结论。

3. 专检

教师对学生在焊接操作过程中不准确的动作、操作方式及各参数的选择等进行巡回检查，有问题应及时纠正。

➢【任务评价】

I形坡口板对接埋弧焊的评分标准见表4-4。

表4-4　I形坡口板对接埋弧焊的评分标准

序　号	评分项目	评分标准	配　分	得　分
1	焊缝宽度差	≤3mm，每超1mm扣2分	5	
2	焊缝余高	1～4mm，每超1mm扣2分	5	

（续）

序　号	评分项目	评分标准	配　分	得　分
3	咬边	深度 >0.5mm，扣5分；深度 <0.5mm，每3mm长扣2分	5	
4	焊缝成形	要求波纹细、均匀、光滑，不符合要求酌情扣分	5	
5	未焊透	深度 >1.5mm，扣5分；深度 <1.5mm，每3mm长扣2分	5	
6	起焊熔合	起焊饱满、熔合好，不符合要求酌情扣分	5	
7	弧坑	出现一处弧坑扣2分	5	
8	接头	不脱节、不凸高，每处接头不良扣2分	5	
9	夹渣、气孔	缺陷尺寸≤1mm，每个扣1分；缺陷尺寸≤2mm，每个扣2分；缺陷尺寸≤3mm，每个扣3分；缺陷尺寸 >3mm，每个扣5分	5	
10	背面焊缝余高	1～4mm，每超1mm扣2分	5	
11	错边	≤1.2mm，否则全扣	5	
12	角变形	≤3°，否则全扣	5	
13	裂纹、焊瘤、烧穿	出现任意一项，扣20分	—	
14	焊缝内部质量检查	按 GB/T 3323—2005 标准。Ⅰ级片无缺陷不扣分，Ⅰ级片有缺陷扣5分，Ⅱ级片扣10分，Ⅲ级片扣20分，Ⅳ级片扣40分	40	
总　分			100	

注：从开始引弧计时，该工件的焊接在60min内完成，每超出1min，从总分中扣2.5分。

项目三　V形坡口板对接焊技能训练

【学习目标】

1）了解V形坡口板对接埋弧焊的特点和适用范围。

2）掌握V形坡口板对接埋弧焊的技术要求及操作要领。

3）学会制订V形坡口板对接埋弧焊的装配焊接方案，能够正确选择工艺参数。

【任务提出】

图4-8所示为V形坡口板对接埋弧焊的工件图样，钢板材料为Q235A，要求读懂工件图样，完成工件焊接任务，达到工件图样技术要求。

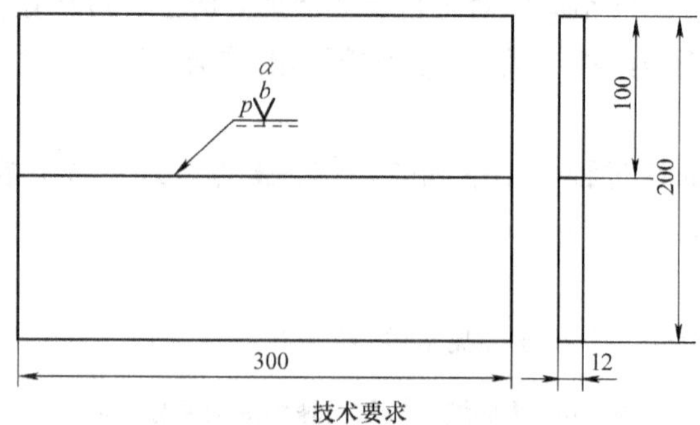

图4-8　V形坡口板对接埋弧焊工件图

➢【任务分析】

工件厚度超过 20mm 的钢板对接时，宜采用多层多道埋弧焊。焊接对热输入敏感的钢材时，不能采用很大的焊接电流，因此也要采用多层多道埋弧焊。为保证焊透，需要开坡口，常见的坡口形状和尺寸如图 4-9 所示。焊接时，先把工件水平置于焊剂衬垫上，并采用多层多道埋弧焊，焊后正面焊缝清根，再将试件翻身，焊接反面焊缝，反面焊缝可采用单层单道焊。

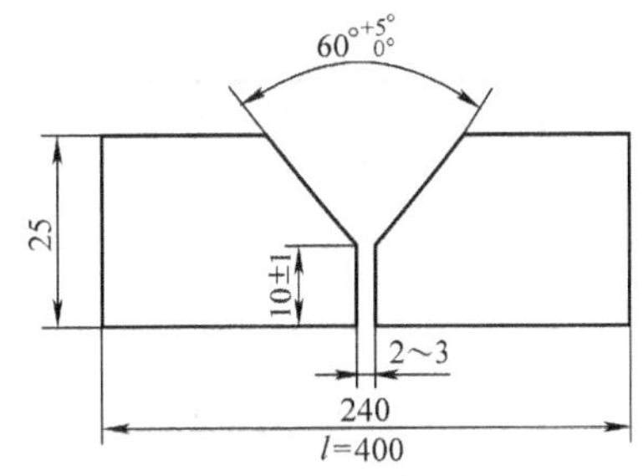

图 4-9　常见的坡口形状和尺寸

➢【任务实施】

一、焊前准备

1. 工件准备

1）工件板料 2 块，材料为 Q235A 钢，板件尺寸如图 4-8 所示；引弧板及引出板各 1 块，尺寸为 100mm×60mm×10mm。

2）校平并清理板件正、反面焊缝两侧各 20mm 范围内的油污、铁锈、水分及其他污物，直至露出金属光泽。

2. 焊接材料

选择 H08A 焊丝，焊丝直径为 4mm，焊剂选用 HJ431，定位焊用焊条 E4315，直径为 4mm。焊接材料应按规定要求烘干及去除表面的油、锈等污物。

3. 焊接设备

选用 MZ—1000 型自动埋弧焊焊机。

二、装配与焊接

1. 焊件装配

1）要求装配平整，装配间隙为 2～3mm，预置反变形量为 3°～4°，错边量不大于 1.5mm，如图 4-10 所示。

2）先进行定位焊，然后在试板两端焊引弧板和引出板，焊后对装配位置和定位焊质量进行检查。

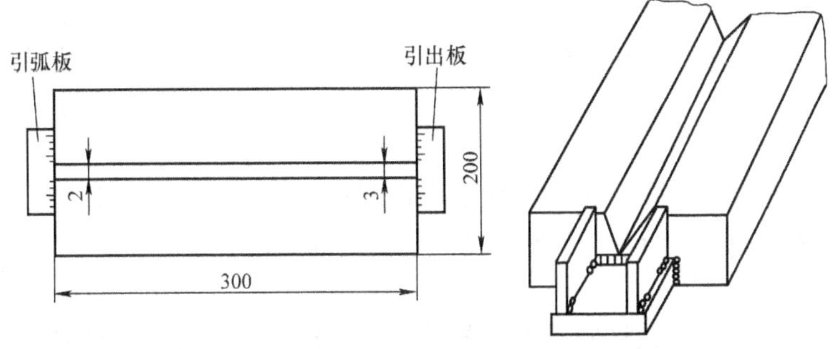

图 4-10　装配及定位焊要求

2. 焊接

（1）焊接参数的选择（表 4-5）

表 4-5　V 形坡口板对接埋弧焊的焊接参数

焊　缝	焊丝直径/mm	焊接电流/A	电弧电压/V	焊接速度/（m/h）	间 隙/mm
正面	ϕ4	600 ~ 700	34 ~ 38	25 ~ 30	2 ~ 3
背面		650 ~ 750	36 ~ 38		

（2）正面焊　调试好焊接参数，在间隙小的一端（2mm）引弧，操作步骤如下：

1）焊丝对中。操作方法参考本单元项目二相关内容。

2）引弧焊接。将小车推至引弧板端，锁紧小车行走离合器，按动送丝按钮，使焊丝与引弧板可靠地接触，给送焊剂，覆盖住焊丝伸出部分。

按起动按钮开始焊接，观察焊接电流表与电压表的读数是否与参数相符，并随时进行调整。焊剂在焊接过程中必须覆盖均匀，不应过厚，也不应过薄而漏出弧光。小车行走速度应均匀，防止电缆的缠绕阻碍小车的行走。

3）收弧。当熔池全部达到引出板后开始收弧，先关闭焊剂漏斗，再按下一半“停止”按钮，使焊丝停止给送，小车停止前进，但电弧仍在燃烧，以使焊丝继续熔化来填满弧坑，并以按下这一半按钮的时间长短来控制弧坑填满的程度。然后将“停止”开关按到底，熄灭电弧，焊接结束。

4）清渣。焊完每一层焊道后，都必须清除渣壳，检查焊道，不得有缺陷。焊道表面应平整或稍下凹，与两坡口面的熔合应均匀，焊道表面不能上凸，特别是在两坡口处不得有死角，否则易产生未熔合或夹渣等缺陷。

当发现层间焊道上熔合不良时，应调整焊丝对中，增大焊接电流或降低焊接速度。施焊时层间温度不得过高，一般应小于 200℃。盖面焊道的余高应为 0 ~ 4mm，每侧的熔宽为 (3 ± 1)mm。

（3）反面焊　反面焊的焊接步骤和要求与正面焊相同，为保证反面焊缝焊透，焊接电流应大些，或使焊接速度稍慢一些。焊接参数的调整既要保证焊透，又要使焊缝尺寸符合规定要求。

三、焊缝外观检测

1. 自检

依据图 4-8 中的技术要求和表 4-6，对焊完清理好的焊件进行校正和检测，合格后进行互检和专检。

2. 互检

参照相关评分标准，与同组同学对各自焊完清理好的工件进行互相检测，指出不足，并相互讨论，然后将结果汇报给相应教师，由教师作出准确结论。

3. 专检

教师对学生在焊接操作过程中不准确的动作、操作方式及各参数的选择等进行巡回检查，有问题应及时纠正。

➢【任务评价】

V 形坡口板对接埋弧焊的评分标准见表 4-6。

表 4-6　V 形坡口板对接埋弧焊的评分标准

序　号	评分项目	评分标准	配　分	得　分
1	焊缝宽度差	≤3mm，每超 1mm 扣 2 分	5	
2	焊缝余高	1～4mm，每超 1mm 扣 2 分	5	
3	咬边	深度＞0.5mm，扣 5 分；≤0.5mm，每 3mm 长扣 2 分	5	
4	焊缝成形	要求波纹细、均匀、光滑，不符合要求酌情扣分	5	
5	未焊透	深度＞1.5mm，扣 5 分；≤1.5mm，每 3mm 长扣 2 分	5	
6	起焊熔合	起焊饱满、熔合好，不符合要求酌情扣分	5	
7	弧坑	每处弧坑扣 2 分	5	
8	接头	不脱节、不凸高，每处接头不良扣 2 分	5	
9	夹渣、气孔	缺陷尺寸≤1mm，每个扣 1 分；缺陷尺寸≤2mm，每个扣 2 分；缺陷尺寸≤3mm，每个扣 3 分；缺陷尺寸＞3mm，每个扣 5 分	5	
10	背面焊缝余高	1～4mm，每超 1mm 扣 2 分	5	
11	错边	≤1.2mm，否则全扣	5	
12	角变形	≤3°，否则全扣	5	
13	裂纹、焊瘤、烧穿	出现任意一项，扣 20 分	—	
14	焊缝内部质量检查	按 GB/T 3323—2005 标准。Ⅰ级片无缺陷不扣分，Ⅰ级片有缺陷扣 5 分，Ⅱ级片扣 10 分，Ⅲ级片扣 20 分，Ⅳ级片扣 40 分	40	
总　分			100	

注：从开始引弧计时，该工件的焊接在 60min 内完成，每超出 1min，从总分中扣 2.5 分。

项目四　T 形接头平角焊技能训练

【学习目标】

1）了解 T 形接头平角焊（埋弧焊）的特点和适用范围。

2）掌握 T 形接头平角焊（埋弧焊）的技术要求及操作要领。

3）学会制订 T 形接头平角焊（埋弧焊）的装配焊接方案，能够正确选择焊接参数。

【任务提出】

图 4-11 所示为 T 形接头平角焊工件图，钢板材料为 Q235A，要求读懂工件图样，完成工件焊接任务，达到工件图样技术要求。

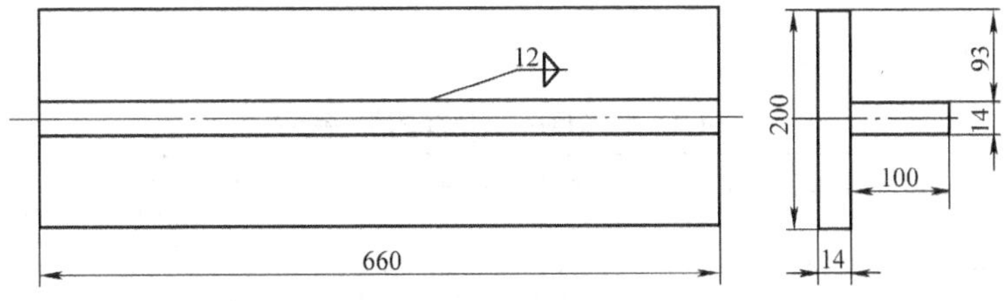

图 4-11　T 形接头平角焊工件图

➢【任务分析】

角焊缝主要出现在T形接头和搭接接头中，按其焊接位置可分为船形焊和平角焊两种。

只有由于焊件太大，不易翻转，或因为其他原因不能在船形焊位置进行焊接时，才采用平角焊，即焊丝倾斜。平角焊的优点是对焊件装配间隙的敏感性较小，即使间隙较大，一般也不会产生金属溢流现象；其缺点是单道焊缝的焊脚尺寸最大不能超过8mm，当要求焊脚尺寸大于8mm时，必须采用多道焊或多层多道焊。角焊缝的成形与焊丝和焊件的相对位置有很大关系，当焊丝位置不当时，易产生咬边、焊偏和未熔合等现象。因此，应严格控制焊丝位置，一般焊丝与水平板的夹角 α 应保持在45°～75°，通常为60°～70°，并选择距竖直面适当的距离。电弧电压不宜过高，这样可使焊剂的熔化量减少，防止熔渣溢流。使用细焊丝能保证电弧稳定，并可以减小熔池的体积，以防止熔池金属溢流。平角焊缝埋弧焊示意图如图4-12所示。

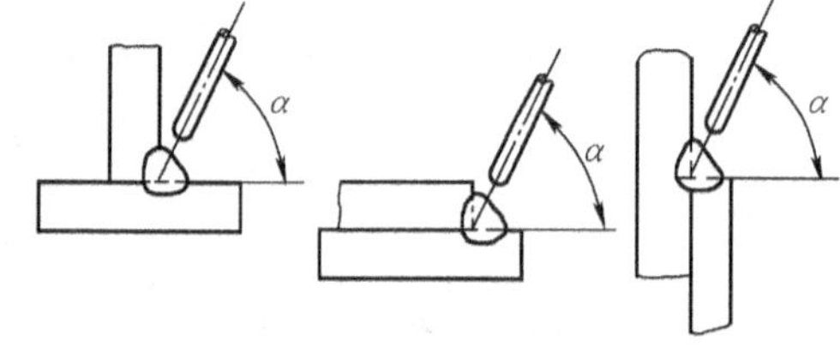

图4-12 平角焊缝埋弧焊示意图

➢【任务实施】

一、焊前准备

1. 工件准备

1）工件板料2块，材料为Q235A钢，板件尺寸如图4-11所示；引弧板及引出板2块，尺寸为100mm×60mm×14mm。

2）校平并清理板件正、反面焊缝两侧各20mm范围内的油污、铁锈、水分及其他污物，直至露出金属光泽。

2. 焊接材料

选择H08A焊丝，焊丝直径为 ϕ4mm，焊剂为HJ431，定位焊用焊条E4315，直径为 ϕ4mm。焊接材料应按规定要求烘干及去除表面的油、锈等污物。

3. 焊接设备

选用MZ—1000型埋弧焊焊机。

二、装配与焊接

1. 焊件的装配

1）焊件的装配要求如图4-11所示。按图划装配线，工件根部的装配间隙为1～1.5mm。

2）先在试板两面进行定位焊，定位焊缝长10～15mm，然后在试板两端焊引弧板和引出板，如图4-13所示。焊后对装配位置和定位焊质量进行检查。

2. 焊接

（1）焊接参数的选择（表4-7）

表4-7 T形接头平角焊的焊接参数

焊缝道数	焊丝直径/mm	焊接电流/A	焊接电压/V	焊接速度/（m/h）
1	ϕ4	700～750	36～39	20～30
2		650～700	36～38	

（2）第一道焊缝的焊接

1）安放焊剂。先在焊缝的引弧处和收尾处堆放足够的焊剂，在焊接过程中应保持焊件正面贴紧焊剂，防止焊件因变形与焊剂脱离而产生焊接缺陷。

2）焊丝对中检查。调节焊机机头，使焊丝伸出端处于焊缝的中心线上。松开焊接小车离合器，往返拉动小车，保持焊丝始终处于整条焊缝的中心线上；若有偏离，应调整焊机机头或焊件的位置。焊丝与立板的夹角 α 应保持在 15°～45°，通常为 20°～30°，如图 4-14 所示。

3）引弧。将小车拉至引弧板一端，锁紧小车离合器；接通焊接电源，按动控制器盘上的“送丝”按钮，使焊丝与引弧板可靠接触；给送焊剂，并使焊剂覆盖焊丝伸出部分的起焊部位。在空载状态下调节焊接参数，达到要求值，然后按下起动开关，引燃电弧。

4）焊接。引燃电弧后，开始焊接。焊接过程中应注意焊接电流、电压是否与选定的焊接参数相一致，如有偏差，应及时调整到规定值。同时要注意焊剂的覆盖情况，焊剂在焊接过程中必须覆盖均匀。小车行走速度应均匀，注意防止因电缆缠绕而阻碍小车行走。

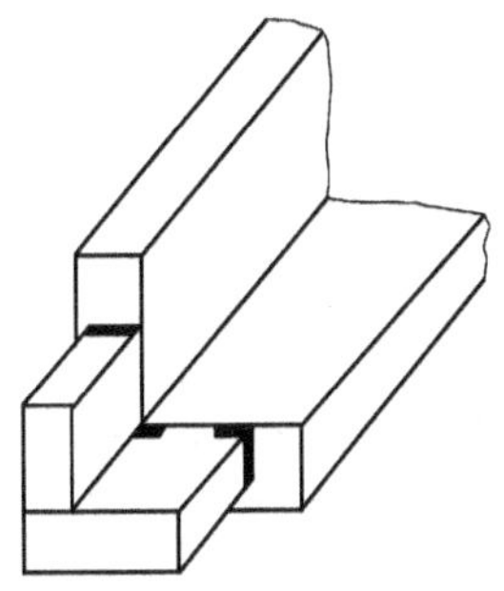

图 4-13　平角焊装配和定位焊示意图

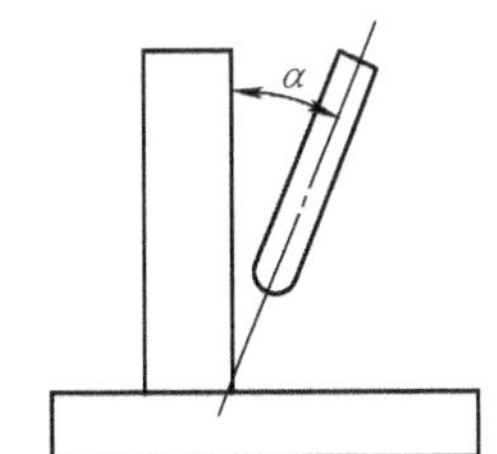

图 4-14　平角焊时的焊丝角度

5）收弧。焊接过程进行到熔池全部达到引出板后，分两步熄弧。第一步，先关闭焊剂漏斗，再按下一半“停止”按钮，使焊丝停止送进，此时电弧仍在燃烧，以使焊丝继续熔化填满弧坑；第二步，估计弧坑填满时，全部按下“停止”按钮，电弧全部熄灭，焊接结束。

6）清渣。松开小车离合器，将小车推离焊件，回收焊剂，清除熔渣，并检查焊缝外观质量。

（3）第二道焊缝的焊接　用同样的方法焊接第二道焊缝。

三、焊缝外观检测

1. 自检

依据图 4-11 和表 4-8，对焊完清理好的工件进行校正和检测。检测工件时，要正确使用焊接检验尺，检测的操作内容在评分标准范围内为合格。

2. 互检

参照相关评分标准，与同组同学对各自焊完清理好的工件进行互相检测，指出不足，并相互讨论，然后将结果汇报给相应教师，由教师作出准确结论。

3. 专检

教师对学生在焊接操作过程中不准确的操作方式及各参数的选择等进行巡回检查，有问题应及时纠正。

➢【任务评价】

T形接头平角焊（埋弧焊）的评分标准见表4-8。

表4-8　T形接头平角焊（埋弧焊）的评分标准

序　号	评分项目	评分标准	配　分	得　分
1	焊脚尺寸	6~9mm，每超差0.5mm扣2分	8	
2	两板之间的夹角	88°~92°，每超差1°扣2分	8	
3	咬边	深度>0.5mm，扣8分；深度≤0.5mm，每3mm长扣3分	8	
4	焊缝成形	要求波纹细、均匀、光滑，不符合要求酌情扣分	5	
5	未焊透	深度>1.5mm，扣8分；深度≤1.5mm，每3mm长扣3分	8	
6	起焊熔合	起焊饱满、熔合好，不符合要求酌情扣分	5	
7	弧坑	每处弧坑扣2分	5	
8	接头	不脱节、不凸高，每处接头不良扣2分	5	
9	夹渣、气孔	缺陷尺寸≤1mm，每个扣1分；缺陷尺寸≤2mm，每个扣2分；缺陷尺寸≤3mm，每个扣3分；缺陷尺寸>3mm，每个扣5分	5	
10	裂纹、焊瘤、烧穿	出现任意一项，扣20分	—	
11	焊缝内部质量检查	按GB/T 3323—2005标准。Ⅰ级片无缺陷不扣分，Ⅰ级片有缺陷扣5分，Ⅱ级片扣10分，Ⅲ级片扣20分，Ⅳ级片扣40分	40	

注：从开始引弧计时，该工件的焊接在60min内完成，每超出1min，从总分中扣2.5分。

思考与练习

一、选择题

1. 埋弧焊时发现焊接导电嘴与焊丝接触不良时，应首先（　　）。

A. 修补　　B. 更换新件　　C. 夹紧焊丝　　D. 消除磨损

2. 埋弧焊焊机已按下起动按钮却引不起电弧的原因可能是（　　）。

A. 电源接触器触点接触良好　　B. 电源已接通

C. 焊丝与工作间存在焊剂　　D. 网路电压波动太大

3. 埋弧焊在其他焊接参数不变的情况下，焊接速度（　　），则焊接热输入增大。

A. 增大　　B. 减小　　C. 不变　　D. 不能确定

4. 与焊条电弧焊相比，以下（　　）不是埋弧焊的缺点。

A. 不适合焊接薄板　　B. 对气孔敏感性较大

C. 辅助准备工作量大　　D. 焊工劳动强度大

5. 以下（　　）属于埋弧焊焊机小车性能的检测内容。

A. 各控制按钮的动作　　B. 引弧操作性能

C. 焊丝送进速度　　D. 驱动电动机和减速系统的运行状态

6. 以下（　　）属于埋弧焊焊机控制系统的测试内容。

A. 引弧操作性能　　B. 焊丝的送进和校直

C. 小车行走的平稳性和均匀性　　D. 输出电流和电压的调节范围

7. 复杂结构件不合理的装配和焊接顺序是（　　）。

A. 先焊收缩量大的焊缝　　B. 先焊能增加结构刚度的部件

C. 尽可能考虑焊缝能自由收缩　　D. 先焊收缩量小的焊缝

8. 埋弧焊的焊缝宽度主要应依靠（　　）方式进行控制。

A. 横向摆动幅度　B. 提高电弧电压　C. 增大焊枪角度　D. 增大焊接电流

9. 埋弧焊焊接过程中，如果发现焊缝的宽度过窄，应该（　　）。

A. 降低焊接电流　B. 降低焊接电压　C. 提高焊接电压　D. 提高焊接速度

10. 埋弧焊焊接前，焊剂需要烘干，其目的是（　　）。

A. 增大焊丝送进速度　　B. 使熔渣容易脱落

C. 减少焊剂中的水分　　D. 减小焊接变形

11. 厚度为12mm的板对接接头，采用埋弧焊，为保证焊透，从合理选择焊接参数的角度考虑，应选择开（　　）坡口。

A. I形　B. V形　C. U形　D. X形

12. 埋弧焊时，（　　）增大，焊缝的熔深、宽度和余高都减小。

A. 焊接电流　B. 电弧电压　C. 焊接速度

13. 埋弧焊用（　　）表示。

A. 12　B. 141　C. 135　D. 15

14. 气孔在一般焊接接头中是（　　）存在的缺陷。

A. 允许　B. 不允许　C. 数量不多时允许

15. 普通埋弧焊的焊丝伸长量是（　　）。

A. 10～20mm　B. 20～30mm　C. 30～50mm　D. 70～80mm

16. 埋弧焊时，采用较大的焊缝成形系数可防止产生（　　）缺陷S。

A. 热裂纹　B. 再热裂纹　C. 夹渣　D. 未焊透

17. 关于埋弧焊，缩短焊丝干伸长而其他焊接参数不变，则焊接过程中电弧电压将（　　）。

A. 升高　B. 不变　C. 降低　D. 为零

18. 埋弧自动焊属于（　　）。

A. 渣保护　B. 气保护　C. 渣－气联合保护　D. 渣或气保护

19. 焊接设备的机壳必须良好接地，这是为了（　　）。

A. 防止设备漏电而引起人员触电　　B. 节约用电

C. 防止设备过热烧损　　D. 提供稳定的焊接电流

20. 埋弧焊时，往往需要对焊缝根部进行保护，一般塔架车间塔筒焊接时采用的焊缝根部保护方式为（　　）。

A. 手工焊封底　B. 焊剂封底　C. 不作封底

21. 焊接电流主要影响焊缝的（　　）。

A. 熔宽　B. 熔深　C. 余高

22. 埋弧焊主要是利用（　　）作为热源。

A. 电弧　　B. 气体燃烧火焰　　C. 化学反应热

23. 焊剂受潮后不仅使焊接性能变差，而且水分中的氢容易引起（　　）等缺陷。

A. 气孔　　B. 夹渣　　C. 未焊透　　D. 裂纹

二、判断题

1. 埋弧焊时，如果焊剂使用次数太多，焊剂变成粉末状，则不可继续使用，因为这样容易出现气孔。（　　）

2. 碱性焊条的工艺性能差，引弧困难，电弧稳定性差，飞溅大，故只能用于一般结构的焊接。（　　）

3. 焊缝标注辅助符号“○”表示焊缝环绕工件周围。（　　）

4. 焊接结构件焊接完成后，通过回火处理，可以消除变形和应力。（　　）

5. 板对接时，应将坡口及其两侧20mm范围内的油污、铁锈、氧化物等清理干净。（　　）

6. 采用碱性焊条时，一般使用直流电源和短弧操作方法。（　　）

7. 埋弧焊焊剂按制造方法分为熔炼焊剂、烧结焊剂和陶质焊剂；按化学成分分为碱性焊剂、酸性焊剂和中性焊剂。（　　）

8. 埋弧焊过程中，若其他条件不变，随着电弧电压的增高，熔宽显著增加，而熔深和余高略有减小。（　　）

9. 埋弧焊焊机按焊丝的数目分类，可分为单丝和多丝埋弧自动焊机。（　　）

三、简答题

1. 埋弧焊焊剂的作用有哪些？

2. 常见的焊接缺陷中，夹渣是由哪些原因引起的？

3. 产生气孔的原因有哪些？

4. 埋弧焊的常用焊接材料有哪些？

第五单元 气焊与气割技能训练

项目一　平敷焊技能训练

➢【学习目标】

1）了解气焊的特点及应用范围，理解气焊的基本原理。

2）学习中性焰、碳化焰、氧化焰的调节方法，掌握气焊平敷焊的操作技术。

➢【任务提出】

本项目通过气焊平敷焊操作练习，学习气焊常用工具和辅具的使用方法，初步掌握中性焰、碳化焰、氧化焰的调节方法，掌握气焊平敷焊的基本操作技术。

➢【任务分析】

气焊是利用可燃气体与氧气混合燃烧所产生的热量，将被焊材料局部加热到熔化状态，另加填充金属而进行金属连接的一种焊接方法，其工作过程如图5-1所示。

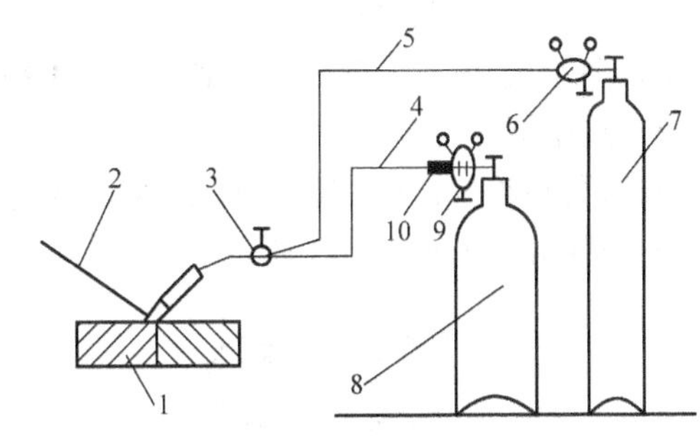

图5-1　气焊工作过程示意图

1—焊件　2—焊丝　3—焊炬　4—乙炔胶管　5—氧气胶管　6—氧气减压器　7—氧气瓶　8—乙炔瓶　9—乙炔减压器　10—回火保险器

气焊比其他焊接方法加热温度低、速度慢，只适用于厚度为0.5～3.5mm的薄钢板、薄壁管，以及熔点较低的非铁金属合金、铸铁件的焊接及硬质合金的堆焊，并广泛应用于被磨损零件的焊补。同时，气焊具有设备简单轻便、不需要电源等特点，适用于野外施工中的修理工作。

与电弧焊相比，气体火焰的温度低、热量分散。因此气焊的生产率低，焊接变形严重，接头热影响区宽，显微组织粗大，接头性能较差。气焊多为手工操作，对焊工有较高的操作技巧要求，劳动条件差。

➢【相关知识】

一、气焊工具的特点及应用

气焊工具主要有氧气瓶、乙炔瓶、减压器、回火保险器和焊枪（焊炬）。

1. 气瓶

(1) 氧气瓶　氧气瓶是一种用来存储和运输氧气的高压容器，如图 5-2a 所示。通常将从空气中制取的纯氧压入氧气瓶内。

由于氧气瓶的压力高，而且氧气是极为活泼的助燃气体，因此，必须严格按照气瓶的安全使用注意事项使用。

(2) 乙炔瓶　乙炔瓶是一种存储和运输乙炔的容器，如图 5-2b 所示。乙炔能大量溶解于丙酮溶液中，所以乙炔瓶内装有丙酮溶液和活性碳，以保证安全、方便地储存、运输和使用乙炔。由于乙炔是易燃、易爆的气体，因此必须严格按照气瓶的安全使用注意事项使用。

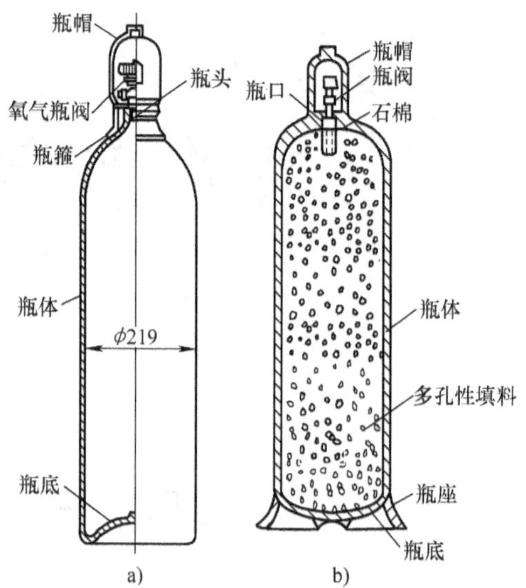

图 5-2　氧气瓶和乙炔瓶
a) 氧气瓶　b) 乙炔瓶

(3) 气瓶安全使用注意事项

1) 气瓶严禁接触、靠近油品、易燃易爆物品；开启时，操作者的身体和面部应避开出气口及减压器表盘。

2) 夏季使用、运输及存储气瓶时应防暴晒，并应远离热源；空、实瓶应分开放置。

3) 现场使用的气瓶应直立于地面上或放置到专用瓶架上，防止倾倒。

4) 储存及运输过程中，瓶阀上应戴安全帽；瓶身上应装防振圈；装、卸车及运输时，应避免撞击，要轻装轻卸。

5) 冬季使用时，若发生冻结或出气不畅，严禁用明火加热，只能用热水或蒸气解冻。

2. 减压器

减压器是将气瓶中高压气体的压力降到气焊、气割所需工作压力的一种调节装置。氧气、乙炔的减压器如图 5-3 所示。

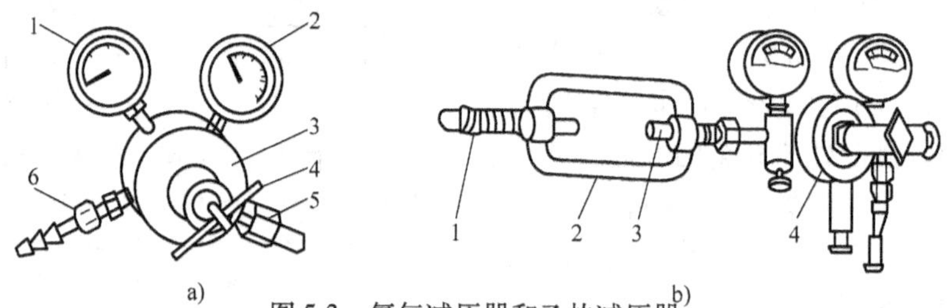

图 5-3　氧气减压器和乙炔减压器
a) 氧气减压器
1—低压表　2—高压表　3—外壳　4—调节螺钉　5—进气接头　6—出气接头
b) 乙炔减压器
1—固定螺钉　2—夹环　3—连接管　4—减压器外壳

(1) 减压器的作用与分类

1) 减压器的作用。

①减压作用。由于储存在气瓶内的气体都是高压气体，如氧气瓶内的最高压力可达 15MPa，乙炔瓶内的最高压力可达 1.5MPa，而气焊、气割工作中，氧气的压力为 0.1～0.4MPa，乙炔的压力在 0.15MPa 以下，所以气焊、气割工作中必须使用减压器将气体压力

减小至合适的压力值。

②稳压作用。气瓶内气体的压力是随着气体的消耗而逐渐下降的，但在气焊、气割工作中，气体的工作压力必须保持稳定不变，这就需要靠减压器来稳定气体的工作压力，使气体在工作中的压力不随气瓶内气体压力的下降而下降。

2）减压器的分类。减压器按用途分为氧气减压器、乙炔减压器、液化石油气减压器等；按构造分为单级式和双级式；按工作原理分为正作用式和反作用式。目前，常用的是单级正作用式减压器。

氧气减压器和乙炔减压器的区别在于，乙炔减压器与乙炔瓶的连接是用特殊的夹环并借助固定螺钉加以固定的，如图 5-3b 所示。

（2）减压器使用时的注意事项

1）安装减压器前，应将气瓶阀门开启后再关闭，将瓶口处的灰尘及污物吹去。注意瓶口不要对着人。

2）出气口与胶管的连接处要用专用夹具或金属丝扎紧。

3）减压器不得沾有油脂。

4）减压器停止工作时，必须把调压手柄完全放松。结束焊接工作时，应将减压器卸下并妥善保管。

5）减压器停止工作前，必须松开减压器的调节螺杆。打开气瓶阀门时，人不可站在减压器正面或背面，而应站在侧面，并缓开阀门，以防高压气体损坏减压器和压力表。

6）把减压器连接到气瓶出口时，要使用尺寸合适的扳手，拧紧力不要过大，以保证设备的使用寿命。

7）定期检查减压器的压力表。

3. 焊枪（焊炬）

目前普遍使用的射吸式焊枪如图 5-4 所示。射吸式焊枪配有五个规格不同的焊嘴，焊接时可根据不同厚度的焊件选用不同号码的焊嘴。

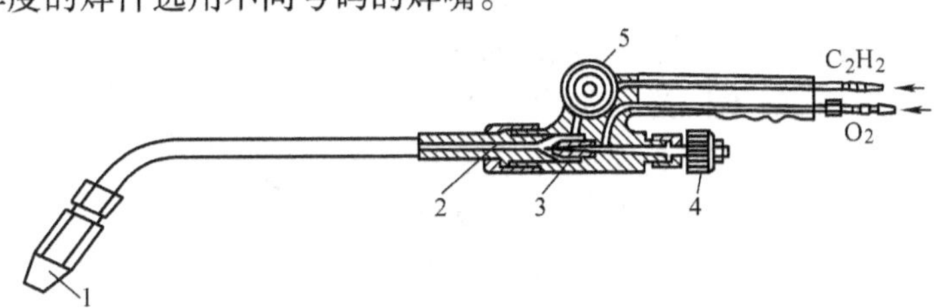

图 5-4　射吸式焊枪

1—焊嘴　2—射吸管　3—喷嘴　4—氧气阀　5—乙炔阀

二、气焊的安全技术

1）气焊场地内应无易燃易爆物品，注意穿戴好劳动保护用品。

2）每个减压器上只能安装一把焊枪；新胶管使用前必须清理干净里面的灰尘及杂物，保证畅通。使用时，防止胶管沾上油脂或接触红热的金属。

3）减压器（主要是氧气减压器）在冬天使用时，在温度过低的情况下易结冰，此时，不能用明火烤或用锤子敲击，可用热水或蒸气进行处理。

4）氧气瓶和乙炔瓶应间隔 5m 以上，气瓶距明火的距离必须保持 6 ~ 10m，并避免在阳光下曝晒和剧烈碰撞。

5）用气焊焊接油箱或其他易燃、易爆介质的储存器时，必须将容器上的孔盖全部打开，并先用碱水将其冲洗干净，再用水蒸气或压缩空气吹干后方可施焊。

6）乙炔能和氯或次氯酸盐等化合而发生燃烧和爆炸，因此，当乙炔燃烧发生火灾时，绝对禁止用四氯化碳灭火器灭火。

【任务实施】

一、焊前准备

1. 焊件的准备

1）钢板 Q235A，厚度为 1.6～5.0mm，长 20mm，宽 100mm。

2）对焊件表面的氧化皮、铁锈、油污等脏物用钢丝刷、砂布或砂纸进行清理，使焊件露出金属光泽。

2. 焊接材料

焊丝牌号为 H08A，直径为 1.6～2mm。

3. 焊接设备

（1）设备和工具　乙炔气瓶、氧气瓶、射吸式焊炬。

（2）辅助器具　通针、打火枪、小锤、钢丝钳等。

（3）劳动保护用品　气焊眼镜、工作服、手套、胶鞋。

二、操作过程

1. 氧乙炔火焰的调节

正确地调节和选用氧乙炔火焰，对保证焊接质量非常重要，所以焊接时应合理地选用火焰，以得到理想的焊接接头。

氧乙炔火焰的调节包括火焰性质的调节和火焰能率的调节。

（1）火焰性质的调节　刚点燃的火焰通常为碳化焰，然后根据所焊材料的不同进行调节。如要得到中性焰，就应逐步增加氧气量，使火焰由长变短，颜色由淡红色变为蓝白色，直至焰心及外焰的轮廓特别清楚、内焰与外焰间的明显界限消失为止。

在中性焰的基础上要得到碳化焰，就必须减少氧气量或增加乙炔量。这时火焰变长，焰心轮廓不清。焊接时所用的碳化焰，其内焰长度一般为焰心长度的 2 倍左右。

在中性焰的基础上要得到氧化焰，就应逐渐增加氧气量。这时整个火焰将缩短，当听到有急速的“嘶嘶”声时便是氧化焰。氧乙炔焰的种类、外形及构造如图 5-5 所示。

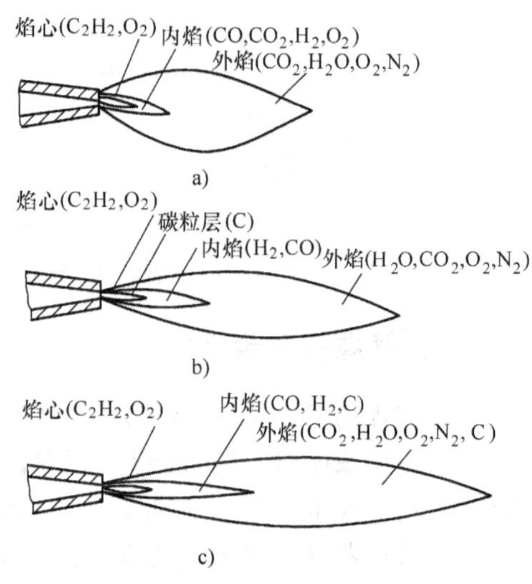

图 5-5　氧乙炔焰的种类、外形及构造

a）氧化焰　b）中性焰　c）碳化焰

（2）火焰能率的调节　气焊火焰能率是指每

小时混合气体的消耗量（L/h）。气焊中，根据焊件厚度及热物理性能等的不同，选择不同的焊炬型号及焊嘴号码，并通过调节阀门来调节氧乙炔混合气体的流量，以得到不同的火焰能率。当要减小中性焰或氧化焰的能率时，应先调节氧气阀门以减少氧气的流量，然后调节乙炔阀门以减少乙炔的流量。当要增加火焰能率时，应先调节乙炔阀门以增加乙炔流量，然后调节氧气阀门增加氧气流量。调节碳化焰能率的方法与上述顺序相反。

（3）各种火焰的使用范围　以上各种火焰，因其性质不同而适合焊接不同的材料。各种金属材料气焊时火焰种类的选择见表5-1。

表5-1　各种金属材料气焊火焰的选择

焊件材料	火焰种类	焊件材料	火焰种类
低碳钢、低合金钢、纯铜、铝及铝合金、铅、锡	中性焰	黄铜、锰铜、镀锌钢板	氧化焰
青铜	中性焰及轻微氧化焰	高速工具钢、硬质合金钢、铸铁	碳化焰
不锈钢及铬镍钢	中性焰及乙炔稍多的中性焰	镍	氧化焰或碳化焰

2. 气焊过程

（1）焊道起头　用中性焰，左向焊法，即将焊炬由右向左移动，使火焰指向待焊部分；填充焊丝，使焊丝的端部位于火焰的前下方距焰心3mm左右的位置。

焊道起头时，由于刚开始加热，焊件的温度低，焊炬倾斜角应大些，这样有利于对焊件进行预热；同时，在起焊处应使火焰往复移动，以保证焊接处加热均匀。在熔池未形成前，操作者要密切观察熔池的形成，并将焊丝端部置于火焰中进行预热，待焊件由红色变成白亮而清晰的熔池时，便可熔化焊丝，将焊丝熔滴滴入熔池，而后立即将焊丝抬起，火焰向前移动，形成新的熔池。

（2）焊炬和焊丝的运动　为了获得优质、美观的焊缝并控制熔池的热量，焊炬和焊丝应作均匀、协调的摆动。这样既能使焊缝边缘良好熔透，并控制液体金属的流动，使焊缝成形良好，又不至于使焊缝产生过热的现象。

焊炬和焊丝的运动包括三个动作，即沿焊件接缝的纵向移动，以便不间断地熔化焊件和焊丝，形成焊缝；焊炬沿焊缝作横向摆动，充分地加热焊件，并借混合气体的冲击力，把液体金属搅拌均匀，使熔渣浮起，得到致密性好的焊缝；焊丝在垂直焊缝的方向送进并作上下移动，以调节熔池热量和焊丝的填充量。

焊炬和焊丝在操作时的摆动方法和幅度，要根据焊件材料的性质、焊缝位置、接头形式及板厚等进行选择。焊炬与焊丝的摆动方法如图5-6所示。

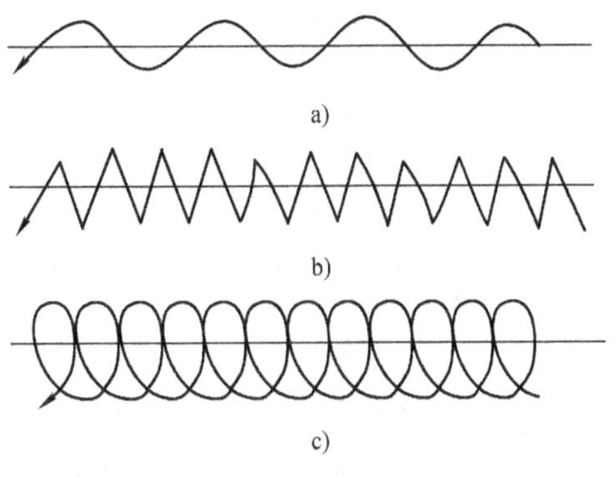

图5-6　焊炬与焊丝的摆动方法
a）焊薄板　b）焊中厚板　c）焊厚板

（3）焊道接头　在焊接过程中，当中途停顿后继续施时，应用火焰把原熔池重新加热熔化形成新的熔池后再加焊丝，重新开始焊接，每次续焊应与前一焊道重叠5～10mm，重叠焊道要少加或不加焊丝，以保证焊缝高度合适及圆滑过渡。

（4）焊道的收尾　当焊到焊件的终点时，由于端部散热条件差，应减小焊炬与焊件间的夹角，同时要增大焊接速度并多加一些焊丝，以防止熔池扩大，形成烧穿。收尾时为防止空气中的氧气和氮气侵入熔池，可用温度较低的外焰保护熔池，直至终点熔池填满，火焰才可缓慢地离开熔池。

在焊接过程中，焊嘴倾斜角是不断变化的。在预热阶段，为了较快地加热焊件，迅速形成熔池，焊炬倾斜角为50°～70°；在正常焊接阶段，焊炬倾斜角通常为30°～50°；在结尾阶段，焊炬倾斜角则为20°～30°，如图5-7所示。

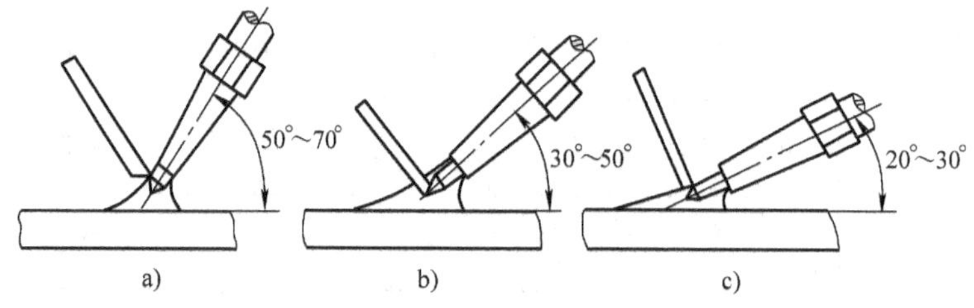

图5-7　焊嘴倾斜角在焊接过程中的变化

a）焊前预热　b）焊接过程中　c）结尾时

（5）注意事项

1）在焊件上作多条焊道练习时，焊道间隔以20mm左右为宜。

2）在练习过程中，焊炬和焊丝的移动要配合好，焊道的宽度、高度和直线度必须均匀、整齐，表面的波纹要规则、整齐，没有焊瘤、凹坑、气孔等缺陷。

3）焊缝边缘和母材要圆滑过渡。

4）用左焊法练习焊道达到要求后，可进行右焊法练习，直至达到技术熟练、焊道笔直、成形美观。

➢【评分标准】

气焊平敷焊的评分标准见表5-2。

表5-2　气焊平敷焊的评分标准

序　号	评分项目	评分标准	配　分	得　分
1	能正确执行安全技术操作规程	按达到规定的标准程度评定，根据现场纪律，视违反规定程度扣1～5分	5	
2	按有关文明生产的规定，做到工作地面整洁、工件和工具摆放整齐	按达到规定的标准程度评定，根据现场纪律，视违反规定程度扣1～5分	5	
3	焊缝余高	1～2mm，每超差0.5mm扣2分	15	
4	焊缝余高差	0～1mm，每超差0.5mm扣2分	15	
5	焊缝表面无气孔、夹渣、焊瘤	焊缝表面有气孔、夹渣、焊瘤中的任意一项扣5分	15	

（续）

序　号	评分项目	评分标准	配　分	得　分
6	焊缝表面无咬边	咬边深度≤0.5mm，每长2mm扣1分；咬边深度＞0.5mm，不得分	15	
7	背面焊缝无凹坑	凹坑深度≤2mm，每长5mm扣2分；凹坑深度＞2mm不得分	15	
8	焊缝表面成形：波纹均匀、焊缝坡度	视波纹不均匀、焊缝不直扣1～15分	15	
总　分			100	

项目二　板对接气焊技能训练

【学习目标】

1）了解板对接气焊的特点和应用范围。

2）掌握板对接气焊的技术要求及操作要领。

【任务提出】

本项目通过板对接气焊操作练习，学习板对接气焊操作技术，完成规格为200mm×150mm×1.5mmQ235钢板对接气焊单面焊双面成形操作任务。

【任务分析】

板对接气焊是最常用的一种气焊方法，这种方法的焊接变形大，焊缝成形不容易控制，为保证焊接质量，焊接操作时应注意以下几点：

1）定位焊产生焊接缺陷时，必须将其铲除或打磨修补，以保证焊接质量。

2）焊缝要均匀，焊缝边缘与母材金属过渡要圆滑，无过深、过长的咬边。

3）焊缝背面必须均匀焊透，焊缝不允许有焊瘤和凹坑缺陷。

4）焊缝直线度要好。

【相关知识】

板对接气焊的技术要点如下：

1）在板对接气焊过程中，如果发现熔池不清晰、有气泡、火花飞溅或熔池沸腾现象，原因是火焰性质变化，应及时将火焰调节为中性焰，然后进行焊接。

2）焊接过程中，应始终保持熔池大小一致才能焊出均匀的焊缝。控制熔池大小，可通过改变焊炬角度、高度和焊接速度来实现。如发现熔池过小，焊丝不能与焊件熔合，仅敷在焊件表面时，表明热量不足，应增大焊炬倾角，减慢焊接速度；如发现熔池过大，且没有流动金属，则表明焊件被烧穿，此时应迅速提起火焰或加快焊接速度，减小焊炬倾角，并多加焊丝。

3）焊接过程中如发现熔池金属被吹出或火焰发出“呼呼”响声，说明气体流量过大，应立即调节火焰能率。如发现焊缝过高，与基体金属熔合不圆滑，则说明火焰能率低，应增大火焰能率，减慢焊接速度。

4）在焊件间隙大或焊件薄的情况下，应将火焰的焰心指在焊丝上，使焊丝阻挡部分热量，以防止接头处熔化过快。

5）在焊接结束时，应将焊炬火焰缓慢提起，使焊缝熔池逐渐减小。为了防止收尾时产生气孔、裂纹或熔池未填满产生弧坑等缺陷，可在收尾时多加一些焊丝。

➢【任务实施】

一、焊前准备

1. 焊件的准备

1）Q235 钢板，厚度为 1.5mm，长 200mm，宽 150mm。

2）对焊件表面的氧化皮、铁锈、油污等脏物用钢丝刷、砂布或砂纸进行清理，使焊件露出金属光泽。

2. 焊件装配技术要求

1）装配平整。

2）预留反变形量。

3. 焊接材料

焊丝牌号为 H08A，直径为 2mm。

4. 焊接设备

（1）设备和工具　乙炔气瓶、氧气瓶、射吸式焊炬。

（2）辅助器具　通针、火柴或打火枪、小锤、钢丝钳等。

（3）劳动保护用品　气焊眼镜、工作服、手套、胶鞋。

二、焊接操作过程

将两块规格为 200mm×150mm×1.5mm 的 Q235 钢板水平旋转到耐火砖上（目的是不让热量传走）并摆放整齐，为了使背面焊透，需要留约 0.5mm 的间隙。

1. 定位焊

定位焊的作用是装配和固定焊件接头的位置。定位焊缝的长度和间距根据焊件的厚度和焊缝长度而定。焊件越薄，定位焊缝的长度和间距应越小。薄焊件定位焊可由焊件中间开始向两端进行，如图 5-8 所示，定位焊缝的长度为 5～7mm，间隔 50～100mm。

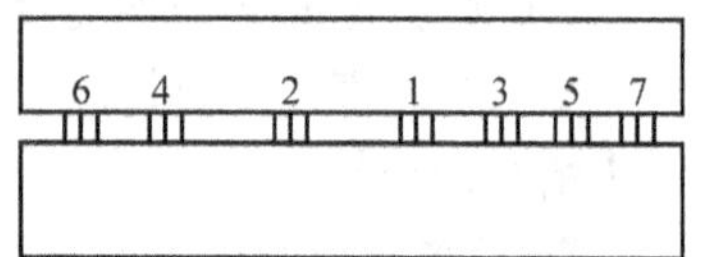

图 5-8　薄焊件定位焊的顺序

定位焊点的横截面由焊件厚度决定，随厚度的增加而增大。定位焊点不宜过长，更不宜过宽或过高，但要保证熔透，以避免正式焊缝出现高低不平、宽窄不一及熔合不良等缺陷。对定位焊缝横截面形状的要求如图 5-9 所示。

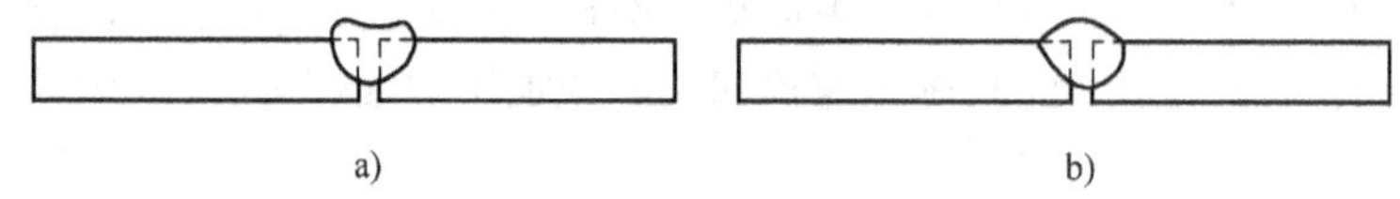

图 5-9　对定位焊点的要求

a）不好　b）好

定位焊后，为防止产生角变形，并使焊缝背面均匀焊透，可采用焊件预先反变形法，即

将焊件沿接缝向下折 160°左右（图 5-10），然后用胶木锤将接缝处校正平齐。

2. 焊接

平焊是最常用的一种气焊方法，其操作方便、焊接质量可靠。平焊时，多采用左向焊法，焊丝、焊炬与工件的相对位置如图 5-11 所示，火焰焰心的末端与焊件表面保持 2 ~4mm 的距离。

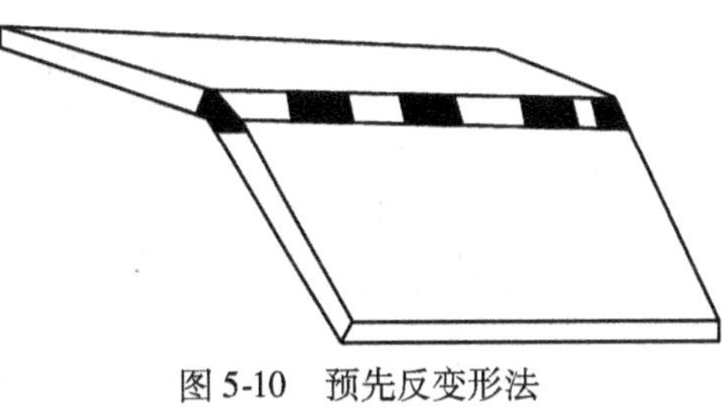

图 5-10　预先反变形法

从接缝一端预留 30mm 处施焊，其目的是使焊缝处于板内，这样传热面积大，基体金属熔化时，周围温度已升高，冷凝时不易出现裂纹。施焊到终点时，整个板材的温度已升高，再焊预留的一段焊缝，接头应重叠 5mm 左右，如图 5-12 所示。

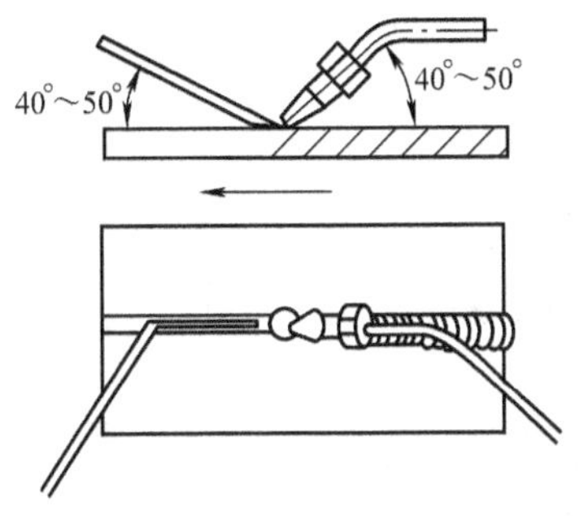

图 5-11　平焊示意图

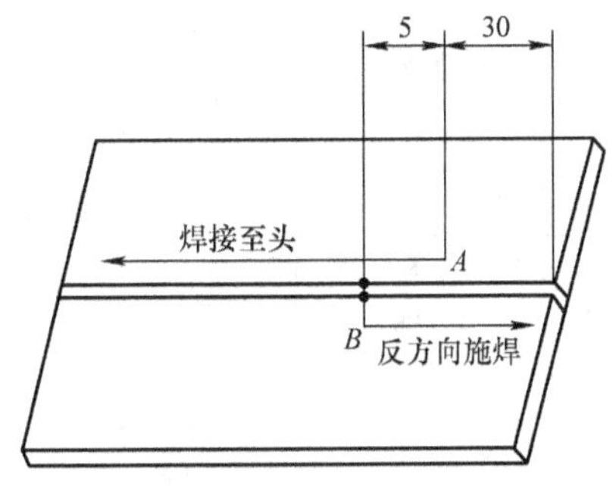

图 5-12　起焊点的确定

采用左焊法时，焊接速度要随焊件的熔化情况而变化。应采用中性焰，否则易出现熔池不清晰、有气泡、火花飞溅或熔池沸腾等现象，并对准接缝的中心线，使焊缝两边缘熔合均匀，背面焊道均匀。焊丝位于焰心前下方 2 ~4mm 处，若焊丝在熔池边缘上被粘住，不要用力拔焊丝，可用火焰加热焊丝与焊件接触处，焊丝即可脱离。

在焊接过程中，焊炬和焊丝要作上下往复相对运动，其目的是调节熔池温度，使焊缝熔合良好，并控制液体金属的流动，使焊缝成形美观。

在整个焊接过程中，应使熔池的形状和大小保持一致，常见的熔池形状如图 5-13 所示。对接焊缝的尺寸要求见表 5-3。

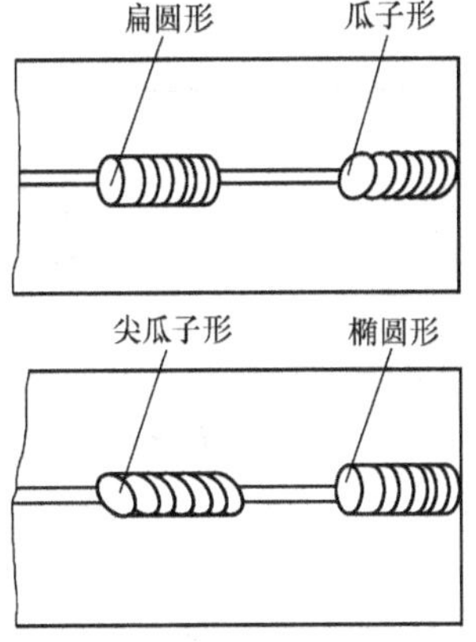

图 5-13　常见的熔池形状

表 5-3　对接接缝的尺寸要求

焊件厚度/mm	焊缝高度/mm	焊缝宽度/mm	层　数
0.8 ~1.2	0.5 ~1	4 ~6	1
2 ~3	1 ~2	6 ~8	1
4 ~5	1.5 ~2	6 ~8	1 ~2
6 ~7	2 ~2.5	8 ~10	2 ~3

➢【评分标准】

板对接气焊的评分标准见表5-4。

表5-4　板对接气焊的评分标准

序　号	评分项目	评分标准	配　分	得　分
1	能正确执行安全技术操作规程	按达到规定的标准程度评定，根据现场纪律，视违反规定程度扣1~10分	10	
2	按有关文明生产的规定，做到工作地面整洁、工件和工具摆放整齐	按达到规定的标准程度评定，根据现场纪律，视违反规定程度扣1~10分	10	
3	正面焊缝余高	1~2mm，每超差0.5mm扣2分	10	
4	背面焊缝余高	1~2mm，每超差0.5mm扣2分	10	
5	正面焊缝余高差	0~1mm，每超差0.5mm扣2分	10	
6	焊缝宽度	焊缝每侧增宽0.5~2mm，每超差0.5mm扣2分	10	
7	角变形	0°~3°，每超差1°扣2分	10	
8	焊缝表面无气孔、夹渣、焊瘤、未焊透	焊缝表面有气孔、夹渣、焊瘤和未焊透中的任意一项扣10分	10	
9	焊缝咬边	焊缝表面无咬边。咬边深度≤0.5mm，每长2mm扣1分；咬边深度>0.5mm，每长2mm扣2分	10	
10	焊缝背面凹坑	背面焊缝无凹坑。凹坑深度≤2mm，每长5mm扣2分；凹坑深度>2mm，扣10分	10	
总　分			100	

项目三　管对接气焊技能训练

➢【学习目标】

1）了解管对接水平固定气焊的特点。

2）掌握管对接水平固定气焊的技术要求及操作要领。

3）学会制订管对接水平固定气焊的装配焊接方案。

➢【任务提出】

在生产实践中，管对接水平固定气焊单面焊双面成形多用于船舶、锅炉、化工设备等的制造及维修工作。图5-14所示为管对接水平固定气焊单面焊双面成形工件图，材料为20钢管。要求读懂工件图样，学习管对接水平转动、管对接垂直固定和管对接水平固定气焊的基本操作技能，完成工件实作任务，达到

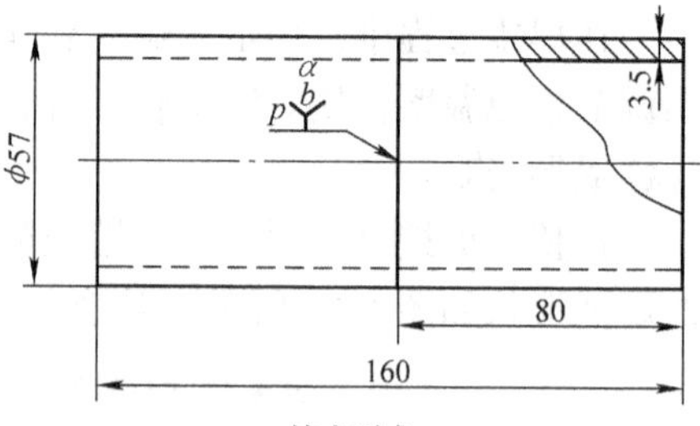

技术要求

1.采用氧乙炔焰焊转动（或不转动）气焊。

2.坡口角度$\alpha=60^\circ$，根部间隙$b=1.5\sim2$，钝边$p=0.5$。

3.焊缝不允许有咬边及焊瘤等缺陷。

图5-14　管对接水平固定气焊单面焊双面成形工件图

工件图样技术要求。

➢【任务分析】

由图5-14可知，两段管端部开60°V形坡口，对接水平转动、垂直固定和对接水平固定，要用气焊完成单面焊双面成形的环形焊缝。水平转动管对接气焊，可以将管子转到比较容易操作的位置进行焊接；垂直固定管对接气焊的对接接头为横焊缝；水平固定管对接气焊的操作难度较大，它包括了平焊、立焊和仰焊的焊接位置，对这几种焊接位置的操作都要求非常熟练。

➢【任务实施】

一、焊前准备

1. 焊件的准备

1）20钢钢管，规格为ϕ57mm×3.5mm，长160mm，60°V形坡口。

2）将焊件表面的氧化皮、铁锈、油污等脏物用钢丝刷、砂布和砂纸清理干净，使焊件露出金属光泽。

2. 焊件装配技术要求

1）要求装配平整，钝边为0.5mm，无毛刺，根部间隙为1.5～2mm，错边量不大于0.5mm。

2）单面焊双面成形。

3. 焊接材料

焊丝牌号为H08A，直径为ϕ3.2mm。

4. 焊接设备

（1）设备和工具　乙炔气瓶、氧气瓶、射吸式焊炬。

（2）辅助器具　通针、火柴或打火枪、小锤、钢丝钳等。

（3）劳动保护用品　气焊眼镜、工作服、手套、胶鞋。

二、焊接操作过程

1. 定位焊

一般只需定位焊2处，且位置要均匀、对称，焊接时的起焊点应在两个定位焊点中间，如图5-15所示。

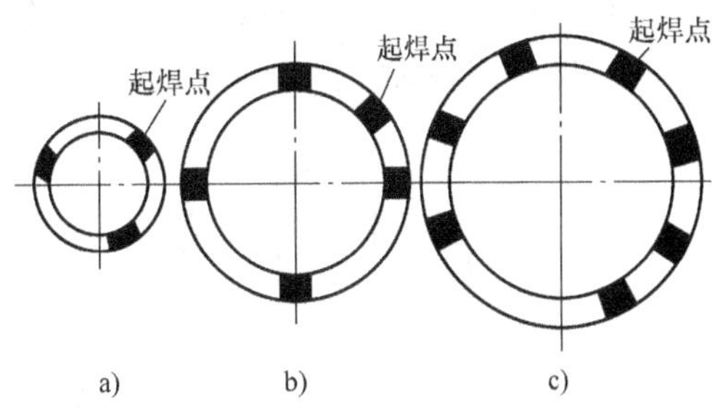

图5-15　定位焊及起焊点

2. 焊接

（1）水平转动管对接气焊　由于管子可以自由转动，焊缝熔池始终可以控制在平焊位置施焊，但管壁较厚及开坡口的管子不应在水平位置焊接。这是因为管壁厚，则填充金属多，加热时间长，若采用平焊，不易得到较大的熔深，不利于焊缝金属的堆高，同时焊缝表面成形也不美观。此时应采用爬坡位置，即半立焊位置施焊。

1）若采用左向爬坡焊，应始终控制在与管道水平中心线的夹角在50°～70°的范围内进行焊接，如图5-16所示。这样可以加大熔深，并易于控制熔池形状，使接头全部焊透。同时，被填充的熔滴金属将自然流向熔池下边，使焊缝堆高快，有利于控制焊缝的高低，保证焊缝质量。

2）若采用右向爬坡焊，因火焰吹向熔化金属部分，为了防止熔化金属被火焰吹成焊瘤，熔池应控制在与垂直中心线的夹角为10°~30°的范围内进行焊接，如图5-17所示。

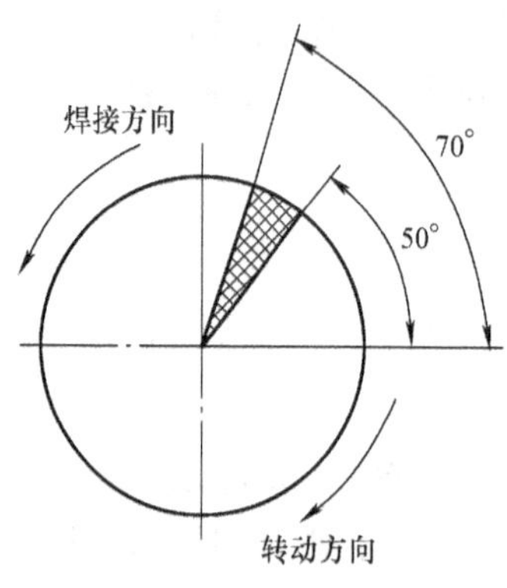

图5-16　左向爬坡焊

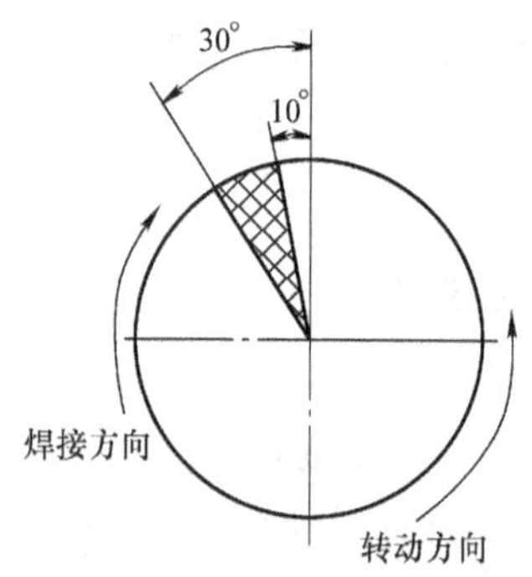

图5-17　右向爬坡焊

该试件的焊缝应焊两层。焊接第一层时，焊嘴和管子表面的倾斜角度为45°左右，火焰焰心末端距熔池3~5mm。当看到坡口钝边熔化并形成熔池后，立即把焊丝送入熔池前沿，使之熔化填充熔池。焊炬圆周式移动，焊丝同时不断地向前移动，保证焊件的底部焊透。

焊接第二层时，焊炬要作适当的横向摆动，但火焰能率应略小些，以使焊缝成形美观。

在整个焊接过程中，每一层焊道应一次焊完，并且各层的起焊点应互相错开20~30mm。每次焊接结束时，要填满熔池，火焰慢慢地离开熔池，以防止产生气孔、夹渣等缺陷。

（2）垂直固定管对接气焊

1）焊接参数。

①火焰性质。中性焰或轻微碳化焰。

②焊嘴倾角。与管子轴线的夹角约为80°，如图5-18所示；与管子切线方向的夹角约为60°，如图5-19所示。

③焊丝角度。与管子轴线的夹角约为90°，如图5-18所示；焊丝与焊炬之间的夹角约为30°，如图5-19所示。

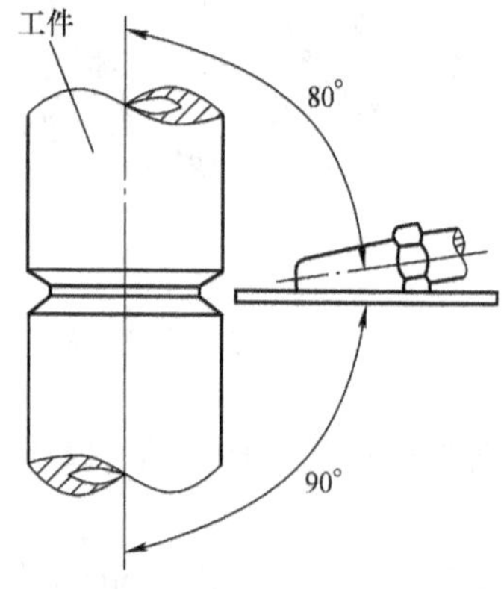

图5-18　焊嘴、焊丝与管子轴线的夹角

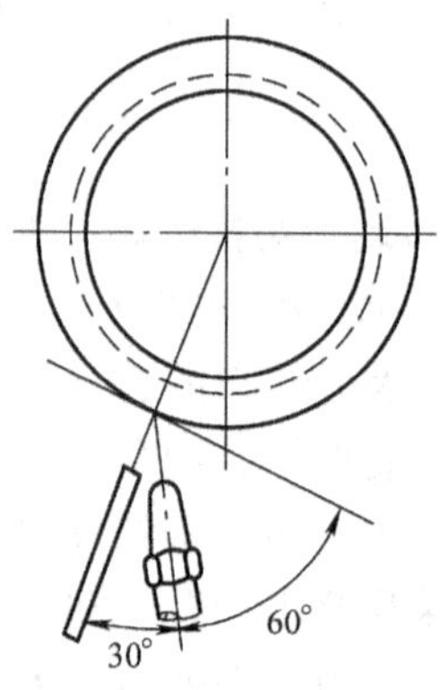

图5-19　焊嘴、焊丝与管子切线方向的夹角

2）焊接操作。

①起焊时，先将被焊处适当加热，然后将熔池烧穿，形成一个熔孔，如图 5-20 所示，这个熔孔一直保持到焊接结束。形成熔孔的要求有两个：第一是使管壁熔透，以得到双面成形；第二是熔孔的大小以等于或稍大于焊丝直径为宜。

②熔孔形成后，开始填充焊丝。施焊过程中焊炬不作横向摆动，而只在熔池和熔孔上作轻微的前后摆动，以控制熔池温度。若熔池温度过高，为使熔池冷却，火焰不必离开熔池，可将火焰的高温区（焰心）朝向熔孔。这时外焰仍然笼罩着熔池和近缝区，可保护液态金属不被氧化。

③在施焊过程中，焊丝始终浸在熔池中，不停地以斜环形向上挑动金属熔液，如图 5-21 所示。运丝范围不要超过管子接口下部坡口的 1/2 处，如图 5-20 所示。要在长度 a 的范围内上下运丝，否则容易出现熔滴下垂现象。

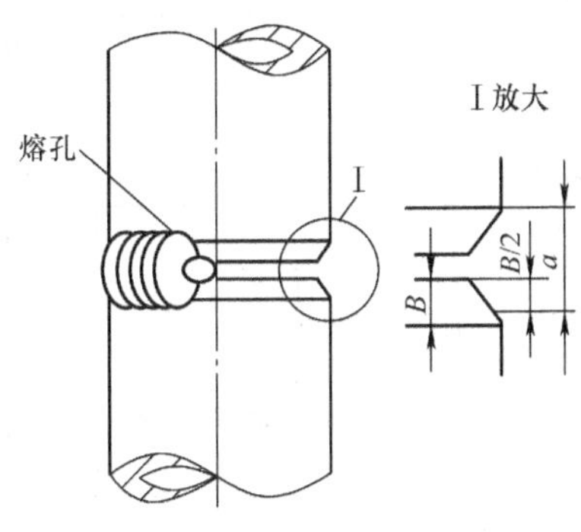

图 5-20　熔孔形状和运丝范围

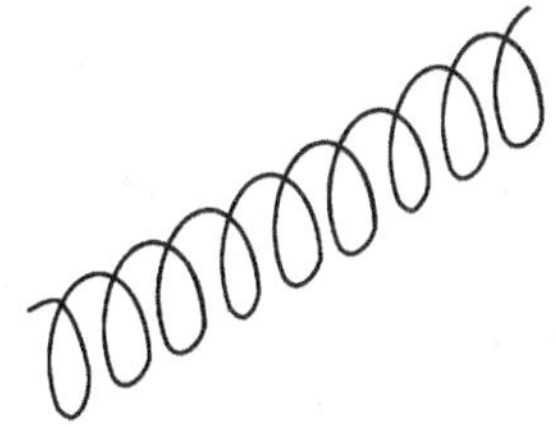

图 5-21　斜环形运丝法

由于焊缝需要一次焊成，所以焊接速度不可太快，必须将坡口填满，并有一定的焊缝余高。对开有坡口的管子若采用左向焊法，则需进行多层焊。若采用右向焊法，对于壁厚在 7mm 以下垂直管子的横缝，可以做到单面焊双面成形一次焊成，这样可以提高工作效率。

（3）水平固定管对接气焊　水平固定管的气焊比较困难，因为操作中包括了所有焊接位置，如图 5-22 所示。此外，由于焊缝成环形，在焊接中应随着焊缝空间位置的改变，不断地移动焊炬和焊丝，但要保持固定的焊炬与焊丝夹角。通常焊炬和焊丝的夹角应保持为 90°，焊炬、焊丝与工件间的夹角一般为 45°。可以根据管壁的厚度和熔池的形状变化情况适当进行调节，灵活掌握，以保持不同位置时熔池的形状，使之既熔透又不至于过烧和烧穿。尤其是在仰焊（特别是仰焊爬坡位置）时，如图 5-22 所示 1 和 2 的位置，焊炬和焊丝更要配合得当，同时焊炬要不断地离开熔池，严格控制熔池温度，使焊缝不至于过烧和形成焊瘤。

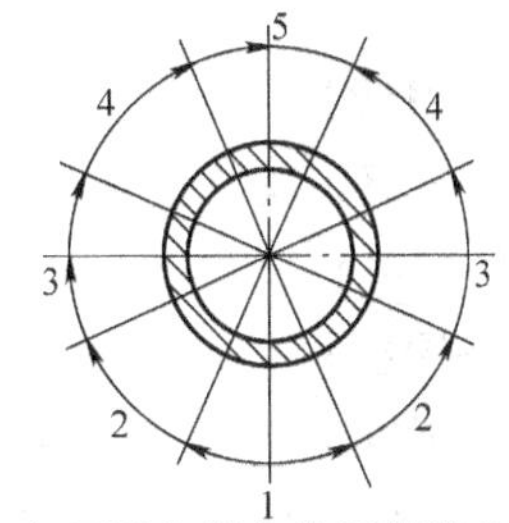

图 5-22　水平固定管全位置焊接分布情况
1—仰焊　2—仰爬坡　3—立焊
4—上爬坡　5—平焊

焊接前半圈时，起点和终点都要超过管子垂直中心线的 1 和 5 位置，超出长度为 5 ~ 10mm。焊接后半圈时，起点和终点都要和前段焊缝搭接一段，搭接长度一般为 10 ~ 15mm。

3. 焊接质量要求

各种位置钢管气焊接头的焊接质量要求，与相应位置的焊条电弧焊固定管焊接接头的检验方法、焊接质量要求相同。

➢【评分标准】

管对接气焊的评分标准见表 5-5。

表 5-5　管对接气焊的评分标准

序　号	评分项目	评分标准	配　分	得　分
1	能正确执行安全技术操作规程	按达到规定的标准程度评定，根据现场纪律，视违反规定程度扣 1 ~10 分	10	
2	按有关文明生产的规定，做到工作地面整洁，工件和工具摆放整齐	按达到规定的标准程度评定，根据现场纪律，视违反规定程度扣 1 ~10 分	10	
3	焊缝余高	0 ~2mm，每超差 0.5mm 扣 2 分	10	
4	焊缝余高差	0 ~1mm，每超差 0.5mm 扣 2 分	10	
5	焊缝宽度	0.5 ~2.5mm，每超差 0.5mm 扣 2 分	10	
6	焊缝宽度差	0 ~1mm，每超差 0.5mm 扣 2 分	10	
7	接头脱节	$<$2mm，每超差 1mm 扣 2 分	10	
8	表面气孔、夹渣、焊瘤	焊缝表面有气孔、夹渣、焊瘤中的任意一项扣 10 分	10	
9	焊缝咬边	焊缝表面无咬边。咬边深度≤0.5mm，每长 2mm 扣 1 分；咬边深度 $>$0.5mm，每长 2mm 扣 2 分	10	
10	通球检验	通球直径为 ϕ49mm，通球检验不合格扣 10 分	10	
总　分			100	

项目四　铝及其合金气焊技能训练

➢【学习目标】

1）了解铝及其合金的气焊特点。

2）掌握铝及其合金的气焊的技术要求及操作要领。

➢【任务提出】

在生产实践中，经常用气焊方法焊接铝及其合金，本项目主要学习铝及其合金气焊的操作技能，掌握铝及其合金气焊的操作技术，完成工件焊接任务。

➢【任务分析】

焊接铝及其合金时，如果焊前清理不干净，氧化膜会降低熔透度，而油脂及污物等会使焊缝产生夹渣、气孔和成形不良缺陷，从而影响焊接质量。因此，焊前必须严格清除焊接处及焊丝表面的氧化膜和油污。实际生产中常采用的两种清理方法为化学清理和机械清理。

1. 化学清理

化学清理的效率高，质量稳定，适合清洗焊丝及尺寸不大、成批生产的焊件。常用的清洗剂及清理方法如下：用汽油等有机溶剂浸泡或擦拭脱脂，再用热水清洗，接着在 50 ~60℃的氢氧化钠溶液（浓度为 30% 左右）中清洗，而后用热水或冷水清洗，最后用 30% 的硝酸溶液处理，再用清水冲洗。

2. 机械清理

机械清理常用于尺寸较大的工件。具体方法是先用有机溶剂（汽油、丙酮）或松香擦拭工件表面以除去油污，随后直接用细不锈钢丝刷刷除氧化膜，直到露出金属光泽为止。

经上述方法清理的焊件和焊丝不应搁置太长时间。采用化学清理，冲洗与焊接的间隔时间不得超过 2 天，否则必须重新清理。

➢【任务实施】

一、焊前准备

1. 焊件的准备

1）规格为 160mm×100mm×10mm 的纯铝板两块，开 70°V 形坡口，钝边为 2mm，装配间隙为 2.5mm。

2）焊前将焊件坡口及坡口边缘 20～30mm 范围内的氧化膜清除掉，并涂上熔剂。

2. 焊接材料

焊丝牌号为 HS301，焊剂为 CJ401。

3. 焊接设备

（1）设备和工具　乙炔气瓶、氧气瓶、射吸式焊炬。

（2）辅助器具　通针、火柴或打火枪、小锤、钢丝钳等。

（3）劳动保护用品　气焊眼镜、工作服、手套、胶鞋。

二、焊接操作过程

1）分两层施焊。第一层用 ϕ3mm 的焊丝焊接。为防止起焊处产生裂纹，焊接第一层时，起焊点如图 5-23 所示，即先从 A 处焊至端头①，再从 B 处向相反方向焊至端头②；第二层用 ϕ4mm 焊丝焊满坡口；然后将背面焊瘤熔化、平整，并用 ϕ3mm 的焊丝薄薄地焊一层，最后在焊缝两侧进行封端焊。

2）焊炬的操作方式如图 5-24 所示。

3）焊后用 60～80℃ 的热水和硬毛刷冲洗焊渣及残留的熔剂，以防残留物腐蚀铝金属。

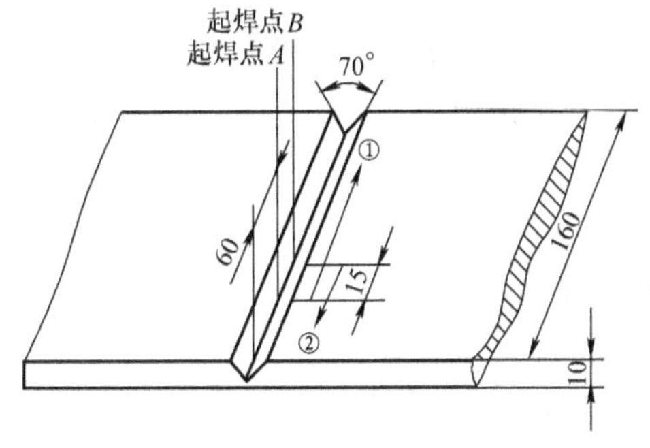

图 5-23　起焊点

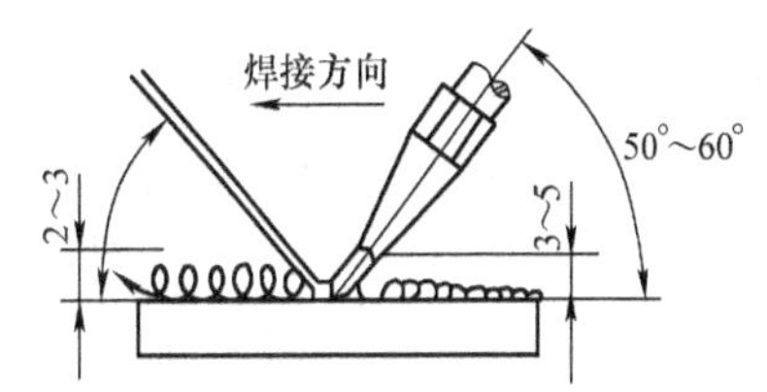

图 5-24　焊炬的操作方式（焊炬平移前进）

➢【评分标准】

铝及其合金气焊的评分标准见表 5-6。

表 5-6 铝及其合金气焊的评分标准

序号	评分项目	评分标准	配分	得分
1	能正确执行安全技术操作规程	按达到规定的标准程度评定，根据现场纪律，视违反规定程度扣 1 ~5 分	5	
2	按有关文明生产的规定，做到工作地面整洁，工件和工具摆放整齐	按达到规定的标准程度评定，根据现场纪律，视违反规定程度扣 1 ~5 分	5	
3	焊缝余高	1 ~2mm，每超差 0.5mm 扣 2 分	10	
4	焊缝余高差	0 ~1mm，每超差 0.5mm 扣 2 分	10	
5	焊缝宽度	焊缝每侧增宽 0.5 ~2.5mm，每超差 0.5mm 扣 2 分	10	
6	焊缝表面的气孔、夹渣、焊瘤、未焊透	焊缝表面有气孔、夹渣、焊瘤和未焊透中的任意一项扣 20 分	20	
7	焊缝咬边	焊缝表面无咬边。咬边深度≤0.5mm，每长 2mm 扣 1 分；咬边深度 >0.5mm，每长 2mm 扣 2 分	20	
8	焊缝的外观质量	按 GB/T 3323—2005 标准对焊缝进行 X 射线检测，Ⅰ级片不扣分；Ⅱ级片扣 10 分；Ⅲ级片扣 20 分	20	
总分			100	

项目五　气割技能训练

【学习目标】

1）了解气割的特点及应用范围，理解气割原理。

2）掌握气割的基本操作技术。

【任务提出】

在生产实践中，气割是常用的金属切割及焊件坡口加工方法。本项目主要学习金属气割的操作技能，掌握金属气割的操作技术，完成金属切割及焊件坡口加工任务。

【任务分析】

气割是利用气体火焰的热能，将工件切割处预热到一定温度后（燃点），喷出高速切割氧流，使其燃烧并放出热量，并利用切割氧的高压吹走燃烧产物，从而实现切割的加工方法。

1. 氧气切割的三个过程

（1）预热　用预热火焰将切割处的金属加热到燃点。

（2）燃烧　向被切割处的金属喷射切割氧，使其燃烧。

（3）吹渣　金属燃烧生成氧化物熔渣并产生反应热，熔渣被切割气流吹走。在吹渣的同时，火焰仍在进行着预热、燃烧的过程，直至将金属逐渐割穿，形成分离。

2. 氧气切割的条件

1）金属在氧气中的燃点低于它的熔点。

2）金属气割时形成氧化物的熔点低于金属本身的熔点。

3）金属在切割氧射流中的燃烧是放热反应。

4）金属的导热性不应太高。

5）金属中阻碍气割过程和提高钢的淬透性的杂质要少。碳、铬、硅等元素的含量较少，因为随着含碳量的增加，气割将变得困难。

本项目要求在学习过程中熟悉气割的过程，掌握气割的基本操作技术，尤其是中厚板的气割技术。能够用气割法为待焊焊件制备坡口，并能够完成中厚板的切割。

➢【相关知识】

一、气割设备及工具

气割的工具主要包括氧气瓶、乙炔瓶、气体减压器、回火保险器和割枪（割炬）。其中，氧气瓶、乙炔瓶、气体减压器、回火保险器与气焊中的相同。

1. 割炬

割炬的作用是将可燃气体与氧气以一定的比例和方式混合后，形成具有一定热量和形状的预热火焰，并在预热火焰的中心喷射气割氧气进行金属的气割。

按可燃气体与氧气混合方式的不同，割炬分为射吸式割炬和等压式割炬。目前常用的是射吸式割炬，如图5-25所示。

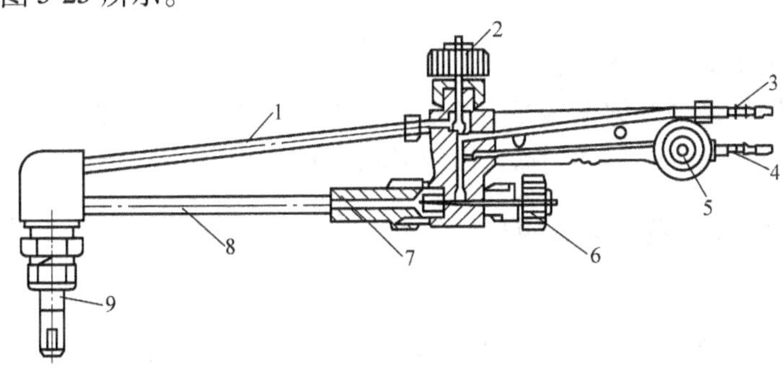

图5-25 射吸式割炬

1—切割氧气管 2—切割氧气阀 3—氧气管 4—乙炔管 5—乙炔调节器 6—氧气调节器 7—射吸管 8—混合气管 9—割嘴

每种型号的割炬都配有3~4个不同孔径的割嘴。割嘴按结构分为环形（组合式）和梅花形（整体式）两种，割嘴的形状如图5-26所示。

2. CG1—30型半自动气割机

CG1—30型半自动气割机是目前常用的半自动气割机，其外形如图5-27所示。它适用于工作量大且集中的气割工作，是一种结构简单、操作方便的小车式半自动气割机。切割时，小车带动割嘴在专用轨道上自动移动，割嘴可进行直线切割；当轨道呈一定的曲率时，割嘴还可以进行一定曲率的曲线气割。

3. 气割辅助工具

（1）橡胶管 氧气管为黑色，乙炔管为红色。氧气管允许的工作压力为1.5MPa，乙炔管的工作压力为1.5MPa，两者的强度不同，严禁交换使用。橡胶管的长度不得小于5m，以10~15m为宜。通常氧气管的内径为8mm，乙炔管的内径为10mm。

（2）护目镜 护目镜主要用于保护眼睛不受亮光的刺激和防止金属粒溅入。镜片的颜色和深浅用色号区分，一般宜用3～7号的黄绿色镜片。

（3）点火枪　使用点火枪点火最为安全和方便。当使用打火机和火柴时，必须将火种从割嘴（或焊嘴）的后面送入，以免被烧伤。

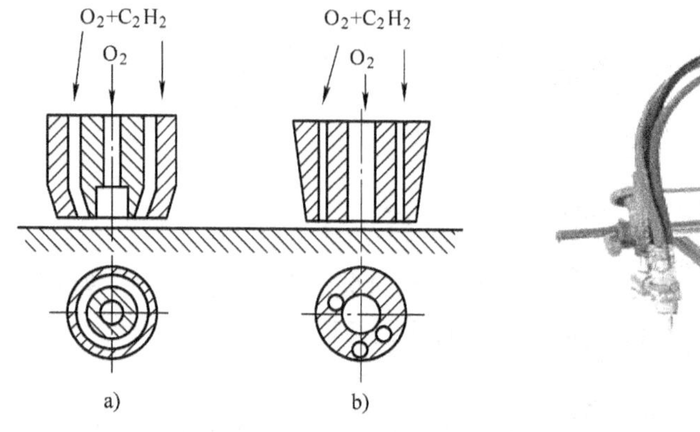

图5-26　割嘴的形状
a）环形　b）梅花形

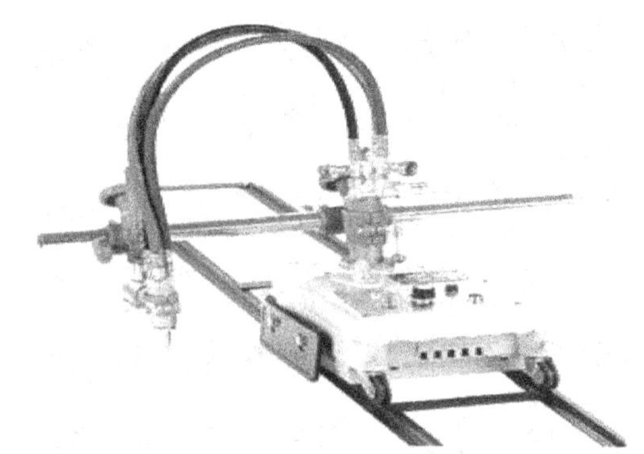

图5-27　CG1—30型半自动气割机

4. 其他工具

1）清理切口的工具有钢丝刷、锤子、锉刀。

2）连接和启闭气体通路的工具有钢丝钳、金属丝、皮管夹头、扳手等。

3）钢制通针用于清理焊缝和割嘴，以便清除堵塞。

二、气割所用材料及安全事项

1. 氧气

氧气是气割时必须使用的气体。氧在常温和标准大气压下是无色、无味的气体，密度为1.43kg/m^3，比空气略重。当温度降到-183℃时，氧气变成淡蓝色的液体。气焊和气割对氧气的要求是纯度越高越好。一般工业用气体氧的纯度分为两级：一级纯度的质量分数不低于99.5%，常用于质量要求较高的气焊（气割）；二级纯度的质量分数不低于98.5%，常用于没有严格要求的气焊（气割）。

2. 乙炔

乙炔在常温和大气压下为无色气体，是一种带有特殊臭味的碳氢化合物，其在标准状态下的密度为1.179kg/m^3，比空气略轻。工业用的乙炔主要由水分解电石而得到。乙炔是可燃性气体，与空气混合时所产生的火焰温度为2350℃，与氧气混合燃烧时产生的火焰温度为3000～3300℃，因此，足以迅速熔化金属而进行焊接和切割。

乙炔是一种具有爆炸性的危险气体，当压强为0.15MPa，温度达到580～600℃时就会自行爆炸。乙炔与铜或银长期接触后会生成一种爆炸性的化合物。因此，使用乙炔时必须注意安全。

3. 液化石油气

液化石油气的主要成分是丙烷（C_3H_8）、丁烷（C_4H_{10}）、丙烯（C_3H_6）等碳氢化合物。石油气在标准大气压下呈气态，当压力升到0.8～1.5MPa时变为液态，即液化石油气。石油气气态时略带臭味，标准状态下的密度为 1.8 ~ 2.59kg/m^3，比空气重；其与空气和氧气形成的混合气体有爆炸性，但比乙炔安全。液化石油气在氧气中燃烧的速度和温度都比乙炔在氧气中燃烧的速度和温度低，其燃烧的温度为 2800 ~ 2850℃，用于气割时的预热时间稍长，但切割质量容易保证，割口光洁、质量好。由于液化石油气价格低廉，比乙炔安全，质量又较好，用它代替乙炔进行金属切割较为普遍。

三、气割的工艺参数

气割的工艺参数包括气割氧的压力、预热火焰的性质与能率、割嘴距工件表面的距离、切（气）割速度及割嘴与工件的倾角等。工艺参数的选择主要取决于工件的厚度。

1. 气割氧的压力

气割氧的压力在一定范围内是随着工件厚度的增加而增加的，或随着割嘴号码的增大而增大。若选择的压力过高，过剩的氧气会有冷却作用，使工件的预热时间变长，造成氧气的浪费，还会产生切割表面粗糙、气割速度变慢和切口加大的不良后果。而压力过低时，金属不能迅速、充分地燃烧，从而降低了切割速度，并会在切割背面产生很难清理干净的挂渣，严重时会出现割不透现象。

2. 预热火焰的性质与能率

氧乙炔焰气割时的预热火焰采用中性焰或轻微氧化焰。碳化焰会给切口处增碳，使气割的效果变坏，所以不能采用。气割时要随时注意火焰性质的调节。

预热火焰的能率与工件的厚度有关。一般厚度越大，火焰能率越大；反之，火焰能率应越小。气割厚钢板时，由于气割速度较慢，较大的火焰能率会使切口的上缘熔化，这时可采用弱些的火焰能率。气割薄板时，若气割速度较快，则可选择稍大些的火焰能率，只要使割嘴与工件的距离稍大些，并保证一定的角度，也可得到质量较好的切口。

3. 割嘴距工件表面的距离

割嘴距工件表面的距离要根据预热火焰的长度和工件的厚度来确定。中心焰火焰温度最高处是离焰心 2 ~4mm 处，所以割嘴与工件的距离 $h = L + 2$（L 是焰心的长度）。距离过小，则预热不充分，切割氧的流动能力下降，使排渣困难；距离过大，飞溅时易堵塞割嘴而造成回火。

4. 切（气）割速度

切割速度与工件的厚度和割嘴的形状有关。工件越厚，切割速度越慢；反之，切割速度越快。具体切割速度的选择是根据切割后拖量 Z 确定的。所谓后拖量，是指切割面上切割气流轨迹的始点与终点在水平方向上的距离，如图 5-28 所示。切割的后拖量是不可避免的，但应以切口产生的后拖量较小为原则来选择切割速度。当后拖量为割板厚度的 1/10 时，为正常切割速度。环形割嘴比梅花形割嘴的切割速度快些。

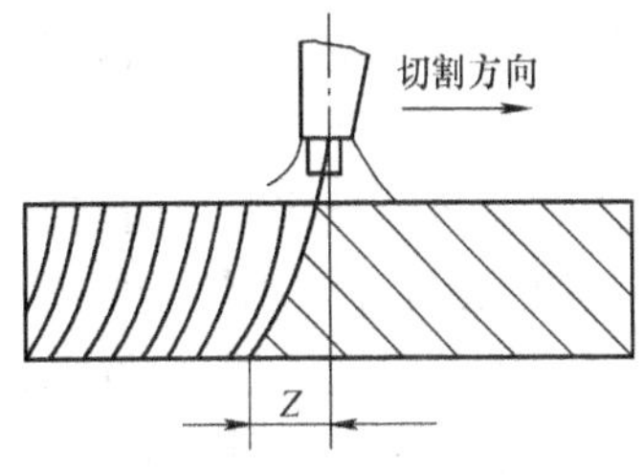

图 5-28　切割后拖量

5. 割嘴与工件的倾角

（1）割嘴沿切割方向的倾斜角　在气割过程中，该角度是可调节的。

（2）割嘴与切口两侧的夹角　该角度在整个气割过程中都应保持 90°，不应作调整。

割嘴的倾角可根据工件的厚度来确定，它直接影响切割速度和后拖量。当割嘴沿切割相反方向倾斜一定角度时，能使氧化燃烧产生的熔渣吹向切割线的前缘。直线切割时，应充分利用燃烧反应产生的热量来减小后拖量，从而促使切割速度的提高。

1）当工件厚度为4～20mm时，割嘴可沿切割相反方向倾斜5°～10°。

2）当工件厚度为20～30mm时，割嘴应垂直于工件。

3）当工件厚度为30mm以上时，开始气割时应将割嘴沿切割方向倾斜5°～10°；割穿后，割嘴应垂直于工件；快割完时，割嘴逐渐沿切割的相反方向倾斜5°～10°。

➢【任务实施】

一、切割前的准备

1. 材料准备

1）板料1块，材料为Q235钢，尺寸为500mm×200mm×12mm。

2）将焊件表面的氧化皮、铁锈、油污等脏物用钢丝刷、砂布或砂纸清理干净，使焊件露出金属光泽。

2. 气割设备和工具

（1）设备和工具　乙炔气瓶、氧气瓶、射吸式割炬。

（2）辅助器具　通针、火柴或打火枪、小锤、钢丝钳等。

（3）劳动保护用品　气焊眼镜、工作服、手套、胶鞋。

二、操作过程

1. 手工气割技术

气割前要仔细检查工作场地是否符合安全要求，整个切割系统的设备是否能正常工作，若有故障应及时排除。对工件表面的油污、氧化皮等应清除干净。割件应垫平，其下应留有一定的间隙，以利于氧化熔渣的顺利吹出，也可防止氧化铁的飞溅烧伤操作者，必要时可以加挡板。调节氧气和乙炔阀门的压力，使其达到要求。一切准备工作完成后方可点燃火焰，并调到合适的形状开始气割。

手工气割可根据个人习惯，双脚成八字形蹲在割线一侧，右手握割炬手把，右手拇指和食指靠住手把下面的预热氧气调节阀，以便调节预热火焰，发生回火时也能及时切断混合气管的氧气。左手的拇指和食指应把住切割氧气阀的开关，其余三指平稳地托住割炬，以便掌握方向。右臂靠住右膝盖，左臂悬空在两膝盖中间，保证移动割炬方便，且不移动位置时的割线较长。身体略微向前挺起，呼吸应有节奏，眼睛注视前面的割线和割嘴，达到手、眼、脑协调配合，切割方向一般为自右向左。

中等厚度钢板（12mm）手工气割的参数见表5-7。在正常气割过程中，割嘴要始终垂直于割件作横向月牙形或“之”字形摆动，如图5-29所示。

表5-7　手工气割参数

割件厚度/mm	割炬型号	割嘴型号	乙炔消耗量/（L/h）
12	G01-30	3	310

起割时，割嘴应后倾20°～30°。先将割件划线外边缘预热到红热状态（割件发红），预热火焰的焰心与工件表面的距离应保持在2～4mm，缓慢开启切割氧调节阀，待铁液被氧流吹掉时，可加大切割氧气流，当听到“啪、啪”的声音时表明割件已被切透。这时再根据割件厚度，灵活掌握切割速度，沿切割线前进方向施割。

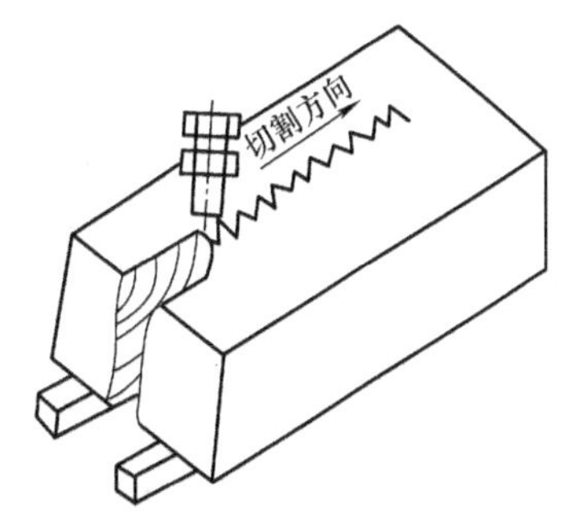

图5-29　割炬沿切割方向横向摆动示意图

在整个切割过程中，割炬运行要均匀，割嘴离工件表面的距离应保持不变。在切割较长的工件时，每割300～500mm时须移动操作位置。这时应先关闭切割氧气手轮，使割炬火焰离开割件，移动身体位置后，再将割嘴对准切割处并适当预热，然后缓慢打开切割氧继续向前切割。

切割临近终点时，割嘴应沿切割方向略向后倾斜一定角度，以利于割件下面提前割透，保证收尾时的切口质量。停割后，要仔细清除切口边缘的挂渣，以便于之后的加工。气割结束时，应先关闭切割氧气手轮和预热氧气手轮。如果停止工作的时间较长，应先旋松氧气减压器，再关闭氧气瓶阀和乙炔输送阀。中厚钢板如果遇到割不透时，允许停焊，并从割线的另一端重新开始起割。

在气割过程中割炬发生回火时，应先关闭乙炔开关，然后关闭氧气开关，待火熄灭、割嘴不烫手时方可重新进行气割。

2. 自动、半自动气割技术

利用自动、半自动气割机，同时使用2～3把割炬，改变割炬的倾斜角度，即可气割出多种形式的焊接坡口。

(1) 单面V形坡口的气割　加工有钝边或无钝边的V形坡口时，可以选用两种方法进行。第一种方法是前面一把割炬垂直于割件表面，担负切割边料的作用；后一把割炬则向板内倾斜，担负坡口气割的作用，割完后，钝边处于板的下部。此种方法主要用于厚度不太大的板料的切割。第二种方法是前面的割炬垂直于气割坡口的钝边，后面的割炬向板边倾斜，如图5-30所示。

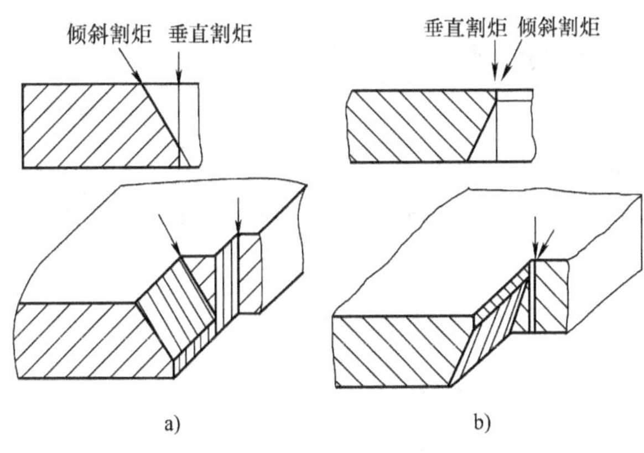

图5-30　V形坡口的气割

a）方法一　b）方法二

(2) 双面V形坡口的气割　进行双面V形坡口的气割时，可采用2～3把割炬同时进行，如图5-31所示。切割厚度$\delta \leqslant 50$mm割件的坡口时，3把割炬的安装方法是：割炬①向外倾斜，负责气割板料底面的坡口；割炬②垂直于板料气割钝边；割炬③向割件内倾斜，可气割板料上斜坡口面。若钢板厚度$\delta > 50$mm，进行双面V形坡口的气割时，3把割炬安装的倾斜位置不变，只是将割炬间的前后距离缩短。双面V形坡口气割时，割炬间距与割件厚度的关系见表5-8。

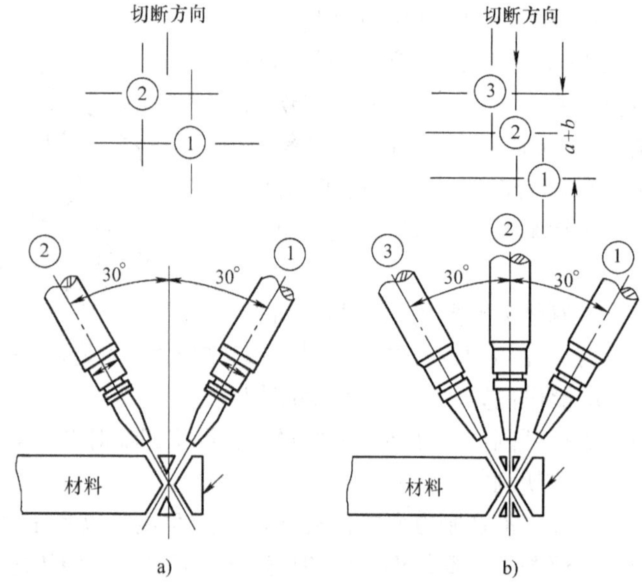

图 5-31　双面 V 形坡口的气割

a）2 把割炬　b）3 把割炬

表 5-8　双面 V 形坡口气割时割炬间距与板厚的关系

板　厚/mm		20	30	40	60	80	100
割炬间距/mm	*a*	10 ~ 12	8 ~ 10	0 ~ 2	0	0	0
	b	25	22	20	18	16	16

注：*a*—割炬 1 与 2 之间的距离；*b*—割炬 2 与 3 之间的距离。

➢【评分标准】

气割的评分标准见表 5-9。

表 5-9　气割的评分标准

序　号	评分项目	评分标准	配　分	得　分
1	执行安全技术操作规程	按达到规定的标准程度评定，根据现场纪律，视违反规定程度扣 1 ~ 5 分	5	
2	按有关文明生产的规定，做到工作地面整洁、工件和工具摆放整齐	按达到规定的标准程度评定，根据现场纪律，视违反规定程度扣 1 ~ 5 分	5	
3	切口的断面	上边缘塌边宽度≤1mm，每超差 1mm 扣 2 分；塌边宽度 > 2mm 扣 15 分。表面无刻槽，视情况扣 1 ~ 15 分	30	
4	割面垂直度	≤2mm，> 2mm 扣 15 分	15	
5	割面平面度	≤1mm，> 1mm 扣 15 分	15	
6	切口宽度	切口不能太宽，否则视情况扣 1 ~ 10 分	10	
7	变形	无变形，否则视情况扣 1 ~ 10 分	10	
8	裂纹	无裂纹，否则视情况扣 1 ~ 10 分	10	
总　分			100	

思考与练习

一、选择题

1. 气焊焊接设备有气瓶、减压器、(　　)、橡胶软管及辅助工具等。

A. 焊钳　B. 焊炬　C. 割炬　D. 控制系统

2. 下列说法不正确的是（　　）。

A. 氧气不能和可燃气瓶、油料及其他可燃物品一起运输

B. 开启瓶阀时，应站在瓶阀气体喷出方向的侧面并缓慢地开启，避免气流朝向人体

C. 气瓶和电焊在同一作业地点使用时，为了防止气瓶带电，应在瓶底垫以绝缘物

D. 氧气瓶的瓶阀发生冰冻现象时，可以用火焰轻微加热或使用铁器轻轻敲打

3. 氧气瓶内的气体不能全部用尽，应留有余压（　　）MPa，以使氧气瓶内保持正压，防止空气进入。

A. 0.01～0.03　B. 0.05～0.08　C. 0.1～0.3　D. 0.09～0.1

4. 液化石油气气罐外表面涂（　　）色，并用红漆写上“液化石油气”。

A. 银灰　B. 白　C. 天蓝　D. 灰

5. 气瓶上减压器的作用为（　　）。

A. 稳压　B. 减压、稳压　C. 升压　D. 减压

6. 射吸式焊炬 H01-12 中的“H”表示（　　）。

A. 焊炬　B. 焊接　C. 牌号　D. 编号

7. 气焊焊炬停止使用时，(　　)，以防止火焰倒流和产生烟灰。

A. 应先关闭氧气阀，然后关闭乙炔阀

B. 应先关闭乙炔阀，然后关闭氧气阀

C. 应先关闭氧气瓶阀门，然后关闭乙炔阀

D. 应先关闭氧气阀，然后关闭乙炔瓶阀门

8. 选择气焊焊丝的直径时，主要依据为（　　）。

A. 焊丝倾角　B. 火焰能率　C. 焊嘴的倾角　D. 工件厚度

9. 对于一般结构的低碳钢，气焊时焊丝可以选用（　　）。

A. H08A　B. H08Mn　C. H08MnA　D. H12CrMo

10. 常用的黄铜气焊焊丝为（　　）。

A. 丝 221　B. 丝 201　C. 丝 202　D. 丝 223

11. 常用的铝及铝合金气焊焊丝为（　　）。

A. 丝 221　B. 丝 201　C. 丝 202　D. 丝 301

12. 氧乙炔气焊火焰分类的依据是混合气体内氧气与乙炔（　　）的比值。

A. 体积　B. 质量　C. 密度　D. 重量

13. 氧乙炔气焊火焰由焰心、内焰和（　　）组成。

A. 旁焰　B. 边焰　C. 外焰　D. 烈焰

14. 下列属于气焊参数的是（　　）。

A. 焊件厚度　　B. 焊接速度　　C. 焊接电压　　D. 焊接电流

15. 氧乙炔焰焊接碳钢时采用的火焰是（　　）。

A. 轻微氧化焰　B. 氧化焰　　C. 炭化焰　　D. 中性焰或乙炔稍多的中性焰

16. 气焊火焰能率的选择主要根据（　　）。

A. 工件的厚度　B. 焊丝倾角　　C. 火焰种类　　D. 焊嘴的倾斜角度

17. 气焊时焊嘴倾角的大小是根据（　　）来确定的。

A. 焊丝倾角　　B. 施焊位置　　C. 焊接材质　　D. 火焰能率

18. 右焊法时，焊丝和焊炬都是从焊缝的（　　）。

A. 左端向右端移动，焊丝在焊炬的前面，火焰指向焊件金属的待焊部分

B. 左端向右端移动，焊丝在焊炬的后面，火焰指向焊件金属的已焊部分

C. 右端向左端移动，焊丝在焊炬的前面，火焰指向焊件金属的已焊部分

D. 右端向左端移动，焊丝在焊炬的后面，火焰指向焊件金属的待焊部分

19. 水平固定位置管对接气焊时，起点和终点处应相互重叠（　　），以避免起点和终点处产生缺陷。

A. 6～8mm　　B. 8～10mm　　C. 10～15mm　　D. 12～16mm

20. 气焊定位焊时，若工件较薄，则定位焊应从（　　），定位焊的长度一般为5～7mm，间隔为50～100mm。

A. 工件两端开始　B. 工件左端开始　C. 工件右端开始　D. 工件中间开始

21. 气焊、气割前应检查工作场地周围的环境，要离易燃、易爆物品（　　）m以外。

A. 2　　B. 3　　C. 4　　D. 5

22. 下列说法不正确的是（　　）。

A. 在容器内施焊时为了保证罐内空气的流动，可以用氧气通风换气

B. 不能用粘有油污的手套和工具去开启氧气瓶

C. 氧乙炔焊接操作时，氧气瓶与乙炔瓶、明火和热源的距离应大于5m

D. 气瓶和电焊在同一作业地点使用时，为了防止气瓶带电，应在瓶底垫以绝缘物

23. 乙炔瓶内装有浸满了（　　）的多孔性填料。

A. 丙酮　　B. 丙烯　　C. 乙醇　　D. 乙烯

24. 目前氧气瓶上经常使用的减压器为QD-1型（　　）减压器。

A. 单级反作用式　B. 双级反作用式　C. 正作用式　D. 反作用式

25. 射吸吸式焊炬H01-12，焊嘴号码为2号，适用的工件厚度为（　　）。

A. 6～7mm　　B. 7～8mm　　C. 8～9mm　　D. 9～10mm

26. 氧乙炔焰焊接铸铁时采用的火焰是（　　）。

A. 轻微氧化焰　　　　　　　B. 氧化焰

C. 炭化焰或乙炔稍多的中性焰　　D. 中性焰或乙炔稍多的中性焰

27. 左焊法，焊丝和焊炬都是从焊缝的（　　）。

A. 右端向左端移动，焊丝在焊炬的前方，火焰指向焊件金属的待焊部分

B. 左端向右端移动，焊丝在焊炬的前方，火焰指向焊件金属的待焊部分

C. 右端向左端移动，焊丝在焊炬的后方，火焰指向焊件金属的已焊部分

D. 左端向右端移动，焊丝在焊炬的后方，火焰指向焊件金属的已焊部分

28. 气焊中，所有气路、容器和接头的检漏应使用（　　），严禁明火检漏。

A. 肥皂水　　B. 乙醇水　　C. 丙酮水　　D. 汽油

29. 以下（　　）不是气割机进行切割的优点。

A. 适合切割大厚度钢板　　B. 适合切割需要预热的中、高碳钢

C. 气割速度和精度高　　D. 操作灵活方便、成本低

30. 乙炔瓶严禁在烈日下曝晒和靠近热源，瓶外表温度不得超过（　　）℃。

A. 30～40　　B. 45～50　　C. 55～60　　D. 65

31. 气瓶应放置在通风良好的地方，并要防止（　　）等情况发生。(多选题)

A. 雨淋　　B. 阳光曝晒

C. 放置在焊割施工钢板上　　D. 放置在有电流通过的导体上

32. 焊割作业时，应认真履行安全职责，做到“三不伤害”，即（　　）。(多选题)

A. 不伤害自己　　B. 不伤害他人　　C. 不伤害工件　　D. 不被他人伤害

33. 操作氧气阀门时，应（　　）。

A. 戴沾有油脂的手套　　B. 轻开轻关，按操作规程操作　　C. 用力撞击

34. 氧气与乙炔的混合比大于1.2时的火焰称为（　　）。

A. 碳化焰　　B. 中性焰　　C. 氧化焰

35. 氧气胶管与乙炔胶管爆炸燃烧的主要原因有（　　）等。(多选题)

A. 回火的火焰进入胶管　　B. 胶管内沾有油脂

C. 胶管使用不当或强度降低　　D. 乙炔与氧气或空气的混合气体进入胶管

36. 气割过程中发生回火时，应迅速关闭（　　），回火熄灭后，如果焊、割嘴过热，应待其冷却后再重新点火。

A. 蒸气阀门　　B. 氧气阀门　　C. 易燃气阀门　　D. 放气阀

二、判断题

1. 采用气焊或氩弧焊焊接铜及铜合金时，应该选用不同成分的焊丝。（　　）

2. 焊工在有积水的地面焊接、切割时，应穿经过5000V耐压试验合格的防水橡胶鞋。（　　）

3. 氧气是一种可以燃烧的气体。（　　）

4. 氧气不能燃烧但能助燃，性质极其活泼，能与许多元素化合生成氧化物。（　　）

5. 气焊火焰能率主要是根据工件的厚度、材料的性质及焊件的空间位置来选择。（　　）

6. 气焊时焊嘴倾角的大小根据焊件厚度、焊嘴大小及施焊位置来确定。（　　）

7. 气焊时的焊接速度是根据焊件厚度来确定的。（　　）

8. 在焊接过程中，为了获得优质而美观的焊缝，焊炬与焊丝应作均匀、协调的摆动。（　　）

9. 易燃易爆物质与空气混合，在一定的浓度范围内遇火源就会发生爆炸，这个浓度范围称为爆炸极限。（　　）

10. 气瓶应按规定留有剩余压力。（　　）

11. 焊炬、割炬均不得沾有油脂。（　　）

12. 氧气瓶、乙炔瓶与明火的安全距离为3m。 (　　)

13. 焊炬停止使用时，应先关闭乙炔调节阀，然后关闭氧气调节阀。 (　　)

14. 受限空间经惰性气体置换后，其空间是富氧环境。 (　　)

15. 使用焊、割炬前，必须检查焊炬或割炬的射吸能力，阀门和接头是否漏气及喷嘴的畅通情况。 (　　)

参考文献

[1] 陈裕川. 焊接工艺评定手册 [M]. 北京：机械工业出版社，2000.

[2] 邓洪军. 焊条电弧焊实训 [M]. 2 版，北京：机械工业出版社，2008.

[3] 陈祝年. 焊接工程师手册 [M]. 北京：机械工业出版社，2004.

[4] 李文聪. 焊条电弧焊技术 [M]. 北京：中国劳动社会保障出版社，2011.

[5] 杨跃. 电弧焊技能项目教程 [M]. 北京：机械工业出版社，2013.

[6] 张依莉. 焊接实训 [M]. 北京：机械工业出版社，2010.

[7] 王云鹏. CO_2气体保护焊实训 [M]. 北京：机械工业出版社，2011.

[8] 雷世明. 焊接方法与设备 [M]. 2 版，北京：机械工业出版社，2008.